Reprint Publishing

Für Menschen, Die Auf Originale Stehen.

www.reprintpublishing.com

Gestaltung und Vererbung.

Eine Entwickelungsmechanik der Organismen.

Von

Dr. Wilhelm Haacke.

Mit 26 Abbildungen im Text.

Leipzig
T. O. Weigel Nachfolger
(Chr. Herm. Tauchnitz)
1893.

Vorwort.

In seinem Werke „Das Keimplasma" (Jena 1892) glaubt Herr August Weismann „förmlich" bewiesen zu haben, dass nur eine „evolutionistische", besser präformistische, Theorie, eine Lehre, die den Organismus im Keime auf die eine oder andere Art in allen seinen Teilen vorgebildet sein lässt, die Vererbung erklären könne, dass dagegen eine epigenetische Theorie, also eine solche, die den Organismus auf einen in allen seinen Teilen gleichen Bildungsstoff zurückführt, unmöglich sei. Im vorliegenden Werke finden meine Leser den thatsächlichen Beweis vom Gegenteil. Weismann hält die Vererbung „erworbener" Eigenschaften für unmöglich; ich weise sie hier als mechanische Notwendigkeit nach.

Gelegentlich dieser Beweise lege ich den berufsmässigen Forschern aller Fächer, den denkenden Naturfreunden, den Ärzten, Züchtern, Mathematikern und Philosophen, sowie endlich allen Gebildeten, die sich für die von mir behandelten Gegenstände interessieren, eine Gestaltungs- und Vererbungslehre vor, die im Laufe von zwölf langen Jahren, während vielfach wechselnder Lebensschicksale, auf den blauen Wogen des Weltmeeres und den grünen Gefilden Neuseelands, in den düsteren Urwäldern Neuguineas und auf den bunten Korallenriffen der Torresstrasse, in den schattenlosen Parklandschaften Australiens und den saftigen Buchenwäldern der deutschen Heimat, auf der Jagd und beim Fischfang, im Museum und Tiergarten, hinter dem Mikroskop und vor dem Zuchtbehälter, auf Tierausstellungen und im akademischen Hörsaal allmählich herangereift ist.

Über die vielfachen Wandlungen, die meine Anschauungen erleiden mussten, ehe ich meinen Lesern etwas Fertiges bieten konnte, darf ich glücklicherweise schweigen. Es ist Selbstüberschätzung, „Vorarbeit für eine Theorie" durch den Druck zu verbreiten. Dagegen glaubte ich meinen Lesern eine leicht verständliche und abgerundete Darstellung schuldig zu sein. Aus diesem Grunde habe ich das vorliegende Buch im Juni und Juli dieses Jahres zwei mich abwechselnd besuchenden Stenographen im Verlaufe von wenigen Wochen in die Feder diktiert. Was die Darstellung dadurch an Frische gewonnen hat, wird, so hoffe ich, manche durch diese Art der Niederschrift bedingte Mängel aufwiegen. Mit dem ermüdenden und von der Sache ablenkenden schriftstellerischen Handwerkszeug, mit Anmerkungen, Litteraturbelegen und allen den störenden Nebendingen, die von manchen Schriftstellern sonderbarerweise für das Merkmal echter Wissenschaftlichkeit gehalten werden, habe ich meine Leser so viel wie möglich verschont. Den von mir angewandten deutschen Tier- und Pflanzennamen sind im Register die wissenschaftlichen Namen hinzugefügt.

Ich glaube nicht, dass meine Lehre an unlösbaren inneren Widersprüchen leidet. Scheinbare Widersprüche und sich widersprechende Einzelheiten der Darstellung, die sich beseitigen lassen, aber von mir übersehen sind, werden in meinem Buche nicht fehlen. Für sie bitte ich den Leser um Nachsicht. Sollte es sich aber herausstellen, dass meine Theorie unhaltbar ist, so werde ich mich keinen Augenblick bedenken, sie in aller Form zu widerrufen.

Ein grosser Teil meiner Ausführungen musste sich gegen die Lehren eines Schriftstellers richten, der, wie ein englischer Forscher, Marcus Hartog, sagt, während eines zehnjährigen Feldzuges glänzende Erfolge, die ihn mit seltenem Ansehen umwoben haben, errungen hat. Ich habe den Mut gefunden, die abenteuerlichen Theorien und heillosen Widersprüche dieses erfolgreichen Schriftstellers rücksichtslos blosszustellen, und bin überzeugt, dass die Wissenschaft es mir danken wird. Dass ich dabei zu unbarmherzig verfahren wäre, wird niemand zu behaupten wagen, welcher die den ehrlichen Gegner kränkende Geringschätzung, mit der sich Herr Weismann über die schwerwiegendsten Einwände hinwegsetzt, an sich selbst oder an anderen erfahren hat.

Weismann nennt seine Lehre eine „Evolutionstheorie". Da diese Bezeichnung, weil man in der englischen Litteratur darunter die moderne Entwickelungslehre versteht, notwendigerweise zu Missverständnissen führen muss, habe ich sie grundsätzlich vermieden.

Es verbleibt mir noch die angenehme Aufgabe, denjenigen, welche beim Zustandekommen dieses Buches behilflich waren, zu danken. Für die Umzeichnung meiner rohen Skizzen gebührt mein Dank zweien meiner Hörer, den Herren Studierenden A. von Hagen und W. Schwarzhaupt. Meinen beiden Stenographen, den Herren Bernheim und Wilhelm, habe ich für ihre gewissenhafte Arbeit und grosse Zuverlässigkeit zu danken.

Darmstadt, im Oktober 1893.

Johann Wilhelm Haacke.

Inhaltsübersicht.

◄ • ● • ►

Gestaltung und Vererbung.

— · —

Nulla est praeformatio!

„Da nun das Keimplasma oder die Vererbungssubstanz nach allgemeiner heutiger Vorstellung nicht ein Organismus ist im Sinne eines mikroskopischen Urbildes, das sich nachher nur zu vergrössern hätte, um als fertiger Organismus dazustehen, da wir sogar bestimmt wissen, dass dem nicht so ist, so müssen also die gesammten Entwickelungstendenzen des Keimes in der eigenthümlichen Zusammensetzung, gewissermaassen dem Aufbau aus kleinsten Theilchen, vielleicht auch in chemischen Eigenthümlichkeiten jenes Keimplasma gegeben sein."

AUGUST WEISMANN. 1888.

I. Einleitung.

Der Versuch einer Lösung des Vererbungsproblems und aller anderen von ihm berührten Fragen, den ich in dem vorliegenden Werke den Biologen aller Richtungen biete, fällt in eine ungünstige Zeit. Das Ende des neunzehnten Jahrhunderts sieht die Wissenschaft von den Lebewesen in einer Zerfahrenheit, wie sie noch nie zuvor bestand, und, das müssen wir leider hinzufügen, wie sie keiner anderen Wissenschaft eigen ist. Bezeichnend dafür ist, dass nicht einmal über den Namen, den man der Wissenschaft von den Organismen zu geben hat, Einigkeit herrscht. Während eine Anzahl ihrer Vertreter sie mit dem Namen der Biologie belegt, wird von einer vielleicht ebenso grossen Anzahl von Biologen mit diesem Namen nur ein kleiner Zweig der Wissenschaft bezeichnet. Und diese Unsicherheit über das, was man alles unter dem Begriffe der Biologie zusammenzufassen hat, ist typisch für alle Zweige unserer Wissenschaft.

Auch darüber herrscht keine Einigkeit, welche Wertschätzung man den einzelnen Zweigen der Biologie angedeihen lassen soll. Man kann diese Zweige im allgemeinen in morphologische und physiologische sondern, in solche, welche die Formen der Organismen, und in die, welche ihre Lebensäusserungen zum Gegenstande haben. Allein sowohl die Morphologie, wie sie heute entwickelt ist, als auch die Physiologie lassen grosse biologische Thatsachengebiete abseits liegen, und rechnen diejenigen Forscher, welche sich dieser Gebiete angenommen haben, kaum noch zu den ihrigen. Noch immer giebt es eine grosse Anzahl von Morphologen, die keine Verständigung mit den sogenannten Systematikern suchen, derjenigen gar nicht zu gedenken, die sich mit der Beobachtung des Tieres in der freien Natur beschäftigen.

Aber auch manche Systematiker sind sich keineswegs klar darüber, welche Zwecke ihre Wissenschaft eigentlich verfolgt, denn viele Vertreter der Systematik suchen weder unter sich, noch mit der Morphologie und Physiologie Fühlung zu gewinnen. Wer sich mit der Systematik der Vögel beschäftigt, braucht sich leider nicht um die allgemeinen Ergebnisse, welche die Systematik etwa der Insekten oder der Fische geliefert hat, zu bekümmern. Es ist vielen Systematikern auch ziemlich gleichgültig, was die Morphologen in Bezug auf die von ihnen behandelten Tiergruppen erforscht haben. Die Biologie der Zukunft muss aber eine Wissenschaft werden, die sich mit gleicher Liebe um die Formen, wie um die Lebensverrichtungen der Organismen kümmert, welche die Systematik, die Wissenschaft von dem Verhältnisse der Tiere zu ihrer Umgebung, die geographische Verbreitung und die Paläontologie gleich hoch stellt und ihnen dieselbe Wertschätzung angedeihen lässt, wie der Morphologie und der Physiologie.

Wir sind heute noch weit davon entfernt, dieses Ziel erreicht zu haben, und wenn wir es jemals thun sollen, so ist zunächst die Einsicht nötig, dass die Zustände der Biologie von heute zerfahrene und unhaltbare sind. Wir müssen uns klar darüber werden, dass wir die Lösung aller Fragen, welche die organische Natur uns vorlegt, gleichzeitig in Angriff nehmen müssen, und dass ein lebendiger Verkehr zwischen allen Zweigen der Wissenschaft zu jeder Zeit unerlässlich ist.

Wir dürfen nicht das Recht beanspruchen, den Versuch der Lösung irgend einer biologischen Frage auf spätere Zeiten zu verschieben. Wenn wir das thun, so werden die Zeiten nie kommen, von welchen eine Klärung der heutigen verworrenen Verhältnisse der Biologie erhofft wird. Jede Zeit und jeder Forscher haben die Pflicht, sich ein Gesamtbild von der der Forschung zugänglichen Natur zu machen. Nur dadurch verdient sich die Wissenschaft ihre Existenzberechtigung; denn mit dem Forschen allein ist es nicht gethan.

Der Forscher ist, sofern er nicht auf jede mündliche oder schriftliche Äusserung verzichtet, immer auch Lehrer, ob er nun etwa an einer Hochschule wirkt, oder dem öffentlichen Leben durchaus fern steht, ob er die Früchte seiner Forschungsthätigkeit weiteren Kreisen oder nur dem engen Kreise seiner speziellen Fachgenossen zugänglich macht. Wer irgend eine Thatsache entdeckt hat, der hat auch die Pflicht, diese Thatsache der Allgemeinheit in einer solchen Form zu bieten, dass sie von der Wissenschaft ohne weiteres verwertet und dem Lehrgebäude ohne Schwierigkeit eingefügt werden kann. Denn eine Thatsache, welche in unbrauchbarer Form geboten wird, ist nicht nur nutzloser, sondern erschwerender und deshalb schädlicher Ballast.

Die Biologie besitzt aber noch nicht in allen ihren Vertretern Forscher, welche die Notwendigkeit begreifen, dass das, was sie erforscht haben, sich auch ohne Umstände in den Gesamtbau der Wissenschaft einschieben lassen muss. Mancher Biologe häuft Baumaterial an, unbekümmert darum, ob er damit Bausteine liefert, die für das von der Wissenschaft aufzuführende Gebäude in die passende Form gebracht sind oder nicht. Auf diese Weise sammelt sich nicht nur eine grosse Menge von Haufen nicht zu einander passender Bausteine an, sondern um diese immerhin nicht allzu grosse Fülle brauchbaren wissenschaftlichen Materials sind noch Berge von Schutt, bestehend aus dem Abfalle, der sich bei der Bearbeitung der Bausteine ergeben hat, aufgetürmt.

Durch diesen völlig unbrauchbaren und hinderlichen Schutt hat sich derjenige hindurchzuarbeiten, der nach Material für ein wissenschaftliches Lehrgebäude sucht; denn die Art und Weise, wie manche auf dem Felde der Biologie arbeitenden Forscher ihre Forschungsergebnisse der Allgemeinheit darbieten, ist nicht dazu angethan, das Suchen nach geeignetem Material zur Lösung einer allgemeinen Frage zu erleichtern.

Unsere wissenschaftlichen Publikationen wimmeln von Nebensächlichkeiten, von Prioritätsstreitigkeiten, von überflüssigen Citaten und voluminösen Literaturbelegen, nicht minder auch von weitläufigen Auseinandersetzungen über die Technik des Untersuchungsverfahrens, so dass man von vornherein darauf verzichten muss, all dieses zum Teil völlig wertlose Material nach brauchbaren Thatsachen zu durchwühlen, wenn man an der Lösung irgend einer allgemeinen Frage, sei sie auch noch so beschränkten Umfanges, arbeitet. Man muss sich gewöhnlich mit dem begnügen, was einem selbst von allen einschlägigen Thatsachen gegenwärtig ist, und dass das nicht allzu viel sein wird, ist von vornherein klar bei der ungeheuern Ausdehnung des Gebietes biologischer Forschung.

Besser würde es um unsere Wissenschaft stehen, wenn jeder Forscher sich bemühen wollte, mit wenig Worten alles das hervorzuheben, was

1*

eine von ihm veröffentlichte Arbeit an neuen Thatsachen bringt, und in
welcher Weise die einzelnen Thatsachen für die einzelnen Zweige der
allgemeinen Biologie zu verwerthen sind, in welche Fächer des grossen
biologischen Magazins sie hineinpassen, welche Thatsachen nur in ein
einziges Fach, und welche von ihnen in mehreren zugleich ihren Platz
finden müssen: denn es wird selten eine neue biologische Thatsache geben,
die nicht für eine grosse Reihe allgemeiner biologischer Forschungs-
zweige von Bedeutung wäre. Allein, wenn dies geschehen sollte, so
müsste wenigstens über die allgemeinsten Gesichtspunkte der biologischen
Wissenschaft Einigkeit herrschen; aber das ist keineswegs der Fall. Es
giebt keine Wissenschaft, in welcher die Stellungnahme zu den Grund-
prinzipien so gleichgültig wäre, wie in der Biologie. Ob sich etwa
erworbene Eigenschaften vererben oder nicht, ist eine Frage, um
welche sich der Forscher nicht zu kümmern braucht, falls er nur fleis-
sig an der Aufhäufung der von ihm gefundenen unbehauenen Bausteine arbeitet.

Keine Wissenschaft bedarf so sehr der Universalität wie die Biologie:
gleichwohl giebt es keine andere Wissenschaft, in welcher Einseitigkeit
sich so breit machte, wie in der unserigen. Und das ist nicht zu verwundern, denn bei der herrschenden Gleichgültigkeit gegen allgemeine
Fragen findet oft nur derjenige noch Anerkennung, der dickleibige
Folianten, die man nicht zu lesen braucht, mit zahlreichen schönen
Tafeln, die man gelegentlich einmal durchblättert, verfasst. Die Scheu
vor der Beschäftigung mit allgemeinen Fragen ist deshalb wohl zu
begreifen.

Ebenso charakteristisch für unsere heutigen Zustände wie diese Angst
vor Verallgemeinerungen ist das Verhältnis der Theoretiker zu den
Praktikern. Wer etwa als Züchter thätig ist, hat meistens von der Theorie
der Züchtung keine Ahnung, und er braucht sie auch nicht zu haben,
weil er mit seinen praktischen Erfahrungen viel weiter kommt als mit
der Theorie; denn so wenig wie die Praktiker auf die Theorie Rücksicht
nehmen, haben sich die Theoretiker um das, was den Praktikern längst
in Fleisch und Blut übergegangen ist, bekümmert.

Man sollte meinen, dass derjenige, welcher über Vererbung schreibt,
sich gründlich mit der praktischen Tierzucht befasst haben müsste;
allein es genügt heute leider, dass man Darwin's Werke fort und
fort citiert. Die Vererbungstheoretiker bedenken dabei nicht, dass nur
solche Vererbungsversuche Wert haben, die auf Grund einer bis in

alle Einzelheiten ausgebauten Theorie angestellt worden sind, die gemacht wurden, um allgemeine Prinzipienfragen zu lösen. Das aber ist bei den meisten Vererbungsversuchen, die bis auf Darwin's Zeiten und seit seinem Auftreten bis zur Gegenwart angestellt worden sind, nicht der Fall gewesen. So stehen wir denn vor der unabweisbaren Notwendigkeit, aufs neue systematische Züchtungsversuche, die von ganz bestimmten Prinzipien ausgehen und nach völlig feststehenden Gesichtspunkten hin unternommen werden, anzustellen.

Mit einer Behandlung der Frage nach dem Wesen der Vererbung lediglich auf Grund solcher Züchtungsversuche ist es aber keineswegs gethan. Wer heute ein Buch über Vererbung schreiben will, muss zu gleicher Zeit alle Fragen der Abstammungslehre überhaupt in eingehender Weise behandeln. Meine Beschäftigung mit diesen Fragen reicht zurück bis in meine Schuljahre; die Vererbungslehre speziell hat mich aber erst seit etwa zwölf Jahren in Anspruch genommen. Auf meiner Segelschiffreise von London nach Neuseeland gelangte ich zu einer ähnlichen Vererbungstheorie, wie sie später von Weismann aufgestellt wurde; sie gipfelte darin, dass das Keimplasma auf besonderen Bahnen von den elterlichen Keimdrüsen auf die der Nachkommen übertragen wird. Ich unterliess es, diese Theorie zu veröffentlichen, weil mich eine, wie es scheint völlig unbekannt gebliebene, Dissertation meines Freundes Otto Plarre darüber belehrte, dass Anschauungen, wie sie später Weismann entwickelte und wie sie von mir auf meiner Fahrt nach Neuseeland gewonnen waren, durchaus nichts Neues seien.

Ich kann es nur als ein Glück betrachten, dass ich es damals unterlassen habe, meine Vererbungstheorie vorzeitig zu veröffentlichen; denn fortgesetzte Beschäftigung mit dem Gegenstande und mit den übrigen Fragen der Abstammungslehre zeigte, dass die inzwischen von Weismann veröffentlichte Lehre von der „Kontinuität des Keimplasmas" in der Form, die Weismann ihr gegeben hat, und die sie auch von mir, wenn auch in viel geringerer Vollendung, erhalten haben würde, unhaltbar sei. Die Beobachtung lebendiger höherer Tiere lehrte mich später, dass das Leugnen der Vererbung erworbener Eigenschaften, zu welchem auch ich auf Grund meiner unzulänglichen Erstlingslehre geneigt war, gleichbedeutend sei mit einem Verzicht auf jegliches kausale Verständnis der Welt der Lebewesen.

Ich gewann dadurch die unerschütterliche Überzeugung, dass das Suchen nach einer Theorie, welche die Vererbung erworbener Eigenschaften erklärt, von Erfolg gekrönt sein müsse. Unerwarteterweise bot sich aber die Lösung der dadurch gestellten Aufgabe früher, als ich es erhofft hatte, früher noch, als ich eingehend an den Versuch dieser Lösung herantreten konnte. Ich war nämlich vorerst darauf bedacht, eine Vererbungstheorie ohne Rücksicht auf die Vererbbarkeit erworbener Eigenschaften, an welche ich noch im Jahre 1888 zweifelte, zu finden. Aber als ich nach erheblichen Mühen endlich zu der in diesem Buche vorzutragenden Theorie der Epigenesis gelangt war, zeigte sich, dass ich damit auch die Erklärung der Vererbung erworbener Eigenschaften gefunden hatte. Ja, ich erkannte, dass erworbene Eigenschaften sich mit Naturnotwendigkeit vererben müssen.

Meine im grossen Massstabe an einem aus vielen erblichen Rassen bestehenden Material von über 3000 Mäusen angestellten Züchtungsversuche belehrten mich ferner über die Bedeutung eingehender Untersuchungen derjenigen Vererbungserscheinungen, die Weismann für seine Theorie der Amphimixis verwertet hat, und zeigten mir, dass die „Vermischung der Individuen" ganz andere Folgen hat, als die, welche Weismann ihr zuschreibt. Während der Beschäftigung mit diesen vererbungstheoretischen Fragen war ich aber auch fortgesetzt genötigt, mich um die Systematik, Ökologie und Geographie der Tiere zu kümmern, und die dabei gewonnenen Ergebnisse blieben nicht ohne Bedeutung für meine Vererbungstheorie, so dass ich die letztere nunmehr als Skizze einer umfassenden Entwickelungslehre, einer allgemeinen Keimes- und Stammesgeschichte der Tiere und Pflanzen mitzuteilen in der Lage bin.

Die hier entwickelte Theorie steht in ihren Grundzügen schon seit Jahren fest. Obwohl sie nicht das Ergebnis flüchtiger Laune, sondern die Frucht langjähriger Beobachtungen und fast ununterbrochenen eingehenden Nachdenkens ist, so hätte ich doch gerne noch einige Jahre an ihrer Vervollkommnung gearbeitet, wenn nicht die Rücksichtnahme auf spezielle Arbeiten, die ich vorhabe, mich schon jetzt zu einer Veröffentlichung dieser Theorie zwängen.

Alle Einzelfragen der Tierkunde, die mich in den letzten Jahren beschäftigt haben und nunmehr ihrer Bearbeitung harren, erwiesen sich als der Behandlung unzugänglich, wenn ich nicht vorher meine Entwickelungslehre der Öffentlichkeit übergeben wollte, denn meine speziellen Untersuchungsgebiete und die Gegenstände, mit denen sie sich beschäftigen, gliederten sich ohne mein Zuthun so innig an die allgemeine Theorie an, dass ich ihre Behandlung nicht ohne Rücksichtnahme auf letztere unternehmen kann. Es ist somit ein äusserer Grund, der mich schon jetzt zur Veröffentlichung meiner Lehre veranlasst.

Ich habe mich bemüht, meine Lehre in möglichster Klarheit vorzutragen. Um dieses zu erreichen, habe ich sie schon seit Jahren in meinen akademischen Vorlesungen an der technischen Hochschule zu Darmstadt vor einem grösseren Kreise allgemein naturwissenschaftlich gebildeter Hörer behandelt und ausserdem in meiner „Schöpfung der Tierwelt", die etwa gleichzeitig mit diesem Buche vollendet vorliegen wird, als das Gerippe benutzt, um welches herum sich in diesem für einen grösseren Leserkreis bestimmten Werke die speziellen Thatsachen der Tierkunde gruppieren. Ich wollte gleichzeitig mit der kritischen Darlegung meiner Lehre ihre Anwendbarkeit auf alle Zweige der Tierkunde darthun, und bitte diejenigen meiner Leser, welche die praktische Anwendung meiner Lehre kennen zu lernen wünschen, zu meiner „Schöpfung der Tierwelt" zu greifen.

In diesem Werke konnte ich allerdings die in vielen Punkten neue Lehre nur in ihren allgemeinsten Grundzügen geben, und ich musste auch dabei auf eine Kritik anderer Theorien verzichten. Eine solche Kritik, so wenig dankbar sie sein mag, ist aber unerlässlich. Wer ein neues Gebäude aufführen will, muss den Platz, auf welchem es sich erheben soll, zunächst von Schutt und Gestrüpp säubern. Das vorliegende Werk hat es also nicht allein mit der Darlegung meiner Lehre zu thun, sondern ebenso sehr mit einer eingehenden Kritik derjenigen Anschauungen und Lehren, die sich mit meinen Ansichten nicht vertragen.

Diese Kritik sowohl, als auch meine eigene Theorie machen ein Eingehen auf alle allgemeinen Fragen der morphologischen Biologie nötig und erheischen Rücksichtnahme auf alle einzelnen Zweige des ganzen grossen Baumes der Wissenschaft von den Lebewesen. Nicht minder unerlässlich erscheint mir dabei eine scharfe Gegenüberstellung der zur Zeit bestehenden und aller überhaupt möglichen Alternativen über entwickelungsgeschichtliche Fragen.

Weder die Forderung zulänglicher Fragestellung, noch die ausreichende Rücksichtnahme auf alle biologischen Thatsachen, noch auch die nach scharfer Beleuchtung der strittigen Fragen ist in allen Fällen erfüllt worden, wo es sich um die Lösung biologischer Probleme gehandelt hat. Wenn ich nun auch glaube, dass ich diesen Forderungen gerecht geworden bin, so muss ich doch anderseits mich zu einer verhältnismässig grossen Unwissenheit auf den Gebieten der Botanik und Pathologie bekennen. — Wo es sich um das Anführen von Beispielen handelt, muss ich mich im grossen und ganzen auf meine Spezialwissenschaft beschränken. Ich glaube aber dennoch, dass mein Buch auch für den Botaniker und den Pathologen, nicht minder auch für den Philosophen und den praktischen Züchter, kurzum für alle, die sich mit biologischen Fragen beschäftigen, von einiger Bedeutung sein wird.

II. Das Wesen der Entwickelung.

a. Beseitigung des Präformismus.

Wer die neuesten Untersuchungen über das Vererbungsproblem kennt, weiss, dass die Entscheidung der allgemeinsten biogenetischen Frage, die schon die Naturforscher früherer Jahrhunderte beschäftigte, auch heute noch nicht endgültig getroffen ist. Diese Entscheidung hat festzustellen, ob die Vererbung auf Präformation oder auf Epigenesis beruht, ob also von den Erzeugern auf die Nachkommen Zeugungsstoffe übertragen werden, die schon alle Teile des künftigen Lebewesens vorgebildet enthalten, oder ob sich die Organismen aus Keimen entwickeln, die durchweg aus homogenem, einheitlichem Baustoff bestehen und erst nach und nach auf dem Wege der Neubildung alle die verschiedenen Eigenschaften annehmen, durch welche sich ihre Eltern auszeichneten.

Wir können, um eine präzise Fragestellung zu ermöglichen, sagen, dass die Präformationstheorie ein polymiktes Plasma, also einen Bildungsstoff annimmt, der sich aus vielen verschiedenen Substanzen aufbaut und diese in bestimmter Weise angeordnet enthält, während die Theorie der Epigenesis ein monotones Plasma als Bildungsstoff voraussetzt, also eine Keimsubstanz, die aus lauter gleichen Elementen zusammengesetzt ist. Die erste Frage, mit der sich jede Vererbungstheorie abzufinden hat, ist also die, ob das Keimplasma ein monotones oder ein polymiktes ist.*)

Weismann, Roux, de Vries und andere gehen von einem polymikten Keimplasma aus. Dreyer dagegen, der neuerdings ausge-

---

*) Die Ausdrücke „polymikt" und „monoton" verdanke ich Haeckel's „Plankton-Studien".

dehnte Untersuchungen über die Gerüstbildungsmechanik, insbesondere
der niederer Organismen angestellt hat, kommt beispielsweise bei den
Radiolarien zu dem Ergebnis, dass ihre Skelette sich in einem Wabenwerk von Plasma und Vakuolenflüssigkeit, dessen Konfiguration lediglich durch die Gesetze der Flüssigkeitsmechanik beherrscht und durch
Zufälligkeiten bedingt wird, ablagern. Er stellt sich vor, dass das Plasma
der Radiolarien von einer grossen Anzahl grösserer oder kleinerer Vakuolen durchsetzt ist und dass diese bald so, bald anders angeordnet
sein können, je nachdem äussere Verhältnisse hier in dieser, dort in
jener Weise auf ihre Bildung eingewirkt haben. Er vergleicht das Wabenwerk des Radiolarienkörpers mit dem Blasensystem, das beim Ausschenken
einer Flasche Bier in dem entleerten Teile der Flasche zurückbleibt. An
einem solchen kann man beobachten, dass hier und da eine Blase platzt.
und dass sich darauf das Ganze, den Gesetzen der Flüssigkeitsmechanik
gehorchend, neu anordnet.

Demnach wäre also der unendlich mannigfaltige Bau, welchen die
Radiolarienskelette zeigen können, lediglich aus den Gesetzen der Flüssigkeitsmechanik zu erklären, ohne dass das Plasma der Radiolarienarten
überhaupt artlich unterschieden zu sein brauchte, und das Vererbungsproblem käme auf die Frage hinaus, ob das Kind seinen Eltern nicht
etwa blos deshalb gleicht, weil sein formloses Plasma ähnlichen äusseren
Lebensbedingungen unterworfen ist, wie sie für die Formbildung des
elterlichen Plasmas bestanden haben. Wir hätten also zwischen Dreyer
einerseits und den genannten Forschern anderseits den denkbar grössten
Gegensatz.

Ich glaube nicht, dass Dreyer vollkommen das Richtige getroffen
hat, dass sich aber die übrigen genannten Forscher im Irrtum befinden,
werde ich nachweisen. Dass sich die Vererbung mehr oder minder auf
die Seite schieben lässt, wie Dreyer es für möglich hält, erscheint mir
ausgeschlossen. Ich stimme vielmehr darin den Präformisten bei, dass
die Annahme eines aus geformten Elementen bestehenden Plasmas unerlässlich, dass die Vererbung an bestimmte Träger gebunden ist. Dass
diese aber unter sich ungleich seien, wie es auch O. Hertwig, der sich
zur Theorie der Epigenesis bekennt, annimmt, hoffe ich als den Grundirrtum
der neuesten Vererbungstheorien darthun zu können. Die bis in die
minutiösesten Einzelheiten ausgebaute Präformationstheorie Weismann's
soll uns zeigen, dass die Annahme einer erblichen Präformation verschiedener Vererbungsträger hinauslaufen muss auf die gleichzeitige Er-

schaffung aller Individuen einer Organismenart, die bestimmt sind, die Erde zu bevölkern.

Weismann denkt sich das Keimplasma aufgebaut aus „Iden“ und jedes Id zusammengesetzt aus „Determinanten“, die sich ihrerseits wieder aus „Biophoren“ konstituieren. Jede Determinante soll sich in bestimmter Weise aus Biophoren zusammensetzen und ebenso jedes Id aus den Determinanten. Die Determinanten entsprechen den einzelnen Zellen oder kleinen Zellgruppen des Körpers, und das Id hat deshalb einen nahezu ebenso komplizierten Bau, wie der entwickelte Tier- oder Pflanzenorganismus. Bei der Keimesgeschichte soll sich nun das Id in seine Determinanten zerlegen, während sich die letzteren in ihre Biophoren auflösen. Damit dieser Zerlegungsprozess in der richtigen Reihenfolge vor sich geht, ist Weismann zu der Annahme gezwungen, dass das Id einen festgeregelten architektonischen Aufbau hat, etwa so, dass beispielsweise die Ide bilateral-symmetrischer Tiere gleichfalls bilateral-symmetrisch sind. Weismann hat diese Annahme mit Recht als unerlässlich erkannt, denn das Id wird während der Keimesentwickelung in seine Determinanten und Biophoren zerlegt. Die eine feste Architektonik des polymikten Keimplasmas verwerfende Ansicht aber, wonach sich die bunte Schar der Biophoren, aus welchen die nächste Generation entstehen soll, erst wieder in den Keimzellen zusammenzufinden hätte, um durch regelrechte architektonische Aneinanderlagerung den Organismus zu bilden, stösst auf die grössten Schwierigkeiten. Eine solche Hypothese hat die Darwin'sche Pangenesislehre so unannehmbar gemacht; aber auch wenn man mit de Vries annimmt, dass „Pangene“ aller Art in sämtlichen Zellkeimen vorhanden sind, bleibt deren regelrechte Verteilung unbegreiflich, und Weismann bekämpft deshalb mit vollem Recht die bezüglichen Anschauungen von de Vries. Da Weismann dieses mit grossem Glück thut, so weiss ich nichts Besseres, als seine klaren und sachgemässen Ausführungen gegen de Vries hier folgen zu lassen. Weismann sagt von den Schlussfolgerungen des holländischen Botanikers:

„Der Grundgedanke der ganzen Deduktion ist gewiss vollkommen richtig; als ich vor einem Jahrzehnt zuerst anfing, mich in das Problem der Vererbung zu vertiefen, glaubte ich noch an die Möglichkeit einer epigenetischen Theorie, habe sie aber auch längst als unmöglich erkannt, wie man im Verlauf dieses Buches sehen wird. Auch ich denke mir die Vererbungssubstanz aus ‚Anlagen‘ zusammengesetzt und glaube sogar, diese Annahme als unvermeidlich und als eine völlig gesicherte nachweisen zu können. Aber ich meine nicht, dass wir mit ‚Pangenen‘ ausreichen zur Erklärung der Vererbungserscheinungen. de Vries lässt die Keimsubstanz aus einer Menge verschiedener Arten von Pangenen bestehen, von denen so viele vorhanden sein müssen, als ‚Eigenschaften‘ bei der Art vorkommen. Diese Pangene denkt sich nun de Vries nicht in festem geordneten Verband, sondern frei mischbar, wie es der angenommenen ‚freien Mischbarkeit der Eigenschaften‘ entspricht. Höhere Einheiten, die etwa eine bestimmte Zahl Pangene geordnet zusammenhielten, bekämpft er als eine überflüssige Annahme, und darin scheint mir der schwache Punkt seiner Aufstellungen zu liegen.

„In dem Abschnitt über die Beherrschung der Zelle durch die Kernsubstanz werde ich mich dem — wie ich glaube — sehr glücklichen Gedanken von de Vries anschliessen, nach welchem materielle Teilchen aus dem Kern austreten und in den Bau des Zellkörpers eingreifen. Diese Teilchen entsprechen den ‚Pangenen‘, sie sind die ‚Eigenschaftsträger‘ der Zelle; durch ihre Natur, durch ihre verschiedenen Arten und durch die Verhältniszahl derselben wird auch nach meiner Ansicht der Zelle ihr spezifischer Stempel aufgedrückt.

„Aber beruht denn der Charakter einer Art blos auf diesen primären ‚Eigenschaften‘ der Zellen? Giebt es nicht ‚Eigenschaften‘ sehr verschiedener Ordnung? primäre, sekundäre u. s. w.? Die ‚Pangene‘ sind primäre Eigenschaftsträger, ihre blosse Anwesenheit in der Vererbungssubstanz sagt noch gar nichts oder doch sehr wenig über den Charakter einer Art aus. Wenn z. B. in der Eizelle einer Pflanze ‚Chlorophyll-Pangene‘ enthalten sind, so können wir daraus keinen weiteren Schluss auf ihre Artcharaktere machen, als dass sie irgend welche grüne Zellen besitzen wird; wo dieselben liegen, welche Teile der Pflanze grün, welche etwa ‚panaschiert‘ sein werden, ob grüne, ob weisse oder anderswie gefärbte Blüten an ihr entstehen werden, lässt sich daraus nicht entnehmen. Erst wenn wir in der Keimsubstanz Gruppen von Pangenen entdeckten, von welchen die einen für Blätter, die anderen für Blüten bestimmt wären, könnten wir sagen, ob die letzteren grün oder anderswie ausfallen werden.

„De Vries erwähnt einmal die Zebrastreifung. Wie soll ein Charakter wie dieser vererbbar sein, wenn im Keim blos verschiedene Arten von Pangenen lose nebeneinander liegen, ohne zu festen und als solche vererbbaren Gruppen verbunden zu sein? Zebrapangene kann es nicht geben, weil die Zebrastreifung keine Zellen-Eigenschaft ist; es kann vielleicht kurz gesagt ‚schwarze' oder ‚weisse' Pangene geben, deren Anwesenheit die schwarze oder weisse Färbung einer Zelle bedingen. Aber die Zebrastreifung beruht nicht auf Entwickelung von Schwarz und Weiss innerhalb einer Zelle, sondern auf der regelmässigen Abwechselung von Tausenden streifenweise angeordneten schwarzen oder weissen Zellen.

„De Vries bezieht sich auch einmal auf die zuweilen durch Rückschlag auf eine weit zurückliegende Stammform entstehende langstengelige Abart der alpinen Primula acaulis. Auch hier kann der Charakter der Langstengeligkeit nicht auf ‚Langstengel-Pangenen' beruhen, denn die Langstengeligkeit ist keine intracelluläre Eigenschaft. Ebensowenig die spezifische Form der Blätter u. s. w. Der gesägte Rand eines Blattes kann nicht auf der Anwesenheit von ‚Säge-Pangenen' beruhen, sondern er beruht auf eigentümlicher Anordnung der Zellen des Blattrandes. Ebenso verhält es sich fast bei allen Charakteren, die wir als sichtbare ‚Eigenschaften' der Art, Gattung, Familie u. s. w. bezeichnen, so bei der Grösse, Struktur, Befilzung, Gestalt eines Blattes, den charakteristischen und oft so durchaus konstanten Farbenflecken auf Blumenblättern (Orchideen) u. s. w. Alle diese ‚Eigenschaften' kommen nur durch das ordnungsmässige Zusammenwirken vieler Zellen zu stande. Oder denke man an ‚Eigenschaften' des Menschen, an seine Schädel-, seine Nasenform u. s. w. Alle diese so charakteristischen ‚Eigenschaften' können nicht einfach nur auf der blossen Anwesenheit der Pangene im Keim beruhen, welche die Hunderte und Tausende verschiedener Zellen bilden sollen, die die betreffende ‚Eigenschaft' zusammensetzen, sondern sie müssen auf einer festen und von Generation auf Generation übertragbaren Gruppenbildung der ‚Pangene' oder irgend welcher andern primärer Elemente des Keimes beruhen.

„Das Charakteristische der Art kann nicht blos auf Anzahl und Verhältnis der Pangene im Keim beruhen. Es liessen sich ganz wohl zwei recht verschieden gebaute Arten denken, deren Pangen-Material des Keimes nach Art und Zahl gleich wäre; der Unterschied würde dann lediglich in einer Gruppenbildung von Pangenen im Keim liegen. Allerdings führt de Vries ‚die systematische Differenz auf den Besitz verschiedener Arten von Pangenen' zurück und meint ‚die Anzahl der gleichartigen Pangene in zwei Species sei das wirkliche Maass ihrer Verwandtschaft', allein dieser Ausspruch scheint mir nicht ganz zu stimmen mit der Grundanschauung, von welcher ausgegangen wird, und nach welcher ,der Charakter jeder einzelnen Art aus zahlreichen erblichen Eigenschaften zusammengesetzt ist, von denen weitaus die meisten bei fast unzähligen anderen Arten wiederkehren'. Wird doch ausdrücklich hervorgehoben, dass die grosse Anzahl verschiedener Pangene, welche ,zum Aufbau einer einzelnen Art' schon gehört, doch nicht zu einer ganz unfassbaren Menge verschiedener Pangene in der gesamten Organismenwelt führt, weil zum Aufbau dieser ,eine im Verhältnis zur Artenzahl geringe Anzahl von einheitlichen erblichen Eigenschaften ausreicht. Jede Art erscheint uns als ein äusserst kompliziertes Bild, die ganze Organismenwelt aber als das Ergebnis unzähliger verschiedener Kombinationen und Permutationen von relativ wenigen Faktoren'.

„Der hier so klar und bestimmt ausgesprochene Gedanke des Aufbaues zahlloser Arten aus verschiedenen Zusammenstellungen relativ weniger Pangene zeigt, dass auch vom de Vries'schen Standpunkt aus nicht das den Keim zusammensetzende Material an Pangenen in erster Linie das Bestimmende für den Charakter der Art sein kann, sondern in viel höherem Grade die Anordnung desselben, oder wie ich es später bezeichnen werde: die Architektur des Keimplasma's.

„Wohl spricht auch de Vries an verschiedenen Stellen von ,Gruppen' von Pangenen, aber er streift den Gedanken nur und verweist seine Ausführung auf die noch zu erwartenden weiteren Aufschlüsse über den Mechanismus der Kernteilung. So wichtig aber ohne allen Zweifel die von de Vries vertretene Grundanschauung einer Zusammensetzung der Keimsubstanz aus primären Anlagen ist, so täuscht sie doch leicht über die Tragweite ihres Erklärungsvermögens; ohne die Annahme einer Bildung vieler, einander umfassenden Ordnungen von Gruppen solcher primärer Anlagen kommt man nicht zur Erklärung auch nur der einfachsten Ontogenese, geschweige denn der verwickelten Erscheinungen des Rückschlags und der amphigonen Vererbung überhaupt. Die Darwin'sche Pangenesis leistet hier noch mehr als die de Vries'sche Abänderung derselben, insofern sie doch wenigstens mit Zellen-Anlagen operiert, während die blosse Anwesenheit einer bestimmten Pangen-Gesellschaft im Keim nicht einmal Sicherheit dafür gewährt, dass die gleichen Zellen beim Kinde zu stande kommen, wie sie beim Elter vorhanden waren; denn der Charakter der einzelnen Zelle wird durch eine bestimmte Auswahl von Pangenen bestimmt. Wenn freilich angenommen wird, dass die erforderlichen Pangene überall da beisammen liegen und zur Verfügung stehen, wo man sie zur Erklärung einer Vererbungserscheinung braucht, dann ist die Erklärung nicht mehr schwer, aber mir scheint, dass es eben gerade darauf ankäme, zu zeigen, wieso die Beschaffenheit des Keimes es bedingen kann, dass die rechten Anlagen immer am rechten Ort sein müssen.

„De Vries spricht, wie gesagt, gelegentlich von Pangen-Gruppen, auf der andern Seite aber verwahrt er sich gegen jede ‚höhere Einheiten‘ im Keim als überflüssig. Ich kann diesen Widerspruch nur daraus verstehen, dass er die ‚Eigenschaften‘ für selbständig und völlig frei mischbar hält, somit eines Keim-Mechanismus bedarf, der ihre Trennung in beliebiger Weise gestattet. Verhielte sich dies wirklich so, wären die Anlagen nicht im Keim schon zu festen Gruppen verbunden, wie könnten jemals komplizierte, aus vielen verschiedenartigen Zellen in bestimmter Anordnung zusammengesetzte Charaktere, z. B. ein Augenfleck auf einer bestimmten Feder eines Vogels, zum festen Artcharakter geworden sein? Ich bin der Ansicht, dass die Selbständigkeit und freie Mischbarkeit der Eigenschaften eine Täuschung ist, hervorgerufen durch die amphigone Fortpflanzung. Der Abschnitt über amphigone Vererbung, Rückschlag u. s. w. wird zeigen, wie ich mir das Zustandekommen dieses Scheins einer freien Mischbarkeit der vereinzelten Eigenschaften vorstelle.

„Es wird im Verlauf dieses Buches noch vielfach hervortreten, in wie vielen und gerade den wichtigsten Punkten ich mit dem holländischen Botaniker auf dem gleichen Boden stehe, ich glaube aber allerdings, dass seine ‚Pangene‘ oder ähnliche kleinste Lebensteilchen allein zum Aufbau einer Vererbungstheorie noch nicht genügen, dass noch einiges hinzugefügt werden muss, um die Erscheinungen im Prinzip wenigstens begreifbar zu machen.“

So weit Weismann. Ich habe diese Ausführungen gegen de Vries, denen ich natürlich nur insofern beistimme, als ich für den Bestand einer präformistischen Vererbungstheorie die Annahme eines bunt zusammengesetzten, aber einer bestimmten Architektur folgenden Keimplasma's für unerlässlich halte, hier unverkürzt hergesetzt, um nunmehr auf Grund dieser unwiderlegbaren Einwände zu zeigen, dass Weismann's Determinantenlehre ebenfalls unmöglich ist, wenn man nicht ihre Konsequenzen ziehen und aus dem Lager der Wissenschaft in das des theologischen Dogmatismus übergehen will.

Weismann gelangt zu der Folgerung, dass in jeder Keimzelle nicht blos ein Id vorhanden ist, sondern deren viele. Ein Teil von diesen wird während der Keimesgeschichte in Determinanten zerlegt und in Biophoren aufgelöst, ein anderer Teil dagegen bleibt ruhig liegen und aus ihm entstehen die Individuen der folgenden Generationen. Da aber die Ide allmählich aufgebraucht werden müssten, folgert Weismann weiter, dass sich die nicht zur Auflösung in Determinanten und Biophoren gelangenden Ide durch Teilung fortpflanzen und sich dadurch fort und fort vermehren, so dass immer Reserve-Ide für künftige Generationen vorhanden sind. Leider aber kommt die Vermehrung der Ide durch Teilung auf dasselbe hinaus, wie fortgesetzte Neuschöpfung, denn bei der Teilung muss das Id notwendigerweise zu Grunde gehen.

Wir könnten, um die Teilung zu verstehen, zunächst annehmen, dass die einzelnen Determinanten des Ides durch Vermehrung ihrer Biophoren wachsen. Wenn das der Fall wäre, so müssten die Ide sich auch bei ihrer Vermehrung in ihre einzelnen Biophoren auflösen; wie diese sich aber wieder in der durch die Körperarchitektonik der betreffenden Organismenart geforderten Weise zusammenfinden sollten, ist, wie Weismann durch seine Ausführungen gegen de Vries selbst gezeigt hat, nicht einzusehen; aus Unordnung kann keine Ordnung entstehen. Weismann ist denn auch überhaupt nicht auf die Frage, auf welche Art und Weise die Ide es fertig bringen, sich durch Teilung zu vermehren, eingegangen.

Die soeben angestellten Betrachtungen zwingen uns also dazu, die Annahme, dass die Ide sich durch das Wachstum ihrer einzelnen Determinanten vermehren, zu verwerfen. Da bleibt denn weiter nichts als die andere übrig, dass sich ein Teil des Ides ohne vorherige Vergrösserung seiner Determinanten abspaltet und dass sich beide Teilstücke wieder zu einem Ganzen vervollständigen. Macht man aber diese Annahme, so versteht man nicht, wie das Id, das ja dann durch Wachstum nicht verändert ist, dazu kommen soll, sich völlig willkürlich in zwei oder mehrere Stücke zu spalten. Eine solche Spaltung kommt einem Deus ex machina gleich. Wir können deshalb anstatt ihrer ebenso gut eine Neuschöpfung des Ids durch Gott annehmen. Gesetzt aber auch, die Zerklüftung des Ids wäre irgendwie auf mechanische Weise verständlich zu machen, so müssten wir doch daran verzweifeln, die Vervollständigung des zerbröckelten Ids zu einem Ganzen zu begreifen, denn ein Id ist kein Kristall, sondern besteht aus einer grossen Anzahl von Teilen, die im hohen Grade voneinander abweichen und sich nach Weismann's Annahme unabhängig voneinander verändern können.

Wie sollte nun der Bruchteil eines Ids dazu kommen, sich wieder in regelrechter Weise zu ergänzen? Man müsste doch annehmen, dass die an der Bruchfläche liegenden Determinanten, beziehungsweise die sie zusammensetzenden Biophoren aus der umgebenden Nährsubstanz durch Assimilation neue Biophoren und Determinanten bilden. Allein dadurch würden nur solche Lebensträger und Bestimmungsstücke entstehen können, wie sie zufälligerweise an der Bruchfläche liegen, und das Id müsste sich deshalb in einer Weise ergänzen, die nun und nimmermehr zu derjenigen Vervollständigung führen könnte, welche von dem architektonischen Aufbau des Körpers verlangt wird. Das könnte nur dann der Fall sein, wenn die neu assimilierten Biophoren sich je nach ihrer Lage ungleich ausbildeten. Damit aber wäre die Präformation in ihr Gegenteil, nämlich in Epigenesis verwandelt, und wenn wir für die Vermehrung der Ide durch Teilung eine epigenetische Theorie annehmen müssen, so wird sich uns auch für die Erklärung der Vererbung überhaupt eine solche als die einzig zulässige aufdrängen. Verwerfen wir aber eine epigenetische Erklärung, so bleibt die Vermehrung der Ide durch Teilung ein unlösbares Rätsel, und es bleibt dann weiter nichts übrig, als dafür entweder immer neue Schöpfungsakte Gottes anzunehmen, oder die Keime sämtlicher zukünftiger Vertreter einer Organismenart in den ersten von Gott erschaffenen Individuen dieser Art eingeschachtelt sein zu lassen.

Dass aber die Annahme sich fortwährend wiederholender Neuschöpfungsakte wenig Befriedigendes für sich hat, haben schon die alten Präformationstheoretiker gewusst. Sie liessen deshalb die Keime der späteren Generationen in die jeweilig lebenden Vertreter der Tier- und Pflanzenarten eingeschachtelt sein und sagten, dass bei der Erschaffung der Stammeltern der Tier- und Pflanzenarten auch gleichzeitig Keime für alle folgenden Generationen erschaffen worden wären. Wenn unsere neuen Präformationstheoretiker sich nicht zu der Annahme, dass bei jedem Zeugungsakte eine Neuschöpfung durch Gott stattfindet, bequemen wollen, was natürlich nur mit einem Verzicht auf die wissenschaftliche Erklärung der Vererbung geschehen könnte, so bleibt ihnen nichts weiter übrig, als zu der alten Einschachtelungstheorie zurückzukehren.

Jede Annahme persönlicher Schöpfungsakte ist aber unwissenschaftlich, weil sie sich vermisst, die Grenzen des Naturerkennens zu überschreiten.

Wir sind also zu dem Ergebnis gelangt, dass die Vererbung nicht an ein polymiktes Plasma gebunden sein kann. Weismann hat uns gezeigt, dass die vielfach verschiedenen Vererbungsträger, die der Präformismus annehmen muss, nicht ungeordnet durcheinander gemischt sein können. Sind sie aber, wie Weismann annimmt und annehmen muss, architektonisch geordnet, so können die „Ide", welche sie bilden, sich nur auf dem Wege der Epigenesis vermehren. Die Epigenesis, deren Unmöglichkeit Weismann „förmlich" nachgewiesen zu haben wähnt, erscheint, von Weismann allerdings unbemerkt, wieder wohlgemut auf der „Keimbahn", um dafür zu sorgen, dass es Weismann's Iden nicht an Nachkommen fehlt. Weismann's Determinantenlehre ist ein schönes Spielzeug, dessen Uhrwerk mit grosser Umsicht und Exaktheit ausgefeilt worden ist; aber ein Perpetuum mobile hat auch Weismann nicht fertig gebracht. Das Schicksal aller eingebildeten Erfinder des Perpetuum mobile hat auch ihn ereilt; sein Perpetuum continuum zerreisst, sobald sich die einen Ide in Determinanten und Biophoren aufgelöst und die anderen durch den unbesonnenen Versuch, sich zu vermehren, unfreiwilligen Selbstmord begangen haben. „Sterblicher" und weniger „kontinuierlich" als Weismann's „Keimplasma" dürfte nicht leicht irgend ein anderes Ding im Himmel oder auf Erden sein.

Der Präformismus ist damit endgültig beseitigt. Wir könnten ihn also ruhig seinem Verfall überlassen, zumal man nach Goethe's Rat nicht mit dem Irrtum streiten, sondern ihn nur andeuten soll. Aber der Weismannismus hat schon zu viel Verwüstungen auf den Gefilden der Biologie angerichtet, als dass wir ihn unseziert begraben dürften. Wir haben uns also wenigstens mit dieser grössten Leistung präformistischer Treibhauskultur noch weiter zu befassen.

b. Das Wesen der organischen Formbildung.

Wer zur Entscheidung der Frage gelangen will, ob eine Vererbungslehre auf Präformismus oder Epigenesis zu begründen ist, der muss eine richtige Anschauung über das Wesen der organischen Form zu gewinnen suchen. Das Wesen der Form lässt sich aber nur dadurch richtig beurteilen, dass man Formenreihen aufzustellen sucht, ihre Glieder untereinander vergleicht und die Unterschiede hervorhebt, die gleichwertige Formen von ungleichwertigen trennen. Da die Präformationstheorie darauf hinausläuft, alles, was wir am Organismus beobachten, als gleich gut angepasst darzuthun, so können wir erstens fragen, was denn den Unterschied zwischen höheren und niederen

Tieren, der uns so unverkennbar entgegentritt, bedinge, ob höhere Tiere besser angepasst sind als niedere oder ob die Entwickelungshöhe nicht durch die Vollkommenheit der Anpassung bedingt wird. Wir müssen ferner fragen, ob die Anpassung entarteter Tiere, also etwa der Parasiten, eine Vervollkommnung bedeute, oder ob wir auch bei jenen zwischen Entwickelungshöhe einerseits und Anpassungsvollkommenheit anderseits zu unterscheiden haben. Daran wird sich die weitere Frage schliessen, ob die Variabilität nur nach einer Richtung oder nach allen Richtungen hin arbeitet, und ob die einzelnen Teile eines Individuums in Abhängigkeit voneinander variieren oder nicht, ob sie also durch Korrelation beherrscht werden, oder ob ihnen Autonomie zukommt. Bei dieser Frage werden wir zwischen wahrer und falscher Korrelation zu unterscheiden haben, denn von Korrelation sprechen auch die Präformationstheoretiker. Es fragt sich aber, ob das, was sie unter Korrelation verstehen, wirklich solche ist; denn die Annahme echter Korrelation bedingt eine Verwerfung jeglicher präformistischer Anschauungen.

1. Epimorphismus und Paramorphismus.

Der orthodoxe Darwinismus, welcher zur Zeit immer noch Zoologie und Botanik beherrscht und namentlich von Weismann auf die Spitze getrieben worden ist, hat die Sucht gezeitigt, in jeder einzelnen Einrichtung der Tiere und Pflanzen eine zweckmässige Anpassung zu erblicken. Eine solche Anschauung verträgt sich freilich gut mit der Präformationstheorie, die eine Autonomie der im Keimplasma durch distinkte Keimpartien vorgebildeten Organe annimmt. Weismann lässt, wie wir gesehen haben, das Id, das einem tierischen oder pflanzlichen Artvertreter entsprechen würde, zusammengesetzt sein aus Determinanten, und er lässt diese letzteren aus selbständig variierenden Biophoren bestehen. Es herrscht also nach Weismann's Anschauung volle Autonomie der einzelnen Organe im Körper, denn diese können natürlich nur dann selbständig variieren, wenn jedes für sich im Keime vorgebildet ist. Es fragt sich nur, ob die einzelnen Organe eines tierischen oder pflanzlichen Individuums auch wirklich selbständig variieren, wie Weismann stillschweigend voraussetzt. Wenn alle Einrichtungen eines Organismus sich unabhängig voneinander verändern können, wenn sie demnach alle in zweckmässiger Weise aneinander und an die Aussenwelt angepasst sind, dann kann von einer Unterscheidung verschiedener Entwickelungshöhen nicht die Rede sein, denn die Naturzüchtung würde

2 *

dann dafür sorgen, dass alle Tier- und Pflanzen-Arten in allen ihren
Eigenschaften so vollständig ihren Lebensbedingungen angepasst sind,
dass sie alle auf gleicher Entwickelungshöhe stehen; es fragt sich aber,
ob das thatsächlich der Fall ist. Wir haben also darüber zu entscheiden, ob sich unabhängig von zweckmässigen Einrichtungen höhere und
niedere Entwickelungsstufen unterscheiden lassen, oder ob das nicht
angeht, und ob alle Einrichtungen der Organismen gleich vollkommen
den Lebensbedingungen angepasst sind oder nicht.

Die Thatsache, dass hier wie dort eine Abstufung stattfindet, die
höhere und niedere Entwickelungsstufen, vollkommenere und unvoll-
kommenere oder gar fehlende Anpassung unterscheiden lässt, könnten wir
als Epimorphismus bezeichnen. Mit dem Namen Paramorphismus
würde dagegen ein Verhalten der organischen Natur zu benennen sein,
wonach Entwickelungshöhe und Anpassungsvollkommenheit als gleichbedeutend zu betrachten sind und ein Unterschied zwischen vollkommenen und unvollkommenen Einrichtungen nicht besteht.

Wir bekennen uns zur Epigenesis und haben demgemäss zunächst
den Nachweis zu führen, dass es unabhängig von jeglicher Anpassung
an bestimmte äussere Verhältnisse eine Abstufung der organischen
Formen nach ihrer Entwickelungshöhe giebt.

Dabei werden wir zweckmässigerweise zunächst diejenigen tierischen
Individualitäten untereinander vergleichen, die bei den meisten vielzelligen Tieren die Art repräsentieren; das sind die tierischen Personen.
An die Vergleichung der Personen hat sich dann eine solche der Organe,
aus welchen die Personen zusammengesetzt sind, und die der Stöcke,
die aus mehreren Personen bestehen, anzuschliessen.

Der Epimorphismus der Tierpersonen in Bezug auf ihre
Entwickelungshöhe, die nichts mit der Anpassungsvollkommenheit
zu thun hat, ist unverkennbar für alle diejenigen, die nicht durch einseitige Vererbungs- und Umbildungstheorieen an einer unbefangenen
Würdigung der Naturerscheinungen gehindert werden. Vergleichen wir
zunächst die erwachsenen Personen der gegenwärtig lebenden Tiere
miteinander, stellen wir also ein System der Entwickelungsabstufungen
innerhalb zusammengehöriger Gruppen auf, so zeigt es sich schon bei
Vergleichung der Grösse, dass diese unabhängig ist von besonderen
Anpassungen. In allen Tiergruppen ohne Ausnahme läuft neben der
Abstufung der Entwickelungshöhe auch eine solche der Grösse einher;
das ist unzweifelhaft für denjenigen, der die Vergleiche in richtiger Weise

vornimmt, d. h. solche Entwickelungsreihen aufstellt, die einigermaassen wenigstens der Vorfahrenreihe der betreffenden Tiere entsprechen. Man darf nicht etwa einen Kolkraben und einen Strauss miteinander vergleichen und dann sagen: der Strauss, der ja doch auf viel tieferer Entwickelungsstufe steht als der Kolkrabe, widerlege durch seine Körpergrösse den Satz, dass Körpergrösse und Entwickelungshöhe gleichbedeutend sind. Man muss vielmehr einen Kolkraben mit den übrigen Arten der Gattung Corvus und diese mit den übrigen Gattungen der Corviden vergleichen und von hier aus den Vergleich über andere Singvogelgruppen ausdehnen. Es ergiebt sich dann, dass mit zunehmender Körpergrösse bei den Vorfahren der Raben auch eine Erhöhung der Entwickelungsstufe einherging, und dasselbe sehen wir überall in der Tierwelt, wo wir die Vergleiche in richtiger Weise anstellen. Vergleichen wir etwa die Menschenaffen mit den Hundsaffen, so finden wir, dass sie im Durchschnitt weit grösser sind als diese; wir sehen ferner, dass die letzteren in ihrer durchschnittlichen Körpergrösse hoch über den auf tieferer Entwickelungsstufe stehenden Breitnasen stehen, dass diese ihrerseits wieder viel grösser sind als die kleinen Krallenaffen, und dass wir unter den Halbaffen die kleinsten Vertreter der Vierhänder antreffen. In ähnlicher Weise nimmt die durchschnittliche Körpergrösse in allen übrigen Tierabteilungen mit zunehmender Entwickelungshöhe gleichfalls zu. Es ist überflüssig, dafür noch weitere Beispiele anzuführen, denn jeder, der seine Augen nicht verschliessen muss, um dem Anblick ihm unangenehmer Dinge zu entgehen. wird leicht die Thatsache feststellen können, dass das Gesetz zunehmender Körpergrösse das gesamte Tierreich beherrscht, und ich glaube, dass auch die Botaniker zu ähnlichen Schlüssen in Bezug auf die Pflanzen gelangen werden.

Dass aber die Körpergrösse gleichbedeutend ist mit Anpassungsvollkommenheit, lässt sich nicht behaupten. Viele Riesentiere der Vorwelt mussten deshalb zu Grunde gehen, weil ihre Körperdimensionen zu gewaltige waren. Wenn allein Anpassungszweckmässigkeit die Entwickelung der organischen Welt beherrschte, so wäre nicht einzusehen, weshalb es überhaupt Organismen von so ungleicher Körpergrösse giebt, wie wir sie thatsächlich antreffen. Wenn, wie Weismann will, Körperplasma und Keimplasma nichts miteinander zu thun haben, wenn das Körperplasma nur da ist, um die Ernährung des Keimplasma's zu besorgen, wenn also etwa der gewaltige Walfisch nur die Bedeutung hat, seine Keimzellen in der Welt herumzutragen, wie es doch nach Weismann'schen Anschauungen nicht anders sein kann, so sieht man nicht wohl ein, weshalb die Natur solcher Riesentiere bedurft hat, um eine geringe Anzahl winziger mikroskopischer Objekte im Meere spazieren zu führen. Die vielgerühmte Sparsamkeit der Natur erscheint hierbei in sonderbarem Lichte, und das vergötterte Selektionsprinzip scheint doch manchmal recht unbrauchbare Dinge gezeitigt zu haben. Wenn thatsächlich alle einzelnen Einrichtungen der Tiere und Pflanzen zweckmässige Anpassungen bedeuten, wenn, wie Weismann will, an den Walfischen geradezu alles angepasst ist, so kann man nur staunen über die Mühe, welche es machen muss, etliche winzige Keimzellen des Walfisches im Meere fortzubewegen.

Wenn zweckmässige Anpassung allein die Welt beherrschte und alle einzelnen Teile des Organismus aufs genaueste ihren Aufgaben entsprächen, wenn die Natur unbarmherzig jede unzweckmässige Einrichtung zerstörte, so dürfte die Körpergrösse der Organismen niemals die Grenze überschritten haben, die durch die Grösse der Keimzellen bedingt wird. Eine Schöpfung mehrzelliger Organismen und eine Trennung von Keimzellen und Körperzellen könnte niemals stattgefunden haben; denn da es sich nach den Anschauungen Weismann's und seiner Anhänger, welche die Natur lediglich durch ein auf die Spitze getriebenes Selektionsprinzip beherrscht sein lassen, um nichts weiter handeln kann, als dass die Tier- und Pflanzenarten thunlichst vor dem Aussterben beschützt werden, da es ferner lediglich Zellen mit Keimplasma sind, welche die Fortpflanzung besorgen, so sind alle anderen Zellen überflüssig und müssten deshalb nach orthodoxer darwinistischer Anschauung vom Übel sein. Die Organismenschöpfung hätte nie über die Bildung etwa von Bakterien hinauskommen dürfen, und diese zeigen ja auch, dass sie vollkommen befähigt sind, ihre Art zu erhalten, während grosse Tiere, wie Walfisch und Elefant, sich nur äusserst langsam fortpflanzen. Die Abstufung der Grössenverhältnisse im Tier- und Pflanzenreich spricht also durchaus dagegen, dass alle einzelnen Einrichtungen des Tier- und Pflanzenkörpers besonderen Anpassungen ihre Entstehung verdanken. Die Grössenverhältnisse der Organismen zwingen uns zu der Annahme eines Epimorphismus, einer Abstufung in Bezug auf die Entwickelungshöhe, welch' letztere nichts mit Anpassungsvollkommenheit zu thun hat.

Das Gleiche lehren uns die geometrischen Grundformen der Tiere und Pflanzen. Man kann ohne alle Bedenken behaupten, dass aus Tieren, deren Grundformen durch gleiche Achsen bedingt werden, sich solche zu entwickeln trachten, bei welchen die Achsen ungleich sind, bei welchen die allseitige Symmetrie mehr und mehr abzunehmen bestrebt ist. Das lehren eine grosse Reihe von Tiergruppen. Die Grundformen der Medusen nehmen ihren Ausgang von einer regelmässigen Pyramide, einer geraden Pyramide, die durch gleiche Kreuzachsen bedingt wird. Solche Formen gehen in die mit zwei ungleichen Kreuzachsen, deren Grundfläche ein zweischneidiges oder amphithektes Vieleck, in den meisten Fällen ein Rhombus ist, über. Bei diesen Formen sind die gleichwertigen Körperstücke einander paarweise symmetrisch-gleich und kongruent. Durch weitere Abnahme der ursprünglich allseitigen Symmetrie entstehen zweiseitig-symmetrische Formen, die nur noch aus spiegelbildlich gleichen, aber nicht mehr aus kongruenten Hälften zusammengesetzt sind. Endlich giebt es bei den Medusen auch unsymmetrische Formen, die zwar aus zwei kongruenten, aber aus unsymmetrischen Hälften zusammengesetzten gleichwertigen Körperstücken bestehen; solche Formen sind die Velellen. Wir sehen nun, dass die Abnahme der Symmetrie eine Zunahme der Organisationshöhe bedeutet, denn das zeigt sich unverkennbar bei Vergleichung der sonstigen Organisationsverhältnisse der Medusen, die sich durch ungleiche Grundformen unterscheiden. Es geht aber aus einer solchen Vergleichung aufs deutlichste hervor, dass die Grundform bei den Medusen nichts zu thun hat mit der Anpassungsvollkommenheit. Eine quadratpyramidenförmige Meduse ist ebenso gut zu leben befähigt wie eine, deren Grundform einer rhombischen Pyramide entspricht.

Eine ähnliche Grundformenreihe wie bei den Medusen können wir bei den Korallen aufstellen. Die Aktinien und ihre Verwandten haben zwei Symmetrieebenen; die Edwardsien stehen in der Mitte zwischen den Aktinien und den Oktokorallen, welch' letztere nur noch eine einzige Symmetrieebene besitzen. Ähnliches finden wir bei den Seeigeln. Die Entwickelung der Grundform hat ihren Ausgang genommen von Arten mit regelmässig fünfseitiger Pyramidenform, wie wir sie bei den ältesten Seeigeln finden. Es bildet sich aber nach und nach anstatt der fünf Symmetrieebenen eine einzige heraus, so dass wir schliesslich bei ausgesprochen bilateral-symmetrischen Formen anlangen. In allen Gruppen der echten Mollusken herrscht das Streben, aus symmetrischen Tieren unsymmetrische zu machen, und ähnliches lässt sich für andere Tiergruppen behaupten. Asymmetrie ist das Ziel der Grundformenentwickelung, allseitige Symmetrie bildet ihren Ausgangspunkt. Dass die Grundformenverhältnisse in allen Tiergruppen zweckmässige Anpassungen an eigenartige Existenzbedingungen bedeuten, wird nur derjenige zu behaupten wagen, der durch unzulängliche Vererbungslehren zu einer solchen Behauptung gezwungen ist. Es ist zwar sicher, dass die symmetrische Körperform beim Vogel und beim Fisch eine recht zweckmässige ist, allein was hat die leichte Andeutung einer Asymmetrie bei den Ktenophoren oder Kammquallen mit dem Wohl und Wehe dieser Tiere zu thun? Weshalb sollten sich Medusen mit einem Tentakel wohler befinden, als solche mit vieren? Weshalb sollten sie weniger leicht dem Untergange preisgegeben sein? Man kann sogar behaupten, dass solche Medusen recht unzweckmässig gebaut sind. Es lässt sich also die Abstufung der Grundformen, die uns in vielen Tiergruppen so unverkennbar entgegentritt, in keiner Weise mit demjenigen Nützlichkeitsprinzip in Einklang bringen, das in jeder Einrichtung eine besondere Leistung der Naturzüchtung erblickt, und was in dieser Beziehung von den Tieren gilt, gilt auch von den Pflanzen, denn regelmässige Blüten werden so gut befruchtet wie unregelmässige. Die Grundformenverhältnisse der Organismen lassen einen Epimorphismus erkennen, der nichts mit Anpassungsvollkommenheit zu thun hat, sondern sich lediglich auf die Entwickelungshöhe bezieht.

Nichts mit dem Nützlichkeitsprinzip zu thun hat auch die allmähliche Verminderung homologer Organe, die bei den Tieren im Laufe der Stammesgeschichte stattgefunden hat. Auch durch Vergleichung der Anzahl homologer Organe in einer Organismenreihe erkennen wir aufs unzweideutigste einen Epimorphismus. So vermindert sich die Anzahl der Zehen bei den Säugetieren stetig innerhalb fast aller Abstammungsreihen. Die Anzahl der Wirbel wird in fast allen Reihen der Wirbeltiere fortwährend vermindert, so dass beispielsweise der Schwanz der Säugetiere immer kürzer wird und endlich schwindet. Ähnliches lehren die Gliedertiere, z. B. die Krebse. Die Zahl ihrer Folgestücke oder Metameren nimmt ab und die ihrer Gliedmaassen wird reduziert. Man wird vielleicht versucht sein, hierin eine zweckmässige Einrichtung zu erblicken, weil eine geringere Anzahl von Organen eine bessere Anpassung im einzelnen zulasse. Allein die Asseln und andere niedere Krebse erfreuen sich ebenso gut ihres Daseins wie die Krabben, und die Tausendfüsse existieren ebenso gut wie die Insekten. Unter den letzteren befinden sich die mit vier Flügeln ebenso wohl wie die zweiflügeligen. Der Mensch, der doch allgemein als das höchstentwickelte Säugetier betrachtet wird, hat noch an Hand und Füssen die fünf Zehen seiner ältesten Vorfahren im Stamme der Säugetiere, und eben deswegen ist er befähigt, Kunstwerke auszuführen, wie sie kein anderes Tier anzufertigen vermag. Vervollkommnung der Anpassung geht also keineswegs Hand in Hand mit der Reduktion gleichwertiger Organe. Was hat mit der Anpassungsvollkommenheit etwa die Verkürzung des Schwanzes bei den Säugetieren zu thun? Wir gelangen durch diese Betrachtungen zu dem Satze, dass die Reduktion homologer Organe im Laufe der stammesgeschichtlichen Entwickelung einen Epimorphismus bedeutet, der unabhängig ist von zweckmässiger Anpassung im einzelnen.

Ein ähnlicher Epimorphismus ergiebt sich in Bezug auf die relativen Grössenverhältnisse der einzelnen Gliedmaassen innerhalb einer Tiergruppe. Bei den Säugetieren nimmt im grossen und ganzen die Anzahl der Beine stetig ab, die der Arme ebenso stetig zu, und ich werde demnächst zeigen, dass dieser Epimorphismus nichts zu thun hat mit der Anpassung, dass sich die Anpassung der Organe im einzelnen viel mehr nach dieser Abstufung der Entwickelungshöhe zu richten hat. Für die Zeichnung der Tiere ist der Epimorphismus der Entwickelungshöhe durch Eimer festgestellt worden. Dieser verdienstvolle, aber leider vielfach verkannte Naturforscher hat gezeigt, dass die Verteilung der Farben bei den Tieren nach festen Gesetzen erfolgt. Bei den Säugetieren geht Fleckenzeichnung aus Längsstreifung und die Querstreifung aus Fleckenzeichnung hervor, und wenn sich damit auch die Zeichnung der Schmetterlinge und Vögel vielleicht nicht vergleichen lässt, so zeigt sich doch überall ein unverkennbarer Epimorphismus. Bei den Vögeln besteht dieser darin, dass buntgezeichnete Tiere Einfarbigkeit anstreben. Man braucht, um dieses sofort zu sehen, nur die Raben mit ihren tiefer stehenden Verwandten, den Paradiesvögeln, zu vergleichen, oder die kleinen überaus bunten Papageien Australiens neben die Kakadus und Aras zu stellen. Sowohl unter den Kakadus als auch unter den Aras sind die höchstentwickelten Formen, also einerseits der Arara-Kakadu, anderseits der Hyacinth-Ara, durch Einfarbigkeit ausgezeichnet. Der Epimorphismus der Entwickelungshöhe zeigt sich in der That nirgends so gut, wie an der Zeichnung der Tiere, mögen nun die Gesetze, welche Eimer aufgestellt hat, das Richtige getroffen haben oder anderen Platz machen müssen. Dass die Entwickelung der Zeichnung durch strenge Gesetzmässigkeit beherrscht wird, lässt sich nicht in Abrede stellen, und diese Gesetzmässigkeit bedeutet keineswegs eine Anpassung an äussere Verhältnisse, sondern bringt lediglich einen Epimorphismus der Entwickelungshöhe zum Ausdruck.

Der Epimorphismus der Organe lässt sich schwieriger feststellen, als derjenige ganzer Personen, soweit wenigstens die Entwickelungshöhe der Organe betroffen wird; indessen zeigt sich doch auch bei ihnen vielfach eine unverkennbare Abstufung der letzteren. Als Beispiel führe ich das Hirschgeweih an, dessen Entwickelung mit kleinen, kurzen, bleistiftdicken Stangen begonnen und zu dem stattlichen Kopfschmuck des Wapiti und dem gewaltigen Geweih des Riesenhirsches geführt hat. Die Anzahl der Sprosse nimmt stetig in gesetzmässiger Weise zu, und die Sprosse zeigen das Bestreben, miteinander zu verschmelzen und Schaufeln zu bilden. Man braucht nur Abbildungen von Hirschen miteinander zu vergleichen, um sich von diesem Epimorphismus der Entwickelungshöhe eines Organes zu überzeugen, und wer lebende Hirsche beobachtet hat, der kann sich der Einsicht nicht verschliessen, dass grosse Hirschgeweihe doch recht unzweckmässig sind; verdankt doch vielleicht der Riesenhirsch dem gewaltigen Geweih seinen Untergang. Ähnliches wie für das Geweih der Hirsche gilt für die Hörnerformen der Antilopen und anderer Wiederkäuer. Bei den Büffeln hat die Entwickelung der Hörnerform ihren Ausgang genommen von graden, spitzen Hörnern, wie wir sie noch bei der Anoa von Celebes finden. Den Hörnern der Anoa gleichen die der jüngeren Büffelkälber; sie biegen sich dann später auf die Seite und bilden endlich die gewaltigen Hornplatten auf dem Schädel des Kafferbüffels. Dass dessen Gehörn aber zweckmässiger wäre, als das der Anoa, lässt sich nicht behaupten; im Gegenteil erscheint das letztere viel mehr geeignet zu erfolgreicher Bekämpfung von Gegnern, als das des Büffels. Ein ähnlicher Epimorphismus lässt sich für die Hörnerform der Gnus und aller anderen Antilopen feststellen; sie hat nichts zu thun mit zweckmässiger Anpassung. So ergiebt sich auch bei Organen ein Epimorphismus der Entwickelungshöhe, für welche jeder Belege zu finden wissen wird.

Dasselbe gilt für den Epimorphismus der Stöcke; auch dieser ist unverkennbar, zumal bei den Pflanzen; aber auch für die Tiere hat er Gültigkeit. Solches lehren beispielsweise die Grundformen der Stöcke bei den Korallen. Wir finden hier eine ähnliche Übergangsreihe von vielseitig- zu zweiseitig-symmetrischen Stöcken, wie bei den Personen der Korallen; wir brauchen nur die Grundformen der Pennatuliden untereinander zu vergleichen. Mit zweckmässiger Anpassung haben diese nichts zu thun; ebensowenig lässt sich das letztere von der zunehmenden Einheitlichkeit der Stöcke bei den Siphonophoren behaupten; diese zeigen das unverkennbare Bestreben, ihren schwimmenden Polypenstock einheitlicher zu gestalten, so dass er mehr und mehr einer einzelnen Person ähnlich wird.

Nach alledem kommen wir zu dem Ergebnis, dass die Entwickelungshöhe der Tiere eine ganz unzweideutige Abstufung zeigt, dass ein unverkennbarer Epimorphismus sie beherrscht. In Bezug auf diese Entwickelungshöhe, die nichts mit zweckmässigen Einrichtungen im einzelnen zu thun hat, sind die Tiere durchaus ungleichwertig. Sehen wir nunmehr zu, ob sich auch für die mehr oder minder weitgehende Anpassung ähnliches ergiebt oder nicht!

Die Höhe der Anpassung ist nicht an die der Entwickelung gebunden, und vielleicht könnten deshalb alle Tiere gleich gut angepasst sein, obwohl sie nicht auf gleicher Entwickelunghöhe stehen. Das ist aber nicht der Fall; es giebt sicher Tiere, die besser angepasst sind als andere. Die Wanderratte hätte niemals die Hausratte verdrängen können, wenn diese ihrem Wohngebiete gut angepasst gewesen wäre. Obwohl die Wanderratte aus einem anderen Gebiete zu uns nach Europa kam, hat sie dennoch die Hausratte in verhältnismässig kurzer Zeit bis auf wenige Reste verdrängt. Das hätte nicht möglich sein können, wenn die Organe der Tiere unabhängig voneinander variieren, wenn also für jedes Organ zu jeder Zeit die Möglichkeit gegeben ist, sich neuen Anforderungen entsprechend umzüchten zu lassen. Wir finden aber, dass die Organe ungleich gut angepasst sind, dass ein und dasselbe Tier gut und schlecht angepasste Organe besitzt. Das könnte nicht der Fall sein, wenn jedes für sich variierte, wenn also präformistische Vererbungstheorien das Rechte getroffen hätten. Epigenetische setzen Wechselwirkung, Korrelation voraus, und wo Korrelation herrscht, sind die Organe voneinander abhängig und können sich deshalb nicht in beliebiger Weise an die Aussenwelt anpassen. Neben dem Epimorphismus der Entwickelungshöhe finden wir also auch einen Epimorphismus der Anpassungsvollkommenheit.

Dieses Gesetz bleibt auch in Geltung, wenn wir nicht nur die heutige Tierwelt ins Auge fassen, sondern die Faunen der verschiedenen Erdperioden miteinander vergleichen. Neben einem unzweideutigen geologischen Epimorphismus, der sich in der Entwickelung aller Tiergruppen dadurch ausspricht, dass höhere Formen auf niedere folgen, finden wir ebenso unzweideutig, dass die Anpassungsvollkommenheit unabhängig von geologischer Stufenfolge ist. Wir finden schon in den ältesten Erdschichten Tiere, die in hochgradiger Weise ihren Lebensbedingungen angepasst gewesen sein müssen. Eine Präformationstheorie vermag den geologischen Epimorphismus der Entwickelungshöhe nicht zu erklären, denn da sie alle Tiere als gleich gut angepasst betrachten muss, so müsste es möglich gewesen sein, dass die Entwickelung einer Tiergruppe bald nach vorwärts und bald nach rückwärts erfolgte. Warum sich die Tiere unaufhörlich in einer Richtung weiter gebildet haben, ist nach präformistischer Ansicht nicht einzusehen. Es hätte, wie bereits Nägeli ausgeführt hat, ein unsicheres Hin- und Herschwanken geben müssen, denn die Lebensbedingungen haben vielfach gewechselt und sind keineswegs nach einer Richtung hin verändert worden. Vögel hätten sich wieder zu Reptilien umbilden müssen, wenn die Entwickelung allein von Zweckmässigkeitsrücksichten in Bezug auf Einzelheiten beherrscht wird. Aus höheren Säugetieren hätten wieder niedere werden müssen, kurz ein Epimorphismus hätte nicht eintreten können. Bei Präformation, bei Autonomie der einzelnen Vererbungsträger des Keimplasma's, ist Vorwärts- und Rückwärtsentwickelung möglich. Der Epimorphismus lässt sich mit ihr nicht vereinigen.

Dasselbe gilt von dem geographischen Epimorphismus, der noch wenig Beachtung gefunden hat, aber berufen ist, ein entscheidendes Wort in entwickelungsgeschichtlichen Fragen zu sprechen. Die Verbreitungsgebiete der Säugetiere sind in unverkennbarer Weise abgestuft. Australien, Madagaskar, Afrika und der Norden der alten Welt zeigen einen geographischen Epimorphismus, wie er schöner nicht gedacht werden kann. Australien beherbergt Beuteltiere und Ursäuger, Madagaskar niedere Vierhänder, die Halbaffen, und tiefstehende Raubtiere und Insektenfresser, Afrika eine Reihe höherer Tierformen, wie sie in Madagaskar noch fehlen, und aus der Säugetiergeschichte des Nordens der östlichen Erdhalbkugel geht hervor, dass hier die höchsten Formen gelebt haben müssen, zu welchen es die Säugetiere überhaupt gebracht haben. Ist doch auch dieses Gebiet die Heimat der höchstentwickelten Menschenrassen. Ich kann bei diesem geographischen Epimorphismus der Säugetiere hier nicht länger verweilen und verweise denjenigen, der Weiteres darüber nachzulesen wünscht, auf meine „Schöpfung der Tierwelt". Ich will nur noch darauf hinweisen, dass auch für die Vögel ein ähnlicher faunistischer Epimorphismus gilt. In äusserst auffälliger Weise zeigen das die Hühnervögel. Ihre tiefststehenden Formen, die Kiwis und Moas, finden wir in Neuseeland; etwas höher stehen die

Wallnister, australische Hühnervögel, und die merkwürdigen Hühner Südamerikas, und je mehr wir uns nach dem Norden hin bewegen, desto höhere Formen erhalten wir; die höchststehenden sind die Waldhühner des Nordens. Von den Spechten muss dasselbe gesagt werden; hoch entwickelte Spechte finden wir im Norden, tiefstehende im Süden, und ich glaube in meiner „Schöpfung der Tierwelt" den Nachweis geführt zu haben, dass die Entwickelungshöhe abhängig ist von der Ausdehnung des Wohngebietes, vorausgesetzt dass sich sonst alles andere gleichbleibt. In Bezug auf die verschiedenen Faunengebiete der Erde haben wir also von einem Epimorphismus der Entwickelung zu sprechen.

Dagegen ist ein Paramorphismus der Entwickelungshöhe ebenso unverkennbar, wenn wir die Tiere eines einzelnen Wohngebietes untereinander vergleichen, soweit solches durch die Verbreitungsmöglichkeiten der verschiedenen Tiergruppen, die ja sehr verschieden sind, erlaubt wird. Ein Land, das von tiefstehenden Säugetieren bewohnt wird, beherbergt auch tiefstehende Vögel; wir brauchen nur an das australische Faunenreich zu erinnern, wo wir neben Beuteltieren und Ursäugern Emus und Kasuare, Grossfusshühner, Kiwis und andere tiefstehende Vogelformen finden. Ähnliches gilt für Südamerika. Geographischer Epimorphismus der gesamten Tiergebiete muss ja durch geographischen Paramorphismus in Bezug auf die Bewohner eines einzelnen Gebietes bedingt sein. Wenn man sich näher mit tiergeographischen Fragen beschäftigen wollte, wozu leider nur geringe Aussicht vorhanden ist, würde man diesen Satz überall bestätigt finden, sobald bei den Vergleichungen die nötige Umsicht beobachtet wird.

Wie der geographische Epimorphismus bei Annahme von Präformismus zu erklären ist, vermag ich nicht einzusehen, denn Präformismus setzt gleiche Anpassungsvollkommenheit voraus; für ihn ist Anpassungsvollkommenheit gleichbedeutend mit Entwickelungshöhe; dann aber könnte es keine faunistischen Abstufungen geben.

Vergleichen wir die einzelnen Länder der Erde miteinander in Bezug auf die Anpassungsvollkommenheit der von ihnen bewohnten Tiere, so finden wir überall gute und schlechte Anpassungen. Während die Tiere südlicher Länder allerdings häufig in hohem Grade einseitig angepasst sind, sind die des Nordens durchweg vielseitiger, aber in jedem Falle ebenso gut angepasst wie jene. Die Faunen der Erde zeigen, dass in Bezug auf Anpassungsvollkommenheit sich ein Paramorphismus für die Gesamtheit der Faunengebiete feststellen lässt. Der

Präformismus wird das Nebeneinanderbestehen dieses Paramorphismus und jenes Epimorphismus schwerlich erklären können, denn nach ihm ist Entwickelungshöhe und Anpassungsvollkommenheit gleichbedeutend. Dem geographischen Epimorphismus und Paramorphismus der Entwickelungshöhe und Anpassungsvollkommenheit wird also nur eine epigenetische Theorie gerecht, weil diese Korrelation zur Voraussetzung hat, Korrelation der einzelnen Zellen des Körpers und nicht minder auch Abhängigkeit der Bewohner eines Landes von dessen Eigentümlichkeiten. Jene Korrelation muss bedingen, dass unter übrigens gleichen Umständen die Entwickelungshöhe von der Geschichte, die Anpassung im einzelnen von der Beschaffenheit eines Landes abhängt, wie wir später klar sehen werden.

Zu einem ähnlichen Ergebnis gelangen wir, wenn wir die Entwickelungsgeschichte des Individuums in Bezug auf die hier vorliegenden Fragen zu Rate ziehen. Sie lehrt uns, dass die Anpassung der einzelnen Organe auf gleicher ontogenetischer Stufe ungleich weit gediehen ist, dass also hier Epimorphismus herrscht, und ferner, dass die Anpassung des einzelnen Organes auf seinen verschiedenen ontogenetischen Stufen ungleich vollkommen ist, was wiederum Epimorphismus bedingt. Die Entwickelungshöhe ist auf verschiedenen ontogenetischen Stufen ungleich für die einzelnen Organe, und die Entwickelungshöhe der einzelnen Organe verglichen untereinander ist ungleich auf einer und derselben Stufe; aber die ontogenetische Entwickelungshöhe des gesamten Körpers nimmt bei Tieren, die nicht infolge von Parasitismus oder ähnlicher einseitiger Lebensweise verkümmert sind, im grossen und ganzen zu.

Wie erklärt die Präformationstheorie diese Thatsachen? Nach ihr sind die kleinsten Teile des Körpers autonom; es dürfte deshalb einen Epimorphismus, wie ihn die Ontogenie aufweist, nicht geben. Alle Teile des Körpers müssten auf jeder ontogenetischen Stufe gleich gut angepasst sein, denn sonst hätte das Zweckmässigkeitsprinzip eingreifen und die weniger oder zu gut angepassten Teile beseitigen müssen. Augen und Ohren des Menschen dürften sich erst kurz vor dem Gebrauch aus bis dahin schlummernden Biophoren entwickeln. Aber die einzelnen Teile des Organismus entwickeln sich, weil Epigenesis die organische Welt beherrscht, in Abhängigkeit voneinander. Epigenesis bedeutet Korrelation und diese lässt keinen ontogenetischen Paramorphismus der Anpassungsvollkommenheit auf gleicher Entwickelungsstufe zu, denn in einem Gesamtsystem haben sich die einzelnen Teile nacheinander zu richten, und jedes kann sich nicht auf beliebige Weise seiner Umgebung anpassen. Wenn die Präformationstheorie die ungleiche Anpassung der Organe während der Keimesentwickelung erklären will, so muss sie notwendigerweise eine Einschachtelung der Organkeime, also der Determinanten ineinander vornehmen. Weismann nimmt ja auch an, dass Biophoren, Determinanten und Ide so lange latent bleiben, bis ihre Zeit gekommen ist. Dieses Latentbleiben lässt sich aber auf keine andere Weise erklären, als dass man die betreffenden Gebilde eingeschachtelt sein lässt in diejenigen, die ihnen in der Entwickelung vorausgehen, denn andernfalls könnten sie nicht in unthätiger Ruhe verharren, da die Entwickelung doch auch nach Weismann's allerdings inkonsequenter Ansicht von Mechanismus und Chemismus beherrscht wird, da also jederzeit eine Wechselwirkung der nebeneinander liegenden Stoffe nicht nur möglich ist, sondern überhaupt nicht ausbleiben kann. Der Präformismus muss notwendigerweise die Einschachtelungstheorie auch nach dieser Seite hin ausdehnen.

2. Orthogenesis und Amphigenesis.

Im allgemeinen hat die Entwickelung der Organismen nach oben hin stattgefunden, d. h. es haben sich die höheren Entwickelungsstufen aus den niedrigeren hervorgebildet. In vielen Fällen ist jedoch das Umgekehrte geschehen; manche Tiere, beispielsweise die Parasiten und viele Haustiere, sind degenerirt, und dasselbe gilt von vielen Organen auch bei hochentwickelten Tieren.

Vor allem sind die Parasiten geeignet, das Wesen der Weismann'schen Präformationslehre zu beleuchten; sie muss diese Tiere als ebenso hoch entwickelt ansehen, wie etwa einen Elefanten oder den Menschen, denn nach Weismann ist alles nur angepasst, nach ihm existiert nichts, das nicht zweckmässig wäre. Für Weismann's Präformismus giebt es nur Anpassungsvollkommenheit.

Wir werden später Gelegenheit haben zu sehen, auf welche Weise sich die Theorie der Epigenesis mit der Abstufung der Tierwelt ihrer Entwickelungshöhe nach und mit der Degeneration der Organe und ganzer Tiere abfindet, und wie die Präformationstheorie die Entartung zu erklären sucht. Im Anschluss an unsere bisherigen Betrachtungen haben wir aber zunächst zu fragen, ob die Variabilität eine allseitige ist, oder ob sie nur nach vorgeschriebener Richtung hin erfolgt, ob wir Amphigenesis oder Orthogenesis feststellen können.

Betrachten wir zunächst ein einzelnes Organ, etwa das Auge, so sehen wir, dass dieses sich aus einem einfachen Pigmentbecher, der eine Linse erhält, nach und nach zu jenem hochentwickelten Sinneswerkzeug entwickelt, wie wir es etwa bei den Raubvögeln antreffen. Ein Hin und Her in seiner Entwickelung hat es innerhalb einer zusammenhängenden Abstammungslinie nicht gegeben, und wenn es verkümmert, bildet sich ein Teil mit oder nach dem anderen zurück; ist es geschwunden, so kann es nie wiederkehren. Es kann vielleicht an seine Stelle ein neues Organ, etwa ein Taster treten, wie er sich bei den Caecilien findet, aber ein einmal verschwundenes Organ kommt in der früheren Form nie wieder zum Vorschein. Das gilt für sämtliche Organe der Tiere und Pflanzen; ihre Entwickelung ist, abgesehen von einigen Fällen plötzlichen Rückschlags, die wir später erörtern werden, eine orthogenetische.

Genau dasselbe muss über den Gesamtkörper der Tiere und Pflanzen ausgesagt werden. Innerhalb jeder Abstammungslinie ist die Entwickelung immer nur nach einer Richtung hin vor sich gegangen, überall hat Orthogenesis stattgefunden. Die Säugetiere sind vielleicht von Amphibien abzuleiten, diese von tiefstehenden Fischen, wie die letzteren von schädellosen Wirbeltieren; aber nie und nirgends ist ein Säugetier wieder zum Amphibium, ein Amphibium wieder zum Fisch geworden. Das Pferd können wir in ununterbrochener Stufenfolge von fünfzehigen Vorfahren ableiten. Aber wenn auch gelegentlich durch Rückschlag die Anzahl seiner Zehen wieder verdoppelt wird, so ist es doch völlig ausgeschlossen, dass aus den heutigen wild lebenden Pferden dermaleinst wieder fünfzehige Tiere werden.

Wie will die Präformationslehre diese Thatsachen erklären, die Thatsache, dass die Entwickelung unter allen Umständen stets nach einer Richtung hin erfolgt, und dass ein einmal geschehener Schritt niemals wieder rückgängig gemacht worden ist, dass es also keine Amphigenesis giebt. Im Laufe der wechselvollen Geschichte unseres Planeten müsste eine derartige Rückentwickelung doch oft genug vorteilhaft gewesen sein, namentlich dann, wenn die Verhältnisse wieder denen ähnlich wurden, die ehedem geherrscht hatten. Man kann sich sehr wohl vorstellen, dass es für flugunfähige Laufvögel unter Umständen von grossem Vorteil gewesen sein müsste, wieder zu fliegenden Vögeln zu werden. Solches oder ähnliches ist niemals geschehen. Und doch hätte es leicht eintreten müssen, wenn die Präformationstheorie mit ihrer Annahme autonomer Vererbungsträger Recht hat.

Diese von Weismann sogenannten Biophoren haben ja doch die Fähigkeit, sich nach allen Richtungen hin umzubilden; sie müssen für jeden Schritt vorwärts auch einen entsprechenden Schritt rückwärts thun können. Wenn sie das nicht fertig bringen, dann sind sie eben nicht autonom. Wenn sie aber geschehene Schritte ungeschehen zu machen vermögen, so hätte oft genug eine Rückzüchtung stattfinden müssen. Die Paläontologie zeigt aber, dass solches auch nicht in einem einzigen Falle geschehen ist. Gewiss, die Parasiten sind degeneriert, aber auch sie haben sich stets in gerader Richtung umgebildet. Die Vorfahren der unförmigen Sackkrebse waren keine Tiere, die den letzteren irgendwie ähnelten.

Folgen wir aber der Epigenesislehre, so begreifen wir, dass sich die Tiere wohl oder übel in einer Richtung weiterentwickeln müssen, denn die Theorie der Epigenesis nimmt ein monotones Keimplasma, also Abhängigkeit jeder Zelle des Körpers von dem gesamten Keimplasma an, und dieses lässt nur Entwickelung nach einer Richtung hin zu. Verändert sich das Keimplasma durch irgend welche Einflüsse, so verändern sich sämtliche Organe des Körpers. Wirken weiterhin dieselben oder andere Umbildungsursachen auf das veränderte Keimplasma ein, so treffen sie ein anderes Plasma als zuvor, und dasselbe geschieht, wenn neue Einflüsse von aussen wieder und wieder Veränderungen im Plasma hervorbringen. Alle Umbildungsursachen arbeiten jedesmal mit einem anderen Plasma und eine Rückentwickelung kann deshalb nicht stattfinden.

Freilich bleibt dabei noch unerklärt, warum die Höhe der Organisation allmählich zunimmt. Diese Zunahme der Organisationshöhe werden wir später ursächlich zu begründen haben. Jedenfalls ist die Präformationstheorie mit der unumstösslichen Thatsache der Entwickelung nach einer Richtung hin völlig unvereinbar, weil sie nur durch die Annahme autonomer Biophoren bestehen kann.

Der Satz, dass die Entwickelung nach einer Richtung hin stattfindet, gilt aber nur für die durch Abstammung in auf- und absteigender Linie verbundenen Glieder einer Entwickelungsreihe, nur für die gerade Vorfahren- und Nachkommenlinie jedes tierischen Individuums. Von einem Punkte aus, wo sich eine Abstammungslinie in zwei oder mehrere Äste spaltet, kann die Entwickelung nach mehreren Seiten hin stattfinden:

aber auch dann, wenn sich eine Abstammungslinie gegabelt hat, laufen
ihre Zweige oft annähernd parallel. So sehen wir beispielsweise, dass
der Daumen sich sowohl bei den Affen der Alten, als auch bei denen
der Neuen Welt rückzubilden bestrebt ist, und die Nager und Insektenfresser bilden zwei Gruppen niederer Säugetiere, deren Entwickelung in
hohem Grade parallel gelaufen ist. Den Eichhörnchen unter den Nagern
entsprechen die Spitzhörnchen unter den Insektenfressern, die Igel unter
den letzteren finden ihr Gegenstück in den Stachelschweinen und deren
Verwandten unter den Nagern, die Entwickelung der Spitzmäuse lief
der der Mäuse parallel, und ein solcher Parallelismus lässt sich für fast
alle anderen verwandten Tiergruppen und nicht minder auch bei den
Pflanzen feststellen.

Wie findet sich die Präformationstheorie mit diesen Thatsachen ab?
Sie kann sie nicht erklären, weil sie autonome Vererbungsträger, die in
grosser Anzahl das Keimplasma zusammensetzen, annehmen muss. Das
monotone Keimplasma der Epigenesislehre ermöglicht dagegen Entwickelungsreihen, die zwar von einem Punkte aus divergieren, aber dennoch
in mancher Beziehung parallel laufen.

Dieser Parallelismus ist oft genug ein solcher, mit welchem An-
passungsähnlichkeiten nichts zu thun haben können. In allen Weich-
tiergruppen tritt, wie wir gesehen haben, das Bestreben hervor, unsymmetrische Tiere zu bilden. Dieses lässt sich nur auf die Eigentümlichkeiten des monotonen Plasma's der Urweichtiere zurückführen, weil das
letztere entweder schon hier die ersten Spuren der Asymmetrie bewirkte,
oder weil es die Fähigkeit hatte, sie in den einzelnen Abstammungsreihen
der Weichtiere hervorzubringen. Dadurch, dass es nicht aus autonomen
Biophoren zusammengesetzt war, sondern einen monotonen Bau hatte,
in welchem Veränderungen, welche die betreffenden Tiere unsymmetrisch
werden liessen, eintreten konnten, musste es überall eine Umbildung nach
einer Richtung hin bewirken. Wenn man autonome Biophoren annimmt,
so vermag man nicht einzusehen, weshalb Asymmetrie in allen Gruppen
echter Weichtiere einzutreten bestrebt gewesen ist, denn als eine Anpassung an ähnliche Lebensbedingungen kann sie unmöglich aufgefasst
werden.

c. Korrelation und Autonomie.

An der Thatsache der Korrelation muss jede Präformationstheorie scheitern. Wer sich freilich zur Rettung unhaltbarer Vererbungslehren einzureden sucht, dass die einzelnen Organe des Tier- und Pflanzenkörpers unabhängig voneinander variieren, der kann nicht die Überzeugung gewinnen, dass alle Zellen des Körpers sich verändern, wenn eine einzige von ihnen umgebildet wird. Und doch ist dieser Satz, auf welchen sich die Epigenesistheorie gründet, absolut unanfechtbar, denn auch die allernächstverwandten Tier- und Pflanzenarten und schwer voneinander zu trennende Rassen einer Art unterscheiden sich bei genauem Zusehen in aller und jeder Beziehung voneinander. Dasselbe gilt von den Individuen einer Art. Wir dürfen mit vollkommener Sicherheit behaupten, dass zwei Tiere, die in Bezug auf eine einzige Zelle voneinander abweichen, es auch in allen anderen thun. Derjenige Systematiker, welcher diesen Satz umstösst, wird nicht gefunden werden. Denn, wer nur seine Augen offen hat, kann ihn auf Schritt und Tritt bestätigt finden. Was aber sagen die Präformationstheoretiker dazu?

Weismann hält sich überhaupt nicht bei dieser Frage auf. Er betrachtet es von vornherein als ganz selbstverständlich, dass alle Organe des Körpers unabhängig voneinander variieren, und begründet durch diese völlig unbegreifliche Annahme seinen sogenannten „förmlichen Beweis" dafür, dass nur eine Präformationstheorie die Vererbung zu erklären vermag. Dagegen giebt de Vries sich Mühe, die Behauptung, dass die einzelnen Teile der Organismen unabhängig voneinander variieren, einigermaassen zu beweisen. Da Weismann den Satz von der autonomen Variabilität der Organe fast stillschweigend als selbstverständlich hinstellt und gar nicht daran denkt, ihn irgendwie zu begründen, so müssen wir uns an de Vries halten, um diese uns unbegreifliche Behauptung in ihr rechtes Licht zu setzen.

De Vries sagt, dass man früher jede Art als eine Einheit betrachtet habe und die Gesamtheit ihrer Artmerkmale als ein einheitliches Bild, und wundert sich darüber, dass die neuesten Theorien der Vererbung dieses Bild als ein der weiteren Zerlegung nicht bedürftiges hinnehmen. Das Licht der Abstammungslehre zeigte nach de Vries, dass die Artcharaktere aus einzelnen voneinander mehr oder weniger unabhängigen Faktoren zusammengesetzt sind. Fast jeden dieser letzteren soll man bei zahlreichen Arten finden, und ihre wechselnde Grup-

3*

pierung und Verbindung soll die ausserordentliche Mannigfaltigkeit der
Organismenwelt bedingen. Sogar die einfachste Vergleichung der verschiedenen Organismen führt nach de Vries zu der Überzeugung von der
zusammengesetzten Natur der Artmerkmale. Dieselben Blattformen, dieselben gröberen und feineren Einkerbungen des Blattrandes sollen nach
der Ansicht des holländischen Botanikers bei zahlreichen Arten wiederkehren, und schon die gewöhnliche Terminologie soll lehren, dass die
Bilder sämtlicher Blattformen aus einer verhältnismässig geringen Zahl
von einfacheren Eigenschaften zusammengesetzt sind. — Es wäre überflüssig, meint de Vries, die Beispiele zu häufen, denn sie seien einem
jeden leicht zugänglich, und es komme nur darauf an, sich in den Gedanken, dass die Natur der Artmerkmale eine zusammengesetzte ist, so
vollständig einzuleben, dass man überall die Zusammensetzung des Bildes
aus seinen Einzelheiten klar durchschaut.

Freilich, darauf kommt es allerdings an! Wer sich nicht in den
Gedanken einer unmöglichen Vererbungstheorie eingelebt hat, der wird
völlig anderer Ansicht sein, dem wird sich niemals zeigen, dass der
Charakter jeder einzelnen Art aus zahlreichen erblichen Eigenschaften
zusammengesetzt ist, von denen weitaus die meisten bei fast unzähligen
anderen Arten wiederkehren, der kann unmöglich glauben, dass die
Faktoren, welche den Charakter der einzelnen Arten zusammensetzen,
von ungleichem Alter sind, wie de Vries behauptet. Keine Überlegung vermag dem, der sich nicht dem Präformismus in die Arme geworfen hat, zu zeigen, dass die Merkmale einzeln oder in kleinen Gruppen
erlangt worden sind. Ein solcher wird auch parallele Anpassungen in
entfernten Teilen des Stammbaumes nicht zur Begründung einer Autonomie der Vererbungsträger heranziehen und die insektenfressenden Pflanzen
nicht zur Aufstellung der Behauptung benutzen, dass das Keimplasma
ein Mosaik ist, weil Pflanzen der verschiedensten natürlichen Familien sich
zu Insektenfressern umgebildet haben und deshalb „Pangene" in ihrem
Keimplasma führen müssen, welche diese Eigenschaft bedingen, sie deshalb
hervorbringen können, weil sie unabhängig von den übrigen Pangenen
des Körpers sind. Auch die Wüsten- und Ameisenpflanzen wird nur der
Präformationstheoretiker zur Begründung der Autonomie der Pangene
oder Biophoren heranziehen.

Man wird wohl zugeben, meint de Vries, dass eine sehr grosse
Übereinstimmung obwaltet zwischen der Weise, in der sich Organe einer
einzelnen Pflanze voneinander unterscheiden, und den Unterschieden

zwischen zwei differenten Arten. Er meint, dass beide offenbar auf wechselnden Verbindungen und wechselnder Auswahl aus einer grossen Reihe gegebener Faktoren beruhen, und glaubt, er brauche dafür kein Beispiel anzuführen. Fälle, wo die Natur eines Organes noch nicht entschieden ist, sondern noch durch die äusseren Einflüsse bestimmt werden kann, führen nach de Vries gleichfalls zu der Schlussfolgerung, dass sich die Artcharaktere bunt zusammensetzen.

Trotz alledem müssen wir bestreiten, dass jede eingehende Betrachtung des Artcharakters und jede Vergleichung mit anderen Merkmalen dazu führt, ersteren als ein zusammengesetztes Bild aufzufassen, dessen Komponenten in verschiedenster Weise mischbar sind. Wer wirklich ohne Voreingenommenheit eine Tier- oder Pflanzenart eingehend betrachtet und ihre Merkmale mit denen anderer vergleicht, wird vielmehr zu der unumstösslichen Überzeugung gelangen, dass jede Organismenart ein durchaus einheitliches Bild bietet, und dass deshalb das Variieren der einzelnen erblichen Eigenschaften nicht unabhängig voneinander erfolgen kann.

Alle einzelnen Behauptungen und Beispiele von de Vries, die das autonome Variieren der Organe beweisen sollen, sind ohne Ausnahme unhaltbar. Die langgriffelige und kurzgriffelige Form der Primeln und die drei verschiedenen Blütenformen bei Flachsarten zeigen, dass hier Korrelation und keine Autonomie der einzelnen Organe besteht; denn es handelt sich hier nicht um alle möglichen Übergänge, sondern um im grossen und ganzen feststehende Formen. Diese lassen sich nur auf ein einheitliches Keimplasma zurückführen, durch welches, etwa bei den kurzgriffeligen Primeln, alle anderen Eigenschaften der letzteren mitbedingt werden. Versuche über Varietätenbildung, die von Pflanzenzüchtern im grossen angestellt worden seien, sollen nach de Vries lehren, dass fast jede Eigenschaft unabhängig von der anderen variieren kann. Zahlreiche Varietäten sollen sich nur in einem Merkmale von ihren Stammformen unterscheiden.

Obwohl ich kein Botaniker bin, so muss ich mir doch erlauben, die Begründbarkeit dieser Behauptung auf das allerentschiedenste in Abrede zu stellen. Man vergleiche doch nur einmal die Varietäten der Stachelbeere, die lediglich nach der Beschaffenheit der Früchte bewertet werden, miteinander. Wo man die reifen Beeren unterscheiden kann, wird man in allen Fällen auch wohl unterschiedene Blätter finden. Ich habe in diesem Sommer zahlreiche Varietäten von Kirschen miteinander verglichen und gefunden, dass verschiedene Früchte auch ebenso ungleiche Stengel haben. Züchtet man Kirschen der Stengel wegen?

Noch bedenklicher als das Angeführte ist manches andere, was de Vries über das unabhängige Variieren der einzelnen erblichen Eigenschaften sagt. Er führt an, dass zusammengehörige Merkmale oft gruppenweise variieren, giebt also zu, dass die Pangene doch nicht so ganz autonom sind, aber dennoch glaubt er, dass solche Gruppen sich gleichzeitig umbildender Pangene keinen Einfluss auf die übrigen Gruppen ausüben: ich meine, dass es besser gewesen wäre, auch das gruppenweise Variieren in Abrede zu stellen. Es fördert auch de Vries' Sache nicht, wenn er behauptet, dass eine Pflanze, bei welcher eine Vermehrung der Zahl der Blumenblätter mit blumenblattähnlicher Entwickelung des Kelches oder der Hochblätter zusammengeht, im übrigen normal bliebe, und dass sich bei Papaver somniferum polycephalum zahlreiche Staubgefässe zu Fruchtblättern umbilden, während alles andere an der Varietät dagegen unverändert bliebe.

Solche Beispiele giebt es, sagt de Vries, sowohl im Pflanzenreiche als auch bei Tieren zahlreiche. Allerdings! Aber die, welche de Vries anführt, beweisen eben, dass es ein unabhängiges Variieren nicht giebt. Auf die Behauptung, dass das Zusammenvariieren mehrerer Merkmale Ausnahme, unabhängiges Variieren Regel sei, lässt de Vries gleich das Zugeständnis folgen, dass es sich in den meisten Fällen nicht entscheiden lasse, ob das betreffende Merkmal durch eine einzelne oder durch eine kleine Gruppe von erblichen Eigenschaften bestimmt wird. Ein schönes Beispiel für die Abhängigkeit der Merkmale voneinander führt de Vries in der Primula acaulis var. caulescens an, allerdings ohne dabei zu merken, wie wenig es einem unabhängigen Variieren der die Merkmale zusammensetzenden Pangene entspricht. Diese Varietät entsteht von Zeit zu Zeit unter zahlreichen ungestielten Primeln, hat dann aber eine ähnliche Infloreszenz, wie die nächstverwandten schirmtragenden Arten. Das zeigt doch wohl zur Genüge, dass Variation der Merkmale nicht an autonome Pangene gebunden ist, einerlei ob es sich um Fortentwickelung oder Rückschlag handelt.

De Vries stellt unter anderem fest, dass die erblichen Eigenschaften ganz gewöhnlich zu kleineren und grösseren Gruppen vereinigt sind, welche sich wie Einheiten benehmen, indem die einzelnen Glieder der Gruppe gewöhnlich zusammen in die Erscheinung treten. Von hier aus ist kein weiter Schritt mehr bis zur Anerkennung der Thatsache, dass für das

Variieren der einzelnen Eigenschaften des Körpers, für die Abänderung seiner Zellen, der Satz gilt: „Eine mit allen und alle mit einer", und ich glaube, auch de Vries wird sich zu diesem Satze bekehren lassen, wenn ihm der Nachweis gebracht wird, dass eine präformistische Vererbungstheorie, und sei sie auch noch so ins einzelne ausgearbeitet, zu den auf die Dauer unhaltbaren Dingen gehört.

Wir haben es Weismann, der eine sauber ausgearbeitete, wenn auch nicht die letzten Konsequenzen ziehende Theorie der Präformation geliefert hat, zu danken, dass wir mit der Zurückweisung des Präformationsgedankens so leichtes Spiel haben werden. Vorerst aber müssen wir die Frage, ob Korrelation oder Autonomie die organische Entwickelung beherrscht, noch etwas näher ins Auge fassen.

Unter Korrelation hat man die verschiedensten Dinge zusammengeworfen, so dass es unerlässlich ist, klar zu bezeichnen, was darunter verstanden werden muss.

Sehr vieles, was man als Korrelation auffasst, hat mit ihr nichts zu thun. Vor allem gilt dieses von der Anpassung eines Organs an andere. Wenn sich bei den Säugetieren die Milchdrüsen dann zur Thätigkeit anschicken, wenn das Junge geboren werden soll, wenn sich beim Weibchen des Ameisenigels zur Zeit, wo das Ei gelegt werden soll, ein Brutbeutel bildet, so hat dies nichts mit echter Korrelation zu thun. Das sind Anpassungen, die zwar in indirekter Abhängigkeit voneinander entstanden sind, Einrichtungen, von welchen die eine die andere indirekt bedingt hat, aber für die Geschlechtsorgane sind Milchdrüsen und Brutbeutel ursprünglich Aussenwelt, und ihre jetzt bestehende Abhängigkeit voneinander hat sich erst allmählich herausgebildet und ist dadurch zu einer erworbenen Korrelation geworden. Dasselbe gilt von den Einrichtungen, die den Hirsch befähigen, ein schweres Geweih zu tragen, und von vielen anderen Dingen. In Bezug auf solche Abhängigkeitsverhältnisse ist jedes Organ für das andere Aussenwelt.

Wahre Korrelation zeigt sich dagegen oft an Teilen, die überhaupt nichts weiter miteinander zu thun haben, als dass sie demselben Keimplasma ihre Entstehung verdanken. Wenn das Keimplasma ein monotones ist, so müssen eben sämtliche Organe des Körpers in Abhängigkeit voneinander oder vielmehr von diesem monotonen Keimplasma variieren. Auch Weismann führt Fälle von wahrer Korrelation an, beispielsweise die bekannte Thatsache, dass weisse Katzen mit blauen Augen taub sind, und erklärt das einfach durch die völlig willkürliche Annahme, dass die betreffenden Biophoren im Keimplasma wohl nebeneinander liegen und deshalb durch äussere Einflüsse gleichzeitig verändert werden müssen. Bleiben wir einmal bei diesem Gedanken einen Augenblick stehen!

Nach Weismann variieren die beiden Körperhälften bilateral-symmetrischer Tiere unabhängig voneinander, was z. B. durch die unregelmässige Scheckung der Haustiere bewiesen werden soll. Wenn Weismann hierin Recht hat, dann liegen also wohl die den symmetrischen Körperstellen entsprechenden Biophoren im Id nicht nebeneinander? Es giebt aber zahlreiche Fälle, wo, wie wir gleich sehen werden, Neben- oder Gegenstücke des Körpers gleichzeitig in dieser oder jener Beziehung variieren, gleichzeitig völlig abnorme Bildungen zeigen; demnach liegen sie also im Keimplasma doch wohl nebeneinander? Ich muss es Weismann überlassen, aus diesem Dilemma einen Ausweg zu finden.

Beispiele für Korrelation anzuführen, ist eigentlich nicht nötig, denn alle Tier- und Pflanzenarten, die uns die systematische Biologie kennen gelehrt hat und kennen lehren wird, liefern durch jedes beliebige Paar einzelner Merkmale einen Beweis dafür, dass Korrelation alles und jedes Geschehen in der Organismenwelt beherrscht. Trotzdem will ich einige gelegentlich von mir beobachtete Fälle abnormer Korrelation hier mitteilen.

Ich kenne einen Herrn, bei welchem Mittel- und Goldfinger an beiden Händen miteinander verwachsen sind, und führe diese Beobachtung hier an, um es Weismann und anderen Präformationstheoretikern zu überlassen, daraus zu schliessen, dass die Determinanten der beiden Körperhälften des Menschen in unmittelbarer Nachbarschaft im Id liegen, auch wenn sie soweit voneinander getrennten Teilen entsprechen, wie es rechte und linke Hand sind. Wenn sie aber nebeneinander liegen, wie kommt es dann, dass der rechte Arm und die rechte Hand mehr gebraucht werden als die linke? Diesem Beispiele reiht sich der von mir beobachtete Fall eines kleinen, inzwischen leider verstorbenen Mädchens an, das an beiden Zeigefingern nur ein einziges Gelenk besass, und auch der eines Albinos vom Riesensturmvogel, den ich in Australien erhielt, gehört hierher. Das Tier ist weiss, aber im Schwanz hat jederseits die zweite Feder von aussen ihre ursprüngliche chokoladenbraune Färbung bewahrt.

Ähnlich sind die übrigen Fälle, die mir jetzt gerade ins Gedächtnis kommen. Meerschweinchen erhalten mitunter an den Hinterbeinen eine vierte Zehe, eine kleine rudimentäre Afterzehe. Gewöhnlich tritt diese an beiden Beinen auf, manchmal aber auch nur an einem. Wie findet sich Weismann mit diesem wechselnden Verhalten ab? Sähe man die Afterzehe immer an beiden Hinterbeinen auftreten, so würde man sagen, die Determinanten der Beine liegen nebeneinander in den Iden des Keimplasma's. Würde man immer nur eine Afterzehe bei Meerschweinchen beobachten, so würde man das gerade Gegenteil behaupten. Ich muss es wieder Weismann überlassen, aus diesem Dilemma einen Ausweg zu finden, und werde später zeigen, dass es für die Epigenesislehre, die ein monotones Keimplasma und universelle Korrelation annimmt, nicht existiert. Ein weiterer Fall ist der einer Ziege, die meines Wissens noch heute im zoologischen Garten in Frankfurt lebt, bei welcher eine beiderseitige Verdoppelung einer Zitze eingetreten ist.

Aus diesen und vielen anderen ähnlichen Fällen geht unzweifelhaft hervor, dass die beiden Körperhälften zweiseitig-symmetrischer Tiere nicht unabhängig voneinander variieren, und ganz dasselbe gilt von den gleichwertigen Stücken strahlenförmiger Tiere.

Bei Larven einer australischen Meduse, Monorhiza haeckeli, bleiben gelegentlich vier Sinneskolben hinter den mit ihnen abwechselnden übrigen vier zurück. Die einen liegen in den Körperradien erster Ordnung, perradial, die anderen in denen zweiter, interradial; die vier perradialen variieren also gleichzeitig miteinander, und ebenso die vier interradialen. Was sagt Weismann dazu? Liegen die Determinanten gleichnamiger Radien im Id etwa nebeneinander, obwohl die Perradien und Interradien im erwachsenen Tiere miteinander abwechseln? Wenn das der Fall ist, dann werden perradiale und interradiale Organe bei den Medusen jedenfalls durch verschiedene Determinanten des Ids bestimmt, und die Determinanten der perradialen Organe liegen dann nicht neben denen der interradialen. Indem ich diesen Hinweis den Präformationstheoretikern überlasse, will ich nur anführen, dass ich eine Cyanea muellerianthe gefunden habe, bei welcher sowohl die perradialen Okularläppchen als auch die interradialen abnormerweise durch tiefe Einkerbungen von den benachbarten Randlappen getrennt waren. Bei Cyanea liegen also wohl die Determinanten perradialer und interradialer Organe im Id nebeneinander, weil sie gleichzeitig variieren?

An dieser Deutung müssen wir aber wieder irre werden, wenn wir noch einmal die Monorhiza haeckeli betrachten, die nur an dem einen Stück ihrer vier Mundarmpaare, und zwar immer an dem linken, ein langes und dickes dreikantiges Anhängsel, einen sogenannten Terminalknopf trägt. Bei dieser Meduse sind also die beiden Hälften des einen

der vier Nebenstücke oder Parameren des Körpers unsymmetrisch entwickelt, im Gegensatz zu denen der drei übrigen, und die Determinanten
der Parameren müssten demnach als autonom betrachtet werden, obwohl,
wie ich oben gezeigt habe, die perradialen und ebenso die interradialen
Organe zusammen variieren. Die Präformationstheorie weiss aus diesen
sich anscheinend so sehr widersprechenden Thatsachen keinen Ausweg zu
finden. Wir werden aber zeigen, dass sich auch die eigentümliche, ohne-
gleichen dastehende Grundform der Monorhiza sehr wohl durch die Annahme eines monotonen Keimplasma's und einer universellen Korrelation
begreifen lässt.

Diesen Beispielen aus dem Tierreiche lasse ich einige aus dem
Pflanzenreiche folgen.

Ich habe früher einmal eine Linaria vulgaris beobachtet, die an
sämtlichen Blüten anstatt eines Sporns deren drei hatte. Hier stehen
also sämtliche Blüten miteinander in Korrelation oder sind vielmehr in
gleicher Weise vom Keimplasma abhängig. Ähnliches gilt von den
Blättern aller Pflanzen. Einen besonders lehrreichen Fall verdanke ich
dem ausgezeichneten Beobachtungstalent meines leider zu früh verstorbenen Freundes und Kollegen Wilhelm Jännicke. Er hat an Brom-
beeren die Thatsache festgestellt, dass die fünfteiligen Blätter aus dreiteiligen entstehen, entweder dadurch, dass sich von dem mittleren Blättchen jederseitig zwei neue abspalten, oder dadurch, dass sich jederseits
von den beiden Seitenblättchen nach dem Stiele zu ein neues Blättchen
abtrennt. In allen Fällen aber zeigt der Umstand, dass an einer
und derselben Pflanze sämtliche Blätter dem gleichen Teilungsmodus
folgen, dass sich die Bildungsweise der fünfgeteilten Blätter durch Spaltung des mittleren Blättchens nicht mit derjenigen durch Abtrennung
neuer Blättchen von den beiden Seitenblättchen verträgt. Die Tendenz
der Teilung ist an allen Blättern einer und derselben Pflanze dieselbe;
alle Blätter stehen in Korrelation. Selten scheinen diejenigen Fälle zu
sein, wo sowohl an dem mittleren Blättchen als auch an den Seitenblättchen der Anfang zur Bildung neuer Blättchen gemacht worden ist.
Jännicke hat diesen Fall nicht beobachtet, ich nur einigemale. Die
beginnende Teilung war nur angedeutet und zeigte dadurch, dass Korrelation die Bildung der Organismen beherrscht, denn wenn sie das nicht
thäte, dann hätte die Teilung weiter fortschreiten müssen, und Pflanzen,
an denen sich sowohl das mittlere wie die Seitenblättchen völlig geteilt

haben, dürften keine Seltenheit sein, wenn die Elementarteile der Pflanzen sich autonom verhalten.

Diesen botanischen Beispielen möge noch eines aus dem Tierreiche folgen, bei welchem die Korrelation in anderer Weise zum Ausdruck kommt, als in den vorher genannten Fällen. Es betrifft den Satansaffen (Pithecia satanas), dessen Haut sich durch eine ausserordentlich weitgehende Neigung zur Faltenbildung auszeichnet, was nur durch Korrelation erklärt werden kann. Zwischen den Fingern des Affen finden sich Ansätze von Schwimmhäuten, ringsum vom Halse laufen starke Falten herunter zum Rumpf. Eine lange Falte zieht sich an der Beugeseite des Armes entlang, und Ellenbogen und Knie sind durch eine vom ersteren sich an dem Körper herunterziehende und bis zum Knie verlaufende Falte miteinander verbunden. Eine ähnliche Falte findet sich zwischen Ober- und Unterschenkel.

Beispiele wie diese liessen sich tausendweise beibringen. Weismann vermag sie nicht zu erklären, führt er doch sogar die symmetrische Zeichnung bunter Tiere auf das Nützlichkeitsprinzip zurück, da nach seiner Ansicht die beiden Körperhälften unabhängig voneinander variieren. Allein wie vermag das Nützlichkeitsprinzip es zu erklären, dass sich auf der einen Seite eines symmetrischen Tieres genau dieselben Flecke und Streifen finden, wie auf der anderen? Absolute, aber nur wenig variierende Unregelmässigkeit wäre doch hier von viel grösserem Vorteile als symmetrische Zeichnung, denn diese verrät das Tier viel eher als völlige Regellosigkeit der Pigmentverteilung. Es ist eben unausbleiblich, dass die Präformationstheorie überall mit sich selbst in Widerspruch gerät.

Ich verzichte auf weitere Begründung des Satzes von der universellen Korrelation, die sämtliche Teile eines Organismus beherrscht, denn das Angeführte genügt, um eine klare Antwort auf die Frage nach dem Wesen der Formbildung zu geben. Diese Antwort lautet: Das Wesen der Formbildung besteht in Korrelation oder, was dasselbe ist, in Gleichgewicht. Dass der Begriff dieses Gleichgewichts ein rein mechanischer ist, werden die späteren Teile dieses Buches zeigen.

d. Die Ursachen der Umbildung.

Nach den Erkenntnissen, zu welchen wir im vorigen Abschnitte gelangt sind, können die Ursachen, durch welche die Organismen

umgebildet werden, nur in physischen bestehen, denn metaphysische sind
völlig ausgeschlossen, insofern sie nicht die allgemeinen Eigenschaften
der gesamten Weltmaterie betreffen. Wer auf dem Boden der Epigenesis
steht, muss dies unbedingt zugeben. Dagegen könnte leicht gezeigt
werden, dass eine konsequente Präformationstheorie Unterschiede machen
müsste, nicht nur zwischen den Organismen und anorganischen Naturkörpern, sondern sogar zwischen den verschiedenen Zuständen der einzelnen Elemente der Chemie. Allein in diesem Abschnitte wollen wir
von der Annahme ausgehen, dass auch die Präformationstheoretiker nach
bewirkenden Ursachen suchen dürfen, wie sie es auch in der That zu
thun vorgeben, und da handelt es sich zunächst um die Frage, ob die
Umbildungsursachen innere, d. h. lediglich innerhalb des Organismus
gelegene sind, oder ob äussere Ursachen die Umformung des Organismus
bewirken.

Diese Frage hängt eng mit der anderen zusammen, ob sich somatogene, d. h. vom Körper, nicht aber von den Keimzellen erworbene
Umbildungen vererben können, oder ob nur blastogene Umbildungen,
also solche, welche lediglich die Keimzellen betreffen, dazu befähigt sind.
Weismann und andere Präformisten leugnen das erstere und schreiben
allein den blastogenen Umbildungen Erblichkeit zu. Sie geraten dadurch
in ein merkwürdiges Dilemma, denn da die Keimzellen in den allermeisten
Fällen wohlgeborgen im Körper liegen, so sollte man meinen, dass
gerade der Körper einen Einfluss auf sie gewinnen würde und dass
äussere Ursachen eine geringe oder gar keine Rolle bei ihrer
Umbildung spielen würden. Das geben aber die Präformisten nur inso-
weit zu, als die allgemeinen physikalischen und chemischen Lebensbedingungen, welche die Keimzellen im Körper vorfinden, allerdings
Einfluss auf sie haben, während dagegen morphologische Veränderungen
des Körpers keinen Einfluss auf die Keimzellen gewinnen sollen. Es
sind also, da ja der Körper von den chemischen und physikalischen Einflüssen der Aussenwelt abhängt, lediglich direkte äussere Einwirkungen
auf das Keimplasma, durch welches nach Weismann und seinen Anhängern Umbildung in letzterem bewirkt wird.

Auch nach unserer Anschauung sind alle Umbildungsursachen, von
welchen das Keimplasma betroffen werden kann, in letzter Linie äussere.
Es liesse sich somit eine erfreuliche Übereinstimmung zwischen der neuen
Präformationstheorie und der Epigenesislehre konstatieren, allein es fragt
sich, ob die Annahme Weismann's, dass die Umbildungen der Keim-

zellen lediglich durch allgemeine physikalische und chemische Ursachen bedingt werden, sich mit seinen sonstigen Anschauungen verträgt.

Die vielzelligen Organismen müssen von einzelligen abgeleitet werden und diese von solchen, deren Plasma aus lauter gleichen Biophoren zusammengesetzt war. Wie ist es dann gekommen, dass diese im Laufe der Stammesgeschichte einander immer unähnlicher geworden sind? Weismann führt dieses auf die verschiedenen Ernährungseinflüsse, welche die einzelnen Biophoren trafen, zurück, aber es fragt sich denn doch, ob ein winziges Klümpchen Keimplasma wirklich gross genug ist, um in seinen einzelnen Teilen ganz verschiedenartige Umbildungen erleiden zu können. Nach allem, was wir über die direkte Umbildung der Organismen durch äussere Einflüsse wissen, können wir nicht wohl annehmen, dass die Einflüsse, welche die unter sich gleichen Biophoren eines winzigen Klümpchens Keimplasma treffen, so verschiedenartig sind, dass daraus ein hochorganisiertes Id hätte entstehen können. Wenn wir etwa Kälteformen von Schmetterlingen züchten, so werden alle die Färbung der Flügel hervorbringenden Plasmateile in hohem Grade gleichmässig verändert. In diesem Falle hätten wir es mit einer rein physikalischen Umbildungsursache zu thun, die allerdings eine Abänderung der bei der Entwickelung vor sich gehenden chemischen Prozesse zur Folge hat. Züchten wir Artemia salina, einen kleinen Salzwasserkrebs, in versüsstem Wasser und fahren wir damit und mit der Versüssung einige Generationen hindurch fort, so erhalten wir Krebse, die der Gattung Branchipus zugerechnet werden müssen, und diese lehren uns, dass das gesamte Plasma eine Umbildung durch die Entziehung des Salzes erfahren hat. Dasselbe geschieht, wenn wir den Salzgehalt des Wassers, in welchem die Artemien leben, erhöhen und dadurch aus der Artemia salina die Artemia milhauseni züchten. Die Süsswasserform des Stichlings unterscheidet sich nicht nur in einer, sondern in fast allen Beziehungen von der Seeform. Albinismus und Melanismus betrifft gewöhnlich das ganze Tier, und wenn wir Kanarienvögel durch Fütterung mit Cayennepfeffer färben, so werden nicht bloss einige Federn in ihrer Färbung verändert. Wenn Schafe, Kälber oder Hähne kastriert werden, so nimmt der gesamte Körper andere Eigenschaften an, trotzdem die einen Organe nahe beim Hoden gelegen sind, die anderen aber sich sehr weit entfernt davon befinden.

Aus diesen Beispielen geht zur Genüge hervor, dass gleiche Plasmapartien des Körpers durch gleiche äussere Ursachen in gleicher Weise

beeinflusst werden, und die Beispiele lassen sich noch stark vermehren.
Im hohen Norden der Kolonie Südaustralien bekommen die dort lebenden Europäer sehr gewöhnlich Kinder mit roten Haaren, was jedenfalls
durch das Klima bewirkt wird, und es ergiebt sich daraus zur Evidenz,
dass alle Plasmateile der Keime, aus welchen sich rothaarige Abkömm-
linge eingewanderter Europäer entwickelt haben, gleichmässig beeinflusst
worden sind. Dieses Beispiel zeigt, dass blastogene Veränderungen, die
durch irgend welche chemische oder physikalische Einflüsse der Aussenwelt hervorgerufen worden sind, sich in allen Teilen des Keimplasma's
vollziehen. Wollen wir annehmen, dass die menschlichen Haare durch
einzelne Determinanten im Plasma vorgebildet sind, was wir ja bei
der Annahme der Weismann'schen Präformationstheorie doch thun
müssten, da die Haare auf einem und demselben Kopfe thatsächlich
sehr oft voneinander abweichen, z. B. zu sehr verschiedenen Zeiten grau
werden, so müssen wir zu dem Schlusse gelangen, dass das heisse Klima
Inneraustraliens alle Determinanten der Haare gleichmässig umbildet.

Der Albinismus beruht sicher auf blastogenen Veränderungen, und
dennoch betrifft er gewöhnlich nicht nur das gesamte Pigment der
Haut, sondern auch das der Augen, ja, wir wissen, dass weisse Katzen
mit blauen Augen gewöhnlich taub sind.

Diese und andere Beispiele, welche wir anführen könnten, beweisen,
dass gleiche äussere Einflüsse, die den Keim, sei es direkt, sei es durch
den Körper seines Erzeugers hindurch, treffen, auf gleiche Plasmapartien gleichmässig einwirken. Es ist also unmöglich, dass die aus
gleichen Biophoren zusammengesetzten Wesen, von welchen nach Weismann's Annahme die Tiere und Pflanzen abstammen müssen, ungleiche
Ausbildung der einzelnen Teile ihrer Ide erfahren haben können. Wenn
dem aber so ist, dann ist eine Präformationstheorie, eine Theorie, welche
das Keimplasma aus Iden, die sich aus sehr verschiedenen Determinanten
und Biophoren aufbauen, zusammengesetzt sein lässt, nicht möglich. Es
bleibt deshalb für den Präformismus kein anderer Ausweg übrig, als das
Plasma der ältesten Organismen, welche auf der Erde gelebt haben,
schon aus ungleichen Biophoren zusammengesetzt sein zu lassen, kurz,
in dem Plasma dieser Organismen schon die Sonderexistenz aller Determinanten der Teile, die bei den höheren Tieren und Pflanzen verschieden sind, anzunehmen; denn wenn der Präformismus die ältesten Lebewesen aus einer oder aus einer geringeren Anzahl ungleicher Biophoren-
arten zusammengesetzt sein lässt, so hätte sich die Anzahl ungleicher

Biophorenarten unmöglich vermehren können. Wenigstens konnten die Biophoren dann nicht die grossen Verschiedenheiten erwerben, die sie nach Weismann doch thatsächlich haben sollen. Übrigens steht die Weismann'sche Annahme, dass gleichzeitige Abänderung verschiedener Organe auf gleichzeitige Beeinflussung ihrer nebeneinander liegenden Determinate zurückzuführen ist, in vollkommenem Widerspruch mit der von Weismann behaupteten Autonomie der Determinanten.

Es führen uns somit auch diese Betrachtungen mit Notwendigkeit wieder dahin, dass der Präformismus nicht um die Annahme herumkommt, dass die ältesten Lebewesen von Gott geschaffen sind und in aller und jeder Beziehung so vorgebildet wurden, dass sich aus ihnen mit Notwendigkeit die Organismenreihen entwickeln mussten, deren Mitglieder später die Erde bewohnen sollten.

Wir aber gelangen wiederum zu der unerschütterlichen Überzeugung, dass es lediglich Korrelation sein kann, die das Werden des Organismus stammesgeschichtlich und keimesgeschichtlich beherrscht, und dass von einer Independenz seiner einzelnen Teile, von einer Autonomie der Determinanten und Biophoren keine Rede sein kann, dass es somit überhaupt keine besonderen Determinanten im Keimplasma giebt.

Es fragt sich jetzt aber auch für uns, ob wir bei Annahme der Epigenesis gleichfalls die Möglichkeit der Keimesbeeinflussung durch somatogene Umänderungen leugnen müssen, oder ob wir ihre Annahme nicht umgehen können. Um diese Frage zu beantworten, müssen wir scharf zwischen solchen somatogenen Einflüssen, die allgemeiner physikalischer oder chemischer Natur sind, und lokalen somatogenen Umbildungsursachen unterscheiden. Die ersteren würden überhaupt zu allen denjenigen physikalischen und chemischen Einwirkungen auf das Keimplasma gehören, die entweder direkt durch die Aussenwelt oder durch die Vermittelung des die Keimzellen umschliessenden Körpers bewirkt werden: sie gehören also nicht zu den eigentlichen somatogenen Umbildungsursachen des Keimplasma's. Es fragt sich also, ob sich Veränderungen, wie sie etwa durch den Gebrauch und Nichtgebrauch der Organe, durch spezielle Anpassung an die Aussenwelt, denen beispielsweise die Gesässschwielen ihr Dasein verdanken, durch psychische Einflüsse im Gehirn und andere Ursachen hervorgebracht worden sind, sich thatsächlich vererben oder nicht.

Lamarck hat auf solche Veränderungen seine Abstammungslehre aufgebaut, und auch Darwin hat ihre Erblichkeit nicht geleugnet. Viele seiner heutigen Jünger dagegen, mit Weismann an der Spitze, stellen die Möglichkeit einer solchen Vererbung entschieden in Abrede, wenigstens geben sie nicht zu, dass irgend etwas für die Vererbbarkeit derartiger Abänderungen spräche.

Wir werden später sehen, dass sich somatogene Abänderungen mit absoluter Notwendigkeit vererben müssen; hier haben wir aber zunächst nur die Frage zu entscheiden, wie sich damit die Epigenesistheorie verträgt und ob nicht zu der Annahme der Erblichkeit somatogener Abänderungen besser die Präformationstheorie passt.

Wenn z. B. das Haar an der Innenseite der Schwanzspitze eines mit einem Greifschwanz versehenen Affen durch den Gebrauch geschwunden ist und sich eine förmliche Greiffläche, wie wir sie etwa bei den Klammeraffen finden, gebildet hat, so können wir fragen, ob diese Veränderungen nur einen Teil des Keimplasma's betreffen oder das gesamte Keimplasma. Hier scheint zunächst die Präformationstheorie den Vorzug zu verdienen; denn wir sehen vor der Hand nicht ein, wieso ein Einfluss auf das gesamte Keimplasma durch lokale Veränderungen an der Schwanzspitze eines Säugetieres zur Geltung kommen sollte. Wir werden aber später sehen, dass sich diese Schwierigkeit leicht überwinden lässt, dass sie überhaupt keine ist.

Dagegen können wir hier schon zeigen, dass die Annahme einer Präformation der Teile des Körpers im Keimplasma auf noch viel grössere Schwierigkeiten stösst, sobald wir die Vererbung somatogener Eigenschaften annehmen. Wie sollen wir uns vorstellen, dass ein durch Nichtgebrauch verkümmertes Auge seinen mangelhaften Zustand auf die Augendeterminanten in den Keimiden des betreffenden Tieres überträgt? Solche Übertragung könnte doch entweder nur durch Keimchentransport, wie ihn Darwin annahm, erfolgen, oder man müsste annehmen, dass das Auge in geheimnisvoller Weise mit den Augendeterminanten in den Iden der Keimzellen des betreffenden Tieres zusammenhängt. Im letzteren Falle wäre also die Annahme einer dynamischen Übertragung notwendig; es wäre aber dabei nicht einzusehen, weshalb diese nur die Determinanten des Auges beträfe. Weismann hat ganz recht, wenn er sagt, er könne sich eine solche Übertragung nicht vorstellen. Allein das gilt, wie wir sehen werden, nur bei der Annahme einer Präformationstheorie.

Monotones Keimplasma wird gleichmässig in allen seinen Teilen umgebildet, sei es, dass es von somatogenen oder von allgemeinen physikalischen und chemischen Einflüssen betroffen wird, und wir werden später zu zeigen haben, dass sich daraus sehr wohl die Vererbung jeglicher Art von erworbenen Eigenschaften erklärt.

e. Die Träger der Vererbung.

Mit den im vorhergehenden Abschnitte angestellten Betrachtungen sind wir bei der Frage angelangt, was wir als den oder die Träger der Vererbung zu betrachten haben. Da wir eine Vererbung somatogener Eigenschaften annehmen, so können wir auch nicht umhin, die Vererbung von lokalen Abänderungen an irgend welchen Körperstellen zuzugeben. Wir müssen somit die Annahme einer Pangenesis, einer Vererbung von allen Teilen des Körpers aus machen, müssen uns vorstellen, dass das Keimplasma von jeder einzelnen Zelle des Körpers aus beeinflusst werden kann, und demnach haben wir zunächst die Frage zu beantworten, ob diese Übertragung auf dynamischem Wege geschieht, oder ob dazu eine Annahme von Keimchen, die nach den Keimzellen transportiert und in ihnen abgelagert werden, nötig ist. Die Annahme bunt durcheinander gewürfelter Keimchen haben wir schon früher durch Citation der lichtvollen Ausführungen Weismann's gegen de Vries als unmöglich dargethan. Wenn wir also eine Vererbung somatogener Abänderungen annehmen, so gelangen wir zu der Anschauung, dass diese auf dynamischem Wege auf die Keimzellen übertragen werden.

Es ist nicht schwierig, die Notwendigkeit dieser Übertragung einzusehen, wenn wir bedenken, dass alle Teile des Körpers, alle einzelnen Zellen miteinander in Korrelation stehen, dass der Körper einen Gleichgewichtszustand darstellt, der durch alle äusseren Einflüsse geändert werden und demnach eine Umstimmung der Zellen und damit der Elemente ihres Plasma's gestatten muss.

Die gewonnene Erkenntnis führt uns zu der weiteren Frage, ob es der Kern oder der Leib der Zelle ist, den wir als Träger der Vererbung anzusehen haben. Ist es der Kern, so ist die dynamische Übertragung somatogener Formveränderungen auf die Keimzellen nicht einzusehen, denn der Kern liegt im Innern der Zelle und die Zellen berühren sich gegenseitig nur durch ihre Leiber, durch das ausserhalb des Kernes gelegene Plasma. Wir gelangen deshalb notwendigerweise zu der Anschauung, dass es in erster Linie das Plasma des Zellleibes ist, das wir als Träger der Vererbung anzusehen haben, und damit setzen wir uns in bewussten und scharf ausgesprochenen Gegensatz zu der heute fast universellen Anschauung, dass lediglich der Kern der Träger der Vererbung ist.

Ich muss gestehen, dass mir die Herrschaft, welche diese Anschauung gewonnen hat, völlig unbegreiflich ist, denn thatsächlich wird sowohl der Kern als auch der Körper des Eies und des Samenfadens auf das zu zeugende Individuum übertragen, und man hätte doch glauben sollen, dass die Entdeckung eines organischen Mittelpunktes des Zellleibes, die Auffindung des Centrosoma, die Alleinherrschaft des Kernes beseitigt hätte. Solange man freilich, wie Oscar Hertwig es thut, das Centrosoma zum Kern rechnet, lässt sich schwer über die Frage streiten, ob der Kern oder der Zellleib der hauptsächliche Träger der Vererbung sei. Es kann aber nicht lange mehr zweifelhaft bleiben, dass nicht der Kern, sondern das Centrosoma der organische Mittelpunkt der Zelle ist, denn wer unbefangen alles das überblickt, was wir neuerdings über die Vorgänge der Zellteilung und den Bau des Zellkörpers erfahren haben, muss zu der Ansicht gelangen, dass das Centrosoma und nicht der Kern die erste Rolle im Aufbau der Zelle spielt.

Weismann, in dessen Vererbungstheorie nur die Annahme, dass der Kern der Träger der Vererbung sei, hineinpasst, geht über die Frage nach der Rolle des Centrosoma ziemlich kurz hinweg; er hält sie mit einem Vergleich für erledigt. Den Kern vergleicht er einem Haufen Getreide und das Centrosoma mit einem Pferd, das diesen fortzuschaffen bestimmt ist. Er sagt dann, da das Pferd nicht zugleich Getreide sei, könne das Centrosoma, das den Kern bewegt, nicht auch Vererbungsträger sein. Vergleiche hinken bekanntlich, und dieser Weismann'sche thut es recht sehr. Wir wollen einmal einen Augenblick bei ihm verweilen. Wenn ein Droschkenkutscher auf seinen Sohn ein Pferd nebst einer Quantität Hafer für letzteres vererbt, so darf man fragen, was das Wesentliche für den Sohn ist. Wer behaupten wollte, dass es der Hafer sei, dem würde man einwenden müssen, dass der Sohn den Hafer doch nicht vor den Wagen spannt, sondern dass für sein Geschäft das Pferd das Wichtigste ist, und hinzufügen, dass das Pferd sich auch mit anderem Hafer als dem geerbten begnügen würde. In unserem Vergleich ist das Centrosoma das Pferd und der Zellkern der Hafer. Allein man wird mir mit Recht einwenden, dass auch durch diesen Vergleich nichts bewiesen sei; ich wollte auch nur das Unzulängliche des Weismann'schen Vergleichs, der weiter nichts ist, als eine petitio principii, darthun.

Man wird aber Thatsachen gegen mich vorzubringen suchen und vor allem auf die Experimente Boveri's hinweisen, der Seeigeleier ihres Kernes beraubte und nach deren Befruchtung mit Spermatozoen einer anderen Art Larven dieser letzteren entstehen sah. In Boveri's Experimenten ist aber jedenfalls mit dem Kern auch das Centrosoma aus dem Ei entfernt worden, und es braucht deshalb niemanden zu wundern, dass das Centrosoma des Samenfadens dann allein die Zelle beherrscht. Es ist also durch den Hinweis auf die Boveri'schen Experimente keineswegs meine Anschauung, dass der formgebende Stoff des Tierkörpers im Plasma des Zellleibes, vor allem in dessen organischem Mittelpunkt, dem Centrosoma, zu suchen ist, widerlegt, und mir sind keine anderen Versuche bekannt, auf welche sich die Anschauung, dass der Kern allein die Vererbung bewirkt, stützen könnte. Es sind übrigens auch schon etliche Angriffe auf diese zur Zeit herrschende Ansicht erfolgt, vor allem von Seiten Bergh's und Verworn's. Ersterer sagt mit Recht, dass, wo eine Übertragung von Kern und Centrosoma stattfindet, unmöglich der Kern allein der Träger der Vererbung sein kann, und Verworn weist darauf hin, dass dasjenige, was wirklich vererbt wird, der Stoffwechsel zwischen Kern und Zelle ist. Verworn und andere haben ja den Kern als ein Stoffwechselorgan der Zelle erkannt, und es braucht uns deshalb nicht zu wundern, dass Zellen, die des Kernes beraubt sind, zu Grunde gehen und dass das pathologisch gewordene Plasma solcher Zellen bei der Vererbung keine Wirksamkeit mehr entfalten kann.

Kommen wir noch einmal auf jenen Weismann'schen Vergleich mit Getreide und Pferd zurück, so können wir mit Recht sagen, dass ein Pferd, das der Vater auf seinen Sohn vererbt, dem letzteren nichts nützen kann, falls der Vater nicht auch dafür sorgt, dass sein Sohn das Pferd in genügender Weise mit Futter versehen kann. Ein Pferd, das nicht gefüttert wird, muss Hungers sterben, und ein Centrosoma, das seines Stoffwechselorgans beraubt wird, muss notwendigerweise zu Grunde gehen. Wir kommen demnach zu der Entscheidung, dass der Zellleib mit dem Centrosoma als organischen Mittelpunkt mindestens eine ebenso grosse Rolle bei der Vererbung spielt wie der Zellkern. Nur diese Annahme verträgt sich mit der Vererbung somatogener Eigenschaften, während deren Verwerfung nur zu der Anschauung stimmt, dass allein

4*

der Kern der Träger der Vererbung ist. Wir brauchen uns deshalb auch nicht darüber zu wundern, dass Weismann, der die Vererbung erworbener Eigenschaften nicht zu erklären vermag, das Centrosoma mit einem hinkenden Vergleich abthut und denjenigen das Recht, in Vererbungsfragen mitzureden, abspricht, die zweierlei Vererbungsträger annehmen.

Weismann, der eine solche Annahme verwirft, lässt die Vererbung aber an eine ganze Compagnie individuell verschiedener Träger, die zahlreich in jedem Keimplasma vorhanden sind, gebunden sein. Wir wollen uns nicht weiter bei der Inkonsequenz dieser Annahme aufhalten, sondern nur den Beweis führen, dass diese Ide, welche die „Kontinuität des Keimplasma's" sichern sollen, vermöge der Eigenschaften, die Weismann ihnen andichtet, die Vererbung individueller Eigenschaften, auf welchen allein nach Weismann die zweckmässige Fortbildung der Organismenwelt beruht, erfolgreich vereiteln.

Bekanntlich zerfällt der Kern der Zelle bei der Teilung der letzteren in eine Anzahl von Gebilden, die man als Kernstäbe, Kernschleifen und dergleichen mehr bezeichnet hat und am besten Chromosomen nennt. Weismann hat für diese Gebilde den Namen Idanten eingeführt, weil in ihnen die Ide stecken gleich Pillen in einer Schachtel. Die Ide sind aus den Determinanten der Zellen zusammengesetzt, diese aus den selbständig variierenden Biophoren oder Lebensträgern. Bei der Zellteilung teilen sich die Chromosomen. Nach Weismann werden dabei die „Ide" in Gruppen von Determinanten zerlegt, so dass endlich jede Körperzelle nur durch eine Determinante bestimmt wird. Die zerlegten Ide können natürlich ihre Eigenschaft nicht mehr auf die Individuen der nächsten Generation übertragen, weil ihre Determinanten sich nicht wieder sammeln lassen. Weismann sorgt deshalb dafür, dass die noch unzerlegten Ide sich rechtzeitig verdoppeln, damit ein Teil der aus dieser Verdoppelung hervorgegangenen Ide unzerstückelt in die nächste Generation hinüberschlummern kann, um erst dort zum eigentlichen Leben oder vielmehr zum Sterben zu erwachen, d. h. sich auch zu zerstückeln, um die Individuen der nächsten Generation durch ihre Bestimmungsstücke zu determinieren und dann im zerlegten Zustande mit den determinierten Individuen zu sterben. Wir sehen jetzt ab davon, dass die Verdoppelung der Ide, welch letztere nach Weismann „im Kern der befruchteten Keimzelle oder auch schon vorher doppelt vorhanden" sein müssen, ein Ding der Unmöglichkeit ist, wenn man nicht entweder zur Epigenesis oder zur alten Einschachtelungstheorie zurückkehren will, sondern nehmen einmal an, die Ide könnten sich wirklich verdoppeln, um „einmal in aktivem und zerlegbarem und einmal in inaktivem und gebundenem Zustande" vorhanden zu sein. Die ersteren haben nach Weismann die Ontogenese zu leiten, die letzteren sollen passiv den Urgeschlechtszellen zugeführt werden. Im Leben des betreffenden individuellen Organismus spielen also nur die ersteren eine Rolle. Sind die Determinanten, aus welchen sie zusammengesetzt sind, gut, haben deren Biophoren in der erforderlichen Richtung variiert, oder sind sie, falls Variation schädlich war, in dem von den Lebensbedingungen erheischten Zustande geblieben, so besteht das betreffende Individuum den Kampf ums Dasein, andernfalls nicht. Wir nehmen an, die „aktiven und zerlegbaren" Ide entsprechen den an sie gestellten Anforderungen; werden es dann auch die „inaktiven und gebundenen", die auf die nächste Generation übergehen und erst hier „aktiv und zerlegbar" werden, thun? Werden sie die Eigenschaften des Elters auf die Nachkommen übertragen? Das hängt von der Wohlgewogenheit ihrer autokratischen Biophoren ab, denn obwohl die inaktiven Ide Zwillingsgeschwister der aktiven sind, so wachsen sie und teilen sich dabei doch fortwährend, wodurch sie sich verändern. Hören wir Weismann über diesen Gegenstand!

„Da das Keimplasma," sagt er, „einem sehr starken Wachstum unterworfen ist von der befruchteten Eizelle bis zu den Keimzellen des Nachkommen, so werden seine Lebenseinheiten, die Biophoren und Determinanten, fortwährenden kleinsten Schwankungen in ihrer Zusammensetzung unterworfen sein."

Da diese kleinsten Schwankungen aber das einzige sind, worauf nach Weismann die Anpassung der Organismen beruhen kann, so ist die Vererbung individueller Eigenschaften, durch welche nach Weismann doch in letzter Linie alle nützlichen Eigenschaften der Organismen zu stande gekommen sind, ein Ding des absoluten Zufalls, denn die „fortwährenden kleinsten Schwankungen" in der Zusammensetzung der Biophoren und Determinanten können in der einen Generation in dieser, in der nächsten in gerade entgegengesetzter Richtung erfolgen. Eine Vererbung individueller Eigenschaften giebt es also nicht! Das Kind kann wohl zufällig die individuellen Eigenschaften des Elters haben, aber eine Notwendigkeit für die Vererbung dieser Eigenschaften besteht nicht. Weshalb sie trotzdem vererbt werden, weiss Weismann also nicht zu erklären. Er ist gezwungen, sich dem Zufall in die

Arme zu werfen. Will er das nicht, will er etwa „dauernde, sich gleichbleibende Einflüsse, z. B. klimatische", während mehrerer Generationen
auf seine Biophoren einwirken lassen, um sie dem Zufall zu entreissen,
so muss er die alles beherrschende Bedeutung, die individuellen
Variationen in seiner Theorie haben, preisgeben, denn „dauernde, sich
gleichbleibende Einflüsse, z. B. klimatische", welche die „kleinsten Schwankungen im Laufe der Zeit und der Generationen summieren", führen
nicht zu individuellen, sondern zu Rasseneigentümlichkeiten, weil
die unter einem und demselben Klima lebenden Organismen alle miteinander von ihnen betroffen werden. Billigerweise lassen wir Weismann
die Wahl zwischen dem wunderbaren Zufall, der so überaus oft die
Vererbung individueller Eigenschaften bewirkt, und der Preisgabe des
Fundamentes seiner Theorie. Uns geht diese, dem Autor des „Keimplasma's" und seiner „Kontinuität" unerlässliche Wahl, die freilich keineswegs angenehm ist, da sie für ihn eine Entscheidung für eines von zwei
Übeln bedeutet, nichts an, denn wir wollen mit den Weismann'schen
direktionslosen Vererbungsträgern, den „Biophoren", von vornherein nichts
zu thun haben. Unser Vererbungsträger ist in erster Linie das monotone
Plasma des Zellleibes, insbesondere des Centrosoma, in zweiter die gleichfalls monotone Substanz der Chromosomen des Kernes. Die Verschiedenheit der Rollen, die diese beiden Vererbungsträger spielen, werden wir
später kennen lernen.

f. Die Bedeutung der Eigenschaften.

1. Bedeutungsvolle und indifferente Eigenschaften.

Wer die Weismann'sche Präformationstheorie annimmt, kann alle
Eigenschaften der Organismen nur als nützliche oder wenigstens nur
als bedeutungsvolle, die dem Individuum nützen oder schaden können,
betrachten. Sind sie nützlich, so werden sie durch Naturzüchtung erhalten; besitzt ein Individuum aber schädliche Eigenschaften, so wird
es, und damit seine Eigenschaften, durch natürliche Zuchtwahl beseitigt.
Alle Eigenschaften der Organismen müssen dem Darwinisten Weismann'scher Richtung von Bedeutung sein, entweder als zu erhaltende
und zu verbessernde, oder als schädliche, mindestens als überflüssige,
unnötigerweise zu ernährende und deshalb zu beseitigende. Bedeutungs-
lose, indifferente Eigenschaften kann es für den, der sich zur Weis-

mann'schen Präformationstheorie bekennt, nicht geben, dagegen muss der, welcher auf dem Boden der Epigenesislehre steht, erwarten, dass viele Eigenschaften bedeutungslos sind, denn nach der Epigenesislehre stehen alle Teile des Körpers miteinander in Korrelation, keiner kann unabhängig von den übrigen variieren, und deshalb können nicht wohl alle Teile eine gleich grosse Bedeutung für den Organismus haben, sofern diese Bedeutung an ihre besonderen Eigenschaften geknüpft ist. Die Epigenesislehre muss also notwendigerweise zu dem Schlusse gelangen, dass eine grosse Anzahl mehr oder minder beständiger Merkmale des Tier- und Pflanzenkörpers bezüglich ihrer besonderen Eigenschaften völlig bedeutungslos und nur deshalb vorhanden sind, weil der Organismus ein Gleichgewichtssystem darstellt, weil jeder seiner Teile in Abhängigkeit von allen übrigen Teilen variiert. Es fragt sich nun, was uns die Thatsachen in Bezug auf diese Frage lehren.

Weismann kann indifferente Eigenschaften nicht gebrauchen, deshalb leugnet er einfach, dass sie in einem anderen Zustande als dem hochgradiger Verkümmerung oder des ersten Anfanges existieren, aber eine unbefangene Betrachtung der Organismen lehrt, dass stark ausgebildete indifferente Eigenschaften in grosser Anzahl vorhanden sind.

Zu ihnen gehören zunächst noch viele rudimentäre Organe; die grosse Zähigkeit, mit welcher diese sich vererben, zeigt, dass sie tief im Bauplan des Organismus begründet sind, dass sie mit Notwendigkeit immer wieder hervorgebracht werden müssen, trotzdem sie keine Bedeutung für den Körper und sein Leben mehr haben. Die rudimentären Organe, die oft noch von ansehnlicher Grösse sind, sprechen ebenso sehr gegen Weismann, wie die indifferenten Eigenschaften, die nicht auf Verkümmerung von Organen beruhen. Rudimentäre Organe giebt es aber in grosser Menge.

Was kann es für einen Nutzen haben, dass in der Blüte des Salbei neben den zwei thätigen Staubgefässen noch zwei völlig unbrauchbare vorhanden sind? Wie kommt es, dass viele Tiere noch wohl entwickelte Afterzehen besitzen, Zehen, die völlig ausser Gebrauch gesetzt sind und ebenso gut fehlen könnten? Allerdings werden solche Organe vielfach nicht als indifferent, sondern als schädlich hingestellt: die natürliche Zuchtwahl soll auch danach trachten, sie zu beseitigen, eine Ansicht, die jedenfalls besser zur orthodoxen Zuchtwahltheorie passt, als die von der Indifferenz der rudimentären Organe. Diese könnten aber nur deshalb schädlich sein, weil sie anderen Organen Nahrung entziehen und zu ihrem eigenen Aufbau benutzen, der von keiner Bedeutung mehr für den Körper ist. Wenn wir aber diese Frage näher ins Auge fassen, so ergiebt sich, dass geringe Unterschiede in der Grösse der meisten rudimentären Organe von keinerlei Bedeutung für ihre Träger sind, und dass Naturzüchtung auch deshalb nicht bestrebt sein kann, sie zu beseitigen. Thatsächlich variiert ja oft die Grösse der rudimentären Organe ausserordentlich, und diejenigen Organismen, die sie stärker entwickelt haben als ihre Artgenossen, gedeihen ebenso gut wie diese und widerlegen dadurch den Satz, dass Naturzüchtung bestrebt ist, Organe zu beseitigen, die keinen Nutzen mehr haben, sondern schädlich sind, weil sie den übrigen Organen Nahrung entziehen.

An der Hand des Plumplori sitzt ein rudimentärer Zeigefinger; er ist völlig nutzlos, wird aber doch mit Zähigkeit vererbt, und wenn er auch im Schwinden begriffen ist, so kann es sich dabei in jeder Generation bloss um eine durchschnittliche Gewichtsverminderung von vielleicht weniger als $1/_{1000}$ Milligramm handeln. Wird jemand ernstlich behaupten wollen, dass das Wohl und Wehe der Art davon abhängt, dass ein Milligramm Körpersubstanz dem Zeigefinger entzogen wird und sich gleichmässig auf die übrigen Organe des im Verhältnis zur Grösse des Zeigefingers sehr bedeutenden Körpers verteilt? Der Zeigefinger des Plumplori ist also thatsächlich weder ein schädliches, noch ein nützliches Organ, sondern ein völlig gleichgültiges, und dasselbe gilt von sehr vielen anderen Organen.

Viele Säugetiere haben am Unterkiefer ein Haarbüschel stehen, das aus einer bestimmten Anzahl von Haaren, in für jede Art charakteristischer Weise zusammengesetzt ist. Bei den grösseren Säugetieren nun, beispielsweise bei Hirschen, bei der Anoa, bei Hunden und vielen anderen, ist dieses Haarbüschel ohne Bedeutung. Wenn man aber den einzelnen Haaren auch noch einen geringen Grad von Tastsinn zugestehen will, so ist es doch völlig gleichgültig, ob diese Haare mehr oder weniger regelmässig gestellt sind. Trotzdem ist die Figur, die sie durch ihre Ansatzstellen bilden, eine ausserordentlich regelmässige und konstante. Es ist völlig unmöglich, der geometrischen Form dieser gewöhnlich sehr kleinen Figur, die gewöhnlich nur einen Raum von wenigen Quadratmillimetern einnimmt, irgend welchen Zweck zuzuschreiben. Dasselbe gilt für die Stellung der meisten Haare am Rumpfe der Säugetiere. Ich habe den Nachweis führen können und werde ihn in späteren Publikationen noch näher zu begründen haben, dass bei manchen Säugetieren, wenn nicht bei vielen oder den meisten, die Haare in Querbänder gestellt sind, welche den einzelnen Abschnitten der Wirbelsäule entsprechen, einerlei ob die Haare am Grunde anders gefärbt sind, als an der Spitze, ob also auf diese Weise die Bänderung sichtbar zum Ausdruck kommt, oder ob die Haare in ihrer ganzen Länge gleichgefärbt sind. Jedenfalls giebt es zahlreiche Tiere mit dieser Haarstellung, die sich allerdings meistens nur bei genauerer Untersuchung und oft nur gelegentlich, insbesondere bei günstiger Beleuchtung, zeigen wird. Es geht aus dieser Bänderung mit Sicherheit hervor, dass es sich dabei um eine Korrelationserscheinung handelt, die im übrigen von keinerlei Bedeutung ist, die nicht über das Wohl und Wehe der betreffenden Tierarten entscheiden kann.

Ganz dasselbe gilt in sehr vielen Fällen von den Flecken und Streifen, die wir bei zahlreichen Tieren finden. Man kann so weit gehen, zu behaupten, dass die Zeichnung, die, wie Eimer gezeigt hat und wie ich überall bestätigt finde, von einer ausserordentlich hohen Gesetzmässigkeit beherrscht wird, in den meisten Fällen völlig ohne Bedeutung ist, und dass es vom Standpunkte des Nützlichkeitsprinzips aus viel mehr auf die Färbung selbst ankommt, als auf die Verteilung der Farben über den Körper. Wer nicht so weit gehen will, diese Behauptung zu unterschreiben, der wird doch jedenfalls zugestehen müssen, dass es viele sehr konstante Eigentümlichkeiten der Zeichnung giebt, die nicht wohl von irgend einer Bedeutung sein können, die völlig indifferent sind. Auf dem Schwanze vieler Hundearten finden wir beispielsweise einen schwarzen Fleck, der äusserlich das Vorhandensein einer Drüse anzeigt. Welchen Unterschied kann es aber machen, ob die Haare, welche diese Drüse umgeben, dunkel oder hell gefärbt sind, ob sie sich von der Umgebung unterscheiden oder nicht. Dass sie es dennoch thun, ist für die Fortexistenz der betreffenden Hundearten völlig gleichgültig. Keinerlei Nutzen gewährt auch ein sehr beständiges schwarzes oder dunkles Querband an der Innenseite des Vorderbeines bei Katzen. Es dürfte bei den allermeisten Katzenarten gefunden werden und zeigt schon durch seine verborgene Lage, dass es von gar keiner Bedeutung ist. Man sieht es meist nur dann, wenn man sich Mühe giebt, es wahrzunehmen; trotzdem hat es sich mit ungewöhnlicher Zähigkeit bei den allermeisten Katzenarten gehalten. Es muss tief in der Organisation des Katzenkörpers begründet sein, eine Korrelationserscheinung darstellen, die mit Notwendigkeit fast bei allen Katzen zum Ausdruck kommen muss; aber irgend welche Bedeutung für das Fortbestehen des Katzengeschlechts hat es nicht, es kann deshalb auch unmöglich durch die Natur herangezüchtet worden sein.

Die Zeichnung der Tigerpferde ist ungewöhnlich mannigfaltig, und ihre Unterschiede können nicht durch die Nützlichkeitstheorie erklärt werden. Trotzdem ist es möglich, eine Anzahl von Tigerpferdarten zu unterscheiden. Das echte Zebra ist ganz anders gezeichnet als das Quagga und der Dauw. Auch der eingefleischteste Darwinist wird nicht behaupten mögen, dass er eine Erklärung für die Verschiedenartigkeit der Zeichnung bei diesen und anderen Tieren geben könnte, er wird sich damit begnügen zu sagen, dass, weil Darwin mit seiner Theorie im Rechte sei, alles eine Bedeutung haben müsse, und dass also auch die konstante Zeichnung der Tiere eine nützliche Einrichtung sein müsse. Wer aber eine derartige Erklärung abgiebt, der verlässt damit den Boden der Wissenschaft. Die Behauptung, dass alles nützlich sein müsse, weil es nur durch Züchtung hervorgebracht sein könne, involviert einen Zirkelschluss.

Die Zuchtwahllehre geht bekanntlich von der Thatsache aus, dass die Organismen durch eine grosse Anzahl auffälliger nützlicher Einrichtungen vor den Anorganismen ausgezeichnet sind. Sie sucht nachzuweisen, dass Naturzüchtung diese nützlichen Einrichtungen gesteigert und zu der hohen Vollendung gebracht habe, die wir thatsächlich an den Organismen vorfinden. Wer aber sagt, dass das, was thatsächlich besteht, auch von Bedeutung sein müsse, der macht eben die Folgerung zur Voraussetzung. Was nützlich ist, muss nach der Zuchtwahllehre gezüchtet sein, was aber noch nicht als bedeutungsvoll erkannt ist, das darf man nicht als gezüchtet hinstellen, sonst würde man ja von der Grundvorstellung ausgehen, dass alles gezüchtet wäre und deshalb von Bedeutung sein müsse. Zuerst müsste doch durch die Thatsachen der Nachweis gebracht worden sein, dass alles, was besteht, von Bedeutung ist. Dieser Nachweis ist aber nicht zu führen.

Zu den angeführten Beispielen kommen die anderer Einrichtungen, die ebensowenig gezüchtet sein können wie die genannten. Viele Katzen haben auf dem Ohre einen weissen oder wenigstens hellen Fleck; einen Nutzen kann dieser nicht wohl haben, denn er verrät den schleichenden Tiger, Jaguar oder Leopard höchstens seiner Beute. Etliche Antilopen und ebenso der Urbüffel von Celebes haben je zwei weisse Flecke auf den Wangen, wie wir sie ausser bei der Anoa beispielsweise bei der Nilgauantilope und bei der Schirrantilope finden. Diese Flecke können nicht wohl von irgend welcher Bedeutung sein. Man könnte vielleicht daran denken, sie etwa bei der Nilgauantilope als ein Erkennungszeichen zu betrachten, aber man wird diese Idee aufgeben müssen, sobald man einsieht, dass die Flecke auf weite Entfernungen nicht sichtbar sind, sondern nur auf kurze Strecken hin wirken. In der Nähe erkennen sich die Tiere aber ohnehin schon und brauchen deshalb nicht noch zwei kleine weisse Flecke auf den Wangen als Erkennungsmittel. Wenn wir die Flecke aber dennoch als Erkennungszeichen gelten lassen wollen, weil die Antilopen Steppentiere sind, so stehen wir den hellen Flecken auf der Wange der Anoa ratlos gegenüber, denn dieses Tier lebt in den dichten Urwäldern von Celebes und kann sich seinen Artgenossen nur durch die Stimme oder den Duft verraten.

Bei den Haustauben sind die Nackenfedern, wie schon Darwin bemerkt hat, oft etwas nach oben gerichtet, und da solches bei verschiedenen Haustaubenrassen, aber nicht bei deren Stammform, der wilden Felsentaube, vorkommt, so können wir diese Federstellung nur als eine Korrelationserscheinung betrachten, die tief im Organismus des Taubenkörpers begründet ist. Zu diesem Schlusse werden wir um so eher gelangen, wenn wir nach oben gerichtete Nackenfedern auch bei wilden Taubenarten, beispielsweise bei der Zahntaube von Samoa, finden. Was von diesen Nackenfedern der Tauben gilt, findet auch auf die Troddeln, die am Halse domestizierter Ziegen aufzutreten pflegen, Anwendung. Diese können keinerlei Bedeutung haben, müssen aber tief im Bau des Ziegenkörpers wurzeln, denn sie vererben sich mit grosser Zähigkeit und kommen bei verschiedenen Rassen vor. Dass die Blattformen der Pflanzen in manchen Fällen von Bedeutung sind, soll nicht geleugnet werden, daraus aber den Schluss zu ziehen, dass sie es überall sein müssen, ist durchaus unwissenschaftlich. Den Brombeersträuchern kann es völlig gleichgültig sein, ob ihre Blätter dadurch aus dreiteiligen zu fünfteiligen werden, dass sich von den beiden unteren Blättchen zwei neue abzweigen, oder dass dieses an dem mittleren Blättchen geschieht.

Die Beispiele, die wir für die ausserordentlich grosse Anzahl indifferenter Einrichtungen im Tier- und Pflanzenreich anführen könnten, werden von verschiedenen Ultradarwinisten verschieden beurteilt. Weismann erblickt in allen Einrichtungen entweder nur nützliche, oder solche, die sich auf dem Wege zunehmender Vollendung oder zunehmender Verkümmerung befinden. Wallace dagegen sagt, dass die Organismen nur solche Einrichtungen hätten, welche entweder nützlich sind oder mit nützlichen in Korrelation stehen. Dadurch giebt der Mitbegründer des Darwinismus das Bestehen einer wirklichen und echten Korrelation zu. Wie diese aber zu erklären sei, sagt er nicht. Wenn eine solche Korrelation besteht, so können die Eigenschaften nicht wohl unabhängig voneinander variieren, und es dürfte dann der natürlichen Zuchtwahl schwer sein, jede einzeln zu züchten. Wer annimmt, dass die einzelnen Eigenschaften gezüchtet werden, der muss notwendigerweise auch unabhängiges Variieren jeder Eigenschaft annehmen. Wenn man die Vererbung erworbener Eigenschaften leugnet, so kann man die Entstehung zweckmässiger Einrichtungen eben nur durch die natürliche Zuchtwahl erklären, und diese kann nur dann wirksam werden, wenn die Eigenschaften sich nicht gegenseitig in ihrer Entwickelung stören, wenn das Keimplasma ein polymiktes und kein monotones ist. Der auf die Spitze getriebene Darwinismus steht und fällt mit der Annahme der Präformationstheorie. Ist diese zu verwerfen, so müssen die Ultradarwinisten ihre Ansichten stark modifizieren.

2. Direkt und indirekt benutzte Einrichtungen.

Um die Bedeutung der Eigenschaften richtig zu beurteilen und danach die Entscheidung zu treffen, ob Präformation oder Epigenesis die Entwickelung beherrscht, müssen wir weiter fragen, ob alle Einrichtungen direkt benutzt werden, oder ob manche nur indirekt ihren Trägern zu gute kommen. Eigenschaften, die in direkter Beziehung zu dem Gebrauch oder Nichtgebrauch der Organe stehen, werden sich als durch diese Faktoren hervorgebrachte auffassen lassen, falls man die Vererbung somatogener Eigenschaften anerkennt. Dagegen wird man für zweckmässige Einrichtungen, die nicht direkt gebraucht werden, andere Erklärungsmittel suchen müssen, und es fragt sich deshalb, ob die grössere Anzahl der Eigenschaften direkt, oder ob die meisten indirekt benutzt werden, und ob nicht etwa alle Einrichtungen entweder mittelbar oder unmittelbar gebraucht werden.

Dass es nur mittelbar benutzte Einrichtungen giebt, muss unbedingt verneint werden, denn Organe wie die Muskeln, die Sinnesorgane und viele andere sind Einrichtungen, die unmittelbar gebraucht werden. Bei den Knochen, Schalen und bei vielen Schutzorganen, Stacheln und dergleichen sind wir oft im Zweifel, ob sie direkt gebraucht oder nur indirekt benutzt werden. Allerdings werden auch viele dieser Organe direkt gebraucht; aber es fragt sich, ob sie alle als durch den Gebrauch erworben erklärt werden können. Wir hätten also solchen Eigenschaften, die wir uns als durch den Gebrauch erworben oder durch den Gebrauch verloren gegangen denken können, andere gegenüber zu stellen, bei denen dieses zweifelhaft ist, obwohl auch sie direkt benutzt werden. Endlich aber giebt es noch eine grosse Menge von Eigenschaften, die nur indirekt zur Geltung kommen, und von diesen muss in erster Linie die Färbung genannt werden. Wenn ein Tier durch seine weisse Farbe den Schneegefilden des Nordens angepasst ist, so kommt ihm diese Eigenschaft nur indirekt zu gute, entweder dadurch, dass es von seinen Beutetieren nicht bemerkt wird, oder dadurch, dass es sich vor seinen Feinden verbergen kann. Ähnliches gilt für die Form mancher Eier von Vögeln, die auf Felsklippen brüten und deren eigentümliche Eiform ein Herunterrollen der Eier von den Felsen einigermaassen verhütet. Solche Einrichtungen sind nur von indirektem Nutzen und können deshalb nicht auf den Gebrauch oder Nichtgebrauch der Organe zurückgeführt werden.

Zu derartigen Eigenschaften kommen aber noch andere, die zwar auch direkt gebraucht werden, die aber nicht durch entsprechenden Gebrauch hervorgerufen sind. Bei dem Fingertier ist der Mittelfinger stark verkümmert; er ist, verglichen mit den übrigen, sehr dünn, was ich mir dadurch erkläre, dass das Tier beim Greifen Daumen und Zeigefinger gegen den vierten und fünften Finger wirken lässt, wodurch der Mittelfinger ausser Gebrauch gesetzt wurde und infolgedessen verkümmerte. Aber das Tier hat es gelernt, ihn in neuer Weise zu gebrauchen; es benutzt ihn nämlich, um mit seiner Hilfe Insekten und deren Larven aus engen Baumritzen hervorzuholen. Einen ähnlichen Fall haben wir bei den Spechten, deren Männchen bekanntlich zur Paarungszeit durch ein eigentümliches Schnarren ihre Gefühle dem Weibchen kundgeben. Sie erzeugen dieses Schnarren mit dem Schnabel, den sie gegen einen dürren Ast oder dergleichen vibrieren lassen. Der Spechtschnabel ist nun in seiner eigentümlichen Form eine Einrichtung, die man, wenn man die Vererbung somatogener Eigenschaften annimmt, wohl durch die Wirkungen des Gebrauchs erklären kann. Aber die Benutzung des Schnabels als Organ der Mitteilung kann erst eingetreten sein, nachdem der Specht schon in hohem Grade an seine eigentümliche Lebensweise angepasst war. Diese Beispiele liessen sich noch leicht durch andere vermehren.

Wir kommen also zu dem Ergebnis, dass es sowohl direkt als auch indirekt benutzte Einrichtungen giebt, und dass die Bedeutung der Einrichtungen ursprünglich eine andere gewesen sein kann, als sie es später ist, und es fragt sich, wie sich mit diesem Ergebnis einerseits die Präformationstheorie, andererseits die Epigenesislehre in Einklang bringen lässt.

Die Präformationstheorie lässt sich schwer mit dem Bestehen direkt benutzter Einrichtungen vereinigen, denn nach ihr variieren ja die einzelnen Teile des Keimplasma's in beliebiger Weise, und jede Einrichtung ist demnach in letzter Linie eine indirekt benutzte. Da aber der Körper in den allermeisten Fällen durch eine grosse Anzahl einzelner Einrichtungen ausgezeichnet ist, so wäre es schwer zu verstehen, wie die Organismen dazu gekommen sind, von den zufällig entstandenen brauchbaren Einrichtungen auch den rechten Gebrauch zu machen. Wenn beispielsweise der Spechtschnabel durch zufälliges Variieren seiner Determinanten die bekannte Meisselform erhielt, so mussten gleichzeitig auch die Determinanten des Gehirns in günstiger Richtung variieren, um dem Spechte zu sagen, in welcher Weise er seinen Schnabel zu benutzen hatte. Die Spechte sind aber nicht bloss durch ihren Schnabel und durch die von ihm gemachte zweckmässige Verwendung in hohem Grade als Charaktervögel gekennzeichnet, sondern noch durch eine ganze Reihe anderer Einrichtungen: die lange hervorstreckbare Zunge, die eigentümlichen Beine, die steifen Schwanzfedern und alles, was damit zusammenhängt. Wie soll man es sich vorstellen, dass die Vorfahren der Spechte es verstanden haben, alle diese unabhängig voneinander entstehenden Einrichtungen in der richtigen Weise zu verwerten? Die Präformationstheorie kämpft also mit grossen Schwierigkeiten, welche der Epigenesislehre nicht anhaften, denn nach der Epigenesislehre stehen alle Teile des Körpers miteinander in Korrelation, und die direkt benutzten Einrichtungen sind durch entsprechenden Gebrauch entstanden, und zwar in vielen Fällen gleichzeitig. Das letztere ist sicher bei den Spechten der Fall gewesen, die ihre sämtlichen eigentümlichen Einrichtungen gleichzeitig durch den Gebrauch erworben und alle durch fortgesetzten Gebrauch gleichmässig und stetig gesteigert haben, so dass sich jede einzelne Einrichtung im Gleichgewicht mit den anderen befand.

Wie die Vererbung dieser Einrichtungen zu erklären ist, ist eine Frage, mit welcher wir es in diesem Kapitel noch nicht zu thun haben, aber soviel ist schon hier sicher, dass die Theorie der Epigenesis eine viel annehmbarere Erklärung für direkt benutzte Einrichtungen giebt, als die Präformationslehre, und wir werden auch zeigen, dass sie auch indirekt benutzte Eigenschaften zu erklären weiss, denn es müssen der Epigenesistheorie gemäss, da alle Eigenschaften miteinander in Korrelation stehen, eine grosse Menge von zunächst bedeutungslosen Einrichtungen getroffen werden, die später indirekt dem betreffenden Organismus nützlich oder schädlich werden können. Eine Auslese lässt also auch die Epigenesislehre zu, nur dass sie ihr keine so ausschliessliche Bedeutung zugesteht, wie es die Präformationstheorie thun muss, die in letzter Linie nur indirekt benutzte Einrichtungen kennt.

3. Erhaltungsmässige und nichterhaltungsmässige Eigenschaften.

Um über die Auslese, die jedenfalls in der Natur stattgefunden hat, zu einem sicheren Urteil zu gelangen, müssen wir mit Möbius erhaltungsmässige und nichterhaltungsmässige Eigenschaften unterscheiden. Wenn die Präformationstheorie im Recht ist, so hätten Einrichtungen, die den betreffenden Tieren eine Zeit lang gute Dienste erwiesen haben, dann aber zu ihrem Untergange führten, gar nicht entstehen können, sondern die natürliche Zuchtwahl hätte rechtzeitig dafür sorgen müssen, dass dergleichen Einrichtungen wieder in zweckmässiger Weise abgeändert wurden, weil ja nach den Anschauungen der Ultradarwinisten jedes Tier und jede Pflanze jeder Zeit so weit, wie erforderlich, ihren Lebensbedürfnissen angepasst ist. Es hätten, wenn diese Theoretiker recht haben, nicht ganze Tiergruppen aussterben dürfen, wie es die Trilobiten, die grossen Saurier, die Ammoniten und viele andere gethan haben. Ist dagegen die Epigenesislehre im Recht, so mussten einerseits durch fortgesetzten Gebrauch, andererseits durch Korrelationsverhältnisse Einrichtungen geschaffen werden, die endlich, weil sie eben durch fortgesetzte Übung gesteigert wurden und weil eine beständige Korrelation stattfindet, nicht mehr rückgängig gemacht werden konnten und deshalb oft das Aussterben ihrer Träger bedingen mussten.

Zu diesen Eigenschaften gehört vor allen Dingen die zu beträchtliche Grösse. Wir haben gesehen, dass die Grösse im Entwickelungsverlaufe eines und desselben Tierstammes stetig zuzunehmen bestrebt ist, und können deshalb verstehen, warum sie in manchen Fällen so enorm wurde, dass die betreffenden Tiere aussterben mussten. Sie fanden entweder nicht mehr die nötige Nahrung oder wurden zu unbeholfen oder sonst irgendwie durch die Grösse zu sehr benachteiligt. Ihrer Körpergrösse

haben die Riesentiere der Vorwelt es zu verdanken gehabt, dass sie
ausgestorben sind, und andere sind der zu starken Ausbildung einzelner
Organe zum Opfer gefallen. So sind die Säbeltiger infolge der enormen
Grösse ihres oberen Eckzahnes, der wohl noch als Waffe gute Dienste
leistete, aber eine entsprechende Entwickelung der Backenzähne verhin-
derte, zu Grunde gegangen, und der Riesenhirsch verdankt seinen Untergang wahrscheinlich seinem übermächtig gewordenen Geweih. Der Hirsch-
eber soll oft dadurch sterben, dass sich seine oberen Eckzähne ins Fleisch
hineinbohren, und bei Mufflons habe ich oft die Beobachtung gemacht,
dass ihre Hörner in den Nacken hineinwachsen, hässliche Wunden
und Eiterungen erzeugen und, wenn sie nicht den Tod des Tieres herbeiführen sollen, abgesägt werden müssen. Die Mufflons sind aber noch
nicht zu Haustieren geworden, und es ist deshalb sicher, dass auch im
freilebenden Zustande manche durch ihre zu stark ausgebildeten Hörner
getötet werden.

Mit diesen Thatsachen verträgt sich die Präformationstheorie, die
unabhängiges Variieren der einzelnen Biophoren des Keimplasma's mit
nachfolgender Auslese annimmt, nicht, sondern nur die Epigenesistheorie
lässt sich mit ihnen in Einklang bringen. Wenn die Präformationstheorie
bestehen will, so muss sie es einfach leugnen, dass dergleichen nicht erhaltungsmässige Eigenschaften überhaupt ausgebildet worden sind. Freilich
wird sie dann den Untergang der betreffenden Tiere nicht wohl erklären
können. Wenn wir nach alledem zur Entscheidung der Frage kommen,
ob die Einrichtungen der Organismen direkter Anpassung oder der Auslese ihren Ursprung verdanken, so werden wir einen grossen Teil, vielleicht
den allergrössten ihrer Eigenschaften, auf direkte Anpassung zurückführen,
dagegen eine Anzahl auch durch Auslese erklären, insofern manche Eigenschaften nicht direkt benutzt werden können. Die Epigenesislehre weiss
sich also sowohl mit der direkten Anpassung als auch mit der Auslese
indirekt benutzter Einrichtungen abzufinden, während die Präformationstheorie nur Auslese kennen darf.

Um zu sehen, welcher Art die Auslese sein darf, falls die Präformationstheorie oder die Epigenesislehre unsere biogenetischen Anschauungen
beherrschen soll, müssen wir uns nunmehr über die Arten der Auslese
eingehender orientieren.

g. Die Arten der Auslese.

1. Ökonomische Auslese und Rückbildung.

Wenn alle Teile des Organismus in der Keimzelle vorgebildet sind, so wird die Auslese eine ganz andere Bedeutung haben, als wenn sich der Organismus aus einem monotonen Keimplasma entwickelt, wie es die hier vorzutragende Epigenesislehre annimmt. Der Präformismus schliesst die Vererbung erworbener Eigenschaften aus, weil es auf Grund dieser Lehre nicht einzusehen ist, wie durch äussere Einflüsse oder den Gebrauch erworbene Veränderungen eines Organes auf die Determinanten des betreffenden Organes in den Keimzellen übertragen werden könnten, denn eine direkte Verbindung des durch äussere Einflüsse oder den Gebrauch oder Nichtgebrauch veränderten Organes mit den Determinanten der Keimzellen, aus welchen die nächste Generation hervorgehen soll, ist ausgeschlossen, weil diese Determinanten im festen Verbande des „Ids" liegen und von anderen Determinanten umgeben sind. Ausserdem liegen ja nach Weismann's präformistischer Ansicht die Ide im Zellkern, und man müsste schon annehmen, dass durch den Zellkörper hindurch Verbindungsfäden gehen, welche die Determinanten mit den Organen, welche sie zu determinieren haben, in Kommunikation setzen. Eine solche Annahme ist, wie nicht näher ausgeführt zu werden braucht, völlig ausgeschlossen, und aus diesem Grunde muss der Präformismus die Vererbung erworbener Eigenschaften leugnen. Dagegen kann die Theorie der Epigenesis nicht ohne sie auskommen.

Man könnte zwar zunächst annehmen wollen, dass auch eine epigenetische Vererbungstheorie lediglich durch das Überleben des Passendsten die Organe allmählich heranzüchten und weniger gut angepasste Organe durch Naturzüchtung vollkommener werden lassen könne. Allein wenn das Keimplasma ein monotones ist, wenn also sämtliche Zellen des Körpers von diesem monotonen Keimplasma aus bestimmt werden und deshalb notwendigerweise in Korrelation stehen müssen, so ist nicht einzusehen, wie die Anfänge eines Organes, die der Selektion das Material liefern müssen, überhaupt ohne Hilfe direkter Anpassung entstanden sein sollen. Sie können vielmehr nur dadurch hervorgebracht worden sein, dass der Körper sich selbst seine Organe bildet und dass diese auf die Nachkommen vererbt werden. Weil die einzelnen Teile des Körpers sich direkt an die Aussenwelt anpassen, aber zu jeder Zeit miteinander in Korrelation stehen, können zwar gleichzeitig an verschiedenen Stellen des Körpers die verschiedensten Anpassungen stattfinden; aber alle müssen sich miteinander ins Gleichgewicht setzen, so dass die durch verschiedenartige Umbildungen veränderte Konstitution des Keimplasma's gleichzeitig mit allen Anpassungen des Körpers in Korrelation steht. Das Keimplasma muss deshalb, wie wir später noch besser begreifen werden, notwendigerweise die neu erworbenen Anpassungen in der nächsten Generation reproduzieren.

Es fragt sich nun, ob der Präformismus oder die letztere Annahme besser mit den Thatsachen in Einklang zu bringen ist, ob die Auslese wirklich das leisten konnte, was thatsächlich entstanden ist, oder ob wir wenigstens die Mehrzahl der zweckmässigen Einrichtungen nicht besser durch die Vererbung erworbener Eigenschaften erklären können.

Um über diese Frage zu entscheiden, ist eine Betrachtung der Umstände, welche zu der Ausbildung von rudimentären Organen geführt haben, erforderlich.

Wenn man eine Vererbung erworbener Eigenschaften annimmt, so sind die rudimentären Organe ohne weiteres erklärt; es sind Organe, die durch Nichtgebrauch verkümmert und in der verkümmerten Gestalt auf die Nachkommen übertragen worden sind. Bei den letzteren verkümmern sie durch fortgesetzten Nichtgebrauch noch mehr und müssen deshalb endlich verschwinden. Ein Organ, das nicht gebraucht wird, wird auch nicht genügend ernährt, wenigstens in all den Fällen nicht, wo dieses Organ aktiv gebraucht wird. Dafür Beweise anzuführen, ist überflüssig, denn die bezüglichen Thatsachen sind allbekannte. Der Präformismus aber muss sehr weit ausholen, um das Verkümmern nicht gebrauchter Organe zu erklären, und er hat es auf zweierlei Weise versucht.

Vor dem Auftreten Weismann's, der eine energische Bekämpfung der Lehre von der Vererbung erworbener Eigenschaften inaugurierte, erklärte man das Verkümmern nicht gebrauchter Organe vielfach durch eine Art der Auslese, die wir, wenn sie existierte, als ökonomische Auslese bezeichnen könnten. Man sagte, dass Organe, die nutzlos sind, auch nicht mehr ernährt zu werden brauchen, und dass es nicht gut ist, wenn sie noch ferner ernährt werden, weil dadurch wichtigen Organen Nahrung entzogen wird. Es hätte also eine Zuchtwahl stattgefunden, welche bewirkte, dass diejenigen Tiere, bei welchen nicht gebrauchte Organe zufälligerweise spärlicher, dafür aber die wichtigen Organe besser ernährt wurden als bei anderen Tieren, grössere Erfolge im Kampf ums Dasein gehabt hätten als diese, dass jene überlebt und ihre etwas zurückgebildeten unnützen Organe auf ihre Nachkommen vererbt hätten. Bei den Nachkommen hätte derselbe Selektionsprozess stattgefunden, und auf diese Weise wären endlich die nicht mehr gebrauchten Organe mehr oder minder vollständig zurückgebildet worden. Wir haben aber schon früher gesehen, dass eine solche Annahme nicht haltbar ist, denn bei Organen, die im Verhältnis zum Gesamtkörper sehr klein sind, kann die winzige Menge von Nahrung, welche ihnen entzogen wird, keine irgendwie geartete Rolle in dem Haushalt des betreffenden Organismus spielen.

Bei vielen Tieren finden wir Afterzehen, die klein und völlig ausser Gebrauch gesetzt sind. Die betreffenden Zehen sind bei anderen Tieren noch gross und in Thätigkeit, bei noch anderen aber völlig geschwunden. Man kann sich nun leicht vorstellen, dass solche Zehen durch die schädlichen Folgen des Nichtgebrauchs nach und nach verkümmern, weil sie nicht mehr in genügender Weise ernährt werden. Wenn aber die Ernährung nicht vom Gebrauch oder Nichtgebrauch abhängt, sondern wenn es rein zufällig ist, ob ein Organ besser oder weniger gut ernährt wird, so ist es schwer zu verstehen, wie dergleichen Zehen völlig geschwunden sein können. Sie müssen doch durch das Stadium, das heute von den winzigen Afterzehen repräsentiert wird, hindurchgegangen sein, und man musste dann annehmen, dass die mehr oder minder gute Ernährung etwa der Afterzehe eines Hundes, wie wir sie bei vielen Haushunden finden, und wie sie die wildlebenden fünfzehigen Vorfahren des Hundes besessen haben müssen, über das Wohl und Wehe der Art entscheidet. Ein grosser Teil unserer Haushunde stammt vom Wolf ab; die Vorfahren des Wolfes hätten also eine kleine Afterzehe gehabt, und ihre mehr oder weniger gute Ernährung hätte über das Schicksal der betreffenden Individuen entschieden. Da es sich bei einem so kleinen Gebilde in jeder Generation nur um geringe Bruchteile eines Milligramms von Nährsubstanz gehandelt haben kann, so müsste man annehmen, dass diese minimalen Gewichtsmengen, die sich auf den Gesamtkörper verteilten, genügt hätten, um die einen Wölfe überleben, die anderen aber Hungers sterben zu lassen. Ich glaube kaum, dass die Präformisten zu dieser Annahme ihre Zuflucht nehmen werden. Das hat auch Weismann gefühlt, und deshalb hat er seine Theorie der Panmixie erfunden, um die Verkümmerung nicht gebrauchter Organe zu erklären.

Unter Panmixie versteht Weismann das Folgende: Er lässt, wie es ja der Präformismus notwendigerweise thun muss, sämtliche Organe im Keime vorgebildet sein, nur vom Keim aus variieren und sagt dann, dass

5*

die natürliche Zuchtwahl darüber entscheidet, ob die Variationen, welche die Determinanten und ihre Biophoren erlitten haben, von Bestand sein sollen oder nicht. Haben sie so variiert, dass sie eine Verkümmerung eines wichtigen Organes herbeiführen, so muss das betreffende Tier im Kampf ums Dasein zu Grunde gehen, haben sie dagegen in der erforderlichen Weise variiert, oder sind sie, falls keine Veränderung nötig, noch ebenso gut wie in der vorhergehenden Generation, so überlebt das betreffende Individuum. Bei Organen aber, welche nicht mehr gebraucht werden, kommt es nicht darauf an, ob ihre Biophoren nach der einen oder nach der anderen Richtung hin variieren; sie können sich nach allen möglichen Richtungen hin verändern, ohne dass dadurch etwas über den Fortbestand des betreffenden Individuums entschieden wird. Da nun die Biophoren nach Weismann immer bald nach dieser, bald nach jener Richtung hin abändern, und zwar in dem einen Individuum hierhin, in dem anderen dorthin, so kommen infolge der geschlechtlichen Vermischung verschiedener Individuen in den von den Determinanten bestimmten Organen schlechtere und bessere Biophoren nebeneinander zu liegen. Das Organ verändert sich, aber die durch allseitige Mischung, durch Panmixie erzeugte Veränderung ist für die betreffende Art nicht nachteilig, weil die Organe nicht mehr gebraucht werden. Auf diese Weise soll ein überflüssiges Organ allmählich völlig rudimentär und zum Schwinden gebracht werden. Indessen kann man sich auf Grund der Weismann'schen Panmixielehre zwar vorstellen, dass es verschlechtert wird; dass es aber infolge „Aufhörens der Zuchtwahl" zugleich verschwinden kann, ist völlig unbegreiflich, ist eine absolut unbegründete Annahme Weismann's und seiner Anhänger.

Stellen wir uns einmal vor, ein Auge wäre überflüssig geworden, wie es bei Tieren, die in Höhlen eingewandert sind, oft der Fall gewesen ist. Die einzelnen Teile des Auges werden durch verschiedene Determinanten bestimmt, und die Biophoren, welche diese Determinanten zusammensetzen, variieren nun nach allen Richtungen hin. Durch die geschlechtliche Mischung kommen etwa in der Linse des Auges gute und schlechte Biophoren nebeneinander zu liegen und verändern nun die Linse in entsprechender Weise. Das können wir uns, wenn wir auf dem Standpunkte des Präformismus stehen, recht gut vorstellen. Wie aber kommt es, dass die Linse und die übrigen Organe kleiner werden, dass sie endlich völlig schwinden? Das ist auch durch Weismann's Panmixie nicht begreiflich zu machen, denn wenn Variation nach allen möglichen Richtungen hin stattfinden kann, wenn Panmixie alle möglichen Biophoren in eine und dieselbe Zelle zusammenbringt, Biophoren, die ein geringes, und andere, die ein starkes Wachstum verursachen, so kann das Organ nie und nimmer kleiner werden und verschwinden, denn neben Biophoren, die sich in Bezug auf ihre Wachstumsenergie gleich bleiben, werden wir immer solche finden, welche eine starke, und andere, die eine geringe Wachstumsenergie haben. Diese beiden letzten Gruppen von Biophoren werden sich in ihrer Wirkung gegenseitig aufheben, und es kann deshalb wohl eine Verschlechterung des Organes eintreten, aber das Organ kann nie zum Schwinden gebracht werden, es sei denn, dass ökonomische Auslese es hinwegzüchtet, was, wie wir gesehen haben, zu den gewagtesten Annahmen führen muss.

Es fragt sich allerdings, ob Organe, die verschlechtert worden sind, dem betreffenden Organismus nicht direkt schädlich und deshalb durch Naturzüchtung beseitigt werden. Da, wenn wirklich Panmixie besteht, das überflüssig gewordene Organ, wie wir gesehen haben, nicht kleiner, sondern nur unbrauchbar werden kann, so könnte man annehmen, dass dergleichen Organe hinderlich sind und deshalb durch Selektion ausgemerzt werden. Man hat nun angenommen, dass solche Organe Krankheiten unterworfen sein und deshalb unter Umständen recht nachteilig werden können. Allein krank kann jedes Organ, kann der gesamte Tierkörper werden, und wenn die Möglichkeit, dass ein Organ krank wird und dadurch über den Bestand der betreffenden Art entscheidet, verhindert werden soll, so müssen eben Tiere gezüchtet werden, die überhaupt keinen Körper haben und deshalb auch nicht krank werden können. Schadet also das Vorhandensein eines rudimentären Organes nicht, obwohl es Krankheiten unterworfen sein kann, so bleibt es in den allermeisten Fällen nicht einzusehen, weshalb ein indifferentes Organ durch Naturzüchtung beseitigt werden kann. Was schaden einem Säugetiere die kleinen Afterzehen? Davon, ob sie vorhanden sind oder nicht, hängt doch sicher das Wohl und Wehe des betreffenden Tieres nicht ab. Es lässt sich also auf keine Weise einsehen, wie Organe rudimentär werden und verschwinden können, wenn man die Vererbung erworbener Eigenschaften nicht annehmen will.

Wenn wirklich Panmixie besteht, so müssten die Organe wenigstens ihre ursprüngliche Grösse behalten. Das thun sie aber, wie die Thatsachen lehren, keineswegs. Es kann also keine Panmixie und folglich auch kein polymiktes Keimplasma geben. Damit ist die Unzulässigkeit des Präformismus dargethan und einzig und allein der Epigenesislehre die Existenzberechtigung zugewiesen.

Auf das völlig Unzulängliche der Weismann'schen Panmixie-theorie hat man schon oft hingewiesen, aber Weismann hat darauf so wenig geantwortet, wie auf manche andere Widerlegungen seiner An-sichten, ein Verfahren, das sich empfiehlt, wenn man unhaltbare Lehren zu verteidigen hat. Hiervon abgesehen, ist es völlig unbegreiflich, dass die Theorie der Panmixie Anhänger und gar Verteidiger gefunden hat. Diese Theorie ist so wunderbar, dass sie dem in entwickelungstheore-tischen Sachen eine Autorität ersten Ranges beanspruchenden englischen Philosophen Herbert Spencer durchaus unbegreiflich ist, trotzdem er ausdrücklich darauf aufmerksam gemacht wurde, dass er Weismann nicht verstanden habe. Und doch hat Romanes, der ihm sagte, dass er die Theorie der Panmixie missverstehe, recht, denn aus Spencer's neuester Publikation geht hervor, dass er Weismann's Panmixie immer noch nicht begriffen hat. Das ist nicht gerade ein gutes Zeichen für diese Lehre; denn um sie einzusehen, muss allerdings der an natur-wissenschaftliches und philosophisches Denken Gewöhnte ein gewagtes geistiges Salto mortale vornehmen, wie es für ein Gehirn, das noch nicht allzusehr von falschen Theorien beeinflusst worden ist, nicht leicht ausführbar sein mag.

2. Organauslese und Personenauslese.

Die rudimentären Organe können uns dazu dienen, weitere Fragen in Bezug auf die Auslese zu stellen. Wenn überflüssig gewordene Ein-richtungen durch ökonomische Auslese nach und nach beseitigt werden, so kommen minimale Unterschiede der einzelnen Organe für die Selek-tion in Betracht, wie es ja der Darwinismus auch thatsächlich annimmt. Es fragt sich aber, ob dergleichen geringfügige Unterschiede einzelner Organe wirklich ausschlaggebend für das Überleben eines Individuums sind, ob also eine Organauslese, eine Auslese nach der etwas mehr oder weniger guten Beschaffenheit der einzelnen Organe thatsächlich existieren kann. Der orthodoxe Darwinismus muss sie annehmen, denn ohne eine solche Organauslese könnte er nicht bestehen. Diese Organ-auslese ist aber eine völlig in der Luft schwebende Annahme, weil der Darwinismus auch nicht ein einziges Beispiel dafür vorbringen kann, dass geringe Unterschiede in einem einzelnen Organ wirklich über das

Bestehen eines Individuums entscheiden. Vielmehr ist nur die Annahme gestattet, dass es auf die Gesamttüchtigkeit des ganzen Körpers ankommt, dass die Organe in der richtigen Weise zusammenwirken müssen, dass der Mangel eines Organes durch die bessere Beschaffenheit eines anderen kompensiert werden kann.

Dass eine Kompensation wirklich stattfindet, dafür lassen sich viele Beispiele anführen. In den zoologischen Gärten herrscht oft ein erbitterter Kampf ums Dasein unter zahlreichen seiner verschiedenen Insassen. Es ist nicht möglich, alle Tiere getrennt zu halten, und man setzt manche Säugetiere, beispielsweise Affen, und die meisten Vögel in Gesellschaftskäfige. Dass in diesen ein rücksichtsloser Kampf ums Dasein herrscht, wird jeder Tiergärtner, der einige Erfahrung hat, zugeben. Jeder Vogelwirt, der längere Zeit Vögel in Gesellschaftskäfigen gehalten hat, wird es bestätigen. Bei in Gesellschaft gehaltenen Tieren beobachtet man nun leicht, dass es keineswegs darauf ankommt, ob das eine oder das andere Organ besonders gut entwickelt ist, denn manche Organe fehlen oft völlig. Häufig tritt der Fall ein, dass ein Vogel ein Auge verliert, dass er auf einem oder beiden Flügeln lahm wird, dass ihm ein Bein oder mehrere Zehen fehlen, und dennoch gedeiht er ebenso gut wie die am besten gedeihenden unter den anderen, obwohl manche Vögel durch den Kampf ums Dasein, der im Gesellschaftskäfig herrscht, zu Grunde gerichtet werden. Die Auswahl der Vögel, die man in einem gemeinsamen Käfig zusammenbringen will, muss immer eine sorgfältige sein, weil man leicht wertvolle Stücke verliert, was weder dem Liebhaber noch dem Tiergärtner angenehm ist. Deshalb wird auf die zweckmässigste Zusammenstellung der Bevölkerung eines Gesellschaftskäfigs grösstmögliche Umsicht verwandt. Trotz alledem gehen manche Vögel zu Grunde, weil sie dem im Käfige entbrennenden Kampf ums Dasein nicht gewachsen sind.

Untersucht man nun die gestorbenen Vögel, so zeigt sich nicht etwa regelmässig, dass diese deshalb zu Grunde gehen, weil das eine oder das andere ihrer Organe nicht in der richtigen Weise beschaffen war, sondern man sieht vielmehr, dass es lediglich auf die mehr oder minder kräftige Konstitution der Tiere ankommt, dass die kleinen Abweichungen in der Beschaffenheit der einzelnen Organe nichts mit Leben oder Sterben der Tiere zu thun haben. Ich habe eine grosse Anzahl verstümmelter Tiere beobachtet und die Bemerkung gemacht, dass gerade diese nicht leicht zu Grunde gehen, denn wenn sie die Verstümmelung überleben, so haben sie eben eine kräftige Konstitution, die sie auch ferner am Leben erhält, und für den Verlust eines Organes wissen sie sich leicht dadurch schadlos zu halten, dass sie andere Organe ausgiebiger als vorher gebrauchen. Man kann es in einem Tiergarten oft genug sehen und selbst erleben, dass gerade verstümmelte Tiere, die keine Zierde ihrer Behausung bilden, deren Tod man förmlich erhofft, obwohl man sie nicht gern umbringen oder fortschaffen will, am längsten leben, während unverstümmelte Exemplare zu Grunde gehen, und man gewinnt so die Überzeugung, dass kleine Abweichungen in der Beschaffenheit des einen oder anderen Organes nicht über die Existenz eines Tieres und somit auch nicht über die einer Organismenart entscheiden.

Was uns gefangene Tiere lehren, sehen wir auch an wild lebenden. Frösche, die ein Hinterbein verloren haben, leben gleichwohl weiter und springen dann eben mit dem anderen Hinterbein, und angesichts solcher Thatsachen will man behaupten, dass die natürliche Zuchtwahl Tiere ausmerzen könne, bei denen ein Hinterbein vielleicht 1 oder 2 Millimeter kürzer ist als das andere? Die meisten Echinodermen besitzen fünf mehr oder minder gleichwertige Körperstücke, und bekanntlich ist die Fünfzahl für die Echinodermen ausserordentlich charakteristisch, so dass die Nützlichkeitstheoretiker annehmen müssen, dass sie von höchster Bedeutung für das Bestehen dieser Tierklasse ist. Namentlich müsste das von solchen Echinodermen gelten, bei welchen, wie bei den Seeigeln, keine Arten mit vier oder sechs Körperstücken vorkommen. Trotzdem gedeihen vier- und sechszählige Seeigel, wie sie manchmal vorkommen, ebenso gut wie die normalen fünfzähligen. Man kann also nicht annehmen, dass Organauslese Abweichungen von der Fünfzahl hätte ausmerzen können. Ähnliches gilt bei den Medusen. Die Mehrzahl der Quallen ist vierzählig, d. h. der Körper wird aus vier gleichwertigen Stücken gebildet. Es kommen aber bei der Ohrenqualle unserer Ostsee häufig drei-, fünf- und sechszählige vor, und solche Individuen sind oft auffallend gross und sehr fruchtbar, wie ich vielfach feststellen konnte. Es hat also die grössere oder geringere Anzahl gleichwertiger Körperstücke nichts mit dem Bestehen der betreffenden Arten zu schaffen.

Ein Gleiches lehrt das Hirschgeweih. Die Anzahl seiner Sprosse hat im Laufe der Stammesgeschichte erheblich zugenommen, und die Präformisten müssen annehmen, dass Naturzüchtung diese Zunahme bedingt hat. Wie aber kommt es dann, dass die Anzahl der Sprosse sich ontogenetisch so langsam vermehrt? Bei dem Edelhirsch und seinen

Verwandten nimmt sie an einer einzelnen Geweihstange jährlich nur um ein oder wenige Stücke zu, und trotzdem pflanzen sich auch diese Hirsche fort, trotzdem überleben auch sie im Kampf ums Dasein!

Kleine Schwankungen eines einzelnen Organes können also unmöglich über den Bestand einer Organismenart entscheiden; es kann nur Personenauslese, d. h. Auslese solcher Personen, die im Durchschnitt ihrer Organe tüchtig sind, stattfinden. Dagegen entscheiden Schwankungen eines einzelnen Organes nicht über den Fortbestand eines Individuums.

Die Organe leben ja nicht für sich allein, sondern sie bilden Bestandteile eines vielfach zusammengesetzten Körpers, und dennoch können die Präformisten nicht um die Annahme herumkommen, dass ungenügende Beschaffenheit eines einzelnen Organes schon das Aussterben des betreffenden Organismus zur Folge haben muss, denn sonst könnte keine Steigerung eintreten in Bezug auf die weitere Ausbildung der einzelnen Organe. Wenn das eine Tier überlebt, weil es vielleicht sehr gute Augen hat und dadurch seine minder gut entwickelten Gehörorgane kompensiert, so überlebt das andere vielleicht, weil es bei ihm gerade umgekehrt ist. Es kann nun gar nicht fehlen, dass sich häufig Individuen, von denen das eine nur dieses, das andere nur jenes Organ gut ausgebildet hat, geschlechtlich miteinander verbinden; bei ihren Nachkommen müssen also die Abweichungen von der Norm wieder ausgeglichen werden; und das geschieht auch thatsächlich, wie jeder Tierzüchter weiss. Es kann also durch Organauslese unmöglich eine Steigerung der Anpassungshöhe hervorgebracht werden, oder höchstens nur dann, wenn nur solche Tiere überleben, die in Bezug auf alle Organe das erforderliche Verhalten zeigen. Dass das für den Fortbestand des Individuums aber keineswegs nötig ist, haben unsere obigen Beispiele gezeigt, und damit ist die Möglichkeit, dass Variationen eines Organes über das Wohl und Wehe der Art bestimmen können, ausgeschlossen. Da aber die Präformationstheorie nicht ohne die Annahme einer Auslese nach einzelnen Organen auskommen kann, so ist sie wiederum als unhaltbar nachgewiesen und die Epigenesislehre allein als berechtigt dargethan.

3. Konstitutionelle und dotationelle Auslese. Individual- und Rassenselektion.

Wenn es nur Personenauslese giebt, so ist die weitere Frage zu beantworten, ob diese nach der Konstitution oder nach der Ausstattung ihre Wahl trifft.

Unter Konstitution verstehen wir das Verhalten des Körpers zu den allgemeinen chemischen und physikalischen Einflüssen der Aussenwelt. Ein Tier, das Hunger ertragen, das grosse Hitze und grosse Kälte aushalten, das ebenso gut in stark salzigem wie in schwach salzigem Wasser leben kann, besitzt eine gute Konstitution. Gute Konstitution beruht auf Unempfindlichkeit gegen schädigende Einflüsse, wie sie durch Mangel an Nahrung, durch das Klima und durch viele andere Einflüsse allgemeiner Natur bedingt werden, mangelhafte Konstitution auf dem Gegenteil. Unter Ausstattung ist dagegen die mehr oder minder gute Gliederung, das leichtere oder schwierigere Zusammenwirken der einzelnen Organe, also der glatte Gang der Körpermaschine, ausserdem aber auch die Anpassung, die sich in Einrichtungen wie die Schutzfärbung und dergleichen ausspricht, zu verstehen. Wir können also von einem Überleben des Gutkonstituierten oder, wie ich mich anderswo ausgedrückt habe, des Bestgefügten, und von einem Überleben des Gutausgestatteten, also entweder des Gutgegliederten oder des Gutgerüsteten sprechen.

Dass es eine Auslese, welche die Ausstattung betrifft, giebt, ist nicht zu bezweifeln. Wüstentiere sind mit einem sandfarbigen, Schneetiere mit einem weissen Kleide ausgestattet, und solche Kleider können in den meisten Fällen nicht durch direkte Anpassung der Organe hervorgebracht worden, sie müssen gezüchtet sein. Die Wanderratte, die unsere Hausratte verdrängt hat, hat vielleicht durch ihre Konstitution, wahrscheinlich aber auch durch ihre bessere Ausstattung, durch ihre beträchtlichere Körpergrösse und ihr starkes Gebiss gesiegt. Flugunfähige Inselvögel sind nicht gut ausgestattet, sie sind deshalb auch viel schneller ausgerottet worden als die flugbegabten Vögel derselben Inseln.

Aber neben der Ausstattung entscheidet immer noch die Konstitution und in manchen Fällen entscheidet diese ausschliesslich; das können wir in zoologischen und botanischen Gärten leicht feststellen. Es handelt sich dort nicht darum, ob das eine oder das andere Organ der betreffenden Tiere und Pflanzen mehr oder minder gut entwickelt ist, sondern darum, ob die in Betracht kommenden Individuen eine gute oder schlechte Konstitution haben, und in den allermeisten Fällen wird die Konstitution in erster Linie darüber entscheiden, ob ein Organismus überleben soll oder nicht. Viele Organismen gehen schon als Keimzellen oder als junge Tiere infolge ihrer schlechten Konstitution zu Grunde. Wir haben also zu unterscheiden zwischen konstitutioneller und dotationeller Auslese, und zu untersuchen, welche Ergebnisse die eine und welche die andere Art der Auslese zeitigt.

Für die Auslese innerhalb einer Art, für den Kampf ums Dasein unter den Individuen einer und derselben Tier- oder Pflanzenspecies, kann die Dotation nur in seltenen Fällen ausschlaggebend sein, und zwar deshalb nicht, weil die Unterschiede zwischen den einzelnen Individuen meist so gering sind, dass sie beim Kampf ums Dasein nicht in Betracht kommen. Der Weismann'sche Präformismus leugnet aber einfach die Bedeutungslosigkeit der geringen Unterschiede, die man thatsächlich feststellen kann, und behauptet, dass sie von ausschlaggebender Bedeutung sind. Leider steht diese Behauptung auf schwachen Füssen; sie wird auch nicht durch eine einzige thatsächliche Beobachtung begründet.

Ich habe bei Tieren, die zu Grunde gegangen waren, Untersuchungen darüber angestellt, ob sie sich wohl in dem einen oder anderen Punkte von ihren Artgenossen, die leben geblieben waren, unterschieden, und zwar nicht etwa bei gefangenen Tieren, sondern bei freilebenden. An den Strand geworfene Seeigel habe ich mit ihren von mir selbst gefangenen überlebenden Artgenossen verglichen, und ich habe auch nicht in einem einzigen Fall einen Unterschied gefunden. An der Südküste Australiens habe ich beobachtet, dass die dort unter den zur Ebbezeit blossgelegten Steinen lebenden Asseln häufig von einem Stein zum anderen laufen und dabei den zwischen den Steinen liegenden Sandboden überschreiten müssen. Diese Asseln haben ein sandfarbenes Kleid, sind also durch ihre sympathische Färbung geschützt. Ich habe nun einmal mit dem Feldstecher einen Fischreiher beobachtet, der ruhig zwischen den Steinen stehend nach den von einem Stein zum andern laufenden Asseln stiess und viele von ihnen erbeutete. Diesen Reiher habe ich geschossen und die in seinem Magen befindlichen Asseln in Bezug auf ihre Färbung mit von mir gefangenen verglichen; ich habe auch nicht den leisesten Unterschied dabei feststellen können.

Wir können also nicht annehmen, dass es dotationelle Auslese von Individuen giebt, und wenn sie wirklich bestände, so würde sie nicht zur Fortbildung der Organismenarten beitragen können. Die geschlechtliche Mischung würde dann jede Art nur auf derselben Ausstattungsstufe halten.

In sehr vielen Fällen entscheidet der Zufall über den Fortbestand eines Individuums. Die südaustralischen vom Reiher erbeuteten Asseln sind sicher nur deshalb gefangen worden, weil sie zufällig nicht ruhig unter den Steinen verharrten.

Es fragt sich aber, wie sich die Konstitution zu dem zufälligen Überleben der Individuen einer Organismenart verhält, und da müssen wir sagen, dass die Konstitution unter allen Umständen eine grosse Rolle spielt, insofern als Individuen mit einer guten Konstitution in allen Lebenslagen grössere Aussicht auf Fortbestand haben, als solche mit schlechter. Es herrscht also sicher eine konstitutionelle Individualselektion innerhalb einer Organismenart, dagegen herrscht innerhalb einer und derselben Tier- und Pflanzenrasse keine dotationelle Individualselektion. Wir haben aber gesehen, dass sympathische Färbung und andere zweckmässige Einrichtungen nur durch dotationelle Zuchtwahl erklärt werden können, und müssen deshalb fragen, ob es neben der individuellen Auslese noch eine andere Art der Auslese giebt, und diese Frage ist ohne weiteres zu bejahen.

Es giebt Auslese zwischen verschiedenen Rassen und auch zwischen verschiedenen Arten. Bei der Vertreibung der Haus- durch die Wanderratte handelte es sich um Auslese der Angehörigen zweier verschiedener Arten. Es wurden nur die Individuen der Wanderratte erhalten, und die meisten Hausratten gingen zu Grunde. Es ist nun klar, dass bei dieser Rassenselektion, welche wir der Individualselektion gegenüberstellen müssen, sowohl die konstitutionelle als auch die dotationelle Auslese in Betracht kommen kann. Wir können uns also sympathische Färbung und dergleichen durch eine dotationelle Rassenauslese erklären.

Dieses Ergebnis, dass ausser Individualselektion auch eine Rassenauslese stattfindet, verträgt sich nicht mit der Präformationstheorie, wohl aber mit der der Epigenesis, denn die erstere muss ausser Rassenselektion dotationelle Individualselektion annehmen, weil sie sonst die Entstehung der Arten und ihre Erhaltung nicht erklären kann, und weil viele Organismenarten, insbesondere unter den Tieren, nur ein sehr enges Verbreitungsgebiet besitzen, in welchem von Rassenauslese überhaupt nicht die Rede sein kann. Es giebt Kolibriarten, die auf einen einzigen Bergkegel der Anden beschränkt sind, und Forellenarten, die nur einen einzigen kleinen See bewohnen. In so eng begrenzten Gebieten ist oft wenigstens keine Rassenauslese möglich, und die Erhaltung der Art könnte hier nur durch dotationelle Individualselektion erfolgen, wenn anders die Charaktere, durch welche sich die betreffende Art von ihren Verwandten unterscheidet, nützlich für die Art sind, was ja die Präformationstheorie annehmen muss. Nun haben wir aber gesehen, dass die Individualselektion nur die Konstitution, nicht aber die Ausstattung betreffen kann, dass sie deshalb auch nicht geeignet ist, Ausstattungscharaktere zu züchten. Individualselektion züchtet nur gute Konstitutionen, und deshalb ist auf Grund der Epigenesistheorie nur die Annahme einer dotationellen Rassenzuchtwahl möglich. Wenn nun aber Rassenselektion stattfinden soll, so setzt sie die Entstehung der Rassen auf anderem Wege als durch dotationelle Individualselektion voraus. Wir werden später diesen Weg der Entstehung von neuen Rassen aus vorhandenen Arten kennen lernen. Es handelt sich aber zunächst um die Frage, ob auf einem und demselben Gebiete zwei oder mehrere neue Rassen aus einer aus mehr oder minder gleichen Individuen bestehenden Art entstehen können, ob die Rassenselektion also von vornherein einsetzen kann, oder ob sich unterschiedene Rassen nur auf getrennten Gebieten entwickeln können.

Diese Frage hängt nahe zusammen mit der anderen, ob die Mischung der Individuen, die notwendigerweise in einem und demselben Gebiete stattfinden muss, und welche nach Weismann eine so grosse Rolle spielt, wirklich das zu leisten vermag, was das derzeitige Haupt der Präformationstheorie ihr zuschreibt. Im folgenden Abschnitte werden wir uns demgemäss mit den Fragen der Individuen- und Rassenmischung zu beschäftigen haben.

---

h. Mischung und Entmischung.
1. Separation und Kongregation.

Eine grosse Rolle bei Entscheidung entwickelungstheoretischer Fragen spielt die Frage, ob sich eine Tierart auf einem und demselben Gebiete in mehrere neue Arten spalten kann oder nicht. Bekanntlich ist das erstere von Moritz Wagner entschieden bestritten worden, und wenn seine Ausführungen mehr Beachtung gefunden hätten, wenn die modernen Entwickelungstheoretiker sich überhaupt mehr um die einzelnen Tier- und Pflanzenarten kümmern wollten, so hätte Wagner längst die Zustimmung finden müssen, die er in der That verdient. Wenn auch nicht alles, was er gesagt hat, haltbar ist, so hat er doch darin recht, dass auf einem beschränkten Verbreitungsgebiet sich kaum jemals zwei oder mehr Arten aus einer Stammart entwickeln können,

vorausgesetzt, dass allseitige Mischung der Individuen der betreffenden
Art möglich ist.

Zu dieser Entscheidung gelangen wir, wenn wir die Folgen einer
solchen Mischung ins Auge fassen. Dass die Individuen der Organismenarten, d. h. die einzelnen Vertreter der Art, unabhängig voneinander
variieren, lässt sich nicht leugnen. Aber die Variationen sind, wie wir
gesehen haben, niemals so ausgiebig, dass dotationelle Individualselektion
daraufhin ihre Wirksamkeit entfalten könnte. Gesetzt aber, sie thäte es
dennoch, was wäre alsdann die Folge? Ohne Zweifel keine andere als
die, dass in dem einen Individuum dieses, in dem anderen jenes Organ
das Überleben bedingen würde, und das müsste des weiteren zur Folge
haben, dass sich Individuen, die nach ungleichen Richtungen hin abgeändert sind, miteinander fortpflanzen und somit ihre Ungleichheiten in
ihren Nachkommen wieder ausgleichen. Die Art könnte also nicht vom
Flecke kommen, wenn sie nicht durch andere Mittel umgebildet wird,
und sie könnte sich auch nicht in mehrere Arten spalten, denn wenn
auch dotationelle Individualselektion das Überleben nach bestimmter
Richtung abgeänderter Individuen bewirken würde, so würden doch
sicher die einen nach dieser, die anderen nach jener Richtung abgeändert sein, und wer wollte dafür garantieren, dass sich in gleicher Richtung abgeänderte Individuen miteinander paaren und deshalb ihre Abänderungen auf die Nachkommen vererben? Ist das letztere aber nicht
möglich, so können aus einer Art auf beschränktem Verbreitungsgebiete,
wo eine Mischung nach allen Seiten hin möglich ist, nicht zwei oder
mehrere Arten werden.

Anders ist es dagegen, wenn eine Art über ein weites Gebiet verbreitet und allseitige Mischung deshalb ausgeschlossen ist. Wenn sich
immer oder vorwiegend nur diejenigen Individuen miteinander paaren,
die innerhalb eines der untergeordneten Bezirke des Gesamtgebietes der
Art wohnen, dann muss sich in jedem Teilgebiet eine neue Rasse und
oft auch eine neue Art heranbilden, weil die Konstitution der betreffenden Individuen nicht in allen Gebieten in gleicher Weise abgeändert ist, und weil deshalb in dem einen eine andere Mischung zu
stande kommt, als in dem anderen. Auf diese Weise können aus einer
weit verbreiteten Art leicht eine grosse Anzahl neuer Rassen entstehen.
Mit diesen kann aber die Präformationstheorie nichts anfangen, denn sie
kann ohne dotationelle Individualselektion nicht auskommen; dass aber
diese zu nichts führt, haben wir bereits gesehen. Dagegen stimmt die

Epigenesislehre gut zu diesen Schlussfolgerungen, weil sie ausser der konstitutionellen Auslese, die zum Überleben der bestgefügten Individuen führt, noch eine direkte Anpassung durch den Gebrauch und Nichtgebrauch der Organe in jedem einzelnen Gebiete annimmt. Diese bedingt, dass eine Umbildung der Arten zu stande kommen muss, weil alle Individuen sich in gleicher Weise den Lebensverhältnissen ihres Wohngebietes und denjenigen Veränderungen, die durch konstitutionelle Zuchtwahl mit nachheriger Mischung zu stande gekommen sind, anpassen müssen.

Vergleichen wir mit diesen Schlussfolgerungen die Thatsachen, so finden wir sie wenigstens auf dem Gebiete der Zoologie vollkommen bestätigt. Nächstverwandte Arten bewohnen nicht dieselben Gebiete, und wenn sich ihre Verbreitungsgebiete auch oft miteinander decken, so geschieht das letztere doch nur teilweise. Es giebt keine nächstverwandten Tierarten oder Tierrassen, von denen mit Sicherheit nachgewiesen ist, dass ihre Verbreitungsgebiete sich vollständig decken, vielmehr finden wir, und es ist ein grosses Verdienst Moritz Wagner's, uns darauf aufmerksam gemacht zu haben, dass sich die Verbreitungsgebiete der nächstverwandten Tierarten im grossen und ganzen wie die Maschen eines Netzes aneinanderreihen. Wenn auch an den Rändern der Verbreitungsbezirke teilweise Deckung eintreten kann, so ist doch diese keine ursprüngliche.

Es sollte eigentlich überflüssig sein, Belege für diese Thatsachen anzuführen, denn wer systematische Monographien durchsehen will, wird finden, dass Wagner im Recht ist. An unsern deutschen Dompfaffen schliesst sich im Osten der grosse russische, dem Gebiete unserer Nachtigall reiht sich dort das des Sprossers an. Die Elbe bildet die Grenze der Verbreitungsgebiete zwischen Raben- und Nebelkrähe. Es giebt eine südwest- und eine nordostdeutsche Unkenart. Unsere deutsche Sumpfmeise wird auf den Alpen durch die Alpensumpfmeise, in Skandinavien durch die nordische, vertreten, und mit dieser Aufzählung könnten wir so lange fortfahren, bis wir jede einzelne Tierart namhaft gemacht haben. Zwar hat Nägeli vom botanischen Standpunkte aus die Lehre Wagner's heftig bekämpft, allein für die Pflanzen gelten andere Verbreitungsbedingungen als für die Tiere; aber ich bin überzeugt, dass dennoch schliesslich der Satz, dass sich eine Art in einer und derselben Gegend nur zu einer einzigen neuen Art umbilden kann, auch für die Pflanzen Gültigkeit hat, denn eine Trennung einer Art in mehrere neue Arten ist bei der Möglichkeit allseitiger Mischung der Individuen auf keine andere Weise denkbar. Übrigens giebt auch Nägeli schliesslich zu, dass der letzte Grund, weshalb sich auf einem und demselben Gebiete, wie es bei Pflanzen vorkommen soll, also „gesellschaftlich", wie Nägeli sagt, neue Arten bilden, dadurch gegeben ist, dass die Vorfahren der betreffenden gesellschaftlich entstandenen Arten verschiedene Verbreitungsgebiete innegehabt haben. Dann aber waren die, wenn vielleicht auch äusserlich kaum zu unterscheidenden Vorfahren der „gesellschaftlich" entstandenen Arten schon innerlich ungleich, und die Anschauungen Wagner's finden somit auch auf botanischem Gebiete ihre Bestätigung. Die Spaltung der Arten findet auf dem Wege der Separation, nicht aber bei Kongregation statt.

2. Amphimixis und Apomixis.

Bewohnt eine Organismenart ein begrenztes Gebiet, so muss durch die geschlechtliche Mischung jede grössere Ungleichheit unter den einzelnen Individuen wieder beseitigt werden. Die Mischung hätte also zur Folge, dass die Individuen sich im grossen und ganzen immer gleich bleiben. Weismann lässt aber gerade diese Mischung, für die er den Namen Amphimixis erfunden hat, eine grosse Rolle bei der Umbildung der Arten spielen. Er meint, dass durch sie der Naturzüchtung genügendes Material zur Auswahl geboten würde.

Wenn sich die Plasmen zweier verschiedener Individuen miteinander mischen, so gleichen sie nach Weismann nicht etwa ihre Verschiedenheiten aus, sondern sie behalten ihre Eigenschaften bei. Es sind also durch die Mischung polyplasmatische Keimzellen gebildet worden.

Die ältesten, sich noch ungeschlechtlich vermehrenden Vorfahren der Organismen wurden nach Weismann direkt durch die Lebensbedingungen umgebildet, und dadurch, dass geschlechtliche Fortpflanzung bei ihren Nachkommen eingeführt wurde, entstand durch die Vermischung zweier Individuen, deren Vorfahren sich bis dahin lediglich durch Teilung fortgepflanzt hatten, ein neues Individuum mit zwei Plasmaarten. Dieses konnte sich mit einem ebenfalls aus zwei Plasmen zusammengesetzten Individuum wieder geschlechtlich mischen, und so entstanden nach und nach Organismen, die aus 4, 8, 16, 32 und endlich aus einer grossen Anzahl verschiedener „Ahnenplasmen" zusammengesetzt waren. Die Anzahl der Ahnenplasmen wurde nach Weismann endlich so gross, dass sie nicht mehr wachsen konnte, weil in den Keimzellen kein genügender Raum mehr war. Es hätte darauf also entweder

die geschlechtliche Mischung aufhören müssen, oder es musste eine Einrichtung geschaffen werden, durch welche die Zahl der Ahnenplasmen
auf die Hälfte reduziert wurde, ehe sich die Keimzellen miteinander
verbanden; das soll durch die Reduktionsteilung, welcher das Ei
und ebenso auch die Samenzelle bei der Keimzellenreifung unterworfen
ist, geschehen. Indem nun bei dieser Reduktionsteilung bald die eine,
bald die andere Kombination von Ahnenplasmen ausgestossen wird, sollen
die in den Zellen zurückbleibenden, die sich wieder mit denen der Keimzelle des entgegengesetzten Geschlechtes mischen, in immer neuer Weise
kombiniert werden, so dass die natürliche Zuchtwahl stets ein ausgiebiges
Material vorfindet.

Es stammen also nach dieser Anschauung die Unterschiede der
verschiedenen Ahnenplasmen, die Weismann jetzt „Ide" nennt, von
den noch nicht sich geschlechtlich fortpflanzenden Vorfahren
der heutigen Organismen her, und Weismann sagt ausdrücklich auf
Seite 85 seines Keimplasmabuches: „Gäbe es Tiere, in deren Vorfahrenreihe geschlechtliche Fortpflanzung niemals hineingespielt hätte, so müssten
diese Ide untereinander völlig gleich sein." Die Ide sind nach ihm in
den Kernstäbchen oder Chromosomen, die Weismann „Idanten" nennt,
aufgestapelt und pflanzen sich durch Teilung fort. Dem Einwande, der
Weismann gemacht wurde, dass aus dem Plasma einfachster Urwesen
doch nicht das eines Menschen oder eines anderen hochentwickelten Organismus durch blosse Mischung entstehen könne, begegnet Weismann
neuerdings dadurch, dass er sagt, dass diese Ide durch äussere Einflüsse
verändert wurden und dass sich ihr Plasma deshalb im Laufe der Generationen geändert hätte. Theoretisch würde also eines dieser Ide für die
Keimesentwickelung genügen. Ich habe aber schon im Jahre 1888 gezeigt, dass die Anzahl der Ahnenplasmen, die von den einzelligen Vorfahren der vielzelligen Tiere und Pflanzen, bei welchen noch individuelle
Unterschiede direkt durch äussere Einflüsse hervorgebracht werden konnten,
herrühren sollen, immer geringer werden musste, dass die Verschiedenheit
der Ide und damit die Verschiedenartigkeit der Individuen im Laufe der
Generationen notwendigerweise abnehmen muss. Weismann hat
diesen Einwand, der seiner ursprünglichen Ahnenplasmentheorie verderblich
ist, unbeachtet gelassen, ich aber muss ihn wiederholen, weil Weismann
auf Seite 85 des „Keimplasma" noch derselben Ahnenplasmentheorie wie
früher folgt und deshalb vielleicht zu ihr zurückkehren möchte, falls seine
neue Theorie als unhaltbar nachgewiesen wird.

Wir wollen von dem Satze Weismann's, dass die Ide eines Tieres, in dessen Vorfahrenreihe niemals geschlechtliche Fortpflanzung hineingespielt hat, untereinander gleich sein müssen, ausgehen. Diese Behauptung Weismann's scheint sich zwar auf die einzelnen Individuen solcher Tierarten zu beziehen. Wenn Weismann aber annimmt, dass auch in den Individuen dieser Arten eine Vervielfachung der Ide, etwa auf dem Wege der Teilung, stattgefunden hat, so müssten die Ide auch in jedem Individuum verschieden untereinander werden können, sind doch nach Weismann sogar die Determinanten innerhalb eines und desselben Ides verschieden geworden! Weismann's Determinantenlehre hat nur dann einen Sinn, wenn aus den gleichen Biophoren eines Urides ungleiche Lebensträger und somit Determinanten für besondere Organe werden konnten. War aber dieses möglich, so mussten auch die verschiedenen Ide eines Keimplasma's ungleich werden können, und zwar noch viel leichter als die Biophoren eines und desselben Ides, denn die Ide sind relativ weit voneinander getrennt, während die Biophoren eines Ides viel dichter beisammen liegen. Konnten die Ide eines Individuums aber trotzdem nicht ungleich werden, so mussten sie auch bei allen Nachkommen eines und desselben Individuums einander gleich bleiben, denn dann musste das Ungleichwerden der Ide durch irgend eine geheimnisvolle Eigenschaft verhindert werden, die aber dem Ungleichwerden der Biophoren innerhalb eines und desselben Ides nichts in den Weg legte. Besteht Weismann's Behauptung auf Seite 85 zu Recht, dann muss Weismann auch zugeben, dass sich bei Tieren, deren Vorfahren sich niemals geschlechtlich fortpflanzten, die Ide in allen Nachkommen eines Individuums gleich bleiben mussten, denn anzunehmen, dass die Ide bei verschiedenen Nachkommen eines Individuums ungleich werden, bei einem und demselben Individuum aber gleich bleiben müssen, würde allzu willkürlich sein. Auf alle Fälle müsste Weismann, falls er die Ide in verschiedenen Individuen verschieden werden lässt, einräumen, dass eine geringe Verschiedenheit in der Ausbildung der Ide eines und desselben Keimplasma's auch bei Tieren, in deren Fortpflanzung geschlechtliche Mischung niemals hineingespielt hat, möglich ist. Das aber leugnet Weismann auf Seite 85 ausdrücklich und damit leugnet er die Möglichkeit einer ungleichen Ausbildung der Ide bei Tieren, die von einem Individuum herstammen. Alle Ide, die von einem sich noch nicht geschlechtlich fortpflanzenden Urwesen herstammen, müssen also einander völlig gleich sein, und das entspricht auch Weismann's früheren Ansichten über die Bedeutung der Reduktionsteilungen, Ansichten, die auf Seite 85 vom „Keimplasma" wieder zum Durchbruch gelangen. Wir nehmen also an, der citierte Satz auf Seite 85 bringe die Weismann'sche Ansicht, deren Konsequenz wir oben gezogen haben, zum Ausdruck. Dann aber könnte auch bei solchen Arten, die mehrere Ide in ihren Zellen besitzen, individuelle Variabilität nur durch geschlechtliche Fortpflanzung, nur durch verschiedenartige Mischung der von verschiedenen Urindividuen herstammenden Ide eintreten, und die natürliche Zuchtwahl würde immer diejenigen Mischungen auslesen, die jeweilig am besten sind.

Wir wollen jetzt einmal, wie ich es schon im Jahre 1888 gethan habe, untersuchen, in wie hohem Grade es wahrscheinlich ist, dass die in einer Generation einer Tier- oder Pflanzenart enthaltenen Ide auch noch in der nächsten vorhanden sind, nachdem natürliche Zuchtwahl ihre Wirksamkeit entfaltet hat, und ich lasse meine früheren Ausführungen hier ziemlich unverändert folgen.

Weismann hat bei seiner Theorie nicht in Betracht gezogen, dass die Anzahl der Individuen jeder Tier- und Pflanzenart im Durchschnitt jahraus jahrein dieselbe bleibt. Jedes Tierpärchen hat durchschnittlich nur zwei Kinder, die wieder zur Fortpflanzung gelangen; hätte es etwa deren drei, so müsste die Anzahl der Individuen einer Art schon nach wenigen Generationen ins Ungeheuerliche gestiegen sein. Auf jedes Tiermännchen und jedes Tierweibchen kommen indessen durchschnittlich zwei wieder zur Fortpflanzung gelangende Kinder, weil bei geschlechtlich differenzierten Tieren jedes Individuum zwei Eltern hat. Dasselbe gilt für diöcische Pflanzen. Hermaphroditische Tier- und Pflanzenindividuen haben durchschnittlich nur einen überlebenden Nachkommen.

Wenden wir nun, nachdem wir uns diese von Weismann unberücksichtigt gelassene, aber nichtsdestoweniger unumstössliche Thatsache ins Gedächtnis zurückgerufen haben, die Weismann'sche Reduktions- und Mischungstheorie der Ahnenplasmen auf die beiden überlebenden Kinder einer Mutter aus irgend einer Tierart an!

Wir wollen annehmen, dass die Anzahl der Ahnenplasmen, aus welchen das mütterliche Keimplasma zusammengesetzt ist, 4 beträgt. Diese 4 Ahnenplasmen wollen wir mit v, x, y und z bezeichnen. Die Anzahl der möglichen Kombinationen von Ahnenplasmen in den durch Ausstossung der Richtungskörper befruchtungsfähig gewordenen Eizellen unseres Individuums muss, da nur zwei Ahnenplasmen in der Keimzelle

zurückbleiben, $= \frac{4 \cdot 3}{1 \cdot 2} = 6$ sein, und diese 6 Keimplasmahälften sind
die folgenden: vx, vy, vz, xy, xz, yz. Da unser Mutterindividuum
zwei wieder zu Eltern werdende Kinder hat, so sind in diesen beiden zusammengenommen $6^2 = 36$ Kombinationen von mütterlichen Keimplasmahälften möglich, und zwar:

1) $vx, vx.$ 7) $vy, vx.$ 13) $vz, vx.$ 19) $xy, vx.$ 25) $xz, vx.$ 31) $yz, vx.$
2) $vx, vy.$ 8) $vy, vy.$ 14) $vz, vy.$ 20) $xy, vy.$ 26) $xz, vy.$ 32) $yz, vy.$
3) $vx, vz.$ 9) $vy, vz.$ 15) $vz, vz.$ 21) $xy, vz.$ 27) $xz, vz.$ 33) $yz, vz.$
4) $vx, xy.$ 10) $vy, xy.$ 16) $vz, xy.$ 22) $xy, xy.$ 28) $xz, xy.$ 34) $yz, xy.$
5) $vx, xz.$ 11) $vy, xz.$ 17) $vz, xz.$ 23) $xy, xz.$ 29) $xz, xz.$ 35) $yz, xz.$
6) $vx, yz.$ 12) $vy, yz.$ 18) $vz, yz.$ 24) $xy, yz.$ 30) $xz, yz.$ 36) $yz, yz.$

Durch Worte erläutert, bedeutet beispielsweise die erste Kombination,
dass sowohl in dem ersten als auch in dem zweiten der beiden Kinder
die von der Mutter stammende Ahnenplasmenkombination vx enthalten
sein kann. In dem zweiten Kinde kann anstatt vx auch yz sich vorfinden, in dem ersten Kinde auch yz und in dem zweiten vx usw.
Die Anzahl der Kombinationen, in welchen die in der Mutter enthaltenen
Ahnenplasmen, von denen jedes Kind zwei erhält, in dem überlebenden
Kinderpaar fortbestehen können, ist allgemein ausgedrückt a^2, denn es
handelt sich hierbei um „Variationen mit Wiederholung", wobei a die
Anzahl der möglichen „Elemente", hier der Keimplasmahälften, und 2
die „Klasse", zu welcher die Elemente kombiniert sind, bedeutet. Die
Anzahl der möglichen Keimplasmahälften beträgt aber, allgemein aus-
gedrückt, $\frac{n(n-1)(n-2)\ldots(n-m+1)}{1 \cdot 2 \cdot 3 \ldots m}$, denn es handelt sich hierbei
um „Kombinationen ohne Wiederholung". Für n Elemente, die zur
$\frac{n}{2}$ten Klasse kombiniert werden, gilt also die Formel

$$\frac{n(n-1)(n-2)\ldots\left(n-\frac{n}{2}+1\right)}{1 \cdot 2 \cdot 3 \ldots \frac{n}{2}},$$

woraus sich in unserem Falle die Formel $\frac{4 \cdot 3}{1 \cdot 2}$ ergiebt, und diese Anzahl wollen wir a nennen. a bedeutet also die Anzahl der möglichen
Ahnenplasmenhälften der Mutter und a^2 die ihrer möglichen Kombinationen in beiden Kindern zusammengenommen.

Da nun jede Keimplasmahälfte nur durch eine bestimmte andere
Keimplasmahälfte, in unserem Falle beispielsweise vx nur durch yz er-

gänzt wird, da also die Anzahl der möglichen Fälle, in welchen in dem Kinderpaar der Mutter wieder sämtliche Ahnenplasmen der letzteren enthalten sind, nur eine beschränkte ist, so lässt sich die Wahrscheinlichkeit berechnen, mit welcher alle Ahnenplasmen der Mutter in dem Kinderpaar erhalten bleiben.

Es sind in unserem obigen Falle 6 in der Möglichkeit liegende mütterliche Keimplasmahälften vorhanden, und unter den obigen 36 Kombinationen dieser Keimplasmahälften finden wir wieder 6, in welchen sämtliche mütterliche Ahnenplasmen enthalten sind. Bei 8 Keimplasmahälften würden wir 8 finden, und bei a wieder a, denn jede Hälfte wird eben nur durch eine bestimmte andere zum mütterlichen Ahnenbestand ergänzt, vx in unserem obigen Falle nur durch yz, vy nur durch xz, vz nur durch xy. Da aber vx, vy, vz sowohl im ersten als auch im zweiten Kinde enthalten sein können, so ist eben die Anzahl der alle mütterlichen Ahnenplasmen enthaltenden Kombinationen von Keimplasmahälften ebenso gross wie die Anzahl der möglichen Keimplasmahälften selbst, in unserem Falle also $= 6$ oder, allgemein ausgedrückt, $= a$, während a^2, wie wir gesehen haben, die Anzahl der Kombinationen von mütterlichen Keimplasmahälften bedeutet, welche überhaupt möglich sind. Die Wahrscheinlichkeit, dass sämtliche mütterliche Ahnenplasmen in dem überlebenden Kinderpaar enthalten sind, ist also $\frac{a}{a^2} = \frac{1}{a} = \frac{1}{6}$.

Wenn in unserem Beispiele die Wahrscheinlichkeit, dass sämtliche Ahnenplasmen eines Individuums erhalten werden, auch noch $\frac{1}{6}$ beträgt, so ist dieselbe Wahrscheinlichkeit für 2 Individuen schon auf $\frac{1}{36}$ gesunken, denn nach den Regeln der Wahrscheinlichkeitsrechnung müssen wir die beiden Wahrscheinlichkeiten miteinander multiplizieren. Für 3 Individuen beträgt die Wahrscheinlichkeit nur noch $\frac{1}{216}$, für 1000 endlich $\frac{1}{6^{1000}}$ oder, allgemein ausgedrückt, $\frac{1}{a^{1000}}$. Die meisten Organismenarten bestehen aber aus vielen Millionen von Individuen, unter denen jedes einzelne nach Weismann zahlreiche Ahnenplasmen enthalten kann, durch welch letzteren Umstand natürlich Weismann's Sache noch unhaltbarer wird. Noch geringer aber erscheint die Möglichkeit der Erhaltung sämtlicher Ahnenplasmen, wenn wir uns erinnern, dass die natürliche Zuchtwahl eifrig an der Vernichtung ungünstiger Ahnenplasmen-Kombinationen und somit, da die gleichzeitig lebenden Individuen einer Art sich durchweg gleich bleiben, der Ahnenplasmen selbst mitarbeiten würde. Ja, es würde wahrscheinlich sein, dass die natürliche Zuchtwahl dafür sorgt, dass jedes der beiden überlebenden Kinder eines Elternpaares eine gleiche oder nahezu gleiche Kombination von Ahnenplasmen erhielte, dass also, falls wir annehmen, dass die Anzahl der Ahnenplasmen in einer Generation einer Organismenart n beträgt, und dass diese Ahnenplasmen und somit ihre Träger sämtlich untereinander verschieden sind, in der nächsten Generation wahrscheinlich nur noch $\frac{n}{2}$ Ahnenplasmen wären, während ihre Träger, die Individuen dieser Generation, sich teilweise gleichen würden. Wenn aber die Verhältnisse auch nicht so einfach lägen, wie wir es hier angenommen haben, wenn immer auch einige ungünstige Ahnenplasmen in jedem Keimplasma erhalten blieben, so müsste deren Anzahl doch von Generation zu Generation abnehmen, denn von allen erzeugten Organismen gehen die allermeisten ohne Nachkommen zu Grunde.

Aus diesen Betrachtungen ergiebt sich die unabweisbare Folgerung, dass, falls die oben citierte Weismann'sche Ansicht richtig ist, die heutige Nachkommenschaft der ältesten sich ungeschlechtlich fortpflanzenden Organismenarten viel weniger Ahnenplasmen enthalten müssen, als die ersten Organismen mit geschlechtlicher Fortpflanzung, bei denen sich die in einer Keimzelle mögliche Anzahl von Ahnenplasmen ja sehr bald erreichen liess. Wenn aber die verschiedenen Ahnenplasmen einer Organismenart im Laufe der Stammesgeschichte bedeutend an Anzahl abgenommen haben, so müssten die höheren Tiere weniger variieren als die niederen. Das stimmt aber nicht zu den Thatsachen, denn wir sehen, dass gerade die höchststehenden Tiere und Pflanzen am ausgiebigsten variieren. Man denke nur an den Menschen, an den Hund und alle hoch organisierten Geschöpfe.

Die konsequente Durchführung der alten Weismann'schen Ahnenplasmentheorie stösst also auf Widerspruch mit den Thatsachen und zeigt deshalb, dass die Theorie in dieser ursprünglichen Form falsch ist.

Indessen hat Weismann sie im weiteren Verlaufe des Keimplasmabuches nicht in dieser Form beibehalten. Liest man Seite 85, welcher wir den oben citierten Satz entnommen haben, so muss man allerdings meinen, dass er die alte Ahnenplasmentheorie trotz meines ihr verhängnisvoll werdenden Einwandes noch unverändert beibehält; aber in der zweiten Hälfte seines Buches, und zwar in dem Abschnitte, welcher über das Abändern der Arten handelt, nimmt er, wie er es ja auch konsequenterweise thun muss, an, dass die Ide für sich variieren, dass also auch diejenigen Ide voneinander verschieden werden können, welche von einem einzigen Urid abstammen. Das ist mit Sicherheit aus Weismann's Ausführungen zu entnehmen.

Es steht also dieser Teil des Buches in vollkommenem Widerspruch mit dem citierten Satze auf Seite 85. Wir wollen aber auf diese Nebensache kein Gewicht legen, sondern annehmen, dass Weismann der Satz auf Seite 85 aus Versehen aus der Feder geflossen ist, und dass seine inzwischen gewonnene bessere Einsicht, wonach jedes Id für sich variieren kann, eine Berücksichtigung meines Einwandes vom Jahre 1888 unnötig machte. Aber dann muss ich leider den Einwand in einer anderen Form wiederholen, und es wird sich zeigen, dass dadurch die aus der alten Ahnenplasmentheorie hervorgegangene Theorie der Amphimixis als durchaus unhaltbar nachgewiesen wird.

Um darzuthun, dass Weismann's Theorie der Amphimixis auch dann unhaltbar ist, wenn die Mannigfaltigkeit der von den Urwesen herstammenden Ide nicht durch natürliche Zuchtwahl vermindert wird, wollen wir annehmen, dass das Plasma einer befruchtungsbedürftigen Zelle, also eines Eies oder Samenfadens, in welchem durch die Reduktionsteilung die Anzahl der Kernstäbchen auf die Hälfte herabgesetzt ist, a Ide enthält, dass demnach jede Körperzelle der betreffenden Organismenart aus $2a$ verschiedenen Biophorenstämmen zusammengesetzt, bezw. durch $2a$ verschiedene Determinanten bestimmt wird. Wir wollen ferner annehmen, dass die von dem Erzeuger unserer befruchtungsbedürftigen Keimzelle herstammenden Ide alle aus gleich guten Determinanten zusammengesetzt waren, dass aber in den in diesem Elter erzeugten Keimzellen jede Determinante in jedem Id anfängt, in irgend einer der überhaupt möglichen Richtungen zu variieren, dass die zu befruchtende Keimzelle demgemäss schon mehr oder minder abgeänderte Ide enthält.

Jede Determinante soll nach b verschiedenen Richtungen variieren können. Dass die Anzahl dieser Richtungen sehr gross ist, darf als sicher angenommen werden, denn wenn man bedenkt, wie gross etwa die Anzahl der Säugetierarten ist, und in Betracht zieht, dass beispielsweise die Haare jeder Säugetierart von denen jeder anderen Art verschieden sind, ja dass sie an einem und demselben Säugetierkörper in hohem Grade voneinander abweichen können, sowohl was ihre Grösse und Form, als auch was ihre Färbung und Zeichnung anbelangt, so muss man, wenn man einmal auf dem Boden der Präformationstheorie steht, zu der Einsicht gelangen, dass die Anzahl der Richtungen, in welcher die Determinanten der einzelnen Zellen variieren können, eine ausserordentlich grosse ist. Da wir aber ferner sehen, dass bei wildlebenden Tieren die Beschaffenheit der Haare äusserst konstant bleibt, so müssen wir zu der weiteren Folgerung gelangen, dass unter allen möglichen Richtungen, in welchen die Determinanten der einzelnen Zellen variieren können, nur einige wenige gute sind, ja dass eigentlich nur eine einzige den jeweiligen Bedürfnissen der betreffenden Art am besten entspricht.

Wir wollen, wie Weismann es thut, des weiteren annehmen, dass jede Zelle, die aus unserer Keimzelle hervorgeht, nur durch eine einzige Determinante aus jedem Id und ferner, dass sie nur durch eine Art von Biophoren bestimmt wird. Wenn also $2a$ Ide die Organismenart charakterisieren und jede der $2a$ Determinanten für jede einzelne Zelle in b verschiedenen Richtungen variieren kann, so ist die Anzahl der Variationsmöglichkeiten für die Hälfte der Determinantengruppe jeder Körperzelle, die aus unserer noch zu befruchtenden Keimzelle entsteht, gleich b^a. Das ergiebt sich, wenn wir folgende Betrachtung anstellen.

Würden etwa in der betreffenden Keimzelle nur 2 Ide vorhanden sein, würde also jede Zelle des Körpers, der sich aus dieser Keimzelle entwickelt, nur durch 4 homologe Determinanten bestimmt werden, und könnte jede der beiden aus den in der reduzierten Keimzelle noch vorhandenen Iden des Elters stammenden Determinanten einer Körperzelle nur nach zwei Richtungen hin variieren, so könnte, wenn wir die eine elterliche Determinante mit x und die andere mit y, und wenn wir die beiden Variationsmöglichkeiten mit p bezw. mit q bezeichnen, x sowohl in der Richtung nach p, als auch in der nach q variieren, und dasselbe würde für y gelten. Wir könnten also eine Zelle erhalten, in der sowohl x als auch y in der Richtung nach p abgeändert sind; wir könnten aber auch eine Zelle erhalten, in welcher x nach p, y nach q hin verändert ist, oder auch eine solche, in welcher x nach q und y nach p hin variiert hat, endlich eine, in welcher sowohl x als auch y nach der Richtung q abgeändert worden sind. Es giebt also im ganzen bei 2 Iden in der reduzierten Keimzelle und bei 2 Variationsmöglichkeiten für jedes Stück eines Paares homologer Determinanten der beiden Ide 4 Fälle, und wer mit den Anfangsgründen der Kombinationslehre vertraut ist, wird ohne weiteres sehen, dass es sich in unserem Falle um diejenige Art von Kombinationen handelt, die man „Variationen mit Wiederholung" nennt. Für diese gilt aber die Formel n^m, wobei n die Anzahl der „Elemente" angiebt und m die „Klasse" bezeichnet, also angiebt, wie viele von den n Elementen eine Kombination zusammensetzen sollen. Bei a Iden in unserer unbefruchteten Keimzelle und bei b Variationsmöglichkeiten lautet also die Formel der möglichen Fälle, welche die Abänderungen für die Hälfte der Determinanten einer Körperzelle bezeichnet, wie oben angegeben, b^a, denn b ist die Anzahl der Elemente, der Variationsmöglichkeiten, zwischen denen gewählt werden kann, und a bezeichnet die Klasse und giebt an, wieviel der Elemente, zwischen denen eine Wahl möglich ist, in die Kombination eintreten. Die Klasse hängt ja von der Anzahl der Ide in der zu befruchtenden Keimzelle ab, und die Anzahl der verschiedenen Elemente, zwischen denen gewählt werden kann, wird durch die Zahl der Variationsmöglichkeiten der Determinanten einer Zelle im Keimplasma bestimmt.

Wir können nun ferner annehmen, dass, wie es ja der Wirklichkeit in den meisten Fällen entsprechen wird, die Anzahl der Richtungen, welche zu einer günstigen Umbildung der Determinanten führt, nur gleich 1 ist. Man könnte allerdings auch wohl annehmen, dass unter xb Variationsmöglichkeiten vielleicht b günstige wären. Es ist aber für die Rechnung einfacher und ändert am Resultate nichts, wenn wir nur b Variationsmöglichkeiten, unter denen nur e i n e günstige ist, annehmen. Wenn also eine durch $2a$ homologe Determinanten bestimmte Körperzelle in günstiger Weise abändern soll, so muss mindestens die Anzahl der in vorteilhafter Richtung abgeänderten Determinanten 1 mehr als die Hälfte der Gesamtzahl, also in unserem Falle $a + 1$ betragen. Wir wollen nunmehr die Wahrscheinlichkeit berechnen, mit der dieser Fall eintritt.

Wir können zunächst annehmen, dass sich alle a homologen mütterlichen oder väterlichen Determinanten der betreffenden Zelle günstig verhalten, sei es, dass sie in günstiger Richtung abändern, oder dass sie ebenso gut bleiben, wie sie waren, was ja dasselbe sein würde. Wenn unter den b verschiedenen Variationsmöglichkeiten nur e i n e günstig ist, so ist die Anzahl der Fälle, in welcher sich a l l e a Determinanten des einen Elters günstig verhalten, nur gleich 1, wie ja leicht einzusehen.

Wenn sich nur 1 der a Determinanten ungünstig verhält, so erhalten wir a Gruppen von Fällen, da jede der a Determinanten eine ungünstige Richtung einschlagen, oder, wie wir uns ausdrücken wollen, ein Nichttreffer sein kann. Der Nichttreffer kann aber, da er ja, wie sein Name sagt, nicht in der einen vorteilhaften Richtung abgeändert ist, nur noch in $b-1$ beliebigen Richtungen variieren. Die Gesamtzahl der Fälle, in welchen nur je 1 der aus einem Elter stammenden Determinanten einer bestimmten Körperzelle in ungünstiger Richtung abgeändert ist, beträgt also $a(b-1)$. Diese Fälle sind dem Falle, in welchem sich 0 Determinanten ungünstig verhalten, zu addieren.

Die Anzahl der Fälle, in welchen sich 2 Determinanten ungünstig verhalten, ergiebt, da diese beispielsweise die erste und zweite, oder die zweite und dritte, oder auch die erste und vierte, die fünfte und siebente, die sechste und achte usw. sein können, $\frac{a(a-1)}{1 \cdot 2}$ Gruppen von Kombinationen, da es sich hierbei, wie leicht einzusehen, um „Kombinationen im engeren Sinne ohne Wiederholung" handelt, für welche die Formel $\frac{n(n-1)(n-2)\ldots(n-m+1)}{1 \cdot 2 \cdot 3 \ldots m}$ gilt, wobei n die Anzahl der Elemente und m die Klasse bedeutet. In unserem Falle, wo sich 2 Determinanten ungünstig verhalten, handelt es sich also um a Elemente zur 2ten Klasse, und daraus ergiebt sich die obige Formel. Da nun jeder der 2 Nichttreffer wieder in $b-1$ Richtungen abweichen kann, ergeben sich folgende Möglichkeiten: Der erste der beiden Nichttreffer kann, wenn die erste der b Richtungen eine günstige Abänderung bedeutet, also für Nichttreffer nicht in Betracht kommt, etwa nach der Richtung 2, der zweite etwa ebenfalls nach der Richtung 2 oder auch nach der Richtung 3, der erste aber auch nach der Richtung 4 und der zweite nach der Richtung 5, oder auch der erste nach der Richtung 7 und der zweite nach der Richtung 4 abgeändert sein usw. Es ergeben sich mit anderen Worten so viele Möglichkeiten, wie durch diese Verhältnisse bedingt werden, also $(b-1)^2$, weil es sich hier wiederum um „Variationen mit Wiederholung" handelt, wobei die Anzahl der Elemente gleich $b-1$ und die Klasse gleich 2 ist. $b-1$ Variationsmöglichkeiten sind für jeden der beiden Nichttreffer gegeben, und da es sich nur um 2 Nichttreffer handelt, so ist $(b-1)^2$ die Anzahl der Variationsmöglichkeiten, die für unsere beiden nicht günstig abändernden homologen Determinanten einer Zelle gegeben ist. Wir haben also die Zahl $\frac{a(a-1)}{1 \cdot 2}$ mit $(b-1)^2$ zu multiplizieren, um die Anzahl der Fälle zu erhalten, welche bei zwei ungünstig abändernden unter a homologen Determinanten möglich sind.

Bei 3 Nichttreffern würde diese Anzahl, wie nunmehr leicht einzusehen, $\frac{a(a-1)(a-2)}{1 \cdot 2 \cdot 3} \cdot (b-1)^3$ sein, und bei a Nichttreffern würden wir $\frac{a(a-1(a-2)(a-3)\ldots\ldots 1}{1 \cdot 2 \cdot 3 \ldots\ldots a} \cdot (b-1)^a$ Fälle erhalten.

Aus diesen Erwägungen geht hervor, dass die Gesamtheit aller möglichen von einem Elter stammenden Determinanten-Kombinationen in einer Zelle auszudrücken ist durch die aus $a + 1$ Gliedern bestehende Formel:

$$1 + a(b-1) + \frac{a(a-1)}{1 \cdot 2}(b-1)^2 + \frac{a(a-1)(a-2)}{1 \cdot 2 \cdot 3}(b-1)^3 \ldots$$
$$+ \frac{a(a-1)(a-2)\ldots 2}{1 \cdot 2 \cdot 3 \ldots(a-1)}(b-1)^{a-1} + \frac{a(a-1)(a-2)\ldots 1}{1 \cdot 2 \cdot 3 \ldots a}(b-1)^a.$$

Ebenso gross würde die Anzahl der von dem zweiten Elter stammenden Kombinationen sein, und diese würden genau dieselben Einzelfälle aufweisen.

Uns wird dadurch ermöglicht, die Wahrscheinlichkeit zu berechnen, mit welcher eine Körperzelle in günstiger Richtung abändern wird. Es können beispielsweise sämtliche a Determinanten väterlicher und sämtliche a Determinanten mütterlicher Seite in günstiger Richtung variieren, was 1 Fall giebt. Es können sich aber auch zwar sämtliche väterliche Determinanten günstig, sämtliche mütterliche aber ungünstig verhalten, was $1 \cdot \frac{a(a-1)(a-2)\ldots 1}{1 \cdot 2 \cdot 3 \ldots a}(b-1)^a$ Fälle geben würde. Auch das Umgekehrte könnte stattfinden, wodurch man dieselbe Anzahl von Fällen erhalten würde. Aus diesen Beispielen ersehen wir, dass die Gesamtzahl der möglichen Fälle auszudrücken ist durch die Formel:

$$1 \cdot \left[1 + a(b-1) \ldots \frac{a(a-1)(a-2)\ldots 1}{1 \cdot 2 \cdot 3 \ldots a}(b-1)^a \right]$$
$$+ a(b-1) \cdot \left[1 + a(b-1) \ldots \frac{a(a-1)(a-2)\ldots 1}{1 \cdot 2 \cdot 3 \ldots a}(b-1)^a \right] \ldots$$
$$+ \frac{a(a-1)(a-2)\ldots 1}{1 \cdot 2 \cdot 3 \ldots a}(b-1)^a \cdot \left[1 + a(b-1) \ldots \frac{a(a-1)(a-2)\ldots 1}{1 \cdot 2 \cdot 3 \ldots a}(b-1)^a \right].$$

Diese lange Formel, von der wir hier nur drei Glieder niedergeschrieben haben, wird uns gleich weitere Dienste thun; sie lässt sich aber viel kürzer ausdrücken durch die Formel $(b^a)^2 = b^{2a}$, denn für die aus einem Elter stammenden Determinanten einer Zelle ist die Anzahl verschiedener Variationsmöglichkeiten $= b^a$, weil wir b Variationsrichtungen haben, die zur $a$ten Klasse kombiniert sind. Da aber jede Variationenkombination der die Zelle bestimmenden homologen Determinanten des einen Elters mit jeder Variationenkombination der homologen Zelldeterminanten des zweiten

Elters zusammentreffen kann, so müssen wir b^a mit b^a multiplizieren, wodurch wir die obige Anzahl aller möglichen Fälle, nämlich b^{2a} erhalten.

Unter allen möglichen Fällen sind aber nur diejenigen günstig, in welchen mindestens $a+1$ Determinanten in der erforderlichen Richtung abgeändert sind, denn sonst würde die Zelle nicht in dieser Richtung variieren können, und die natürliche Zuchtwahl müsste sie beseitigen. Zu der Anzahl der günstigen Fälle gelangen wir aber durch die Aufstellung derjenigen Kombinationen, welche $a+1$ in günstiger Richtung abgeänderte Determinanten enthalten, und zwar in folgender Weise: Der eine Fall, in welchem alle a Zelldeterminanten des einen Elters in günstiger Weise abgeändert sind, darf sich mit den $1 + a(b-1) + \frac{a(a-1)}{1 \cdot 2}(b-1)^2$ $\ldots + \frac{a(a-1)(a-2)\ldots 2}{1 \cdot 2 \cdot 3 \ldots (a-1)}(b-1)^{a-1}$ Fällen, in welchen sich a, beziehungsweise $a-1, a-2 \ldots 3, 2, 1$ Determinanten vom anderen Elter günstig verhalten, verbinden, ebenso dürfen sich die $a(b-1)$ Fälle, in welchen sich nur 1 Determinante des einen Elters ungünstig verhält, mit den

$$1 + a(b-1) + \frac{a(a-1)}{1 \cdot 2}(b-1)^2 \ldots + \frac{a(a-1)(a-2)\ldots 3}{1 \cdot 2 \cdot 3 \ldots (a-2)}(b-1)^{a-2}$$

Fällen, in welchen a, beziehungsweise $a-1, a-2, a-3 \ldots 4, 3, 2$ Determinanten des anderen Elters in der erforderlichen Weise abgeändert sind, kombinieren. Setzen wir unsere Ueberlegungen in dieser Weise fort, so erhalten wir für die Anzahl der Fälle, in welchen mehr als die Hälfte der $2a$ Determinanten einer Zelle abgeändert sind, die Formel:

$$1 \cdot \left[1 + a(b-1) + \frac{a(a-1)}{1 \cdot 2}(b-1)^2 \ldots + \frac{a(a-1)(a-2)\ldots 2}{1 \cdot 2 \cdot 3 \ldots (a-1)}(b-1)^{a-1} \right]$$

$$+ a(b-1) \left[1 + a(b-1) + \frac{a(a-1)}{1 \cdot 2}(b-1)^2 \ldots \right.$$

$$+ \frac{a(a-1)(a-2)\ldots 3}{1 \cdot 2 \cdot 3 \ldots (a-2)}(b-1)^{a-2} \right] + \ldots + \left[\frac{a(a-1)(a-2)\ldots 2}{1 \cdot 2 \cdot 3 \ldots (a-1)}(b-1)^{a-1} \right] \cdot 1.$$

Diese Anzahl der günstigen Fälle durch die Anzahl aller möglichen, welche b^{2a} betrug, dividiert, giebt die Wahrscheinlichkeit, mit welcher eine Körperzelle, die durch $2a$ Determinanten, von denen jede in b Richtungen, und zwar in $b-1$ ungünstigen und 1 günstigen abändern kann, in günstiger Weise variiert.

Einige Beispiele werden schnell darthun, was unsere Formel zu lehren im stande ist.

Gesetzt, es handelte sich für eine Körperzelle nur um eine Variationsmöglichkeit, d. h. sie würde seitens jedes Elters nur durch 1 Determinante bestimmt, und diese könnte sich nur in einer sich stets gleichbleibenden Weise verhalten, so würde die Wahrscheinlichkeit, dass dieses Verhalten eintritt, gleich 1 sein, also Gewissheit bedeuten. Wenn die Anzahl der Determinanten eines Elters, also a in unserer Formel, gleich 2 ist, und wenn jede sich nur in einer Weise verhalten könnte, wenn also die Anzahl der Variationsmöglichkeiten b unserer Formel gleich 1 ist, so ist die Wahrscheinlichkeit, dass sich alle Determinanten auch so verhalten, wieder gleich 1, oder wieder Gewissheit. Wenn aber $a = 1$ und $b = 2$ ist, so ist die Wahrscheinlichkeit W nur gleich $\frac{1}{4}$. Ist $a = 2$ und $b = 2$, so ist $W = \frac{5}{16} = \frac{1}{3,2}$; $a = 3$ und $b = 2$ giebt, wie man leicht mit unserer Formel ausrechnen kann, $W = \frac{1}{2,9..}$, und bei $a = 2$ und $b = 3$ ist $W = \frac{1}{9}$. $a = 3$ und $b = 3$ giebt $W = \frac{1}{9,9..}$; ist aber $a = 4$ und $b = 3$, so ist W nur $= \frac{577}{6561} = \frac{1}{11,3}$. Das gilt schon für eine einzige Zelle des Körpers. Besteht dieser aber aus vielen Zellen, die alle durch vier nach drei Richtungen variierende Determinanten seitens jeden Elters bestimmt werden, so müssen wir diesen Wahrscheinlichkeitsbruch so oft miteinander muliplizieren, wie die Anzahl der Zellen angiebt.

Wir wollen einmal annehmen, dass unser Wahrscheinlichkeitsbruch nur $\frac{1}{10}$ betrüge, dann wäre die Wahrscheinlichkeit, dass bei einem aus zwei Zellen zusammengesetzten Körper beide in gleicher Richtung variieren, gleich $\frac{1}{10} \cdot \frac{1}{10} = \frac{1}{100}$; bei drei Zellen wäre sie $\frac{1}{1000}$. Bestände aber der Körper aus 1000 Zellen, was ja immer noch eine sehr geringe Anzahl sein würde, so wäre die Wahrscheinlichkeit, dass alle 1000 Zellen sich günstig verhalten, gleich einem Bruche, dessen Zähler gleich 1 ist und dessen Nenner durch eine Zahl ausgedrückt wird, die vorn mit einer 1 und darauf mit 1000 Nullen geschrieben wird, d. h. jedes Individuum einer Tierart, deren Vertreter aus je 1000 Zellen bestehen, müsste in unserem Falle so viele Nachkommen haben, wie durch jene gewaltige Zahl angegeben wird, falls die Möglichkeit gegeben sein soll, dass ein einziger von diesen nur aus guten Zellen besteht.

Ich überlasse es Weismann und seinen Anhängern, sich die mit 1000 Nullen zu schreibende Zahl vorzustellen und sie in Worten auszusprechen. Um ihnen dabei zu Hülfe zu kommen, will ich nur die bekannte Anekdote vom Schachbrett anführen: „Ein König in Indien, namens Sheran, verlangte nach dem Berichte des arabischen Schriftstellers Asephat, dass Sessa, der Erfinder des Schachspiels, sich selbst eine Belohnung wählen sollte. Dieser erbat sich hierauf die Summe der Weizenkörner, die herauskommt, wenn 1 fürs erste Feld des Schachbrettes, 2 fürs zweite, 4 fürs dritte und so immer für jedes der 64 Felder doppelt so viele Körner als für das vorhergehende gerechnet werden." Durch die Rechnung fand man zum Erstaunen des Königs die ungeheure Summe von 18 446 744 073 709 551 615 Weizenkörnern, eine Summe, die, verglichen mit derjenigen, welche der Nenner unseres Wahrscheinlichkeitsbruches angiebt, verschwindend klein ist, da sie nur 20 Stellen zählt. Die Menge Weizen aber, welche dieser winzigen Summe entspricht, kann nach mässiger Berechnung erst in mehr als 70 Jahren gewonnen werden, auch wenn man alles feste Land auf der ganzen Erde zum Anbau von Weizen benutzte.

Ist die Natur wirklich so produktiv, wie sie es sein müsste, wenn Weismann's Theorie der Amphimixis richtig wäre? Ich glaube kaum!

Weismann dürfte diesen Auseinandersetzungen allerdings entgegenhalten, dass es nicht nötig ist, dass sich $a + 1$ Ide günstig verhalten; auch a oder noch weniger würden, so könnte Weismann sagen, genügen, ja schon 2 günstig variierende Ide würden der Zelle den Charakter aufdrücken können, falls diese sich nur lauter in Bezug auf die betreffende Determinante untereinander verschiedenen ungünstigen Iden gegenüber befänden.

Dieser Einwand würde aber unstatthaft sein. Zwei identische Zwillingsbrüder richten nicht mehr gegen ein Dutzend gleichstarker Knaben aus, als zwei ebenso starke, aber ungleiche Knaben. Handelt es sich aber nicht um sich balgende Knaben, sondern um Determinanten aus verschiedenen Iden, die gleichzeitig in einer Zelle in ihre Biophoren zerfallen, so ist das Verhältnis nicht anders. Gesetzt, wir hätten 2 gleiche Biophoren, die zusammen mit 12 ungleichen eine Zelle zu bestimmen haben, und alle Biophoren verdoppelten sich durch Teilung, so stünden 4 gleiche Biophoren 24 ungleichen, aber ebenso starken gegenüber, und das Verhältnis von $1 : 6$ bliebe auch bei ferneren Verdoppelungen dasselbe.

Die Annahme, dass die zwei gleichen Biophoren schneller assimilieren, sich schneller vermehren und dadurch die Überhand gewinnen würden, würde eine völlig willkürliche und durchaus unzulässige sein. Wollte man sie machen, so könnte man ebenso gut annehmen, dass 2 gleiche Hunde 12 gleichstarken Hunden anderer und unter sich verschiedener

Rassen das Futter wegfressen würden, weil sie beide derselben Rasse angehörten, die übrigen aber alle unter sich verschieden wären.

Soll Weismann's Amphimixis überhaupt einen Sinn haben, so muss er allen Biophoren, die sich in einer Zelle treffen können, gleiche Assimilationskraft zuschreiben. Will man, wozu Weismann allerdings sehr geneigt zu sein scheint, ungleiche Assimilationskraft für Biophoren aus verschiedenen Iden annehmen, so kann ja leicht der Fall eintreten, dass eine einzige Biophorenart alle anderen an Assimilationskraft übertrifft. Diese Biophorenart kann aber im übrigen recht ungünstig sein, beispielsweise eine rote Zelle anstatt einer grünen erzeugen. Was wäre also dann mit Amphimixis gewonnen? Bei Amphimixis kommen nur diejenigen Biophoren in Betracht, die gleiche Assimilationskraft haben. Sind sie darin ungleich, so ist Amphimixis ebenso schädlich wie nützlich, denn dann bestimmt entweder nur ein Id durch die betreffende Determinante die Zelle, oder höchstens deren wenige, nämlich die, deren Biophoren am schnellsten assimilieren. Da diese Biophoren aber sonst recht ungünstige sein können, so kann dadurch leicht eine schädliche Variation bedingt werden. Man muss also entweder gleiche Assimilationskraft für alle in einer Zelle zusammentreffenden Biophoren annehmen, und dann bestimmen die „homodynamen", die gleichwertigen, nach Massgabe ihrer Anzahl die Zelle, und unsere Formel besteht zu Recht, oder man lässt die Assimilationskraft ungleich sein; und dann wird durch Amphimixis die Wahrscheinlichkeit, dass die betreffende Zelle in günstiger Richtung abändert, nicht erhöht.

Wir haben also recht daran gethan, zu verlangen, dass sich mindestens $a + 1$ Ide in Bezug auf die Bestimmung einer Zelle günstig verhalten, ja wir hätten sogar annehmen dürfen, dass alle a Ide jedes Elters die in der erforderlichen Richtung abgeänderten Biophoren in die Zelle entsenden, denn nur diejenigen Zellen sind die besten, die ausschliesslich von der einzigen brauchbaren Art von Biophoren aufgebaut werden; nur sie haben die grösste Aussicht im Kampfe ums Dasein.

Unsere Berechnung der Wahrscheinlichkeit günstigen Variierens eines aus 1000 Zellen bestehenden Individuums, dessen einzelne Zellen nur durch 2 mal 4 Determinanten mit je 3 Variationsmöglichkeiten, von denen eine günstig ist, bestimmt werden, ist richtig. Dasselbe gilt aber auch von ihren Prämissen, weil die Anzahl der günstigen Variationsrichtungen immer viel geringer sein wird, als die der ungünstigen. Um aber keinen Zweifel darüber aufkommen zu lassen, dass, abgesehen

von der unerlässlichen Forderung, dass sich mindestens $a + 1$ Ide günstig
verhalten müssen, unsere Prämissen in der That die Weismann'-
schen sind, lassen wir hier folgenden Passus aus Weismann's „Keimplasma" abdrucken, wobei wir uns diejenigen Stellen, auf welche wir
die Leser aufmerksam machen möchten, durch gesperrten Druck hervorzuheben erlauben. Weismann sagt in einer Zusammenfassung auf
Seite 566 ff. seines Werkes:

„Fassen wir das bisher Gesagte kurz zusammen, so ist der Beginn
einer Variation unabhängig von Selektion wie von Amphimixis:
er beruht auf den unaufhörlich wiederkehrenden kleinen Unregelmässigkeiten der Ernährung des Keimplasma's, von welchen jede Determinante getroffen wird, bald in dieser, bald in jener Weise,
verschieden nicht nur bei verschiedenen Individuen, sondern auch
in den verschiedenen Regionen des einzelnen Keimplasma-
Baues. Diese Abweichungen sind zuerst minimal, können sich aber
summieren und müssen dies thun, sobald die Ernährungs-Modifikationen,
welche sie hervorriefen, durch mehrere Generationen hindurch fortdauern.
Auf diese Weise können Abweichungen im Bau einzelner Determinanten
und Determinantengruppen entstehen, vielleicht zwar nie in allen Iden,
aber doch in mehreren oder vielen zugleich. Auf dieselbe Weise
kann Verdoppelung gewisser Determinanten des Keimplasma's entstehen.
Amphimixis wird bei der Summierung solcher abgeänderter Determinanten
eine bedeutsame Rolle spielen, indem sie die bisherige Minorität derselben
in den beiden Eltern durch Kombination ihrer Keimplasma-Hälften zur
Majorität erheben kann. Dann erst beginnt Selektion einzugreifen.

„Die ausserordentliche Bedeutung der geschlechtlichen Fortpflanzung
für die Umwandlungsprozesse wird aber erst in ihrem vollen Umfange
ersichtlich, wenn man sich klar macht, dass es sich in der Natur selten
oder nie nur um eine einzelne Abänderung handelt, vielmehr
meist um viele zugleich. Nur durch Amphimixis war es
möglich, den Selektionsprozessen stets so mannigfaltige
Kombinationen aller Charaktere darzubieten, dass die richtige Auswahl getroffen werden konnte. Wenn meine seit lange
schon festgehaltene Ansicht richtig ist, so kommt es überhaupt nie vor,
dass nur ein Charakter gezüchtet wird, sondern der gesamte Kom-
plex sämtlicher Charaktere einer Art unterliegt unausgesetzt der Kontrolle der Naturzüchtung, und sowohl die Konstanz der augenblicklichen Artcharaktere, als die Beseitigung überflüssig

gewordener, als schliesslich die Umwandlung vorhandener und Hervor-
rufung neuer Charaktere beruht auf der nie rastenden oder aussetzen-
den Kontrolle der Auslese. Dies ist nur denkbar bei fortwährender
Vermischung aller vorkommenden Modalitäten dieser Charaktere
und diese kann nur durch Amphimixis bewirkt werden. Wenn deshalb
Amphimixis auch nicht die tiefste Wurzel der individuellen Variation
sein kann, so ist sie doch für die Selektion eine unerlässliche Voraussetzung, denn sie allein kombiniert erst das Material an
Variationen derart, dass Selektion damit operieren kann.

„Die hier vorgetragene Theorie der Variation giebt noch nach einer
anderen Seite hin befriedigendere Auskunft, als sie von anderer Basis
aus möglich ist. Wer die unbegrenzte Menge der Anpassungen
der Organismen an ihre Lebensbedingungen überblickt, der
ist immer wieder von neuem überrascht von der wunderbaren Plasti-
zität der Arten. Man hat den Eindruck, als könne jede, auch noch so
unerwartete Abänderung von einer Art hervorgebracht werden, sobald
sie nur der Art von Nutzen sein kann. Denkt man allein an die Nach-
ahmungen von Pflanzen und Pflanzenteilen durch Tiere in Farbe, Gestalt
und Zeichnung, oder an die anderer Tiere, so möchte man glauben, dass
jeder Teil eines Tieres je nach Bedürfnis in diese oder jene Form gebracht, in beliebiger Weise gefärbt und gezeichnet werden könnte.

„Gewiss ist dies nicht wörtlich zu nehmen; nicht alles ist möglich,
aber doch so vieles, dass man diese unzähligen Anpassungen unmöglich auf seltene, zufällig einmal vorkommende Variationen
beziehen kann. Die nötigen Variationen, aus denen Selektion ihre Umwandlungen zusammensetzt, müssen immer und an vielen Individuen wieder und wieder sich darbieten.

„Ein solches immer fluktuierendes Material primärer Variationen geht
aber aus der hier vorgetragenen Theorie von selbst hervor. Es muss
darnach ein jeder Teil einer Art, jede ‚Determinante‘, im Laufe der
Generationen jede überhaupt mögliche Variante darbieten, immer
wieder in anderen Individuen, und bald durch eine grössere, bald
durch eine kleinere Majorität von abgeänderten Iden gestützt.
Da absolut gleiche Ernährung der homologen Determinanten weder in
den verschiedenen Individuen, noch in den verschiedenen Iden
desselben Keimplasma's überhaupt denkbar ist, und da jede noch
so kleine Variation einer Determinante nicht von selbst und auch nicht
mit ihrem Träger, dem Individuum, wieder verschwindet, sondern direkt

in das Keimplasma der nächsten Generation übergeht, so kann es nie
an Variationen jeder Determinante fehlen, und das geforderte
Material an allen möglichen Variationen aller Teile erscheint theoretisch begründet.

„Ehe ich auf die Veränderungen eingehe, welche das Keimplasma als
Ganzes bei der Artumwandlung erleiden muss, möchte ich einem Ein-
wurf begegnen, der gemacht werden könnte. Wenn alle Determinanten unausgesetzt kleinen Ernährungsdifferenzen und damit kleinen Variationen unterworfen sind, woher kommt dann die so
überaus grosse Hartnäckigkeit, mit welcher die Species sich erhält, ohne
ihren Typus zu verändern? woher die Konstanz der Species? Man
sollte denken, dass dann alle organischen Formen sich in einem fortwährend Flusse befinden müssten, dass keine Form und kein Organ
lange Bestand haben könnte.

„Ich glaube, man vergisst dabei mehrerlei. Einmal steht jede Art
unter unausgesetzter Kontrolle der Naturzüchtung, wie man
am besten aus dem Verkümmern bedeutungslos gewordener Teile sieht.
Nachdem, wie mir scheint, die alte Annahme von der Vererbung somatogener Abänderungen endgültig aufgegeben werden muss, bleibt zur Erklärung dieser Rückbildung nichts übrig, als Panmixie, d. h.
Aufhören der Kontrolle der Naturzüchtung bei dem nicht mehr nützlichen Teil. Daraus aber, dass diese Rückbildung immer eintritt, dürfen
wir schliessen, dass Schwankungen in den Determinanten immer
und überall vorkommen; daraus aber, dass die Rückbildung immer
sehr langsam vor sich geht, schliesse ich weiter, dass trotz ihrer Häufigkeit diese Schwankungen nur sehr allmählich zu sichtbaren Variationen
sich häufen.

„Wie gleich anfangs gesagt wurde, müssen wir uns die einzelnen
Schwankungen der Determinanten ungemein klein vorstellen. Direkt
könnte Naturzüchtung nichts mit der einzelnen Variation anfangen;
sie könnte sie nicht summieren; die Summierung kann lediglich durch
Amphimixis bewirkt werden, und ich möchte annehmen, dass darin
die eine Hälfte ihrer Bedeutung liegt. Sie kann Minoritäten abgeänderter Determinanten zu Majoritäten summieren, indem sie die Keimplasma-Hälften zweier Individuen mischt. Sie kann aber auch
nivellieren und ausgleichen, indem sie je nach Zufall die gleichsinnig abgeänderten Determinanten eines Individuums wieder zer-
streut mittelst der Reduktionsteilung.

„Man darf auch nicht vergessen, dass die kleinen primären Abänderungen einer Determinante durchaus nicht immer in derselben Richtung weiter gehen müssen; entgegengesetzte Ernährungseinflüsse werden sie häufig wieder zurückbilden. Erst wenn sie durch längere Zeit anhaltende gleiche Einflüsse[1]) einen stärkeren Betrag von Abänderung erreicht und wenn zugleich die homologen Determinanten mehrerer Ide gleichsinnig abgeändert[1]) haben, wird die Variation durch Amphimixis summiert sichtbar werden können. Und auch dann bildet sie noch keineswegs einen dauernden Besitz der Art, sondern darüber, ob sie dies werden soll, entscheidet nun Naturzüchtung.“

Im Anschluss an diese Ausführungen Weismann's weise ich noch einmal darauf hin, dass die Vererbung in Weismann's Theorie schliesslich auf den krassesten Zufall hinauskommt und thatsächlich überhaupt nicht existiert. Weismann ist sich überhaupt nicht klar darüber, was Vererbung eigentlich ist. Das geht aus dem wunderbaren Passus hervor, durch den er seine Ahnenplasmentheorie gegenüber etlichen gegen sie vorgebrachten Einwänden zu schützen vermeint:

„Wir finden nirgends,“ sagt Weismann, „einen Zustand, in welchem noch sämtliche Ide gleich angenommen werden könnten, es verhält sich vielmehr so, wie ich schon früher einmal darlegte, die Ungleichheit der Individuen datiert von den Urwesen her, von der Zeit, in welcher noch keine Amphimixis und noch kein Idioplasma bestand, in welcher aber der individuelle Stempel jedem Einzel-Bion direkt durch die ungleichen äusseren Einflüsse aufgeprägt werden musste. Von diesen übertrug er sich auf die Einzelligen, da diese doch nicht aus einem einzigen Einzel-Bion von Urwesen entstanden sein können, sondern polyphyletisch, jede Art aus einer grossen Menge gleichsinnig[2]) ab-

---

1) „Längere Zeit anhaltende gleiche Einflüsse“ und „gleichsinnig abgeänderte homologe Determinanten mehrerer Ide“ sind Annahmen, die sich der Amphimixistheorie nur bei Anwendung von Gewalt fügen. H.

2) Wenn die eine Protozoenart bildenden Urwesen „gleichsinnig“ abänderten, woher kommt dann die „Ungleichheit der Individuen“? Oder liegt hier ein Druckfehler vor? Soll es heissen „ungleichsinnig“? Aber die natürliche Zuchtwahl wählte doch wohl immer die zweckentsprechendsten Urwesen, also, da jede Art aufs genaueste den Lebensbedingungen angepasst ist, gleichsinnig abändernde aus? Die Einzelligen entstanden also doch wohl durch Zusammenfügung gleicher Plasmen? Wer errettet uns aus diesem Labyrinth von Widersprüchen? H.

ändernder Bionten.   Man hat dies oft falsch verstanden [1]) und unter anderem gefragt, wie ich denn Anpassungen von Blumen, Früchten oder
Samen, wie sie bei Phanerogamen vorkommen, von der Kombination von
Charakteren ableiten wolle, die bei ihren formlosen Urvorfahren erworben wurden.   Aber nicht die Charaktere erbten sich von den

1) Weismann irrt sich! Nicht diejenigen, welche vom Weismann'schen
Standpunkte aus die Notwendigkeit der Ableitung von Blumen, Früchten und
anderen Charakteren der höheren Organismen von der Kombination der von formlosen Urvorfahren erworbenen Charaktere erkannten, haben Weismann's Ahnenplasmentheorie falsch verstanden, sondern er selbst versteht seine eigene Theorie
nicht! In seiner Schrift über „Die Bedeutung der sexuellen Fortpflanzung für die
Selektions - Theorie" (Jena 1886), in welcher Weismann seine Ahnenplasmentheorie aufgestellt hat. sagt Weismann: „Ohne das Vorkommen solcher direkt
die Keime verändernder Einflüsse ganz in Abrede zu stellen, muss ich doch
glauben, dass sie am Zustandekommen erblicher individueller Charaktere keinen
Anteil haben." Weismann führte also die Verschiedenheit der Individuen auf die
Urwesen zurück. Wenn es ihm trotzdem beliebte, eine Veränderung der von den Urwesen herstammenden Ahnenplasmen durch äussere Einflüsse zu stande kommen zu
lassen, so standen ihm nur zwei Wege offen. Entweder musste er annehmen, dass
die Nachkommen eines individuellen Ahnenplasma's, die natürlich auf sehr viele Organismen verteilt sein konnten, trotz aller durch äussere Einflüsse an ihnen hervorgebrachten Veränderungen einander völlig gleich blieben. oder er musste sie infolge
verschiedener äusserer Einflüsse ungleich werden lassen. That er das letztere, so
wurde er sich selbst untreu, wie ein Blick auf den in dieser Anmerkung citierten Satz
lehrt; Weismann's Gegner konnten aber nicht annehmen, dass Weismann die
Absicht hatte, diesen Satz sofort wieder zu negieren. Wollte Weismann aber das
erstere thun, so wurde er wiederum sich selbst untreu, denn die Annahme einer erblichen Abänderung der von den Urwesen herstammenden Ahnenplasmen hätte das
Zugeständnis enthalten, dass auch die Nachkommen eines und desselben Ahnenplasma's
infolge äusserer Einflüsse ungleich werden mussten; oder will Weismann allen
Ernstes behaupten, dass sie sich zwar verändern, aber nicht ungleich werden konnten?!
Will Weismann uns glauben machen, dass aus dem Plasma eines Urwesens das
komplizierte Id eines Menschen werden kann infolge von äusseren Einflüssen, dass die
gleichen Biophoren eines Urwesens infolge der letzteren ungleich werden können, dass
sich aber alle von diesem Urwesen herstammenden Ide, die auf die verschiedensten
Individuen verteilt sein konnten, trotz der Notwendigkeit, die Biophoren eines Urids
infolge verschiedenartiger äusserer Einflüsse ungleich werden zu lassen, vollständig
gleich blieben? Dadurch würde Weismann in einem Atemzuge die Veränderlichkeit
und die Unveränderlichkeit der Biophoren behaupten! Wer logisch denkt, konnte zu
gar keiner anderen Schlussfolgerung gelangen, als der, dass die Veränderlichkeit der
Weismann'schen Ahnenplasmen bei den mehrzelligen Nachkommen der einzelligen
Urwesen nach Weismann's Ansicht aufgehört hätte, dass also Blumen, Früchte usw.
von der Kombination der von formlosen Urvorfahren erworbenen Charaktere herzuleiten
seien. Wenn Weismann sich also darüber beklagen will, dass man seine alte Ahnen-
theorie missverstanden habe, so richte er seine Beschwerde dorthin, wohin sie gehört,
an den Urheber dieser Theorie. an Herrn August Weismann in Freiburg i. Br.! — In

Urwesen her fort, sondern die Variabilität, die Ungleichheit der Individuen!"[1])

Es war bisher in der Entwickelungslehre üblich, Vererbung und
Variabilität als zwei Dinge zu betrachten, die sich in jedem Einzelfalle
wechselweise ausschliessen. Eine Eigenschaft, die von dem Elter auf
das Kind vererbt wird, hat in diesem Falle nicht variiert, ein
Organ, das beim Kinde andere Eigenschaften zeigt als beim Elter, hat
seine Eigenschaften nicht vom Elter auf das Kind vererbt, es hat
variiert, es hat sich verändert. Vererbung einer Eigenschaft
ist Nichtveränderung dieser Eigenschaft, Nichtvererbung einer
Eigenschaft ist Veränderung dieser Eigenschaft. Vererbung und
Nichtvererbung, Veränderung und Nichtveränderung, Vererbung und
Veränderung, Nichtvererbung und Nichtveränderung sind kontra-
diktorische Gegensätze. Weismann aber ist es vorbehalten
geblieben, eine **Vererbung der Nichtvererbung** festzustellen!
Dass er dabei auch noch „Variabilität" und „Ungleichheit der Individuen" miteinander verwechselt, ist nicht weiter zu verwundern!

Offenbar ist nur zweierlei möglich: Entweder lässt man die Un-

einer Anmerkung zu dem oben citierten Aufsatz, die Weismann im Jahre 1892
gelegentlich dessen Wiederabdruckes hinzufügte, sagt er, man braucht nicht, wie er
es in diesem Aufsatze gethan hätte, „die Wurzel der individuellen Verschiedenheit in
den niedersten Organismen zu suchen, sondern wird sie in den wechselnden Einflüssen
erkennen, welche die Elemente des Keimplasma's unausgesetzt treffen müssen." Damit
giebt Weismann seine Ahnenplasmentheorie preis! Aber in seinem Werke: „Das Keimplasma", das ganz kurze Zeit nach den gesammelten „Aufsätzen über Vererbung und verwandte biologische Fragen", denen wir den eben citierten Satz entnommen haben, erschien,
steht der im Texte citierte Satz: „Die Ungleichheit der Individuen datiert von den
Urwesen her!" — Ich beneide Weismann! Es muss ein tröstliches Gefühl sein, sich
bald auf diese, bald auf jene von zwei gleichzeitig geäusserten, aber sich gegenseitig
absolut widersprechenden Ansichten berufen zu können! Aber Weismann möge bedenken, dass er es seinen Gegnern, die nicht wissen, an welche der gleichzeitig geäusserten sich gegenseitig ausschliessenden Weismann'schen Ansichten sie sich zu
halten haben, schwer macht, mit ihm zu kämpfen. Meine Leser mögen es mir deshalb
verzeihen, dass ich sie durch diese nachträgliche Anmerkung aufhalte. Ich habe das
Gefühl, dass es mir nur schlecht gelungen ist, sie in dem Labyrinthe des Weismannismus
herumzuführen. Sollte der letztere neue Freunde gewinnen, so werden uns hoffentlich
unter diesen auch einige Weismannforscher erstehen. Haben wir doch auch Goetheforscher!
Die Aufgabe dieser Weismannforscher würde es dann sein, in jedem Einzelfalle zu untersuchen, was Weismann gesagt hat und gemeint haben könnte, und nicht geäussert hat
und nicht gedacht haben kann! Ich selbst bin weit davon entfernt, auch nur eine
halbwegs vollständige Blumenlese Weismann'scher Widersprüche gegeben zu haben.

H.

1) Siehe Anmerkung 2 auf Seite 99.

gleichheit der Individuen von den sich ungeschlechtlich fortpflanzenden Urwesen herstammen. Wenn man das thun will, dann darf man die Veränderungen der Individuen bei Organismen mit geschlechtlicher Fortpflanzung nur durch „Amphimixis" zu stande kommen lassen; denn wenn man eine Veränderlichkeit der von den Urwesen herstammenden „Ide" oder „Ahnenplasmen" auch noch bei den geschlechtlich sich fortpflanzenden Organismen annimmt, dann braucht man die „Ungleichheit der Individuen" nicht auf die „Urwesen" zurückzuführen. Thut man aber das letztere, dann muss man auch „Anpassungen von Blumen, Früchten oder Samen, wie sie bei Phanerogamen vorkommen, von der Kombination von Charakteren ableiten", „die bei ihren formlosen Ur-Vorfahren erworben wurden". Entweder führt man also die „Ungleichheit der Individuen" auf die variabeln Urwesen zurück und zieht die sich daraus ergebenden wunderbaren Konsequenzen, wonach beispielsweise der Mensch ein Konglomerat von „Urwesen" ist, oder man lässt „Urwesen" Urwesen sein, gesteht auch den sich geschlechtlich fortpflanzenden Organismen „Variabilität", d. h. nichtererbte Veränderlichkeit (man gestatte uns angesichts der Begriffsverwirrung bei Weismann diese Tautologie!) zu und giebt damit den „Ahnenplasmen", den „Iden", der „Amphimixis" und, da ohne diese der Präformismus nicht bestehen kann, auch dem letzteren den Abschied. Ein Drittes giebt es nicht! Der Präformist und Amphimixistheoretiker hat zwischen zwei Dingen, deren jedes für ihn ein Übel bedeutet, zu wählen! Weismann möge mit gutem Beispiele vorangehen!

Weismann's Theorie der Amphimixis muss unter allen Umständen fallen. Indessen giebt es wirklich Organismen, die aus polyplasmatischen Zellen aufgebaut sind; das sind die Bastarde zwischen verschiedenen Arten und die Blendlinge zwischen verschiedenen Rassen einer Art. Es fragt sich aber, ob die Keimzellen, die von Bastarden und Blendlingen erzeugt werden, auch ihre Zusammensetzung aus zwei Plasmaarten bewahren. Die Züchtungsversuche, die ich zur Entscheidung dieser Frage angestellt habe, lehren, dass sie es nicht thun. Die Züchtungsergebnisse früherer Forscher sind, wo sie meinen Resultaten zu widersprechen scheinen, mit Zweifel aufzunehmen, denn die früheren Experimentatoren, die ja durchweg Züchtungsversuche mit Pflanzen anstellten, haben keine genügend langen Stammbäume über die von ihnen gezüchteten Individuen geführt und ihre Versuche nicht auf Grund einer leitenden Idee angestellt. Mir dagegen stehen lange Stammbäume von über 3000 Mäusen in vielen verschiedenen Rassen zur Verfügung, und aus diesen geht hervor, dass polyplasmatische Individuen wieder monoplasmatische Keimzellen erzeugen, und zwar, wie ich glaube, auf dem Wege der Reduktionsteilung.

Ich habe japanische Tanzmäuse, scharf charakterisierte Tiere, die sich dadurch auszeichnen, dass sie unsicheren Schrittes hin- und herlaufen und oft auf einem Flecke im Kreise herumwirbeln, mit anderen Mäusen gepaart, die ich, da sie besser klettern können als jene, Klettermäuse nennen will, und Kreuzungsmäuse erhalten, die nicht tanzten. Meine Versuche ergeben nun, dass in den von diesen Tieren erzeugten befruchtungsfähigen Keimzellen nur eine Art von Keimplasma enthalten ist, entweder Tanzmausplasma, das wir mit T bezeichnen wollen, oder Klettermausplasma, das wir K nennen wollen. Wenn man zwei solcher Kreuzungsmäuse miteinander paart, so sind demnach folgende Fälle möglich: 1) Ein Spermatozoon, das nur T enthält, kann sich mit einer Eizelle verbinden, die auch nur T enthält; wir erhalten dadurch wieder eine reine Tanzmaus. 2) Ein Spermatozoon aus T verbindet sich mit einer Eizelle aus K, wodurch wieder eine Kreuzungsmaus entsteht. 3) Wenn sich ein Spermatozoon aus K mit einer Eizelle aus T verbindet, entsteht ebenfalls wieder eine Kreuzungsmaus. 4) Dagegen entsteht wieder eine reine Klettermaus, wenn ein Spermatozoon aus K in eine Eizelle aus K eindringt. Nun gleichen zwar die Kreuzungsmäuse in Bezug auf ihr Verhalten den Klettermäusen; allein fortgesetzte Züchtungsversuche zeigen, dass aus Kreuzungsmäusen wieder reine Tanz- und reine Klettermäuse gezüchtet werden können, während das bei anderen, ihnen äusserlich gleichenden, die nur Klettermausplasma enthalten, nicht möglich ist. Hat man auf dem Wege des Rückschlags wieder reine Tanzmäuse erhalten, so kann man die Züchtung so lange fortsetzen, wie man Lust hat, ohne jemals wieder Klettermäuse zu erhalten, obwohl diese Tanzmäuse unter ihren Vorfahren Klettermäuse haben. Das Gleiche gilt mutatis mutandis von Klettermäusen. Die Reduktionsteilung bewirkt also keineswegs Amphimixis, Mischung verschiedener Plasmen, sondern vielmehr Apomixis, Entmischung zweier nicht zusammengehöriger Keimplasmen, wobei freilich nicht ausgeschlossen zu sein braucht, dass kleine Mengen fremden Plasma's dem Plasma einer im übrigen monoplasmatischen Keimzelle beigemischt sind.

Meine Versuche zeigen ausserdem, dass jedesmal, wenn zwei ungleiche Plasmen aufeinander einwirken, jedes der beiden etwas verändert

wird, und zwar besteht die Veränderung in einer Ausgleichung von
Ungleichheiten. So haben gescheckte Tanzmäuse oft Enkel, die zwar
reine Tanzmäuse, im übrigen aber einfarbig sind. Da nun, wie sich
später zeigen wird, die Scheckung eine Störung des plasmatischen Gleichgewichts bedeutet, so ist bei diesen Tanzmäusen eine Wiederherstellung des Gleichgewichts eingetreten. Geschlechtliche Fortpflanzung bewirkt also auch in dieser Beziehung die Ausgleichung
ungleich abgeänderter Plasmen; sie arbeitet also auf Apomixis, nicht
auf Amphimixis hin.

Es bleibt gewiss ein grosses Verdienst Weismann's, auf die
Reduktionsteilung der Keimzellen als einen bedeutungsvollen Vorgang
hingewiesen zu haben, aber die Bedeutung der Reduktionsteilung ist
Entmischung, Apomixis, und nicht Vermischung zahlreicher Individuen
oder Amphimixis. Letztere wird durch die Reduktionsteilung verhindert.
Die Präformationstheorie kann aber, wie Weismann so schön ausgeführt hat, ohne die Annahme einer Amphimixis nicht bestehen, denn
nach ihr ist jede Determinante jedes Ides für sich variabel, und da sie
viel leichter in ungünstiger Weise als in günstiger Richtung abändern
kann, so kann günstige Variation einer Zelle nur durch Zusammenhäufung
einer Majorität günstig veränderter, aus verschiedenen Weismann'schen
Iden stammender Biophoren zu stande kommen. Ohne Amphimixis
kein Präformismus. Dementsprechend ist mit dem von uns in
strengster Form geführten Nachweise, dass Amphimixis zum Untergange
der Organismenarten führen müsste, wenn sie plötzlich eingeführt würde,
dass es also keine Amphimixis geben kann, auch der Präformismus
beseitigt.

So ergiebt sich denn aus der Gesamtheit unserer bisherigen Ausführungen, dass der Präformismus auf der ganzen Linie geschlagen ist.
Um uns diese Thatsache noch einmal in eindringlicher Weise vor Augen
zu führen, wollen wir die Ergebnisse, zu denen wir gelangt sind, kurz
zusammenfassen.

h. Zusammenfassung — Beweise für die Vererbung erworbener Eigenschaften.

Ein Rückblick auf unsere bisherigen Betrachtungen, durch welche
wir etliche Konsequenzen des Präformismus gezogen haben, was von
seinem Hauptvertreter Weismann unterlassen worden ist, zeigt, dass

der Präformismus nicht bestehen kann, ohne einen Dualismus zwischen Schöpfer und Geschaffenem und gleichzeitig die Endlichkeit des Geschaffenen anzunehmen. Er gerät dadurch in Widerspruch mit den Gesetzen wissenschaftlicher Forschung, der es verboten ist, die Grenzen des Naturerkennens zu überschreiten. Die Epigenesislehre hingegen bleibt den Prinzipien der Naturforschung treu.

Aber gesetzt auch, die Präformationslehre wäre wissenschaftlich zulässig, so würde ihre Durchführung doch fortwährend mit den Thatsachen in Widerspruch geraten. Der Präformismus kann ohne die Annahme eines Paramorphismus, d. h. einer Gleichwertigkeit aller Formen, nicht auskommen, weil diese nach Ansicht des Präformismus nur durch den Kampf ums Dasein gezüchtet worden sind, während die Epigenesislehre nicht alles durch die gefärbte Brille des Nützlichkeitsprinzips anzusehen braucht, sondern einen Epimorphismus, wie er thatsächlich in der Natur besteht, anerkennt. Dieser Epimorphismus bezieht sich sowohl auf die ungleiche Höhe der Entwickelungsstufe, gänzlich abgesehen von der Bedeutung der Einrichtungen für die Organismen, als auch auf die ungleich gute Anpassung einzelner Organe und ganzer Organismen. Nur dieser doppelte Epimorphismus lässt sich mit den Thatsachen vereinigen.

Damit im Zusammenhange steht, dass die Epigenesislehre die Entwickelung nach bestimmten Richtungen hin feststellt, wonach die variierenden Organismen und Organe sich nicht durch ungewisses Hin- und Herschwanken umbilden, sondern den einmal eingeschlagenen Weg fortsetzen, sei es durch Erklimmen einer höheren Formenstufe, sei es durch Vollendung ihrer Anpassung oder durch von Generation zu Generation zunehmende Entartung. Die Präformationstheorie kommt dagegen nur mit der Annahme einer Entwickelung nach zahllosen Seiten hin aus, da sie sonst nicht genügende Auswahl für die Selektion zu schaffen weiss. Eine Variabilität nach allen Seiten hin steht aber in Widerspruch mit den Thatsachen, weil die einzelnen Teile eines Organismus nicht unabhängig voneinander variieren, sondern weil jeder Teil mit allen anderen in Korrelation steht. Diese Korrelation, die notwendigerweise zur Epigenesistheorie führen muss, wird von den Präformisten rundweg geleugnet. Nach dem Präformismus variiert jeder kleine Teil des Keimplasma's unabhängig von allen übrigen, und diese Annahme ist notwendig, weil die natürliche Zuchtwahl, die nach Ansicht der Präformisten allein die Einrichtungen vervollkommnet, mit den einzelnen Teilen des Plasma's zu rechnen hat. Soll jedes Organ immer vollkommen an

die Aussenwelt angepasst sein, solange es noch erforderlich ist, so muss
es auch für sich variieren können, denn ohne diese Annahme hätte die
Vollkommenheit der einzelnen Organe nie erreicht werden können, falls,
wie der Präformismus behauptet, keine Vererbung erworbener Eigenschaften stattfindet.

Prüft man aber die Eigenschaften der Organismen im einzelnen, so
findet man, dass neben bedeutungsvollen Eigenschaften auch eine grosse
Anzahl von indifferenten bestehen, und dass es unter den bedeutungsvollen auch eine grosse Anzahl von solchen giebt, die mit zunehmender Vervollkommnung im einzelnen immer unzweckmässiger für den Gesamtorganismus geworden sind. Dass Organismen mit solchen Organen aussterben
mussten, spricht gegen die Präformationstheorie, denn wenn ihre Prämissen richtig sind, so hätte natürliche Zuchtwahl leicht ein Zuviel der
Anpassung in bestimmter Richtung verhindern können. Da das aber
nicht geschehen ist, da einseitig angepasste Tiere thatsächlich in grosser
Anzahl ausgestorben sind, so sind eben andere Faktoren als die natürliche Zuchtwahl thätig, um die Anpassung der Organe zu bewirken.
Der Präformismus muss aber mit der Annahme einer alles beherrschenden
Auslese allein auskommen und bei dieser der dotationellen Individualselektion die erste Rolle zuschreiben. Diese Art der Auslese hat wiederum
zur Voraussetzung, dass das Keimplasma aus „Iden" gebildet wird,
wie Weismann konsequenterweise annimmt, dass jedes Id aus vielen
die einzelnen Zellen bestimmenden „Determinanten" aufgebaut ist, und
dass sich jede Determinante aus „Biophoren" zusammensetzt, die den
Charakter der einzelnen Zellen bestimmen. Diese Biophoren können
nach allen möglichen Richtungen hin unabhängig voneinander variieren,
und demnach wird es nötig, dass viele Ide im Keimplasma sind, weil
die Determinanten immer nur bei einem Bruchteil in günstiger Richtung
abändern, weil also durch Amphimixis eine möglichst grosse Anzahl von
in günstiger Weise abgeänderten Biophoren in einer Zelle zusammentreffen muss. Zu welch ungeheuerlichen Konsequenzen diese Annahme
führt, haben wir in unwiderleglicher Weise dargethan.

Wir haben weiterhin durch Anführung unserer Züchtungsergebnisse
gezeigt, dass die Theorie der Amphimixis mit den Thatsachen in direktem
Widerspruche steht, dass gemischtes Keimplasma durch Ampomixis, durch
Entmischung wieder einheitlich wird.

Aus alledem ergiebt sich, dass die Präformationslehre nicht nur an
und für sich unwissenschaftlich ist, sondern dass sie überall mit den

Thatsachen in Konflikt gerät und nur dann ein eingebildetes Schein-
leben führen kann, wenn sie widerstrebende Thatsachen rücksichtslos
beiseite schiebt. Wir haben also in bündiger Weise nachgewiesen, dass
allein die Theorie der Epigenesis eine wissenschaftliche Erklärung der
Gestaltung und Vererbung zulässt. Sie hat aber die Vererbung erworbener Eigenschaften zur notwendigen Voraussetzung; die unerlässliche
Vorbedingung ihrer Herrschaft besteht in der Anerkennung der Thatsachen,
welche die Wissenschaft in Bezug auf die Vererbung erworbener Eigenschaften beigebracht hat.

Diese Thatsachen sind so zahlreich, wie der Sand am Meer. Wo wir
irgend ein kleines selbstthätiges Organ, ein Organ, das durch seine aktiven
Leistungen Bedeutung für den Organismus hat, antreffen, haben wir es
mit einer Erwerbung zu thun, die durch Vererbung im Laufe der Generationen befestigt und durch fortgesetzten Gebrauch erhalten und vervollkommnet worden ist. Die Eigenschaften, die wir, wenn wir die Weismann'sche Begriffsbestimmung annehmen, nicht als erworben betrachten
dürfen, sind, verglichen mit den erworbenen, ausserordentlich gering an
Anzahl, und die allergrösste Mehrzahl von ihnen bezieht sich nur auf
Eigenschaften wie die Färbung und andere nicht direkt bedeutungsvolle
Einrichtungen, die es ja überall auch in der anorganischen Natur giebt.
Was den Organismus zum Organismus macht, ist der Besitz
erworbener Eigenschaften.

Derjenige ist also sicher im Irrtum, der da glaubt, dass man nach
Beweisen für die Vererbung erworbener Eigenschaften suchen müsste.
Wer nicht durch unzulängliche Vererbungstheorien an dem freien Gebrauch seiner gesunden Sinnesorgane und seines korrekt arbeitenden Gehirns gehindert ist, der braucht nur irgend ein Tier oder eine Pflanze
zu betrachten, um sich davon zu überzeugen, dass die Organismen
der Hauptsache nach Eigenschaften besitzen, die ihre Vorfahren durch
die Thätigkeit ihrer Organe erworben haben. Ich weiss aber wohl,
dass manche Naturforscher fragen werden, wo der „experimentelle" Beweis für diese „Behauptung" sei. Meine Antwort ist die, dass die
gesamte Organismenwelt das Ergebnis eines grossartigen
Vererbungsexperimentes ist, das die Natur angestellt hat. Von der
Natur zu verlangen, dass sie ihre Züchtungsexperimente so einrichte,
dass sie ohne weiteres von grübelnden Laboratoriumsgelehrten nach-
gemacht werden können, scheint mir über die Grenzen berechtigter Forderungen hinauszugehen. In der That steht die Forderung, man solle die

Vererbung erworbener Eigenschaften experimentell beweisen, auf gleicher Stufe mit der, ich weiss nicht mehr von welchem Laien in der Descendenztheorie aufgestellten, man solle doch erst einmal einen Hund aus einer Katze züchten.

Welch ein ungeheuerliches Ansinnen an die Natur gestellt wird, wenn man etwa verlangt, dass Nachkommen von weissen Mäusen, denen man die Schwänze abschneidet, mit verkürzten Schwänzen geboren werden sollen, geht am besten aus einem Beispiel hervor. Ich habe oben von dem verkümmerten Zeigefinger an der Hand des Plumplori gesprochen und den Nachweis geführt, dass er durch Nichtgebrauch zurückgebildet worden ist. Dieser Finger ist einige Millimeter lang, und er mag nach Maassgabe des besonders stark ausgebildeten Mittelfingers früher etwa 1—1$^1/_2$ cm lang gewesen sein. Heute ist seine Länge auf etwas mehr als $^1/_2$ cm reduziert. Wenn man nun etwa annimmt, dass der Plumplori 10 Jahre alt werden muss, um sich fortzupflanzen, und die Rückbildung seines Zeigefingers im Laufe von 10000 Jahren erfolgt sein lässt, so dass die Vorfahren des heutigen Plumplori noch in jüngstvergangener geologischer Zeit vollkommene Zeigefinger gehabt hätten, Annahmen, die doch wohl nicht günstiger gemacht werden können, so würden wir zu dem Ergebnis gelangen, dass mindestens 1000 Generationen dazu nötig gewesen wären, den Zeigefinger durch die vererbten Folgen des Nichtgebrauches auf seine heutige Länge zu reduzieren. Wir wollen nun ferner annehmen, dass er um einen vollen Centimeter zurückgebildet sei; dann wäre er also in jeder Generation um $^1/_{100}$ mm kürzer geworden, und angesichts dieses Ergebnisses verlangt man, dass weisse Mäuse, die man in jeder Generation durch Abschneiden des Schwanzes an dessen Gebrauch verhindert, schon nach 20 oder 30 Generationen merklich kürzere Schwänze haben müssten, falls erworbene Eigenschaften vererbt werden?

Wozu die Natur wahrscheinlich Jahrmillionen gebraucht hat, das glaubt man im zoologischen Institut zu Freiburg i. Br. während des Direktorates eines einzigen präformistischen Professors fertig bringen zu können, und da das nicht wohl angeht, so leugnet man einfach die Vererbung erworbener Eigenschaften! Ich würde behaupten, dass die Nachkommen der entschwänzten Freiburger Mäusealbinos thatsächlich schon kürzere Schwänze bekommen haben, dass deren Schwänze vielleicht schon durchschnittlich $^1/_{1000}$ mm kürzer sind, als die ihrer beschwänzten Vorfahren es waren, wenn ich es nicht für ebenso wahrscheinlich hielte, dass die Schwänze infolge fortgesetzten, durch die Abschneidung bewirkten Reizes durchschnittlich $^1/_{1000}$ mm länger geworden sind! Wie dem aber auch sei, das Beispiel vom Zeigefinger des Plumplori hat uns gelehrt, dass derjenige Betrag, um welchen ein Organ durchschnittlich im Laufe einer Generation infolge von Nichtgebrauch verkleinert wird, weit innerhalb der normalen Variationsamplitude liegen muss und deshalb nicht festgestellt werden kann. Der etwa durch Nichtgebrauch im Laufe von 100 Generationen hervorgebrachte Betrag von Reduktion der Schwanzlänge bei Mäusen, die man durch Abschneiden des Schwanzes an dessen normalen Gebrauch verhindert hat, müsste weit innerhalb der Beobachtungsfehlergrenzen liegen.

Mir ist der Gedanke, meine Züchtungsversuche mit Mäusen auch auf die Vererbung der Folgen von Verstümmelungen auszudehnen, gar nicht in den Sinn gekommen, obwohl solches leicht hätte geschehen können, da ich ohnehin die Mäuse halten musste. Meine Mäuse behielten ihre Schwänze, und trotzdem wurden merkwürdig viele geboren, die nur $^2/_3$ oder $^1/_2$ der normalen Schwanzlänge ihrer Eltern besassen. Das zeigt, wie unsicher Züchtungsexperimente über die Vererbung erworbener Eigenschaften sein müssen, wenn man sie nicht von der Natur selbst anstellen lässt, und wenn man der Natur nicht erlaubt, ihren eigenen Gesetzen zu folgen, sondern wenn man sie zwingen will, sich Vorschriften von den Präformisten machen zu lassen. Diejenigen, welche die Vererbung erworbener Eigenschaften leugnen, begehen, indem sie die Natur den einseitigen Anschauungen, zu welchen sie gelangt sind, entsprechend umwandeln, einen zwar verzeihlichen Denkfehler, der aber dennoch nicht unenthüllt bleiben darf. Wenn man verlangt, dass die Wirkungen des Gebrauchs und Nichtgebrauchs der Organe schon nach ein paar Generationen sichtbar werden sollen, so vergisst man, dass die Natur viele Jahrmillionen dazu gebraucht hat, um Unterschiede hervorzubringen, die unserm blöden Auge sichtbar sind.

Übrigens wird der gerügte logische Fehler, den die Leugner der Vererbung erworbener Eigenschaften machen, nicht immer deshalb begangen, weil die Wissenschaft, die ohne die Anerkennung der Vererbung erworbener Eigenschaften nicht auskommt, nicht die unbillige Forderung erfüllen kann, das, wozu die Natur Jahrmillionen gebraucht hat, in ein paar Jahren im Laboratorium nachzuexperimentieren, sondern auch deshalb, weil einige zunächst den Fehler gemacht haben, die Möglichkeit einer Vererbung erworbener Eigenschaften zu bestreiten,

weil sie selbst diese Vererbung nicht erklären können. Wenn Weismann nicht den rechten Weg gefunden hat, um die Vererbung erworbener Eigenschaften auf Grund einer epigenetischen Theorie zu erklären,
so beweist das doch nicht, dass der Weg, den er nach langem Hin- und
Herschwanken, wie es scheint, endlich eingeschlagen hat, und der ihn
bei konsequenter Fortsetzung in das Lager der alten Einschachtelungs-
theoretiker führt, der richtige ist, und dass es ausser diesem und den
übrigen von Weismann eingeschlagenen Irrwegen keinen von Weismann unentdeckten Weg giebt, um die Vererbung erworbener Eigenschaften auf dem Boden einer epigenetischen Theorie zu erklären.
Weismann verlangt von anderen Naturforschern, sie sollen zu keinen
besseren Theorien gelangen, als es sein Präformismus ist; denn dass eine
epigenetische Theorie von vornherein besser ist als eine präformistische,
wird Weismann um so weniger leugnen wollen, als er ja zugesteht,
dass er lange Zeit hindurch nach einer epigenetischen Theorie gesucht
hat, und dass die zweckmässige Einrichtung der Organismen sich viel
einfacher durch die Annahme einer Vererbung erworbener Eigenschaften
erklärt.

Wenn also der Nachweis geführt werden kann, dass erworbene
Eigenschaften sich nicht nur vererben können, sondern vererben müssen,
wenn gezeigt werden kann, dass die durch den Gebrauch oder äussere
Einflüsse bewirkte Veränderung eines Organes sich notwendigerweise auf
die Nachkommen übertragen muss, und zwar auf dasselbe Organ, in
entsprechender Beschaffenheit, wenn ferner die komplizierten Einrichtungen eines hochentwickelten Organismus auf ein monotones Keimplasma
zurückgeführt werden können, so wird auch Weismann zugeben, dass
eine solche Vererbungstheorie in der That besser ist als die Aufführung
eines noch so grossartigen und sorgfältig einstudierten Zaubermärchens,
in welchem die Rollen an ein Corps ungleicher Ide und Idanten, Biophoren und Determinanten verteilt sind.

Ich werde den Nachweis, dass Epigenesis die Entwickelung der
Organismen beherrscht und dass erworbene Eigenschaften sich mit Naturnotwendigkeit vererben müssen, im nächsten Hauptabschnitt dieses Buches
führen. Dass ich dies kann, habe ich der Berücksichtigung des gesamten
Thatsachengebietes der organischen Natur zu verdanken. Dass ich aber
im gegenwärtigen Hauptabschnitt in der Lage gewesen bin, die völlige
Haltlosigkeit des Präformismus blosszustellen, verdanke ich der Lektüre des
im vorigen Jahre erschienenen Werkes von August Weismann: „Das

Keimplasma. Eine Theorie der Vererbung". Weismann hat endlich seinen vielen „Aufsätzen über Vererbung und verwandte biologische Fragen", deren Anzahl und stets wechselnder Standpunkt das Studium des Weismannismus zu einem so mühsamen machte, dass sich nur selten jemand an dessen Bekämpfung heranwagte, ein umfangreiches Werk über die notwendigen Konsequenzen der „Kontinuität des Keimplasma's" folgen lassen, ohne freilich die letzten, aber ebenso unvermeidlichen Konsequenzen zu ziehen. Durch den minutiösen, überaus eingehenden, greif- und angreifbaren Ausbau seiner Präformationstheorie hat Weismann es mir leicht gemacht, die Unmöglichkeit des Präformismus nachzuweisen, und dafür, dass er die allerletzten Konsequenzen dieser Irrlehre nicht gezogen hat, bin ich ihm zu aufrichtigem Danke verpflichtet. Die Wissenschaft aber wird es Weismann danken, dass er den Präformismus so eingehend geschildert hat, dass das von Weismann aufgeführte Phantasiegebäude unter der kleinsten von anderen hinzugefügten Belastung zusammenbrechen musste. Mit Recht glaubt Weismann nicht, „vergeblich gearbeitet zu haben; denn auch der Irrtum, wofern er nur auf richtigen Schlüssen beruht, muss zur Wahrheit führen". Wie wir gesehen haben, wird Weismann früher, als er es vielleicht zu hoffen gewagt hat, die Genugthuung zu teil, dass er nicht umsonst gearbeitet und dass sein Irrtum zur Wahrheit geführt hat, obwohl dieser Irrtum wenigstens nicht ausnahmslos auf richtigen Schlüssen beruhte!

III. Gestaltung und Vererbung.

a. Die Aufgaben der Theorie.

Das Problem der Vererbung ist im Grunde genommen ein höchst einfaches, da die Erblichkeit einen Teil der aller Materie zukommenden Eigenschaften bildet. Sie ist nichts weiter als eine Form der Trägheit, des Beharrungsvermögens. Das Trägheitsgesetz, das als eines der physikalischen Grundgesetze keiner Erklärung bedarf, besagt, dass ein Körper so lange in dem einmal eingenommenen Zustande verharrt, als er nicht darin gestört wird. Dieses Gesetz gilt selbstverständlich für die Elemente des Plasma's sowohl wie für jeden anderen Körper. Die Plasma-elemente sind aber die letzten Träger der Vererbung. Sie werden von dem Zeugenden auf das Gezeugte übertragen und behalten ihre Eigen-schaften so lange bei, als diese nicht durch äussere Einflüsse verändert werden. Freilich ist eine solche Veränderung unausbleiblich, sobald die Aussenwelt überhaupt einen Einfluss auf das Plasma hat. Wer diesen nicht leugnen will, der gelangt zu der Schlussfolgerung, dass sich das Plasma in langsamer, aber stetiger Umbildung befindet. Schon das älteste Plasma, das auf der Erde entstand, wurde von äusseren Einflüssen getroffen. Diese bildeten es etwas um und sahen sich dann einem etwas anders gearteten Plasma gegenüber, auf welches sie wieder ein-wirken konnten. Auch wenn die äusseren Bedingungen sich gleich blieben, musste dennoch eine stetige Umbildung stattfinden, weil sie sich fortwährend neuen Plasmamodifikationen gegenüber befanden. Eine Vererbung im strengsten Sinne des Wortes giebt es also überhaupt nicht; es giebt nur fortwährende Gestaltung. Wir dürfen von dieser immer und überall stattfindenden langsamen Umbildung des Plasma's aber ab-sehen, weil, wie die Tiere, die sich seit den ältesten Zeiten der Erdgeschichte fast unverändert bis auf unsere Tage erhalten haben, z. B. Lingula, zeigen, diese stetige Umbildung nicht messbar ist. Das Vererbungsproblem kommt also auf die Frage hinaus, auf welche Weise aus den vom Erzeugenden auf das Erzeugte übertragenen Plasmaelementen wieder die Körperform des Erzeugers zu stande komme. Das Vererbungsproblem fällt demnach mit dem Problem der keimesgeschichtlichen Gestaltung zusammen. Aus der Form der Plasmaelemente in der befruchteten Keimzelle muss die Form des Organismus zu erklären sein.

Die Form dieser Plasmaelemente muss aber veränderlich sein, denn sonst wäre eine Umbildung der Organismen nicht möglich. Die Fragen, welche Eigenschaften dieser Form ihre Veränderung ermöglichen und welche Einflüsse die Veränderung bewirken, bilden das stammesgeschichtliche Gestaltungsproblem, das zwar nicht mit dem Vererbungsproblem zusammenfällt, aber zugleich mit ihm gelöst werden muss. Wir können es das Gestaltungsproblem schlechthin nennen.

Ehe wir an den Versuch einer epigenetischen Lösung unserer beiden Probleme herantreten, haben wir die Bedingungen dieser Lösung zu prüfen und die berechtigten Anforderungen an eine Theorie der Vererbung und Gestaltung festzustellen.

Eine rein physikalische Lehre hat beispielsweise Haeckel aufgestellt, der sich die Vererbung als eine Wellenbewegung denkt; die Moleküle des Plasma's, die Plastidule, sollen sich nach Haeckel in einer schwingenden Bewegung befinden, und diese Bewegung soll von einer Generation auf die folgende übertragen werden. Wird diese Wellenbewegung durch äussere Einflüsse gestört, so wird sie abgeändert und überträgt sich nun in der abgeänderten Form auf die Nachkommen.

In letzter Linie muss sich ja auch die Vererbung, wie alles andere, rein physikalisch erklären lassen; allein vorderhand sind wir noch nicht so weit, und vor allem lässt sich die Mathematik noch nicht für die Zwecke der Biologie dienstbar machen. Eine kurze Betrachtung lehrt, dass wir mit einer rein physikalischen Vererbungstheorie noch nicht auskommen. Wenn wir uns den Lebensprozess mit Haeckel als eine Wellenbewegung vorstellen, so müssen wir annehmen, dass in den Keimdrüsen, in den Eierstöcken und in den Hoden die Übertragung der Wellenbewegung der Plastidule des elterlichen Individuums auf die der Keimzellen erfolgt und dass die Plastidule der Keimzellen diese Bewegung fortsetzen. Eine solche Vorstellung wäre immerhin möglich, wenn die Körperhälften zweiseitiger Tiere immer symmetrisch oder die Teilstücke aller strahligen Tiere absolut kongruent wären. Dann würde von jedem einem Eierstocke oder einem Hoden entsprechenden Körpersegmente die gleiche Bewegungsform auf die Elemente der Keimzellen übertragen werden. Allein viele Tiere sind unsymmetrisch; die linke Körperhälfte des Menschen ist anders beschaffen als die rechte; das Gleiche gilt von vielen anderen Tieren, und es würde auch von den Staubgefässen bei Pflanzen mit sogenannten unregelmässigen Blüten gelten. Von den zwei unteren Staubgefässen eines Lippenblüters würden andere Bewegungsformen ausgehen müssen, als von den zwei oberen, und von dem rechten Eierstock und Hoden des Menschen müssten andere ausgehen, als von den Keimdrüsen der linken Seite. Trotzdem finden wir, dass das Herz beim Menschen, von einzelnen Ausnahmefällen abgesehen, immer auf der linken Seite liegt, dass die Schnecken, soweit wenigstens die meisten Arten in Betracht kommen, immer dieselbe Abweichung von der Symmetrie zeigen. Es giebt zwar Ausnahmen; aber diese treten weit zurück gegenüber der Regel, dass die Abweichungen von der Symmetrie erblich sind.

Man könnte sich nun etwa vorstellen, dass beispielsweise beim Menschen nur dann eine Befruchtung erfolge, wenn ein Ei aus dem rechten Eierstock von einem Spermatozoon aus dem linken Hoden befruchtet wird, oder wenn umgekehrt ein Spermatozoon der rechten Seite in ein Ei aus dem linken Eierstock eindringt. Wenn dem so wäre, dann müssten die Eier der Vögel, welch letztere nur einen linken Eierstock haben, nur von Spermatozoen der rechten Seite befruchtet werden können, eine Vorstellung, die wohl niemand adoptieren möchte. Wir halten durch diese Betrachtungen die Unmöglichkeit einer rein physikalischen Vererbungstheorie dargethan, weil es ja klar ist, dass, falls der ganze Lebensprozess eine verzweigte Wellenbewegung darstellt, diese Bewegung auf der rechten Seite unsymmetrischer Tiere eine andere sein müsste, als auf der linken, und weil die Übertragung der Bewegung nicht von der Mittelebene des Körpers aus erfolgt, sondern von den beiden Seiten aus. Die Wellenbewegung müsste von jeder Seite aus in verschiedener Weise übertragen werden, und dann sähe man nicht ein, weshalb die Abweichung von der Symmetrie eine erbliche ist.

Durch dieselben Betrachtungen scheint mir der Nachweis geführt zu sein, dass auch eine rein chemische Vererbungstheorie nicht möglich ist. Plasmamolekülen, in welchen die Atome unsymmetrisch gelagert sind, könnten bei zweiseitig-symmetrischen Tieren zwar andere entsprechen, in welchen die Atomlagerung der in den ersteren spiegelbildlich gleich ist. Dergleichen Moleküle giebt es allerdings; aber eine rein chemische Theorie erklärt nicht, weshalb die Abweichungen von der Symmetrie erblich sind. Was wir gegen eine rein physikalische Theorie angeführt haben, gilt auch hier.

Da die Abweichungen von der Symmetrie sich mit grosser Zähigkeit vererben, so kommen wir nur mit einem Keimplasma aus, dessen Elemente schon einen bestimmten morphologischen Bau haben. Dieser muss notwendigerweise eine Vererbung der Symmetrieverhältnisse bewirken, und ich darf hier wohl anführen, dass es Betrachtungen wie die obigen gewesen sind, welche mich auf meine Vererbungstheorie gebracht haben. Keine der verschiedenen rein physikalischen und rein chemischen Vererbungstheorien, die ich aufzustellen suchte, erklärten die Symmetrieverhältnisse. Ein glücklicher Gedanke führte mich endlich auf die morphologische Vererbungstheorie, die ich in diesem Buche vortragen werde.

Wer diese Theorie beurteilen will, muss sich zunächst klar darüber sein, was überhaupt von einer Vererbungstheorie verlangt werden kann. Nägeli sagt, dass die Lösung des grössten Rätsels der Abstammungslehre gewonnen wäre, wenn wir die Konfiguration der Plasmaelemente zu erkennen vermöchten. Er bestreitet aber, dass dies möglich sei, und meint auch merkwürdigerweise, dass es unnütz und unfruchtbar wäre, eine Gesamtanordnung der Plasmaelemente auszudenken, die den wichtigsten Anforderungen Genüge leistet. Er setzt hinzu, dass die Erforschung der Konfiguration des Plasma's keine geometrische, sondern eine stammesgeschichtliche Aufgabe wäre, dass die richtige Anordnung der Plasmaelemente nur auf dem Wege erkannt und konstruiert werden könnte, auf dem der Organismus dazu gelangt sei.

Diese Anschauung muss ich bekämpfen. Die Feststellung der Konfiguration des Plasma's ist ganz sicher eine geometrische Aufgabe; eine mechanische Aufgabe aber ist es, den Weg zu erkennen, auf welchem der Organismus diese Konfiguration gewonnen hat. Um das letztere zu thun, müssten wir, wie Nägeli sagt, die ganze Ahnenreihe einer Sippe von dem primordialen Plasmatropfen an, mit welchem die organische Entwickelung begonnen hat, kennen; davon sind wir, meint Nägeli, noch weit entfernt. Das gilt gewiss für irgend eine bestimmte Pflanze oder irgend ein bestimmtes Tier; allein es ist sehr wohl möglich,

8*

sich eine allen allgemeinen Verhältnissen entsprechende Vorstellung von der Art und Weise zu machen, wie die Konfiguration des Plasma's der heute lebenden Organismen zu stande gekommen ist, und auch von der Art und Weise, auf welche durch die Form der Plasmaelemente die Gesamtform des vollendeten Organismus bedingt wird. Wer überhaupt eine Vererbungstheorie aufstellen will, muss der Forderung Genüge leisten, die Form des entwickelten Körpers aus der Form seiner Plasmaelemente zu erklären. Das hat auch Weismann gefühlt, als er ein Keimplasma annahm, das nach ihm zwar nicht so kompliziert ist, wie der fertige Organismus, sicherlich aber einen noch viel verwickelteren Bau haben müsste, weil es allen Keimesstufen gerecht werden muss. Weismann übersieht, dass damit überhaupt nichts erklärt ist; denn wenn er das zu Erklärende einfach auf den Keim überträgt, so ist das keine Erklärung. Man muss vielmehr verlangen, dass sich die Form des fertigen Körpers aus einer für alle Elemente des Keimplasma's gleich angenommenen einfachen Form ergiebt. Das ist die erste Leistung, die unumgänglich von einer Vererbungstheorie gefordert werden muss. Eine brauchbare Theorie muss ferner die Übertragung erworbener Eigenschaften erklären, muss darthun können, warum ein bestimmter Körperteil, der infolge veränderten Gebrauches oder durch Nichtgebrauch umgebildet ist, seine veränderte Form auf die Nachkommen vererbt.

Die Vererbung muss also durch die Annahme bestimmt geformter Plasmaelemente erklärt werden, wenn anders die Theorie das leisten soll, was von ihr berechtigter Weise verlangt werden darf. Eine diesen Anforderungen entsprechende Erklärung wird unsere Theorie geben: aber man darf nicht von ihr verlangen, dass sie auch zeigen soll, warum die einzelnen Bausteine des Plasma's diejenige bestimmte Gestalt haben, die wir ihr zuschreiben werden. Weshalb das Gold im regulären und der kohlensaure Kalk bald im hexagonalen und bald im rhombischen System kristallisiert, wissen wir ebensowenig, als wir nachweisen können, weshalb die Plasmaelemente eine bestimmte Form haben, durch deren verschiedenartige Aneinanderlagerung der Formenaufbau des fertigen Organismus zu erklären ist. Abgesehen aber von dieser unerfüllbaren Forderung wird, wie ich glaube, unsere Vererbungstheorie jene ebenso berechtigten wie unerlässlichen Forderungen im Prinzip erfüllen.

b. Die Gemmarienlehre.

Das Problem der Gestaltung und Vererbung bei den Organismen ist ein morphologisches. Es betrifft die Formenverhältnisse des Körpers. Wollen wir diese verstehen, so müssen wir verschiedene Stufen der Individualität unterscheiden und die Grundformen der einzelnen Individuen bestimmen. Es ist eines der grössten Verdienste Haeckel's, dass er in seiner „Generellen Morphologie" die Individualitäts- und Grundformenlehre eingehend begründet hat, und die meisten seiner darauf bezüglichen Auseinandersetzungen haben noch heute volle Gültigkeit.

Beschränken wir uns auf die Betrachtung der Tiere, so überzeugen wir uns bald, dass sich mit Sicherheit drei Individualitätsstufen unterscheiden lassen, die des Stockes, 'der Person und der Zelle, und diesen Stufen der tierischen Individualität entsprechen ähnliche Stufen im Pflanzenreiche. Wir sehen nun, dass allen drei Kategorien von tierischen Individuen bestimmte Grundformen zukommen können. So finden wir unter den Korallen bei den Pennatuliden Stöcke von streng bilateral-symmetrischem Bau. Dass die Personen der Tiere, also diejenigen Individualitätsstufen, welche etwa dem Individuum beim Menschen entsprechen, einen festen geometrischen Bau haben, brauche ich nicht weiter hervorzuheben, aber es ist nötig, zu betonen, dass ein solcher Bau auch sehr vielen Zellen zukommt. Wir finden ihn bei einzelligen Tieren, wo beispielweise unter den Radiolarien alle im Tierreich nur möglichen Grundformen von einer Zelle dargestellt werden, und neuerdings hat man sich auch überzeugt, dass den Eiern der Tiere schon in vielen Fällen dieselben Grundformen zukommen, wie den erwachsenen Personen, die sich aus ihnen entwickeln. Das Ei der Insekten beispielsweise ist streng bilateral-symmetrisch gebaut, und diese Symmetrie tritt nicht etwa am Kern, sondern am Plasma des Zellleibes in die Erscheinung.

Ich glaube, man würde in der Vererbungslehre weiter gekommen sein, wenn man Haeckel's Individualitäts- und Grundformenlehre zum Ausgangspunkte der Betrachtungen gemacht hätte, und ich werde zeigen, dass sich auf dem Boden der Individualitäts- und Grundformenverhältnisse eine befriedigende Vererbungslehre errichten lässt.

Die Eizellen mit bestimmten Grundformen müssen, da diese Grundformen an das Plasma und nicht an den Kern gebunden sind, ihre Erklärung in der Annahme finden, dass das Plasma der Zelle aus untergeordneten

Individualitäten zusammengesetzt wird, und dass diese Individuen eine
bestimmte Form haben, die ihren Lagerungsbeziehungen eine bestimmte
Richtung giebt und dadurch die Grundform der Zelle bedingt. Es ist
ohne weiteres klar, dass kleine aneinander gefügte Kugeln ein anderes
Bild geben müssen, als lang gezogene Ellipsoide oder als Eielemente
mit einem sehr stumpfen und einem verhältnismässig spitzen Pole. Es
werden sich also die Formenverhältnisse der Eizellen aus der Annahme
erklären lassen, dass ihr Plasma aus Individuen mit bestimmter Form
zusammengesetzt ist. Wir wollen diese Individuen Gemmarien nennen,
um gleich dadurch unsere Vererbungslehre von anderen, die gleichfalls
mit Plasmaelementen operieren, zu unterscheiden. Wir hätten also, um
die erblich geregelten Grundformenverhältnisse der Eizelle zu erklären,
diesen Gemmarien eine bestimmte Form zuzuschreiben. In einer streng
kugeligen Eizelle müssten Gemmarien von anderer Form sein, als in
einer bilateral-symmetrischen. Wir würden also zu dem Schluss gelangen,
dass die verschiedenen Formen der Tiere und Pflanzen sich unterscheiden
durch die Form ihrer Gemmarien.

Dass mit dieser Erklärung zunächst noch nichts gewonnen ist, leuchtet
ohne weiteres ein; denn wenn wir bei den Gemmarien stehen bleiben
wollten, so würde unsere Vererbungstheorie nicht viel besser sein, als
diejenige Weismann's, der ja seinen Iden auch einen festen architektonischen Bau zuschreibt, ohne den letzteren irgendwie zu erklären.
Wir müssen ausserdem auch zeigen, dass sich zweiseitig-symmetrische
Tiere aus strahlenförmigen entwickeln konnten, und eine Theorie der Formbildung und Vererbung muss auch nachweisen können, auf welchen
Wegen das geschehen ist. Wir dürfen also nicht bei den Gemmarien
stehen bleiben und wähnen, dass wir dadurch, dass wir ihnen eine bestimmte Gestalt geben, die Gestaltung und Vererbung erklärt hätten,
sondern wir müssen die verschiedenen Formen der Gemmarien auf eine
einzige Urform zurückführen und zeigen, dass sich alle Formenverhältnisse der Tiere und Pflanzen auf Grund der Annahme, dass die
letzten Elemente des Plasma's überall im wesentlichen dieselbe Form
haben, im Prinzip vorstehen lassen. Da aber die Gemmarien eine den
Arten nach verschiedene Form haben müssen, so können sie nicht die
letzten morphologischen Elemente des Plasma's sein, und wir nehmen
deshalb an, dass sie zusammengesetzt sind aus untergeordneten Individualitäten, die wir Gemmen nennen wollen, die aber nicht mit den
„Gemmulae" Darwin's zu verwechseln sind.

Wir haben den Namen Gemmen gewählt, weil wir durch diesen Namen ausdrücken wollen, dass diese Gemmen eine regelmässige Form haben, und es hat sich gezeigt, dass eine gerade rhombische Säule, als Form aller Gemmen angenommen, alle Grundformverhältnisse des Tierkörpers erklärt. Ein Botaniker wird sie auch leicht als geeignet zur Erklärung der Formverhältnisse der Pflanzen nachweisen können. Wodurch aber die Form der Gemmen selbst bedingt wird, wissen wir nicht, so wenig wie wir erklären können, weshalb das Wasser im hexagonalen System kristallisiert. Die Form der Gemmen muss bedingt werden durch die chemische Zusammensetzung ihrer Moleküle, aus denen wir uns die Gemmen in ähnlicher Weise zusammengesetzt denken, wie wir uns einen Kalkspatkristall aus Molekülen des kohlensauren Kalks, an welche Kristallwasser gebunden ist, aufgebaut denken. Es ist damit noch nicht gesagt, dass die Gemmen ohne weiteres als Kristalle bezeichnet werden können; indessen werden sie ihrer Natur nach wenig von diesen abweichen und vielleicht nur dadurch von ihnen unterschieden sein, dass sie eine wechselnde Menge von Kristallwasser aufnehmen können.

Aus solchen Gemmen denken wir uns die Gemmarien zusammengesetzt. Die Gemmen können sich auf zweierlei Weise aneinander lagern, nämlich erstens mit ihren rhombischen Grundflächen aneinander treten und dadurch gerade rhombische Gemmensäulen bilden, und sich zweitens mit einer ihrer Seitenflächen aneinander lagern, wodurch schiefe Säulen mit rechteckigen Grundflächen zu stande kommen. Säulen der ersten Art denken wir uns nun ferner der Länge nach aneinander gelagert, wodurch es möglich wird, eine grosse Anzahl verschiedener Gemmarienformen zu konstruieren. Die Grösse der Gemmen darf ja als ausserordentlich gering angenommen werden, ihre Anzahl in einem Gemmarium überaus gross sein, so dass eine unübersehbare Mannigfaltigkeit von Gemmarienformen möglich ist. Denken wir uns nun, das diese Gemmarien sich gegenseitig anziehen, so müssen sie sich nach Massgabe ihrer Form in bestimmter Weise in der Zelle anordnen, und die Beobachtung lehrt, dass es das Centrosoma der Zelle ist, das hierbei den organischen Mittelpunkt der letzteren bildet. Vom Centrosoma gehen Plasmastrahlungen aus, die entweder, wie es bei manchen Pigmentzellen der Fall zu sein scheint, von Beständigkeit sind, oder wenigstens dann gebildet werden, wenn die Zelle in Teilung begriffen ist. Auch in den Eizellen der Tiere werden die Plasmaelemente in bestimmter Weise um das Centrosoma herum angeordnet sein, sonst könnte es beispielsweise keine bilateral-symmetrischen Eizellen geben. Wir werden demnächst nachzuweisen haben, dass sich in der That die Grundformenverhältnisse der Tiere leicht und bequem auf die Form ihrer Gemmarien zurückführen lassen, falls wir diesen eine bestimmte Zusammensetzung aus kleinen rhombischen Säulen geben. Diese rhombischen Säulen der Keimzelle können wir als morphologisch und chemisch identisch betrachten und ebenso die Gemmarien, welche sie zusammsetzen.

Wir werden zu zeigen haben, dass die Assimilation in der Weise erfolgen muss, dass die Anzahl der gleichen Gemmen und Gemmarien im Organismus stetig vermehrt wird, und nehmen zunächst an, dass dieser Nachweis, der, wie sich ergeben wird, unschwer zu führen ist, schon erbracht wäre, und ebenso der nicht weniger schwer zu führende, dass die Grundform des Tierkörpers durch die Form der Gemmarien und diese durch ihre Zusammensetzung aus Gemmen zu erklären ist. Wir werden dadurch zu der Anschauung gelangen, dass das Keimplasma eines Organismus ein monotones ist, dass die Plasmaelemente der Keimzelle einander völlig gleich sind. Es wäre also dadurch gezeigt, dass eine Theorie der Epigenesis im stande ist, die Gestaltungs- und Vererbungserscheinungen zu erklären, denn die Gestaltung müsste ja durch die Form der Gemmarien, die Vererbung durch die Übertragung der Gemmarien von einer Generation auf die nächstfolgende bedingt werden. Dass eine solche Theorie alles im Prinzip erklärt, werden wir im ferneren Verlaufe dieses Buches zeigen. Hier können wir zunächst davon absehen, um die Skizze der Gemmarienlehre und der auf ihr begründeten Theorie zu vollenden.

Aus der Form der Gemmarien muss also der Aufbau des Organismus erklärt werden, und damit wäre eine Erklärung der Vererbung überkommener Eigenschaften gegeben.

Der Nachweis ferner, dass sich auch erworbene Eigenschaften mit Notwendigkeit vererben müssen, ist leicht zu führen. Wenn die Gemmarien eine bestimmte Gestalt haben, die durch die Form der Aneinanderlagerung ihrer Gemmen bedingt wird, wenn aber, wie wir ja annehmen müssen, die letztere eine wechselnde ist, weil sonst die Möglichkeit einer Entwickelung ausgeschlossen wäre, wenn sich demnach die Gemmen und Gemmenreihen innerhalb der Gemmarien gegeneinander verschieben können, so muss durch äussere Einwirkungen auf den Organismus die Form der Gemmarien eine andere werden. In den Gemmarien bilden die Gemmen ein Gleichgewichtssystem, und da sich die Gemmarien gegenseitig anziehen, so bilden auch die Gemmarien der Eizelle ein solches, und dasselbe gilt für alle Zellen, welche den Organismus zusammensetzen. Dieses Gleichgewichtssystem wird bedingt durch die Form der Gemmarien, die von einer Generation auf die andere übertragen werden. Ändert sich in den äusseren Verhältnissen der betreffenden Abstammungsreihe nichts, so bleibt dieses Gleichgewichtssystem dasselbe, wird dagegen aus irgend welchen Ursachen der Organismus in einer ihm bis dahin fremden Weise beeinflusst, so muss sich die Form seiner Gemmarien ändern, und das gilt nicht nur von Einwirkungen der Wärme, der Nahrung und anderer den gesamten Körper treffender physikalischer und chemischer Umbildungsursachen, sondern insbesondere auch von den Wirkungen des Gebrauchs und Nichtgebrauchs der Organe. Die äusseren Einflüsse wirken aber den inneren Gestaltungskräften entgegen.

Wir wollen annehmen, dass die Tiere einer bestimmten Art durch irgend welche Lebensbedingungen gezwungen werden, eines ihrer Organe in neuer Weise zu gebrauchen. Es könnte beispielsweise eine südamerikanische Affenart sich veranlasst sehen, mit der Schwanzspitze Greifbewegungen auszuführen. Dadurch, dass der Schwanz mit seiner unteren Fläche mit Baumästen und dergleichen in häufige Berührung kommt, würden hier die Haare abgenutzt werden und die Epidermis würde sich etwas anders ausbilden. Im Inneren des Schwanzes würde die Form der Gelenke anders werden und die Muskeln sich der neuen Aufgabe anpassen. Da aber alle ursprüngliche Formenverhältnisse des Schwanzes erblich waren, d. h. bedingt durch die überkommene Form der Gemmarien, da die letzteren mit Notwendigkeit die Gestaltung des Schwanzes, ehe dieser sich der neuen Aufgabe anpasste, bedingen mussten und solches fort und fort zu thun bestrebt sind, so wirken sie der Umgestaltung durch den veränderten Gebrauch, die also lediglich auf äussere Einflüsse, auf die veränderte Art und Weise, mit welcher nunmehr der Schwanz in Berührung mit Baumästen und dergleichen kommt, zurückzuführen ist, bis zu einem gewissen Grade entgegen. Es arbeitet also der äussere Bildungstrieb, wie wir mit Goethe die Gesamtheit der Einflüsse, welche auf den Organismus einwirken, nennen können, dem inneren Bildungstrieb entgegen.

Der innere Bildungstrieb ist durch die Form der Gemmarien und durch die Anziehung, welche sie aufeinander ausüben, gegeben. Er muss eine bestimmte Gestaltung der Zellen des Körpers und die Form ihrer gegenseitigen Anordnung bedingen. Beides wird aber gestört durch den äusseren Bildungstrieb, durch die neue Anwendung, welche in unserem Falle die Individuen der betreffenden Affenart von ihrem Schwanze machen.

Um uns die Art und Weise vorzustellen, wie äusserer und innerer Bildungstrieb gegeneinander wirken, können wir etwa die Form von Seifenblasen, die wir in ruhiger Luft hervorbringen können, und die eine kugelige sein wird, vergleichen, mit ihrer Form, wenn ein Windhauch sie nach der Seite hin verzerrt, oder wenn ein schwerer Flüssigkeitstropfen sie in die Länge zieht. Stellen wir uns vor, dass ihre ursprüngliche Form durch Gebilde ähnlich unseren Gemmarien bedingt werden könnte, und lassen wir die Form, welche die letzteren hervorbringen, durch äussere Einflüsse gestört werden, so müssen die Gemmarien in einer ihrer Gestaltung und den Richtungen ihrer Anziehungspole widrigen Weise gegeneinander verschoben werden, und es könnte dabei nicht fehlen, dass sich auch die Gemmen innerhalb der Gemmarien gegeneinander verschieben müssten, dass die Form der Gemmarien eine andere würde.

Nehmen wir nun ferner an, dass es sich nicht um eine einzelne Blase handelte, sondern um ein System von Blasen, wie es etwa bei der Entleerung einer Bierflasche in letzterer zurückzubleiben pflegt, und lassen wir dieses System bedingt sein durch die Gestalt von gemmarienähnlichen Gebilden, so haben wir einen Vergleich mit dem aus Zellen aufgebauten Körper gewonnen. Wir könnten ja etwa noch voraussetzen, dass es sich dabei nicht um hohle Blasen, sondern um solide kugelige Gebilde handelte, die im Inneren einen strahligen Bau besitzen, wie man es bei einer sich teilenden Zelle beobachtet; wir wollen aber zunächst einmal den Vergleich mit den Blasen in einer Bierflasche weiter verfolgen. Denken wir uns zunächst einmal die Flasche fort, so wird dieses Blasensystem, falls es durch seine inneren Gleichgewichtsverhältnisse bedingt wird, die Entfernung der Flasche äusserlich zum Ausdruck bringen. Wir stellen uns nun vor, dass sich ein solches ungestörtes Blasenwerk in einer Flasche allmählich heranbildet, und sehen dann sofort, dass seine Form durch die Form der Flasche beeinflusst werden muss, sobald die Blasen die Flasche berühren, dass also wechselnde Flaschenform das Blasenwerk in wechselnder Weise beeinflussen muss.

Die Anordnung der Blasen in einer Bierflasche wird freilich lediglich durch die Gesetze der Flüssigkeitsmechanik geregelt, würde sie aber, wie wir annehmen, durch die Form der die Blasen zusammensetzenden elementaren Gebilde bedingt, so hätten wir einen Vergleich mit den Verhältnissen im Organismus. Die Anordnung der Zellen in einem Organismus folgt dem inneren Bildungstriebe, d. h. wird ursächlich hervorgebracht durch die Form der Elemente des betreffenden Stoffes, durch die Gestalt der Gemmarien des Plasma's. Wird diese Anordnung aber gleich der Anordnung der Blasen in der Bierflasche durch äussere Einflüsse gestört, so muss sie eine andere werden, ob nun äussere Umbildungsursachen von allen Seiten auf sie einwirken oder nur von einer einzigen. Wenn in einer Bierflasche eine Blase infolge störender Einflüsse platzt, so ordnet sich, wie man leicht beobachten kann, das Blasenwerk neu an, und entsprechendes muss im Organismus geschehen, wenn eine Zelle oder ein Zellkomplex in der Entwickelung gestört wird.

Dass eine solche Neuanordnung thatsächlich erfolgt, ist ja leicht durch die Beobachtung festzustellen; Verwundungen bedingen eine andere Anordnung der Zellen als die, welche zuvor bestand, und Umstimmungen von Zellen finden statt, wenn Stücke eines Tieres sich zu einem vollständigen Tiere regenerieren. Eine Neuanordnung der Zellen muss aber, da die ursprüngliche durch die Gemmarien bedingt wurde, einen störenden Einfluss auf die Form der letzteren haben, denn diese können die Zelle nicht mehr in der Weise ausgestalten, wie es ohne die störenden Einflüsse möglich gewesen wäre. Ihre Anziehungspole werden gegeneinander verlagert; in der gestörten Zelle entsteht ein neues Gleichgewichtssystem, und da das ursprüngliche durch die Form der Gemmarien bedingt wurde, so muss sich die Form der Gemmarien infolge der Einwirkungen von aussen ändern. Die Gemmen verschieben sich innerhalb der Gemmarien gegeneinander; an dieser Stelle eines Gemmariums bröckeln Gemmen ab, an jener setzen sich andere an, und es bilden sich auf diese Weise neue Anziehungspole, die der neuen Form der Zelle entsprechen. Da aber der Gesamtorganismus durch ein monotones Keimplasma bedingt wurde, da er nur der Ausdruck des Gleichgewichtsverhältnisses seines Plasma's ist, so entsteht nicht nur in den von äusseren Einflüssen umgestalteten Zellen ein neues Gleichgewichtsverhältnis, sondern es muss sich im ganzen Organismus ein solches bilden. Gleich allen anderen Zellen werden auch die Keimzellen von diesem Gleichgewichtssystem betroffen werden, denn sie hängen ja mit den übrigen Zellen des Körpers zusammen. Sie werden von diesen ernährt; zwischen ihnen und den anderen Zellen, ebenso zwischen allen aneinanderstossenden Zellen bestehen plasmatische Verbindungen, was heute wohl kein Zoologe oder Botaniker mehr zu bezweifeln wagt, da in vielen Fällen diese Verbindungen bereits durch die Beobachtung nachgewiesen sind. Wenn aber jede Zelle des Organismus direkt oder indirekt mit allen übrigen durch Plasmabrücken verbunden ist, und wenn auch die Keimzellen hiervon nicht ausgeschlossen sind, so muss eine Veränderung des Gleichgewichts in einer einzigen Körperzelle das Gleichgewicht in allen anderen Zellen gleichfalls verändern. Durch äussere Beeinflussung irgend einer Zelle wird also auch die Keimzelle verändert.

Bezeichnen wir das Gleichgewichtssystem in einer somatischen oder Körperzelle mit S und das ihm entsprechende in einer Keimzelle mit K, so stehen diese beiden Gleichgewichtsverhältnisse der einzelnen Zellen ihrerseits miteinander im Gleichgewicht, d. h. eine Keimzelle mit dem Gleichgewichte K bedingt eine Körperzelle mit dem Gleichgewichte S. Bleibt das Gleichgewicht K ungestört, so ist dasselbe bei dem Gleichgewichte S der Fall. Wird aber eine befruchtete Keimzelle in ihrem Gleichgewichtsverhältnisse gestört, nimmt sie also etwa das Gleichgewichtsverhältnis K^1 an, so muss auch in der Körperzelle ein neuer Gleichgewichtszustand S^1 eintreten. Wenn die Zelle K die Körperzelle S hervorgebracht hat, so bringt die in ihrem Gleichgewichte veränderte Keimzelle K^1 die Körperzelle S^1 hervor.

Es muss sich aber auch umgekehrt das Gleichgewicht der Keimzelle ändern, wenn nicht sie, sondern eine Körperzelle in ihrem Gleichgewichtsverhältnisse gestört wird. Wird durch irgend welche äussere Einflüsse, etwa durch den Gebrauch der Organe, aus dem Gleichgewichte S einer somatischen Zelle das Gleichgewicht S^1, so wird aus dem Gleichgewichtsverhältnis K der in diesem Körper befindlichen oder von ihm noch zu erzeugenden Keimzelle das Gleichgewichtsverhältnis K^1. Diese Keimzelle trennt sich später von dem Körper und behält dabei ihr verändertes Gleichgewicht bei, denn dass die Keimzelle das Gleichgewicht, das sie im Körper hatte, bewahren muss, wenigstens in der Weise, dass durch ihre Isolierung bei einem vorherigen Gleichgewichte K ein der isolierten Keimzelle entsprechendes Gleichgewicht Ki eintreten muss, ist ohne weiteres klar. Hat nun das Gleichgewichtsverhältnis der somatischen Zelle S dem der in Verbindung mit dem Körper befindlichen Keimzelle entsprechenden Gleichgewichte K die Wage gehalten, und hat das Gleichgewichtsverhältnis Ki der isolierten Keimzelle wieder das Gleichgewichtsverhältnis S der somatischen Zelle in der folgenden Generation hervorgebracht, so muss das durch äussere Einflüsse veränderte Gleichgewichtsverhältnis S^1 der somatischen Zelle das Gleichgewicht der in Verbindung mit den übrigen Zellen des Körpers befindlichen Keimzelle verändern; aus K wird K^1, und aus dem Gleichgewichtsverhältnis Ki der isolierten Keimzelle wird das Gleichgewichtsverhältnis Ki^1. Wenn nun S und K sich das Gleichgewicht gehalten haben, und wenn Ki wieder S hervorbrachte, wenn sich S^1 und K^1 gegenseitig balanzieren, so muss Ki^1 auch wieder S^1 hervorbringen.

Damit ist die Vererbung erworbener Eigenschaften als ein Vorgang nachgewiesen, der mit absoluter Notwendigkeit stattfinden muss. Die Vererbung erworbener Eigenschaften leugnen, heisst das Gesetz von der Erhaltung der Kraft negieren. Wenn sich, um wieder auf unsern Affen zurückzukommen, durch fortgesetzten Gebrauch eine Greiffläche an der Unterseite seiner Schwanzspitze gebildet hat, so muss diese mit Notwendigkeit wieder bei seinen Nachkommen auftreten, vorausgesetzt, dass auch das Individuum, mit welchem es sich paarte, in derselben Weise abgeändert war.

Aus dem von uns geschilderten Bau der Gemmarien geht hervor, dass diese von sehr verschiedener Festigkeit sein müssen. Je nachdem die Gemmen lockerer oder fester aneinandergefügt sind und der gesamte Verband mehr oder weniger leicht durch äussere Einflüsse verändert werden kann, werden die Gemmarien und die Organismen, deren Plasma sie aufbauen, leichter oder schwieriger durch schädigende Einflüsse verändert werden können. Bei manchen Organismen wird der Bau der Gemmarien ein derartiger sein, dass sie nur schwer schädigenden äusseren Einflüssen zu widerstehen vermögen, und sie werden infolgedessen zu Grunde gehen. Dieses gilt natürlich nicht für Rassen oder Arten, solange diese nicht von erheblichen Veränderungen betroffen werden, sondern es gilt zunächst für die Individuen einer Art oder Rasse.

Wir wissen, dass von den Individuen, welche erzeugt werden, eine grosse Anzahl zu Grunde geht, dass im grossen und ganzen nur so viele übrig bleiben, dass die Anzahl der Individuen in jeder Generation ungefähr dieselbe ist, solange wenigstens, als die Art kein grösseres Verbreitungsgebiet erobert. Es findet demnach fortwährend eine Individualselektion statt. Die Individuen, deren Gemmariengefüge ein lockeres ist, gehen zu Grunde, während die mit festerem Gefüge überleben. Auf diese Weise muss allmählich das Gefüge immer mehr befestigt werden, und dadurch müssen die Organismenarten sich verändern.

Da eine Tier- oder Pflanzenart ihr Plasmagefüge immer ins Gleichgewicht mit den Bedingungen, unter welchen sie lebt, setzen muss, so ist schon hierdurch eine grosse Übereinstimmung der Individuen gegeben. Sie werden sich auf einem Gebiete, wo Kreuzung nach allen Seiten möglich ist, nur wenig voneinander unterscheiden, denn wenn auch sehr viele verschiedene Gemmarien in Bezug auf ihre Festigkeit gegenüber äusseren Einflüssen gleich gut beschaffen sind, so wird doch durch die Mischung der Individuen das Gefüge in seinem wesentlichen Bau ausgeglichen werden. Da das Gefüge aber fortwährend an Festigkeit zunehmen muss, so ist dadurch eine Entwickelung nach einer Richtung hin gegeben. Diese Entwickelung muss auch dann ihren Fortgang nehmen, wenn sich die Lebensbedingungen der Art nicht ändern, also bis zu einem gewissen Grade unabhängig vom Wechsel derjenigen äusseren Einflüsse sein, welche alle Individuen der Art in gleicher Weise treffen, weil, auch wenn diese sich durch viele Generationen hindurch vollständig gleich bleiben, dennoch eine stets zunehmende Festigung des Gefüges von Vorteil für die Erhaltung der Art sein wird.

Die Gefügefestigung durch Individualselektion ist aber deshalb möglich, weil die Individuen der betreffenden Art durch die geringen Unterschiede in der Art und Weise, wie sie mit der Aussenwelt in Berührung kommen, auch in ihrem Gefüge voneinander verschieden werden müssen. Bei etlichen wird das Gefüge lockerer werden, bei anderen fester, und da der Kampf ums Dasein fortgesetzt die allermeisten Individuen, welche geboren werden, wieder vernichtet, da die grosse Mehrzahl der Vertreter einer Art direkt vertilgt werden, da also eine konstitutionelle Individualselektion stattfindet, so muss das Gemmariengefüge in der betreffenden Art fortgesetzt an Festigkeit zunehmen. Die Gefügefestigung ist also keineswegs von äusseren Einflüssen unabhängig und darf nicht verwechselt werden mit einer Entwickelung aus inneren Ursachen, wie sie Nägeli angenommen hat, denn sie beruht auf Veränderung der Gemmarien, und die Ursachen, durch welche diese in ihrem Aufbau aus Gemmen verändert werden, sind für sie rein äussere, auch wenn sie, wie es ja selbstverständlich ist, durch den Körper des Organismus hierdurch verändert werden.

Dadurch, dass jede Organismenart gezwungen ist, sich in einer bestimmten Richtung weiter zu entwickeln, weil die nie aussetzende konstitutionelle Individualselektion immer die Individuen mit dem festesten

Gemmariengefüge ausliest, werden diese in ihrer Körperform und ihren chemischen Eigenschaften verändert werden. Es ist z. B. möglich, dass die Vorderbeine bei einer Tierart infolge von Gefügefestigung durch Individualselektion fort und fort verlängert, dass die Hinterbeine in jeder Generation etwas verkürzt werden. Dadurch werden die Tiere gezwungen werden, sich diesen neuen Verhältnissen in der relativen Grösse ihrer Gliedmaassen anzupassen, d. h. die Art und Weise, mit welcher die Gliedmaassen mit ihrer Umgebung in Berührung kommen, muss eine andere werden. Notwendigerweise wird dadurch eine neue Anpassung bewirkt. Aus einer Tierart, für welche lange, zum Springen eingerichtete Hinterbeine charakteristisch sind, kann eine solche werden, bei welcher die Hinterbeine erheblich verkürzt, die Vorderbeine dagegen verlängert sind. Geschieht das, so müssen die Individuen dieser Art sich daran gewöhnen, mehr zu laufen als zu springen. Selbstverständlich erfolgt dies ganz unmerklich, so dass unmittelbar in jeder Generation eine Anpassung an die geringen Veränderungen, welche die Art durch Gefügefestigung erlitten hat, erfolgt.

Aus diesen Betrachtungen geht hervor, dass es nicht bloss Anpassungen an äussere Verhältnisse giebt, sondern auch an solche, die durch die Veränderungen, welche die Gefügefestigung im Bau der Tiere hervorbringt, bedingt werden. Es können sich die Organismen also auch weiter entwickeln, ohne dass die äusseren Lebensverhältnisse sich ändern. Der Gang dieser Entwickelung ist der, dass die überall wechselnden äusseren Einflüsse kleineren Betrages zunächst die einzelnen Individuen in verschiedener Weise treffen und dadurch ihren Gemmarienbau abändern, dass dann diejenigen ausgewählt werden, die den festesten Gemmarienbau haben, wodurch eine Veränderung des Gesamtbaues im Körper gezüchtet wird, und dass sich endlich die Organe der Tiere diesen Veränderungen anpassen.

Da aber die Verbreitungsgebiete der einzelnen Tierarten sehr verschieden gross sind, so muss die Umbildung einer Tierart, die ein weites Verbreitungsgebiet einnimmt, schneller sein, als die einer Tierart, welche ein enges Verbreitungsgebiet bewohnt; denn auf einem weiten Gebiete können mehr Individuen leben als auf einem engen, und die Individualselektion findet deshalb auf dem ersteren ein reichlicheres Material zur Auswahl vor. Allein es ist fraglich, ob unmittelbar hierdurch eine schnellere Umbildung der Arten in einem weiten Gebiete bewirkt wird. Die meisten Organismenarten sind mehr oder weniger sesshaft; ihre In-

dividuen schweifen nicht weit umher, und es findet Kreuzung deshalb
immer nur unter den Individuen eines verhältnismässig kleinen Gebietes
statt. Immerhin wird der Grössenunterschied solcher Gebiete, in welchen
freie Kreuzung nach allen Seiten hin stattfinden kann, zur Folge haben,
dass in den grösseren die Individuen einer Art etwas fester gefügt sind
als in den kleineren; sie werden deshalb im Kampfe ums Dasein auch
grössere Aussichten haben und sich somit leichter über benachbarte Gebiete verbreiten können. Dadurch wird eine Rassenselektion ermöglicht; die Rassen mit festerem Gefüge verbreiten sich schneller und
kommen dadurch in Wettbewerb mit den Rassen mit weniger festem
Gefüge, wobei die letzteren unterliegen müssen.

Hat sich nun eine Rasse mit festgefügtem Plasma über das ganze
von der Stammart eingenommene Areal verbreitet und sind die übrigen
Rassen im Wettbewerb mit dieser unterlegen, so kann in jedem Teilgebiete des von ihr bewohnten Areals die Individualselektion von neuem
einsetzen und wieder zur Bildung einer grossen Anzahl von einzelnen
Rassen führen, wodurch dann abermals die Verbreitung der Rasse mit
bestgefügtem Plasma über das ganze Gebiet herbeigeführt wird, so dass
auch wiederum eine Rassenselektion stattfinden kann. Dadurch muss
eine Art, die ein grosses Gebiet, etwa ein Land von der Grösse Sibiriens
bewohnt, viel schneller umgebildet werden, als eine, die auf eine kleine
Insel beschränkt ist.

Während sich aber die Individualselektion bloss auf die Gefügefestigkeit des Körpers erstreckt, wird die Rassenselektion nicht unter allen
Umständen das Gefüge begünstigen, sondern es kann auch die Ausrüstung, die Dotation, für das Überleben einer Rasse ausschlaggebend
sein. Wenn eine Tierart ein Wüstengebiet bewohnt, so werden immer
diejenigen Rassen die grösste Aussicht haben, sich über das ganze Gebiet verbreiten zu können, die in ihrer Farbe am besten der Wüste angepasst sind. Freilich wird unter Rassen, welche sich in Bezug auf die
Farbe gleichen, immer noch eine Auslese stattfinden können, die zum
Überleben derjenigen Rasse führt, welche das festeste Gefüge besitzt.
Es kann also zwar die dotationelle Rassenauslese der konstitutionellen entgegenwirken, insofern als Rassen mit guter Ausrüstung unter
Umständen überleben können, auch wenn ihr Gefüge nicht ganz so fest
ist als dasjenige, bei welchem die Ausrüstung nicht so gut ist; allein
die konstitutionelle Rassenselektion wird immer das ihrige thun, Arten
zu züchten, die in Bezug auf ihr Gefüge den Lebensbedingungen einiger-

massen entsprechen, und nur in Ausnahmefällen wird die dotationelle Rassenauslese die Überhand über die konstitutionelle gewinnen, namentlich in allen den Fällen, wo eine besonders vorteilhafte Ausrüstung von einer Rasse erworben worden ist.

Auch die Ausrüstung ist selbstverständlich ein Werk der konstitutionellen Individualselektion, sofern sie nicht auf direkte äussere Einwirkungen zurückzuführen ist. Die Individualselektion kann bei einer weit verbreiteten Tierart in diesem Gebiete schwarze, in jenem graue, in einem dritten gelbe Tiere heranzüchten, ohne dass dotationelle Individualselektion etwas zur Auswahl dieser Farben beiträgt. Es kann auf diese Weise der Fall eintreten, dass in einem Wüstengebiete eine schwarze Tierrasse entsteht, und diese wird keine grosse Aussicht auf Fortbestand haben. Entsteht in einem anderen Teile desselben Gebietes eine gelbe Rasse, und kommen beide Rassen später dadurch, dass sie sich über ihr engeres Verbreitungsgebiet ausbreiten, in Wettbewerb, treten nunmehr viele Feinde auf, die den Tieren beider Rassen nachstellen, so wird die mit gelbem Kleide grössere Aussicht haben, zu überleben und dadurch ihre Rasseneigentümlichkeiten zu erhalten. Es kann so weit kommen, dass die Individuen der schwarzen Rasse alle vertilgt werden, so dass nunmehr die gelbe das ganze Gebiet beherrscht. Bei ihr kann der Selektionsprozess abermals beginnen, so dass die Art immer mehr durch ihre Farbe dem Wohnorte angepasst ist. Wir müssen dabei annehmen, dass die Rassen, die in einem Teilgebiete eines grossen Verbreitungsgebietes entstanden sind, sich schon so weit voneinander unterscheiden, dass sie sich erstens nicht mehr miteinander mischen, und dass zweitens ihre Ausrüstung schon so sehr voneinander abweicht, dass die dotationelle Auslese die Möglichkeit einer Auswahl vorfindet.

Durch diese Ausführungen werden die Schwierigkeiten beseitigt, mit welchen die Selektionstheorie Darwin's zu kämpfen hatte. Wenn wir in jedem kleinen Verbreitungsgebiete nur die konstitutionelle Individualselektion als ausschlaggebend erkannt haben, so gelangen wir zu der Einsicht, dass in der That eine dotationelle Auslese zwischen den in den einzelnen Gebieten durch konstitutionelle Individualselektion erzeugten neuen Rassen, die später miteinander in Berührung kommen, möglich ist. Wir wissen aber, dass sich eine Tier- oder eine Pflanzenart unter Umständen leicht ein ausserordentlich grosses Gebiet erobern kann, und sind deshalb nie in Verlegenheit, wenn wir das nötige Material für die Entfaltung einer wirksamen Rassenzuchtwahl nachweisen sollen. Eine Tierart, die sich weit über die Erde verbreitet und in ihren einzelnen Wohngebieten zu neuen Rassen umgebildet hat, ist beispielsweise die Schleiereule. Man hat die Schleiereulen der Erde zwar in verschiedene Arten trennen wollen, indessen unterscheiden sich diese nur durch untergeordnete Merkmale voneinander, so dass wir sie als Rassen einer Art betrachten können. Da sich die Vorfahren dieser Rassen leicht über die ganze Erde verbreiten konnten, so wird es auch eine der neu entstandenen Rassen unschwer thun können, und dadurch müssen die Individuen dieser Rasse mit denen der übrigen Rassen in Wettbewerb gebracht werden. Die Rassenauslese wird dann darüber zu entscheiden haben, welche der miteinander in Berührung kommenden Rassen überleben soll.

Durch die vorhergehenden Betrachtungen ist eine vollständige Skizze der Gemmarientheorie gegeben. Diese Lehre erklärt nicht nur die Vererbung der überkommenen, sondern auch die der erworbenen Eigenschaften. Sie zeigt, warum eine konstitutionelle Zuchtwahl die Fortbildung der Art bewirken muss und wie durch diese Fortbildung die Organismen gezwungen werden, sich fortwährend ihrer Umgebung neu anzupassen. Die Gemmarienlehre erklärt aber nicht allein die Entstehung zweckmässiger Einrichtungen durch direkte Anpassung, sondern sie zeigt, dass auch Erwerbungen, welche mit dem direkten Gebrauch oder Nichtgebrauch der Organe nichts zu thun haben, wie beispielsweise die Färbung eine ist, gezüchtet werden können, weil unsere Lehre einen Unterschied zwischen konstitutioneller und dotationeller Zuchtwahl, zwischen Individual- und Rassenselektion macht. In den folgenden Kapiteln dieses Hauptabschnittes werden wir des näheren darlegen, dass die Gemmarienlehre in der That die Erscheinungen der organischen Entwickelung zu erklären berufen ist.

c. Das Wesen der Assimilation.

Eine Gestaltungs- und Vererbungslehre der Organismen würde unvollständig sein, wenn sie das Wesen der Assimilation unberührt lassen wollte. In der That ist eine Einsicht in das Wesen der chemischen Vorgänge, welche die Assimilation, d. h. die Verarbeitung der Nahrung zu Plasma und anderen in der Zelle enthaltenen Stoffen, bedingen, eine notwendige Voraussetzung der morphologischen Erforschung der

Organismen. Es genügt aber, wenn wir einen allgemeinen Einblick in das Wesen der Assimilation thun können, da von einer eingehenden chemischen Erklärung der Verarbeitung der Nahrung zu den Bestandteilen des lebenden Körpers wohl noch lange nicht die Rede sein kann.

Wenn ich es unternehme, hier eine Art provisorischer Theorie der Assimilation zu entwickeln, so habe ich die Möglichkeit dazu nicht eigenem Nachdenken, sondern der Benutzung der Ideen zweier anderer Forscher zu verdanken. Hatschek hat in geistreicher Weise eine Hypothese über das Wesen der Assimilation aufgestellt, und diese ist es, die ich meinen Betrachtungen zu Grunde lege. Verworn aber hat mit grossem Glück, wie ich glaube, versucht, die Bewegungen der lebenden Materie auf die Assimilation, auf den Stoffwechsel zurückzuführen, und seinen Anregungen verdanke ich es ebenfalls, dass ich die hier vorzutragenden Anschauungen gewinnen konnte. Ehe ich diese darlege, muss ich aber einige Worte über die Bedeutung des Zellkernes und anderer Zelleinschlüsse vorausschicken.

Ich habe auf den bisherigen Seiten dieses Buches immer nur von Plasma schlechtweg gesprochen. Es ist aber jetzt an der Zeit, dass ich den Begriff des Plasma's, wie ich ihn verstehe, näher definiere. Ich verstehe darunter diejenige Substanz, aus welcher die Gemmarien des Zellleibes zusammengesetzt sind, und glaube, dass das Plasma in den Gemmen der Keimzellen einer Organismenart überall mehr oder weniger dieselbe chemische Beschaffenheit hat. Es ist dieser Stoff, den die Moleküle, aus welchen sich die Gemmen aufbauen, darstellen; er ist der Träger der morphologischen Eigenschaften der Organismen, aller jener Eigenschaften, welche die Form des Tierkörpers bedingen. Diese Form kann insofern durch die chemischen Eigenschaften des Plasma's beinflusst werden, als diese sich ändern können und als dadurch die Form der Plasmamoleküle und damit auch die Form der Gemmen, welche die Gemmarien zusammensetzen, eine andere werden muss. Allein auf die Anordnung der Gemmen innerhalb der Gemmarien hat, wie ich glaube, die chemische Beschaffenheit des Plasma's nur insofern Einfluss, als diese Anordnung etwas anders werden muss, wenn die Winkel der rhombischen Prismen, aus welchen sich die Gemmarien aufbauen, etwas andere werden. Die Verschiebung der Gemmen innerhalb der Gemmarien ist dagegen unabhängig von der chemischen Beschaffenheit der Plasmamoleküle; sie ist keine chemische, sondern eine rein morphologische Eigentümlichkeit der Organismen. Den

9*

Stoff aber, aus welchem sich die einzelnen Gemmen der Gemmarien zusammensetzen, wollen wir kurzweg Plasma nennen, und was ich von dem monotonen Plasma, das nach der Theorie der Epigenesis den Bildungsstoff der Organismen darstellt, gesagt habe, bezieht sich lediglich auf das Plasma der Gemmen.

Es wird übrigens auch wohl keiner meiner Leser angenommen haben, dass ich neben diesem Plasma nicht noch andere Bestandteile in den Zellen anerkenne; aber allen diesen kann ich für den Formenaufbau des Organismus nur insofern eine Rolle zuschreiben, als durch den Stoffwechsel, welchen sie beeinflussen, die Form der Gemmen, d. h. die chemische Beschaffenheit der Moleküle, aus welchen die Gemmen zusammenkristallisieren, bedingt wird. Ich will mich nicht damit aufhalten, die Zelleinschlüsse, die namentlich bei Pflanzen in grösserer Anzahl vorhanden sein können, aufzuzählen, sondern will mich darauf beschränken, die Bedeutung des Zellkernes für den Mechanismus der Assimilation darzulegen.

Ich spreche dem Stoffe des Zellkernes keineswegs das Gestaltungsvermögen ab, aber ich glaube, dass er auf die Form des Organismus so wenig Einfluss hat, wie die einzelligen Algen, welche in der Hydra leben, auf die Form der letzteren. Dagegen werden die Kernstoffe, von denen wir ausschliesslich diejenigen ins Auge fassen wollen, welche die Chromosomen zusammensetzen, die Form des Kernes bedingen, oder wenigstens die seiner Chromosomen, die ja in hohem Grade charakteristisch ist.

Diese Chromosomen sind, wie es scheint, in allen Fällen zusammengesetzt aus den Mikrosomen, den „Iden" Weismann's, und in den Mikrosomen haben wir vielleicht Wesen gleich den Zellen oder möglicherweise gleich den Bakterien zu erblicken. In der That ist nach meiner Anschauung die Zelle als ein gleich dem der Flechten zusammengesetzter Organismus zu betrachten, als eine Lebensgenossenschaft oder Symbiose zwischen dem Kern, insbesondere seinen Mikrosomen, und dem Plasma der Zelle, dessen wesentlichster Bestandteil und organischer Mittelpunkt der Polkörper oder das Centrosoma ist. Ich bin überzeugt, dass diejenigen, welche sich mit diesem Gedanken befreunden, dadurch in überraschender Weise ein Verständnis für manche Vorgänge im Zellleben gewinnen werden, das uns bis dahin verschlossen war. Ich muss mich aber dagegen verwahren, dass die ältesten Zellen etwa dadurch entstanden seien, dass bakterienartige Wesen in kernlose Moneren einwanderten, sondern habe vielmehr die Ansicht, dass Kern und Plasma der Zelle sich gleichzeitig in steter Wechselbeziehung bildeten und sich, um mit Verworn zu sprechen, in lückenloser Deszendenz von Stoffen herleiten, die in lebhafter chemischer Umbildung begriffen waren. Allerdings wäre es auch wohl möglich, dass bakterienartige Wesen eine Hülle von Plasma erzeugt hätten, und dass diese endlich die Hauptbedeutung gewonnen hätte. Indessen ist es müssig, auf derartige Spekulationen näher einzugehen, da wir noch zu wenig über die Umstände unterrichtet sind, die ein Hervorgehen des Organischen aus dem Unorganischen und von Zellen aus Wesen, die in der Hauptsache nur aus Kernstoff bestanden, veranlasst haben. Genug, dass wir es zur Zeit, von einigen zweifelhaften Fällen abgesehen, durchweg nur mit Symbiosen zwischen Zellkernen und Plasma zu thun haben.

Wir wissen namentlich durch die schönen Untersuchungen Verworn's, dass weder der Kern ohne das Plasma, noch das letztere ohne den ersteren leben kann, dass es sich in der That um eine erbliche Symbiose zwischen beiden handelt, und über die Eigenart dieser Symbiose wollen wir im nachfolgenden eine Vorstellung zu gewinnen suchen.

Um einen Einblick in das Wesen der Assimilation zu thun, wollen wir das Plasma einer in lebhaftem Stoffwechsel befindlichen Zelle P und ihre Kernstoffe K nennen: die Nahrung, welche von aussen in die Zelle aufgenommen wird, wollen wir mit N bezeichnen und den zum Leben der Zelle nötigen Sauerstoff mit O. Ausser dem Plasma unterscheiden wir im Zellleibe aber noch die Sarkode S, die wir als einen ungeformten Stoff betrachten wollen. Wir nehmen an, dass mit dieser Sarkode auch Plasmamoleküle oder Molekülgruppen von Plasma gemischt sind, und dass diese es sind, die sich vor allem am Stoffwechsel der Zelle beteiligen; dass dagegen das Plasma, welches die Gemmen und Gemmarien zusammensetzt, mehr oder weniger lange in Ruhe befindlich ist, aber durch den Assimilationsprozess im Körper fortwährend vermehrt wird. Diese Vermehrung stellen wir uns nun folgendermassen vor: Dadurch, dass Nahrungsstoff N in die Sarkode S gelangt, wird diese chemisch verändert. Es wird daraus die labile Sarkode S'. Wir dürfen uns in Anlehnung an Hatschek's geistreiche Hypothese vorstellen, dass die Moleküle von S' bedeutend grösser sind als die von S, so dass sie, wenn sie auf einen Reiz hin zerfallen, zwei Moleküle S liefern und ausserdem noch andere Produkte, die mit N' bezeichnet werden mögen

und eine Modifikation der Nahrung vorstellen. Die aus S durch Nahrungsaufnahme hervorgegangenen Moleküle S' müssen wir als im hohen Grade
labil oder explosiv betrachten, so dass sie auf die geringsten Reize hin
in zwei oder mehrere Moleküle von S und in die mit N' bezeichneten
Produkte zerfallen. Wir wollen nun ferner annehmen, die letzteren be-
ständen aus Nährstoffen, wie sie der Kern gebrauchen kann, dass also
durch den Zerfall der Moleküle S' nicht bloss neue Sarkode gebildet wird,
sondern dass dadurch auch Nährstoffe für das Kernplasma K gebildet
werden. Für den Kern müssen wir Ähnliches annehmen, wie für die
Sarkode. In ihn hinein gelangt durch die Kernmembran der durch den
geschilderten Assimilationsvorgang im Zellleibe gebildete Nährstoff N', und
ebenso wie wir uns die Sarkodemoleküle S durch die chemischen Um-
setzungen, welche sie in Verbindung mit den Nahrungsstoffen N eingegangen sind, in grosse, im hohen Grade explosive Moleküle umgebildet
denken, können wir auch annehmen, dass die Moleküle der Kernstoffe,
die wir K genannt haben, durch eine chemische Verbindung mit den
Nährstoffen N' zu sehr labilen Molekülen K' umgebildet werden. Wir
dürfen auch in analoger Weise wie beim Plasma annehmen, dass durch
den Zerfall der Moleküle K' zwei oder mehrere Moleküle K nebst einer
abermaligen Modifikation von Nährstoffen, die wir N'' nennen wollen,
gebildet werden. Diese durch den Zerfall der gesättigten Kernmoleküle
K' gebildeten Nährstoffe N'' dienen nun dazu, die Moleküle des Plasma's P
zu ernähren, d. h. sie umzuwandeln in die neuen Moleküle P'. Die
veränderten Plasmamoleküle P' denken wir uns als wahlverwandt, als
chemotropisch zum Sauerstoff der Umgebung, und sie mögen es sein,
die bei den Wurzelfüssern die Bewegung des Plasma's verursachen, indem
sie, wie Verworn so schön auseinandergesetzt hat, durch den Sauerstoff
gewissermassen aus dem Körper herausgezogen werden. Diese Moleküle
nehmen Sauerstoff auf, werden dadurch zu übersättigten Molekülen P'',
die auf geringe Reize explodieren, wobei sie in zwei Moleküle des
Plasma's P zerfallen und ausserdem noch Exkrete E, die nach aussen
geschafft werden, liefern.

Durch den geschilderten Stoffwechselprozess, der in Wirklichkeit
viel komplizierter sein mag, als wir ihn der Anschaulichkeit wegen annehmen, wird also die Menge des Plasma's, die der Kernstoffe und die
der Sarkode vermehrt, solange nur Nahrung und Sauerstoff in genügender Menge vorhanden sind. Um diesen Stoffwechselvorgang uns noch
einmal vor Augen zu führen, wollen wir ihn in folgende Formeln bringen:

$$N + S = S' = 2 S + N';$$
$$N' + K = K' = 2 K + N'';$$
$$N'' + P = P';$$
$$P' + O = P'' = 2 P + E.$$

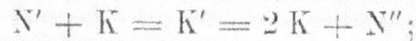

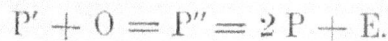

Durch die geschilderten Vorgänge wird die Anzahl der zum Aufbau der Gemmen und Mikrosomen nötigen Moleküle vermehrt, ebenso die Masse der zum Stoffwechsel nötigen Sarkode. Wir können uns nun vorstellen, dass infolge des in der Zelle bestehenden Chemismus und ihrer physikalischen Verhältnisse die Plasmamoleküle durch Aneinanderlagerung stets Gemmen von gleicher Gestalt bilden, und für diese Anschauung haben wir in der anorganischen Natur Analoga.

Wenn an einem windstillen Wintertage einzelne Schneesterne langsam aus der Luft auf die Erde herabfallen und von uns auf einer dunkeln Unterlage aufgefangen werden, so gewahren wir, dass sie alle gleiche Form haben. Das zeigt, dass es die an dem betreffenden Tage herrschenden physikalischen und chemischen Bedingungen in der Atmosphäre sind, welche die Form der Schneesterne bedingen. Schon der nächste Wintertag kann Schneesterne von anderer Form bringen; aber auch diese sind alle wieder untereinander gleich. Die Vorstellung, dass die physikalischen und chemischen Verhältnisse in den Zellen die Gestalt der Gemmen bedingen, stösst also keineswegs auf Schwierigkeiten, denn sie ist ebenso leicht oder ebenso schwer zu gewinnen, wie eine Vorstellung von der Entstehung der Schneesterne in ruhiger Luft; diese zeigen zu einer und derselben Zeit alle die gleiche Form, die lediglich durch die gerade in der Atmosphäre herrschenden chemischen und physikalischen Zustände bedingt sein kann.

Auch das Wachstum und die Vermehrung der Gemmarien lässt sich unschwer vorstellen. Die Gemmarien sind ja von Gemmen aufgebaut, die sich zunächst mit ihren Grundflächen aneinanderlagern und dadurch längere Säulen, als sie selbst sind, bilden. Diese Säulen legen sich wieder aneinander und bilden dadurch die Gemmarien. Da nun die Gemmen in den die Gemmarien bildenden Gemmenreihen durch kleine Zwischenräume, die wir uns mit Wasser angefüllt denken können, getrennt sind, so können wir uns auch vorstellen, dass in die die Gemmen umgebende Flüssigkeit neugebildete Plasmamoleküle hineingelangen und hier zu Gemmen zusammenkristallisieren. Dafür, dass die Gemmen die richtige Lage erhalten, sorgen die sie umgebenden fertigen Gemmen, von denen wir annehmen dürfen, dass sie die neu sich bildenden Gemmen schon, solange diese noch klein sind, in die richtige Lage hineindrängen. Durch diesen Wachstumsprozess müssen die Gemmarien verlängert werden; sie werden aber auch verdickt, indem sich zwischen den Gemmensäulen neue Gemmen bilden, welche die Gemmensäulen auseinanderdrängen und den Platz, den die letzteren einnehmen, erobern. Sowohl beim Längen-

Fig. 1.

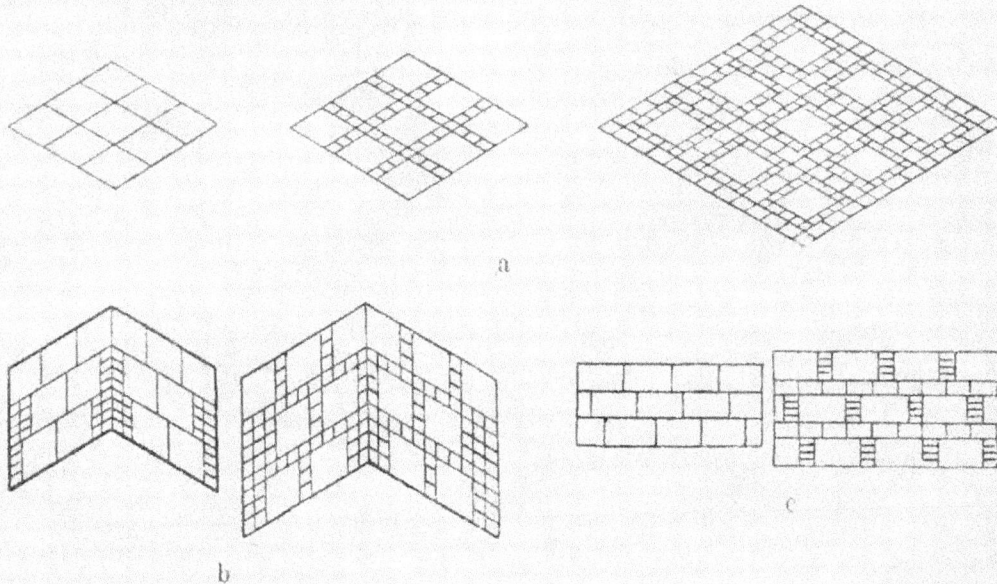

Schemata zur Erläuterung des Gemmarienwachstums.
  a) Wachstum innerhalb eines regelmässigen Gemmarienquerschnittes.
  b) Wachstum innerhalb eines unregelmässigen Gemmarienquerschnittes.
  c) Wachstum innerhalb eines Gemmarienlängsschnittes.

als auch beim Dickenwachstum bilden sich fortgesetzt neue Gemmen in den durch die Vergrösserung der vorhergebildeten Gemmen entstehenden Zwischenräumen. Notwendigerweise werden durch das Wachstum der Gemmarien die alten Gemmen teilweise, sowohl in der Längs-, als auch in den beiden Querrichtungen des Gemmariums, nach aussen gedrängt, wobei, wie ein Blick auf obige Figuren zeigt, die Konfiguration des Querschnittes seinen äusseren Umrissen nach dieselbe bleiben muss und auch die Anordnung der Gemmen in Längsreihen nicht gestört wird. An der Oberfläche angelangt, werden die Gemmen, falls die Grösse, welche den Gemmarien zukommt, durch Lebenseigentümlichkeit der betreffenden Zelle bedingt ist, ganz oder stückweise abbröckeln und sich mit der Sarkode der Zelle mischen. Hier können sie, aus dem Verbande des Gemmariums befreit und in den Stoffwechsel der Zelle hineingerissen, in ihre Moleküle zerfallen. Nahrung assimilieren und auf diese Weise wieder neues Plasma bilden, das, aufgelöst in der Zellenflüssigkeit, wieder in die Zwischenräume der die Gemmarien bildenden Gemmen hineingelangt und hier aufs neue einen Wachstumsprozess einleitet. Diesen Wachstumsprozess müssen wir uns, solange die Zelle lebt, als einen ununterbrochenen vorstellen.

Zur Erklärung der Gemmarienvermehrung dürfen wir annehmen, dass die Gemmarien durch das Längenwachstum so lang werden, dass sie endlich in der Mitte auseinanderbrechen. Aus einem Gemmarium entstehen auf diese Weise zwei, die sich an den Bruchenden zu ganzen Gemmarien vervollständigen. Es werden also auch neue Gemmarien gebildet, welche die Gestalt der alten, aus deren Teilung sie hervorgegangen sind, haben müssen. Dadurch wird die Anzahl der Gemmarien in der Zelle beträchtlich vermehrt, so dass diese sich teilen kann.

Ähnliche Prozesse wie im Leibe der Zelle werden im Kern vor sich gehen. Die Anzahl seiner geformten und nicht geformten Elemente wird vergrössert und auch er wird dadurch zur Teilung genötigt; dass diese, d. h. der Zerfall seiner Mikrosomen und Chromosomen in doppelt so viel Stücke in mehr oder minder grosser Unabhängigkeit von der Teilung des Zellkörpers vor sich geht, wissen wir durch die Beobachtung. Die sich auseinanderschiebenden Polkörper einer sich teilenden Zelle können zwar die durch die Teilungsvorgänge im Kern gebildeten Teilstücke der Mikrosomen und Chromosomen auseinanderziehen. nicht aber leiten sie deren Teilung ein.

Durch die geschilderten Vorgänge wird, wie ich glaube, in anschaulicher Weise die Assimilation, die in letzter Linie zur Bildung neuer Zellen führt, erläutert. Diese Prozesse gewähren uns aber auch noch einen Einblick in die Bedeutung des Zellkernes als Träger etlicher erblicher Eigenschaften.

Die Anschauung, dass im Zellkern, d. h. in seinen Chromosomen, bezw. in deren Mikrosomen, die Träger der Gestaltungsvorgänge im Organismus zu suchen sind, muss ich verwerfen. Dagegen ist es sicher, dass dem Kern eine grosse Bedeutung als Organ des Stoffwechsels zukommt. Das ist durch viele Untersuchungen, in letzter Zeit namentlich durch die bedeutenden Arbeiten Verworn's, unzweifelhaft dargethan. Dass der Kern indirekt durch seine chemischen Eigenschaften, mittelst deren er in den Stoffwechsel der Zelle eingreift, die Form der Gemmen und dadurch die der Gemmarien der Zelle und des Gesamtorganismus beeinflusst, bezweifle auch ich nicht; allein dass er, wie Weismann und andere wollen, geformte Bausteine in die Zelle hineinsendet, ist eine Anschauung, der ich nach allem bisher Gesagten nicht zustimmen kann. Diese Anschauung gründet sich auch auf keinerlei Beobachtungen, während wir unter dem Mikroskop ohne weiteres erkennen, dass das Centrosoma die gestaltenden Vorgänge im Zellleben beherrscht.

Aber ebenso wichtig, wie das Centrosoma für den morphologischen Aufbau des Körpers, ist der Kern für den chemischen. Er giebt Stoffe an die Sarkode ab, die, wie wir gesehen haben, auch im Stoffwechsel des Gemmenplasma's eine Rolle spielen. Ausser diesen Stoffen wird er aber, worauf wir oben keine Rücksicht genommen haben, auch Exkrete erzeugen, die wir uns als Lösungen oder auch als kleine feste Massen vorstellen können. Zu diesen Exkreten mögen alle die vielen Stoffwechselprodukte, die wir bei Tieren und Pflanzen kennen, gehören. Bei den Pflanzen gehören dahin der Honig, die ätherischen Öle, die Farbstoffe und viele andere; bei den Tieren der Speichel, die Milch, der Schweiss und die unzähligen anderen Ausscheidungsprodukte. Diesen möchte ich vor allem auch die Farbstoffe der Vogelfeder, des Säugetierhaares, der Pigmentzellen und viele andere beigezählt wissen, sei es, dass diese Farbstoffe und die übrigen Exkrete direkt durch den Kern, oder erst durch die Wirkung von dessen Stoffwechselprodukten in der Sarkode des Zellleibes gebildet werden. Der Kern ist mithin allerdings der Träger sehr wichtiger erblicher Eigenschaften; aber mit den Gestaltungsvorgängen im Organismus hat er direkt gar nichts und indirekt nicht eben viel zu thun.

Ich hatte deshalb wohl recht, wenn ich in meiner „Schöpfung der Tierwelt" den Satz niederschrieb, dass im Plasma selbst der hauptsächlichste Träger der Vererbung gesucht werden müsse, denn unter dem Problem der Vererbung versteht man vor allem die Lösung der Frage, durch welche Bestandteile der Zelle die erbliche Übertragung der Körperform bewirkt wird, und ich glaube die Leser dieses Werkes davon zu überzeugen, dass diese nur durch die Gemmarien des Plasma's bewirkt werden kann. Wenn man aber, wie es ja eigentlich geschehen muss, den Chemismus des Organismus als ebenso wichtig betrachtet, wie seine Gestaltungsvorgänge, obwohl diese allein bis jetzt Gegenstand der Vererbungstheorie gewesen sind, so gelangt man zu dem von Verworn aufgestellten Satz, dass dasjenige, was vererbt wird, der Stoffwechsel zwischen Kern und Plasma sei.

Wir können diesem Satze nur beistimmen, müssen aber doch betonen, dass das Problem der Vererbung vorderhand ein morphologisches, kein physiologisches ist, und dass zwei Organismen, in welchen der Chemismus fast identisch ist, sich ihrer Form nach sehr wesentlich voneinander unterscheiden können. Dadurch wird die Bedeutung des Zellkernes für die Vererbung auf ihr richtiges Mass zurückgeführt. Er ist ein Organ des Stoffwechsels und dieses Stoffwechselorgan wird direkt auf die Nachkommen übertragen.

---

d. Die Entstehung der Grundformen.

Eine Gestaltungs- und Vererbungslehre hat in erster Linie die Grundformen der Organismen zu erklären. Diese Erkenntnis würde eine allgemeinere sein, wenn die Grundformenlehre oder Promorphologie nicht in auffälliger Weise vernachlässigt würde. Man kennt nicht einmal den Begriff des Wortes „Grundform": in sehr vielen Fällen wird er mit dem des Wortes Urform oder Stammform verwechselt und anstatt dieses gebraucht. Man spricht von den „Grundformen" der Wirbeltiere, der Hydrozoen usw. und meint damit deren Stamm- oder Urformen, die gemeinsamen Vorfahren, von denen man die betreffenden Tiere ableitet. Unter der Bezeichnung Grundform sind aber nicht diese, sondern die stereometrischen Formen der Organismen zu verstehen, die durch die Symmetrieverhältnisse des Körpers bedingt werden.

Wenn ich, wie ich glaube, ein Verständnis für diese gewonnen habe, so habe ich das in erster Linie dem eingehenden Studium der Promorphologie in Haeckel's „Genereller Morphologie" zu verdanken. Schon in meiner Erstlingsarbeit habe ich auf die hohe Bedeutung der Grundformenlehre hingewiesen, und ich bin auch heute noch von ihr durchdrungen. Unter dem vielen, was ich meinem Lehrer Ernst Haeckel zu verdanken habe, halte ich seine Grundformenlehre für das Beste. Ich vermag es deshalb nicht zu verstehen, dass Driesch die Haeckel'sche Promorphologie, die er selbst zu den wenigen positiven Leistungen zählt, welche die Biologie zu Tage gefördert haben soll, als unfruchtbar erklärt. Das thut er, indem er sagt, dass sie nicht die Vorläuferin ursächlichen mechanischen Erkennens der Organismenformen geworden wäre.

Ich glaube, auch Driesch hätte sich von ihrer grossen Leistungsfähigkeit überzeugen können, wenn er versucht hätte, die äusseren For-

men der Organismen auf die Formen ihrer Plasmaelemente zurückzuführen, denn es kann keinem Zweifel unterliegen, dass der
stereometrische Aufbau des Körpers nur zu begreifen ist,
wenn seine Bausteine, also die Elemente des Plasma's,
eine feste Form haben. Aus unbehauenen Bausteinen, die regellos
durcheinander geworfen werden, kann kein Gebäude mit wohlgeordneten
Symmetrieverhältnissen entstehen. Auch Dreyer würde bei seiner Erklärung der Radiolarienskelette weiter gekommen sein, wenn er von der
Notwendigkeit durchdrungen gewesen wäre, den Elementen des Plasma's
eine bestimmte Form zuzuschreiben. Was Dreyer geliefert hat, ist der
Nachweis, dass die Form der Skelette lediglich eine Art Versteinerung
des Blasengerüstes, das vom Plasma gebildet wird, bedeutet. Wie aber
dieses Blasengerüst selbst zu stande kommt, das hat Dreyer nicht gezeigt und nicht zeigen können, weil er annimmt, dass es ein mehr oder
minder zufälliges sei und lediglich von den Gesetzen der Flüssigkeitsmechanik beherrscht werde. Wie die Flüssigkeitsmechanik so regelrechte Formen hervorbringen kann, wie es die Radiolarien sind, ist mir
unbegreiflich. Es ist wohl mit grosser Vorsicht möglich, Seifenblasen
regelmässig anzuordnen; bläst man aber durch ein Glasrohr in eine
Schüssel mit Seifenwasser hinein, so wird man niemals eine regelmässige
Anordnung der Blasen erhalten. Das Plasma ist eben kein Seifen-
schaum, und in den Wänden des vom Plasma der Radiolarien gebildeten
Wabenwerkes haben die Plasmaelemente oder Gemmarien, wie ich sie
nenne, eine feste Anordnung, und zwar die, welche ihnen vermöge ihrer
stereometrischen Form zukommt. Die Gemmarien aber werden von Generation auf Generation vererbt; sie erzeugen ihresgleichen durch Assimilation und bewirken dadurch, dass die Nachkommen wieder dieselbe
Form haben wie ihre Eltern.

Es ist nun möglich, aus der sichtbaren Form des Organismus
Schlüsse auf die Form der Gemmarien, welche sein Plasma zusammensetzen, zu ziehen, und es ist weiterhin möglich, sich die Gemmarien
aufgebaut zu denken aus Elementen, welche eine bestimmte und im undifferenzierten Plasma gleiche Gestalt haben. Diese Elemente hatten wir
Gemmen genannt und als eine Art kleiner organischer Kristalle betrachtet, deren Form selbstverständlich auf die der sie zusammensetzenden Moleküle, die uns freilich unbekannt ist, zurückgeführt werden muss.
Über die Form, welche wir diesen Gemmen zuschreiben, müssen wir
uns etwas näher aussprechen.

Ich bin darauf verfallen, den Gemmen die Form einer geraden rhombischen Säule zu geben, weil diese mir am besten geeignet erscheint, die Grundformenverhältnisse der Organismen zu erklären. Gründe dafür, dass dies die wirkliche Form ist, habe ich mich sonst nicht aufzufinden bemüht, weil ich nicht hoffen konnte, dass sich aus mikroskopischen Befunden die Gestalt der Gemmen ableiten liesse. Ich liess mich also von Zweckmässigkeitsrücksichten leiten, als ich den Gemmen die Form einer geraden rhombischen Säule zuschrieb. Wenn sich der Nachweis führen liesse, dass nur diese Form die Grundformenverhältnisse der Organismen zu erklären im stande ist, so würde die Wahrscheinlichkeit, dass diese Form eine reale ist, bedeutend zunehmen. Noch mehr müsste sie das thun, wenn wir unter dem Mikroskop Gestaltungsverhältnisse beobachten könnten, die sich am einfachsten durch die Annahme, dass die Form der Gemmen ein gerades rhombisches Prisma ist, erklären lassen, und ich glaube, dafür lassen sich Beobachtungen ins Feld führen. Solche Beobachtungen gewinnen eine um so grössere Bedeutung, wenn sie unabhängig von jeglicher Theorie über die Formenverhältnisse der Tiere angestellt worden sind und dennoch mit einer Theorie übereinstimmen, die unabhängig von dergleichen Beobachtungen aufgestellt wurde. In diesem gegenseitigen Verhältnisse steht zu meiner Gemmarientheorie das berühmte Bild, das Max Schultze von den Pseudopodien der Gromia oviformis gegeben hat. Dieses Bild habe ich auf S. 142 reproduzieren lassen, wobei ich einzelne Stellen der Pseudopodien mit Buchstaben bezeichnet habe, um auf solche Stellen besonders aufmerksam zu machen.

Wenn wir das Bild ansehen, so fällt uns sofort auf, dass die Pseudopodien sich unter Winkeln verzweigen, die im hohen Grade konstant sind; sie mögen etwa 20° betragen. Wie ist dieses konstante Verhalten der Pseudopodien von Gromia zu erklären? In den Scheinfüsschen schieben sich Plasmaelemente in der Richtung, welche durch die Pseudopodien angegeben werden, entlang, und zwar bewegen sich die einen vom Körper weg, die anderen auf den Körper zu; es werden also die Elemente des Plasmaleibes fortwährend gegeneinander verschoben, sie werden durch die Aussenwelt stark beeinflusst, wie es beispielsweise bei a durch eine Diatomee, die mit den Pseudopodien in Berührung gekommen war, geschehen ist. Trotz alledem bewahren sie ihre Verzweigungsverhältnisse, wie am besten aus den Stellen b, c und d, wo verschiedene Pseudopodien durch Verschmelzung zu einer grösseren

Ansammlung von Plasma geführt haben, hervorgeht. Besonders lehrreich ist die Plasmaansammlung bei *c*, weil sie annähernd die Gestalt

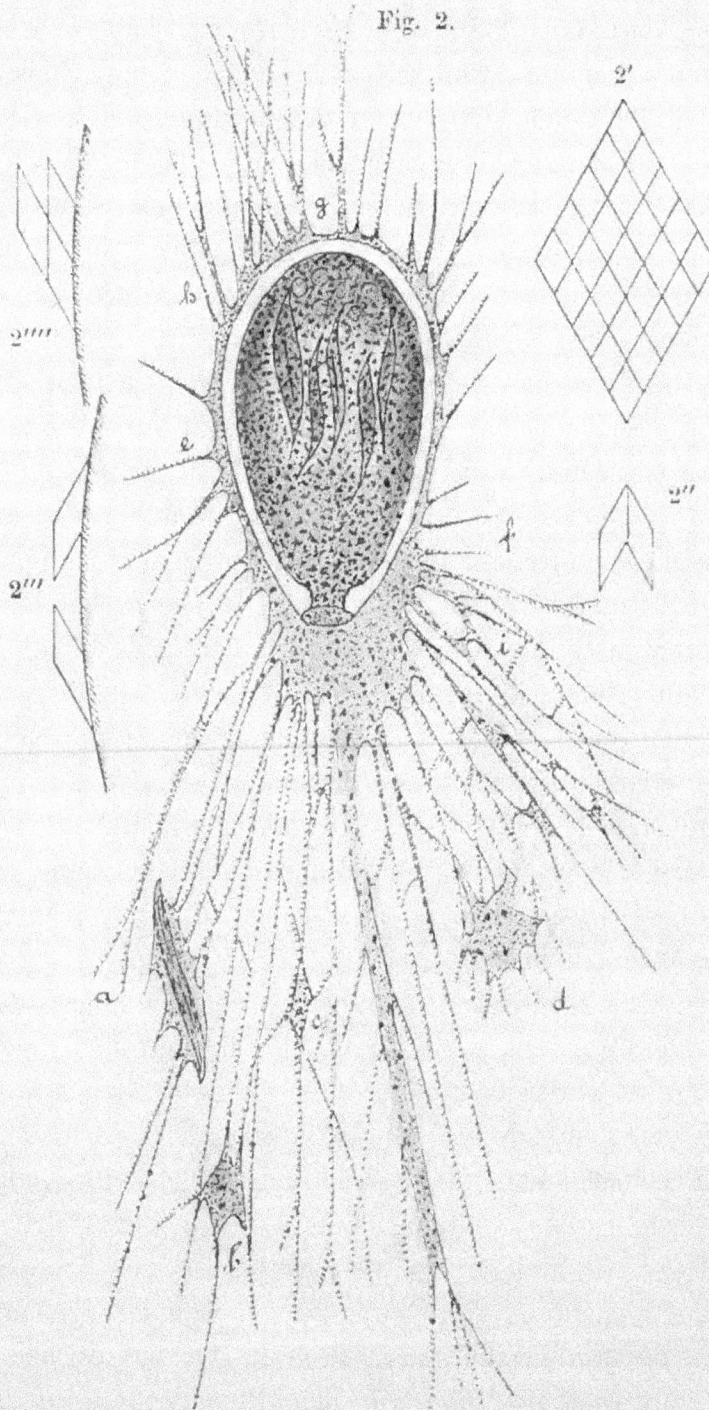

Fig. 2.

Gromia oviformis (aus O. Hertwig, nach M. Schultze) nebst Schematen
zur Erläuterung der Pseudopodienverzweigung bei Gromia.

eines Rhombus besitzt. Aber auch die unregelmässigen Plasmaklumpen bei *b* und *d* und ebenso die Plasmaansammlung, welche die Diatomee bei *a* umgiebt, sind an ihren Ecken durch Winkel begrenzt, die im hohen Grade mit den Verzweigungswinkeln der Pseudopodien, deren Öffnungsweite für Gromia typisch ist, übereinstimmen.

Diese äusserst konstanten Verzweigungsverhältnisse lassen sich am einfachsten durch die Annahme erklären, dass die Elemente des Plasma's der Gromien zusammengesetzt sind aus Elementen, welche die Form kleiner rhombischer Säulen haben, mit einer Grundfläche, deren spitze Winkel ungefähr 10° betragen. Solche kleine rhombische Säulen könnten sich zu grösseren zusammenlagern, wie Fig. 2' zeigt, die eine von der Grundfläche gesehene grössere Säule darstellt. Auch diese grösseren rhombischen Säulen, die wir als die Gemmarien des Plasma's von Gromia betrachten können, müssen spitze Winkel von 10° Weite haben. Legen sich nun zwei solcher Gemmarien in der in Fig. 2'' dargestellten Weise aneinander, so entstehen dadurch Winkel von 20° Weite, wie sie den Verzweigungen der Pseudopodien bei Gromia entsprechen. Es lassen sich also diese Verzweigungen zurückführen auf die Form, die wir aus ihnen für die Elemente des Plasma's erschlossen haben.

Dass diese Form die reale Form der Gemmarien des Gromienplasma's ist, wird uns noch wahrscheinlicher, wenn wir die Verzweigungsverhältnisse der Pseudopodien an verschiedenen Stellen des Körpers etwas näher ins Auge fassen, und insbesondere die Winkel betrachten, welche die Pseudopodien mit der Gromienschale bilden. Bei *e* betragen diese Winkel bedeutend mehr als 20°; dasselbe gilt von den Winkeln bei *f* und *g*. An diesen drei Stellen nähern sich die Winkel, unter denen sich die Pseudopodien von der Gromienschale erheben, einem rechten Winkel, und das wird uns begreiflich, wenn wir bedenken, dass sich ein Gemmarium des Plasma's nach zwei verschiedenen Richtungen hin an die Schale anlegen kann, wie es Fig. 2''' zeigt. Wo solches eintritt, müssen notwendigerweise die Winkel, unter denen sich die Pseudopodien von der Schale abzweigen, andere werden, als an Stellen, wo, wie bei *h*, die Gemmarien in gleicher Richtung der Schale anliegen, wie es durch Fig. 2'''' veranschaulicht wird.

Wo aber die Anordnung der Gemmarien nicht gestört ist, namentlich also bei den freien Verzweigungen der Pseudopodien, im umgebenden Wasser, müssen die Verzweigungsverhältnisse allein durch die Form der Gemmarien bedingt werden. Deshalb nähern sich auch die Verzweigungswinkel desto mehr einer Konstanten, je entfernter sie von der Schale sind. Wo allerdings Plasmabrücken, wie bei *i*, entstanden sind, kann die regelmässige Anordnung der Pseudopodien gestört werden, aber auch in solchen Fällen deutet sie auf eine bestimmte Form der Plasmaelemente hin, wie es z. B. die Stelle c und andere thun.

In den Verzweigungsverhältnissen der Pseudopodien von Gromia darf ich also wohl eine ziemlich direkte Bestätigung für die Richtigkeit meiner Ansicht erblicken, dass die Form der Gemmarien bei den Organismen die eines geraden rhombischen Prisma's ist, und wir werden nunmehr sehen, dass sich aus dieser Form die gesamten Grundformenverhältnisse der Tiere erklären lassen.

Die Grundformen der Tiere, auf welch letztere wir uns beschränken müssen, lassen sich nach ihren Symmetrieverhältnissen unterscheiden. Demnach wird eine Kugel durch einen Mittelpunkt gekennzeichnet, durch welchen unendlich viele Symmetrieebenen gelegt werden können. Verlängern wir einen Durchmesser der Kugel über deren Oberfläche hinaus, oder verkürzen wir ihn an beiden Enden gleichmässig, so geht die Kugel über in das Ellipsoid, das nicht mehr durch einen Mittelpunkt, sondern durch eine Mittelachse gekennzeichnet wird. Eine Ebene, welche durch den Mittelpunkt dieser Achse geht und senkrecht zu ihr steht, teilt das Ellipsoid in zwei Hälften, die sowohl kongruent, als auch symmetrisch gleich sind. In der Richtung dieser Achse und senkrecht zu der eben genannten Symmetrieebene lassen sich unendlich viele Ebenen legen, von denen gleichfalls jede das Ellipsoid in kongruente und symmetrische Hälften teilt. Lassen wir nun den einen Pol des Ellipsoids verschieden von dem anderen werden, so geht das Ellipsoid über in das Ovoid, das ebenfalls durch eine Mittelachse und unendlich viele Halbierungsebenen, welche so durch die Achse gelegt werden können, dass diese in die Ebenen hineinfällt, gekennzeichnet wird. Aber das Ovoid unterscheidet sich dadurch vom Ellipsoid, dass sich in seiner Achse kein Punkt mehr befindet, durch welchen senkrecht zur Achse eine Ebene gelegt werden könnte, die das Ovoid in kongruente und symmetrische Hälften teilte. Das Charakteristische des Ovoids ist also eine ungleichpolige Hauptachse, während das Ellipsoid durch eine gleichpolige Hauptachse gekennzeichnet wird. Beide besitzen unendlich viele Nebenachsen. Lassen wir eine dieser Nebenachsen sich an beiden Enden gleichmässig verlängern oder verkürzen, so geht das Ovoid über in ein flachgedrücktes Ovoid, das durch eine ungleichpolige Hauptachse und zwei zu einander und zu der Hauptachse senkrecht stehende Nebenachsen charakterisiert wird. Wir können ein solches flachgedrücktes Ovoid auch ein zweischneidiges Ovoid nennen. Wird in diesem zweischneidigen Ovoid auch noch eine der Nebenachsen ungleichpolig, so erhalten wir die zweiseitig-symmetrische Grundform, wie sie den meisten Tieren eigen ist. Die zweiseitig-symmetrische Grundform ist demnach charakterisiert durch eine ungleichpolige Hauptachse, eine gleichpolige und eine ungleichpolige Nebenachse. Ihr Zentrum ist nicht mehr eine Achse, sondern eine Ebene, die Symmetrieebene, und diese teilt die zweiseitig-symmetrische Grundform nicht mehr in kongruente, sondern nur noch in spiegelbildlich-gleiche Hälften. Wird endlich auch noch die gleichpolige Nebenachse der zweiseitig-symmetrischen Grundform ungleichpolig, so geht die letztere über in die unsymmetrische Grundform, die durch drei ungleiche Achsen gekennzeichnet ist.

Wir sind bei diesen Betrachtungen von der Kugel ausgegangen, hätten aber auch ebenso gut vom regulären Polyeder ausgehen können, um aus dieser Grundform die regelmässige Doppelpyramide und daraus nacheinander die regelmässige einfache Pyramide, die zweischneidige, die bilateral-symmetrische und die unsymmetrische Pyramide zu erhalten. Ausser diesen von der Kugel oder von dem regelmässigen Vielflächner ausgehenden Formen giebt es aber bei den Tieren noch andere, die wir als Schiefstrahler bezeichnen können. Ein aus zwei Strahlen bestehender Schiefstrahler würde etwa die Form eines lateinischen S haben. Die Anzahl der Strahlen ist aber mehr oder minder unbeschränkt.

Das wären die einfachen Grundformen, die wir bei den Tieren antreffen können. Wir finden aber auch häufig gemischte Grundformen. Sehr oft ist die zweiseitig-symmetrische mit der unsymmetrischen Grundform verbunden, wie es beispielsweise beim Menschen der Fall ist, dessen Herz auf der linken Seite liegt. Bei den Kammquallen ist der schiefe Zweistrahler kombiniert mit der zweischneidigen Pyramide, und bei einer von mir an der südaustralischen Küste entdeckten Qualle ist die Quadratpyramide mit der unsymmetrischen Grundform verbunden.

Nach diesem für unsere Zwecke genügenden Ueberblick über die Grundformen, welche wir bei den Tieren antreffen, wollen wir unsere Aufgabe etwas schärfer ins Auge fassen.

Wir haben von einer Gestaltungs- und Vererbungslehre verlangt, dass sie die Grundformenverhältnisse der Organismen erklärt. Die bisherigen Lehren sind dieser unerlässlichen Forderung geflissentlich aus dem Wege gegangen, falls man nicht etwa Weismann's Erklärung adoptieren, die Grundformen als nützliche Einrichtungen bezeichnen und sie in den Iden vorgebildet sein lassen will. Allein mit solchen Erklärungen ist nichts gewonnen, und wir haben nunmehr die Aufgabe, die Grundformen mit Hilfe der Gemmarienlehre zu erklären. Unsere nächste Obliegenheit ist die, zu versuchen, die keimesgeschichtliche Entwickelung der Grundform aus den Formenverhältnissen des befruchteten Eies abzuleiten, ebenso wie wir diese aus der Gestalt der das Keimplasma zusammensetzenden Gemmarien erklären müssen. Dabei kommen uns die schönen Entdeckungen zu Hilfe, die neuerdings über die Bedeutung der ersten Furchungsebene des tierischen Eies gemacht worden sind.

Wir haben diese Entdeckungen den ausgezeichneten Untersuchungen und Anregungen von Roux zu verdanken. Roux weist in, wie ich glaube, unwiderleglicher Weise nach, dass die erste Furchungsebene des Froscheies mit der späteren Symmetrieebene des Froschkörpers zusammenfällt. Höchstens kann die erste Furchungsebene Vorn und Hinten voneinander trennen, wie es bei vielen Tieren normalerweise der Fall ist, und erst die zweite Rechts und Links voneinander scheiden. Viele andere Autoren haben die Untersuchungen Roux's an anderen Tieren bestätigt. „So haben," sagt Roux, „ausser mir selbständig Newport und Pflüger für den Frosch erwiesen, dass die erste Furche normalerweise schon die Medianebene des Embryo darstellt: ebenso konnten Seeliger, sowie van Beneden und Julin bestimmen, dass auch bei Ascidien die erste Furche der Medianebene des Embryo entspricht und dass die dritte Furche das Ekto- und Entodermmaterial voneinander scheidet, welch letzteres von M. v. Davidoff für das von ihm untersuchte Objekt, Distaplia, bestätigt wird. Für die Achordaten liegt gleichfalls eine grosse Anzahl entsprechender Beobachtungen vor, welche die festen Beziehungen zwischen den Hauptrichtungen des Embryo und den ersten Furchungsebenen darthun: Bei den Coelenteraten stellt die Durchschnittslinie der beiden ersten Furchungsebenen des Eies zugleich die Hauptachse des Tieres, die Verbindung des oralen und aboralen Poles dar; und die dritte dazu rechtwinkelig stehende Furche scheidet Ektodermmaterial von Entodermmaterial. Bei den Ktenophoren entsprechen ausserdem die beiden ersten Furchungsebenen den beiden gekreuzten Symmetrieebenen des Embryo. Bei den Polykladen entstehen durch die beiden ersten Furchen zwei kleine dem aboralen und zwei grosse dem oralen Pole entsprechende Zellen; und von den beiden letzteren entspricht die grössere dem Hinterende, die kleinere dem Vorderende des Tieres. Bei den Orthonectiden

und Dyeyemiden ist gleichfalls Vorn und Hinten gleich anfangs zu unterscheiden. Bei den Nematoden scheidet die erste Furche den Ektoderm-
teil des Eies vom Meso- und Entodermteile, und bei Rhabditis nigro-
venosa ist nach Götte zu dieser Zeit auch schon die ventrale und dorsale
Seite, sowie das Vorder- und Hinterende des Embryo charakterisiert.
Bei den Rotatorien sind nach der zweiten Furchung schon alle drei Richtungen des Embryo als bestimmt erkennbar; und die grösste der vier
Zellen liefert das Ento- und Mesoderm. Bei den Polychäten liefern die
nach der dritten Furchung vorhandenen oberen kleineren Zellen das
Ektoderm, die unteren, grösseren das Entoderm. Bei den Oligochäten
sind nach der dritten Furchung schon alle Hauptrichtungen des Embryo
kenntlich. Die Eier der Hirudineen haben eine Achse mit kennt-
lichem animalen Pol, und schon nach der ersten Furchung sind alle
Hauptrichtungen normiert. Bei Balanus (Krustaceen) entsteht an dem
länglichen Ei zuerst eine Furche, welche eine vordere protoplasma-
tische, den Ektoblast liefernde Zelle, von der hintern, dotterkörner-
haltigen, dem Entoblast entsprechenden Zelle scheidet. Bei Cirrhipeden
(Policipes) entspricht nach Nussbaum das Kopfende des Nauplius dem
stumpfen Eipole, das Schwanzende dem spitzen oder Befruchtungspole.
Das Insektenei lässt schon vor der Befruchtung an seiner Gestalt drei
Hauptrichtungen erkennen, welche der dorsalen und ventralen Seite,
sowie dem Kopfende und Hinterende und den lateralen Seiten entsprechen, so dass alle Hauptebenen des Embryo schon vor der Befruchtung bestimmt sind."

Durch diese Ergebnisse embryologischer Untersuchungen ist unzweifelhaft dargethan, dass entweder schon das Ei, oder doch wenigstens
der sehr junge Embryo dieselben Symmetrieverhältnisse zeigt, wie das
erwachsene Tier. Man hat nun diese Ergebnisse für die Präformationstheorie auszubeuten gesucht, und es lässt sich auch nicht leugnen, dass
die Präformationstheorie, wenn sie überhaupt möglich wäre, in ihnen eine
grosse Stütze finden würde; indessen ebenso sehr und vielleicht in noch
höherem Grade wird die Epigenesislehre durch jene Ergebnisse gestützt.
Sie ermöglichen es uns geradezu, uns eine konkrete Vorstellung über
die Form der Plasmaelemente, welche die befruchteten und auch schon
die unbefruchteten Eier der Tiere zusammensetzen, zu bilden. Wir wollen
dabei ausgehen von der zweiseitig-symmetrischen Grundform.

Der organische Mittelpunkt der Zelle ist das Polkörperchen oder
Centrosoma. Um dieses herum gruppiert sich das Plasma der Zelle in

Strahlen, wie wir es an so vielen Zellen beobachten können. Die
Anordnung dieser Strahlen muss notwendigerweise von der
Art abhängen, wie die Plasmaelemente aus Gemmarien aufgebaut sind. Die Form der Gemmarien kommt dadurch zu stande,
dass sich die Gemmen mit ihren Grundflächen aneinanderlegen und
längere oder kürzere rhombische Säulen bilden, die sich wiederum mit
den Längsseiten aneinanderlagern. Der Querschnitt dieser Säulen wird
demnach gebildet durch eine Figur, die sich aus Rhomben zusammensetzt. Da die Gemmen ausserordentlich klein gedacht werden müssen,
so ist eine grosse Mannigfaltigkeit von Gemmarien-Querschnitten (s. Fig. 3)
möglich, und von der Form dieser Querschnitte hängt die
Form der Zelle ab, denn wir müssen uns vorstellen, dass schon die

Fig. 3.

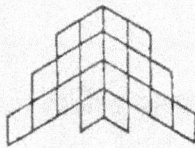

Gemmarienquerschnitt.

Fig. 4.

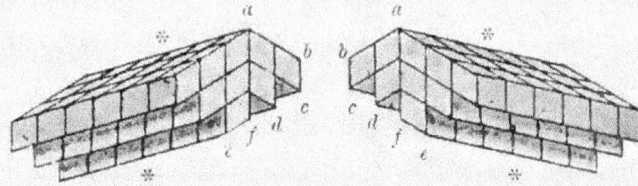

Zwei zweiseitig-symmetrische Gemmarien.
Die Lage der Symmetrieebenen der Gemmarien ist durch
* angegeben.

Form des Centrosoma, das aus Gemmarien zusammengesetzt ist, durch die
Form seiner Gemmarien bedingt wird. Die Form der letzteren kann etwa
eine solche sein, wie sie Fig. 4 zeigt, die zwei zweiseitig-symmetrische
Gemmarien, zwei Gemmarien, davon jedes nur durch eine einzige Mittelebene in zwei symmetrische Hälften zerlegt werden kann, darstellt. Diese
zweiseitig-symmetrischen Gemmarien können sich in verschiedener Weise
aneinanderlegen, je nachdem ihre Hauptanziehungsrichtung in die eine
oder in die andere ihrer drei Achsen fällt. Die Anziehungsrichtung wird
aber wahrscheinlich durch die Form der Gemmarien selbst bedingt.
Fällt sie etwa bei den beiden in Fig. 4 abgebildeten Gemmarien mit
der Längsachse der letzteren zusammen, so werden sich zwei derartige
Gemmarien mit je einem Ende aneinander fügen, und zwar müssen
sie dabei wieder symmetrisch zu liegen kommen, weil sie sonst keinen
Gleichgewichtszustand darstellen. Ausser den Endpunkten der Hauptachse
der Gemmarien müssen sich beispielsweise auch die Punkte a und a,
b und b, c und c usw. anziehen, und dadurch werden eben die Gemmarien
in eine symmetrische Lage zu einander gebracht.

Nachdem aber zwei derartige Gemmarien den organischen Mittelpunkt der Zelle, den Kern ihres Centrosoma's, gebildet haben, müssen sich die anderen Gemmarien in entsprechender Weise anfügen, so dass durch ihre Orientierung ein bilateral-symmetrisches Strahlensystem zu stande kommt, wie es Fig. 5 im Grundriss, im Aufriss und in der Seitenansicht zeigt. Etwa so, wie in dieser Figur, werden die Plasmaelemente in dem Froschei orientiert sein. Teilt sich ein solches Ei, so zerfällt dabei das Centrosoma in zwei Polkörper, wodurch zwei Anziehungsmittelpunkte gebildet werden und zwei Strahlensysteme entstehen, die sich durch Verlängerung der Strahlen voneinander entfernen.

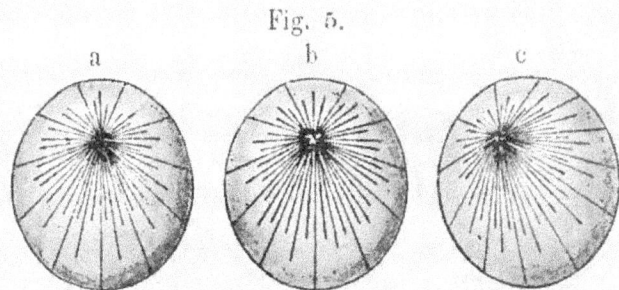

Fig. 5.

Schema einer zweiseitig-symmetrischen Zelle.
a Aufriss. b Grundriss. c Seitenansicht.

Würde die Trennung eine vollkommene sein, so würden wir anstatt einer zwei bilateral-symmetrische Zellen erhalten. Die Furchungskugeln der Eier mehrzelliger Tiere bleiben aber miteinander in Verbindung, und zwar, wie wir uns vorstellen können, infolge starker gegenseitiger Anziehung. Es bleiben Plasmabrücken zwischen den Zellen bestehen, und letztere halten einander das Gleichgewicht

Es ist nun unschwer zu verstehen, dass das durch die erste Furchung entstandene Gebilde seinerseits bilateral-symmetrisch sein muss. etwa so, wie es Fig. 6 darstellt. Da die beiden ersten Furchungszellen sich genau das Gleichgewicht halten müssen, so ist es selbstverständlich, dass die weiteren Furchungen nach einem bestimmten Plane erfolgen. Die Zellen können

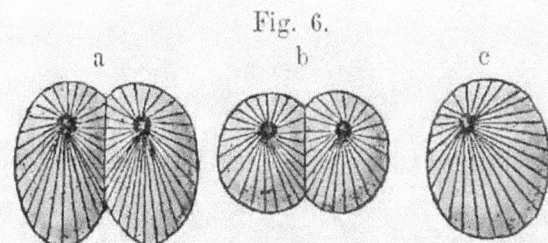

Fig. 6.

Schema eines zweiseitig-symmetrischen Zweizellenstadiums.
a Aufriss. b Grundriss. c Seitenansicht.

sich nur in ganz bestimmten Richtungen teilen, je nachdem ihre Gemmarienstrahlen so oder anders angeordnet sind. Solches sehen wir denn auch in der That eintreten, wie es beispielsweise die schematische Darstellung eines nach Oscar Hertwig kopierten Froscheies (Fig. 7) zeigt und ja übrigens genügend bekannt ist. Sind die Gemmarien der Eizelle vollkommen bilateral-symmetrisch, so muss

endlich bei dem erwachsenen Tier jede Zelle auf der rechten Körperseite einer ganz bestimmten Zelle auf der linken Körperseite entsprechen, und zwar mit absoluter Notwendigkeit. Zu dieser
vollkommenen Symmetrie führt die Gestalt der Gemmarien unfehl-
bar hin, und dass es so ist, ist nicht schwer zu verstehen. Es ist in der That nicht leicht zu begreifen,
weshalb man nicht schon früher darauf gekommen
ist, die Formenverhältnisse des Körpers aus der Gestalt seiner Plasmaelemente zu erklären.

Fig. 7.

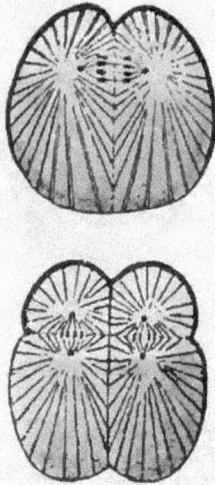

Schema der Teilung
des Frosches (nach
O. Hertwig).

Ebenso leicht, wie sich die zweiseitig-symmetrische Grundform eines erwachsenen Tieres aus derjenigen seiner Eizelle und zuletzt aus der Form der
Gemmarien herleiten lässt, lassen sich die übrigen
Grundformen erklären. Es ist nicht nötig, dass wir
eine nach der anderen der Reihe nach vornehmen,
denn einige wenige Beispiele werden genügen, um
zu zeigen, dass unsere Gemmarienlehre in der That
geeignet ist, dasjenige allgemeine Verständnis des
Formenaufbaues der Organismen zu geben, das bei
dem gegenwärtigen Zustande der Biologie, der Chemie, Physik und Mathematik überhaupt möglich ist. In der That
werden wir, wie ein mathematischer Freund mich belehrt hat, ein tieferes
Verständnis für die Formenverhältnisse der Organismen erst von einem
noch zu schaffenden neuen System der Mathematik erwarten dürfen.

Die unsymmetrische Grundform eines Tieres ist aus unsymmetrischen Gemmarien herzuleiten. Ich habe mir diese in meiner
„Schöpfung der Tierwelt" so vorgestellt, dass in ihre Zusammensetzung
Gemmensäulen eingetreten sind, deren einzelne Gemmen sich mit einer
ihrer Seitenflächen aneinander gelagert hatten. Es ist zwar nicht un-
wahrscheinlich, dass solches geschieht, es lässt sich aber auch leicht zeigen, dass es genügt, wenn wir nur eine Art und Weise der Aneinanderlagerung von Gemmen bei der Säulenbildung annehmen. Wir brauchen
uns nur vorzustellen, dass in einem bilateral-symmetrischen Gemmarium
eine oder mehrere Gemmensäulen nach der einen oder andern Seite hin
verschoben sind, so dass sie über das Ende des Gemmariums heraus-
ragen, wie es in Fig. 8 dargestellt ist. Diese Figur zeigt uns nun,
dass zwei Gemmarien, die der Hauptsache nach bilateral-symmetrisch
sind, aber durch eine oder wenige Gemmenreihen von der bilateralen

Symmetrie abweichen, sich so anordnen müssen, dass daraus ein unsymmetrisches Strahlensystem entsteht, wie es in Fig. 9 in drei Ansichten dargestellt ist. Die Teilung einer solchen Zelle giebt notwendigerweise zwei Furchungszellen, die in ihrer Grösse und in ihren Formenverhältnissen voneinander abweichen müssen. Blieben diese beiden Furchungszellen nicht miteinander in Verbindung, so würden wir allerdings zwei Zellen erhalten, die dieselbe Form haben würden wie die ursprüngliche

Fig. 8.

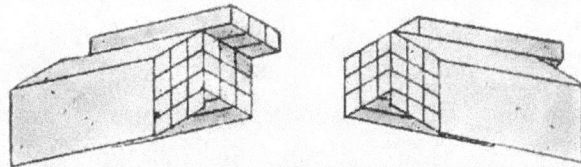

Zwei im wesentlichen zweiseitig-symmetrische Gemmarien mit unsymmetrischer Verschiebung etlicher Gemmenreihen.

Eizelle. Dergleichen Zellen werden beispielsweise gebildet durch ein sich teilendes, unsymmetrisch gebautes Infusorium, etwa einen Stentor, aber bei den Eiern vielzelliger Tiere bleiben die beiden Zellen in Zusammenhang, wodurch notwendigerweise ein unsymmetrischer Körper entstehen muss. Fig. 10 zeigt uns die ersten beiden Furchungszellen einer

Fig. 9.

a   b   c

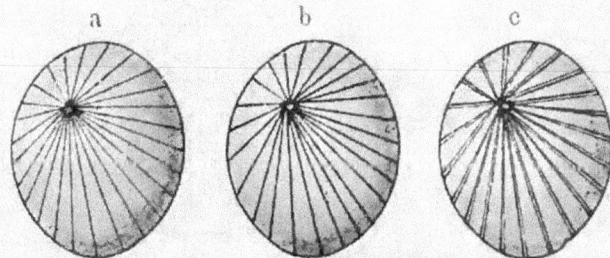

Schema einer unsymmetrischen Eizelle.
a Aufriss.   b Grundriss.   c Seitenansicht.

unsymmetrischen Eizelle in drei Ansichten. Es ist nicht schwer zu begreifen, dass aus diesen beiden Furchungszellen, die zwar im grossen und ganzen symmetrisch sind, aber etwas von der Symmetrie abweichen, ein Organismus entstehen muss, der gleichfalls der Hauptsache nach durch eine Medianebene gekennzeichnet ist, aber eine ungleiche Ausbildung

Fig. 10.

a   b   c

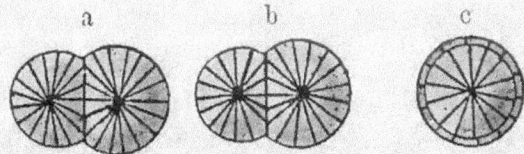

Schema eines unsymmetrischen Zweizellenstadiums.
a Aufriss.   b Grundriss.   c Seitenansicht.

seiner beiden Körperhälften zeigt. Die Notwendigkeit, dass sich ein solcher Organismus aus einer unsymmetrischen Eizelle entwickeln muss, leuchtet sofort ein, wenn wir bedenken, dass die beiden Seiten unserer unsymmetrischen Eizelle etwas voneinander abweichen und dass sich die beiden Furchungszellen ebenso verhalten müssen. Die rechte Seite der linken Furchungszelle ist mit der ihr unsymmetrischen linken Seite der rechten Furchungszelle verwachsen, und die dadurch bedingte Asymmetrie des Ganzen muss sich durch den gesamten Körper hindurch fortsetzen.

Nicht schwieriger als die Zurückführung einer unsymmetrischen Grundform auf die Gestalt der ihr Plasma zusammensetzenden Gemmarien ist die Erklärung eines Schiefstrahlers, wie er sich beispielsweise bei den Segelquallen (Velella usw.) findet. Die Form dieser Tiere lässt sich einigermassen vergleichen mit einem lateinischen S. Die beiden Enden der Hauptperson von Velella sind einander kongruent, aber nicht symmetrisch gleich, gerade so, wie es beim S der Fall ist. Denken wir uns Gemmarien mit bilateral-symmetrischem Querschnitt, in welchen Gemmensäulen auf der einen Seite dieses Querschnittes über das eine Ende des Gemmariums hinausgeschoben sind, mit ihren geraden

Fig. 11.

a   b   c

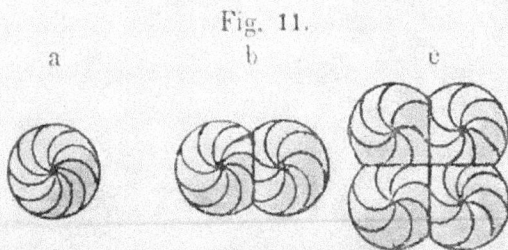

Entstehung eines Schiefstrahlers.
a Einzellenstadium. b Zweizellenstadium.
c Vierzellenstadium.

Abschnittsenden aneinandergelegt, so resultiert daraus durch Anfügung neuer Gemmarien und Strahlenbildung eine Zelle, wie sie Fig. 11a im Durchschnitt zeigt. Wenn sich diese Zelle teilt, so erhalten wir Fig. 11b und weiterhin Fig. 11c, und es ist nun nicht mehr schwer einzusehen, dass durch fortgesetzte Zellteilung ein schiefstrahliger Körper entstehen muss. Es lässt sich somit auch die Form des Schiefstrahlers auf die seiner Gemmarien zurückführen.

Dagegen scheint eine Grundform, wie sie die in Fig. 12a und b abgebildete Qualle zeigt, zunächst jedes Erklärungsversuches spotten zu wollen. Wir haben es hier mit einem Tiere zu thun, dessen Grundform die einer regulären Quadratpyramide ist. In jedem Quadranten der Pyramide liegen zwei Mundarme, die zu einem Paare vereinigt sind, und nur in einem Quadranten trägt dieses Mundarmpaar ein langes Anhängsel, den sogenannten Terminalknopf, aber auch nur an einem, und zwar an dem linken seiner beiden Arme. Davon, dass es immer der linke ist, habe ich mich an vielen Exemplaren der Monorhiza überzeugt. Diese Qualle lässt sich weder in kongruente, noch in symmetrische Hälften zerlegen. Indessen lässt auch ihre Grundform sich durch Annahme einer bestimmten Form von Gemmarien erklären.

Im wesentlichen hat die Qualle die Form einer Quadratpyramide, und hieraus ergiebt sich eine Gemmarienform, wie sie der symmetrische Teil des Querschnittes von Fig. 13 zeigt. Legen sich vier Gemmarien mit einem

Fig 12.

a

b

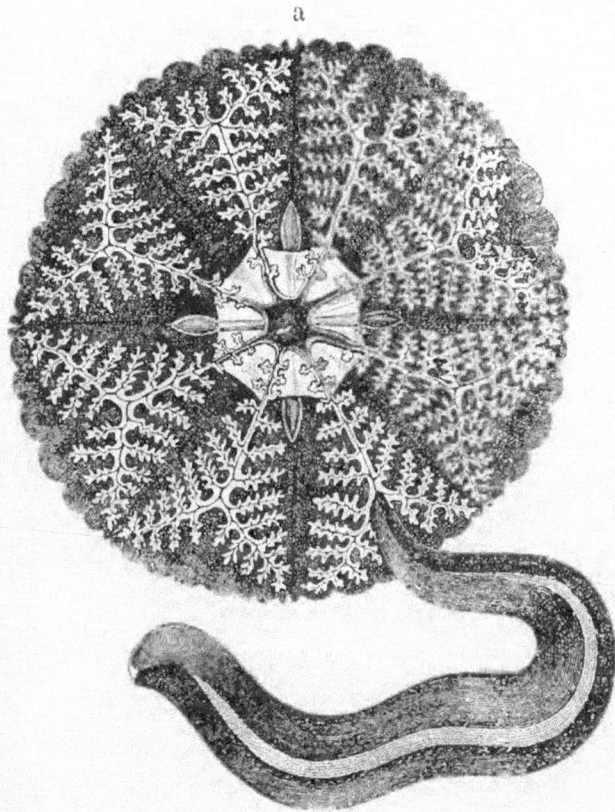

Monorhiza haeckeli.
a Von unten.
b Von der Seite.
(Nach Haacke. Der
Terminalknopf in
Fig. 12 a ist irrtüm-
licherweise dem
rechten Mundarm des
betreffenden Quadran-
ten angefügt worden.)

derartigen Querschnitt mit den Enden aneinander, wobei sie infolge gegenseitiger Anziehung gleiche Abstände bewahren müssen, so resultiert daraus
eine Zelle, die durch die beiden ersten Furchungsebenen in vier kongruente

Zellen zerfallen würde. Allein
unsere Qualle ist nur der Hauptsache nach quadratpyramidal.
In der Stellung, wie Fig. 12a
uns die Meduse zeigt, haben
wir ein oberes und ein unteres
Quadrantenpaar. Das obere
unterscheidet sich etwas von
dem unteren, und zwar durch
den Besitz des dreikantigen

Fig. 13.

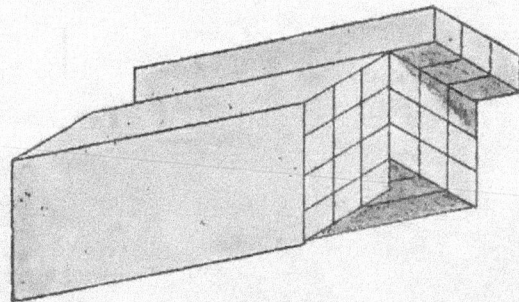

Hypothetische Gemmarienform von Monorhiza.

Terminalknopfes. In dieser Stellung ergiebt sich also für die Meduse, wenn wir zunächst absehen von der Asymmetrie der Anhef-

tungsstelle des Terminalknopfes, eine zweiseitig-symmetrische Grundform,
denn wir können ein Oben und Unten, ein Vorn und Hinten und ein
Rechts und Links an der Qualle unterscheiden. Ihre Grundform muss
also nicht durch nur quadratbestimmende, sondern durch gleichzeitig bila-
teralitätbestimmende Gemmarien bedingt werden. Wir hätten also an
den Gemmarienquerschnitt noch einige Gemmarienreihen anzufügen, die
zweiseitige Symmetrie bedingen würden. Sie würden es erklären, warum
das Ei der Meduse sich in zwei symmetrisch zu einander gelegene
Zellen teilt. Aber die beiden oberen Quadranten der Meduse weichen
dadurch voneinander ab, dass nur dem einen von ihnen der Terminalknopf zukommt. Es müssen also in den Gemmarien der Meduse auch einige
Gemmenreihen liegen, welche Asymmetrie bedingen, und diese können zugleich die, welche wir uns vorher als die symmetriebestimmenden dachten,
unterstützen. Beide werden, da die Abweichung der Meduse von der
regulären Quadratpyramidenform ja nur eine sehr geringe ist, an Anzahl
sehr hinter den Gemmenreihen zurückstehen, welche die Quadratpyramide
bedingen, so dass ein Gemmarium der Meduse etwa aussehen würde,
wie es die Fig. 13, von der wir vorher nur den einen Teil ins Auge ge-
fasst haben, zeigt. Das Ei der Meduse würde ein System von Plasmastrahlungen erhalten, wie es Fig. 14a veranschaulichen soll. Symmetrisch zu der punktierten Linie in dieser Figur stehen Strahlen, die
Plasmastrahlen darstellen sollen. Sie sind aus Gemmarien zusammengesetzt, die neben der regulären Pyramidenform gleichzeitig Symmetrie
und Asymmetrie bedingen, Gemmarien, wie eines in Fig. 13 abgebildet
ist. Der zweiseitig-symmetrische Teil des Querschnittes dieser Gemmarien bedingt die reguläre Pyramidenform; die unteren vorderen und die
verschobenen Gemmenreihen aber bedingen die symmetrische Anordnung der unsymmetrischen Plasmastrahlen aus diesen Gemmarien.
Unsymmetrisch müssen diese Plasmastrahlen deshalb sein, weil die Gemmarien zwei ungleiche Enden haben. Dagegen unterstützt eben derselbe Teil der Gemmarien, der diese Ungleichheit der Enden bedingt,
die symmetrische Anordnung der Gemmarienstrahlen. Die verschobenen
Gemmenreihen nehmen infolge gegenseitiger Anziehung eine symmetrische Lage zu der durch die punktirte Linie dargestellten Mittelebene
der Zelle ein, aber in den rechts von dieser Mittelebene gelegenen
Strahlen muss der überstehende Teil der Gemmarien nach aussen,
nach der Peripherie, gerichtet sein, wenn er in den Strahlen auf der
linken Seite nach innen gerichtet ist, oder umgekehrt. Durch ein

Modell würde dieses ohne weiteres klar werden. In Fig. 14 habe ich die symmetrische Anordnung der Gemmarienstrahlen durch die senkrecht zu den Strahlen stehenden Strichelchen, die Asymmetrie der Strahlen selbst durch die schrägen Strichelchen auf der andern Seite jeden Strahles anzudeuten gesucht. Einfacher wäre es gewesen, die senkrechten Strichelchen fortzulassen. Die Figur soll zeigen, dass die Gemmarien, aus welchen wir uns die Strahlen zusammengesetzt

Fig. 14.

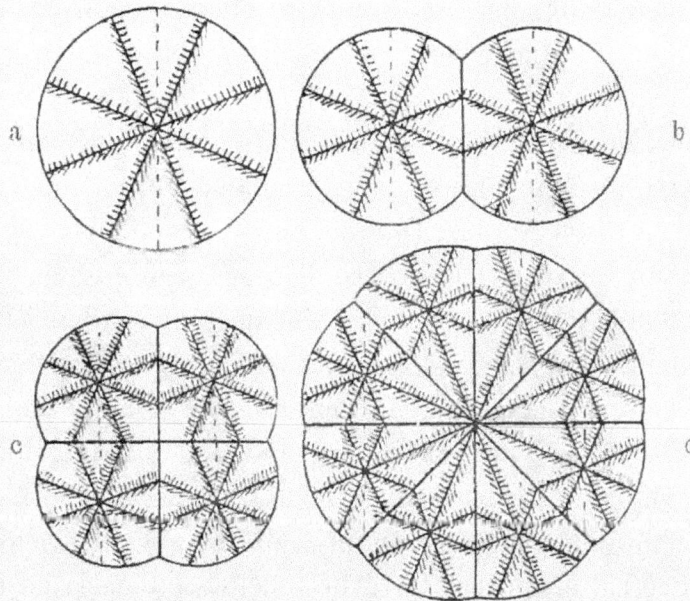

Hypothetisches Schema der Eifurchung von Monorhiza.
a Einzellenstadium. b Zweizellenstadium. c Vierzellenstadium. d Achtzellenstadium.

denken, kongruent sind und durch ihre Form die beschriebene Anordnung bedingen müssen.

Wer sich in diese schwierigen Formenverhältnisse hineindenkt und sich dessen erinnert, was wir oben über die Furchung symmetrischer und unsymmetrischer Eier gesagt haben, wird verstehen, dass aus dem durch Fig. 14a symbolisch dargestellten Medusenei zwei Furchungszellen, wie wir sie in Fig. 14b sehen, und dass aus diesen weiterhin vier und acht mit der durch Fig. 14c und d ausgedrückten Anordnung der Plasmastrahlen entstehen müssen. Die Notwendigkeit der ungleichen Form dieser Zellen geht aus einem genauen Studium der Figuren hervor.

Es ist zwar nicht wahrscheinlich, dass das gefurchte Ei der Monorhiza in Wirklichkeit beträchtliche Unterschiede zwischen den einzelnen Furchungszellen erkennen lässt, und die Furchung mag in ganz anderer

Weise verlaufen, als wir es hier hypothetisch annehmen. Auf alle Fälle muss aber die Anordnung der Zellen sich nach der Form der Gemmarien richten, und unsere hypothetischen Figuren lehren deutlich, dass die Zellen ungleich werden müssen. Diese Ungleichheit muss im ferneren Verlauf der Entwickelungsgeschichte von Monorhiza beibehalten werden. Da die Gemmarienform eine bestimmte ist, so muss die Aufeinanderfolge der ungleichen Zellen bei jeder Keimesentwickelung eines Individuums von Monorhiza dieselbe sein, und wir begreifen deshalb, warum der Terminalknopf immer nur in einem Quadranten und immer nur an dem linken Stücke des in diesem Quadranten liegenden Mundarmpaares entsteht.

Die Abweichung der Monorhizagemmarien von der Symmetrie braucht durchaus keine bedeutende zu sein, denn es ist nichts weiter nötig, als dass die Anfänge des Terminalknopfes gebildet werden. Dieser bildet sich dann durch den Gebrauch von selbst weiter aus. denn junge, durch die Teilung des Scyphostoma entstandene Quallen sind ja ausserordentlich klein, und man kann sich recht gut vorstellen, dass ihre Weiterentwickelung zum grossen Teile davon abhängt, dass sie sich schwimmend im Meere umherbewegen und auf Nahrung ausgehen.

Die Monorhiza ist nicht nur deshalb von grosser Wichtigkeit für uns, weil sie die allseitige Anwendung unserer Gemmarienlehre auf die Grundformenverhältnisse der Tiere in schönster Weise darthut, sondern auch deshalb, weil sie uns verstehen lehrt, warum an einer kleinen Stelle des Körpers eine unbedeutende Abweichung von der Umgebung und von der Symmetrie entstehen und vererbt werden kann. Weismann kann sich nicht vorstellen, wie auf Grund einer epigenetischen Vererbungstheorie die Übertragung eines kleinen Muttermales verständlich werden kann; aber unsere Monorhiza lehrt uns, dass solches nicht nur möglich, sondern auch vorstellbar ist. Ein unsymmetrisch gelegener Leberfleck verdankt seine Entstehung einer minimalen Vergrösserung der Abweichung von der Symmetrie, welche die Gemmarien des Menschen ohnehin haben müssen, weil ja etliche Organe des Menschen, wie das Herz, eine unsymmetrische Lagerung haben. Werden ausser den wahrscheinlich ziemlich zahlreichen Gemmenreihen, welche diese normale Abweichung von der Symmetrie bedingen, noch eine oder einige wenige unsymmetrisch gelegene Gemmenreihen dem Gemmarium angefügt, so müssen diese die Asymmetrie des menschlichen Körpers allerdings vergrössern, aber sie sind nicht im stande, es in so hochgradiger Weise zu thun, dass es äusserlich sichtbar würde. Nur an der einen oder der anderen Seite des Körpers, nur an einer besonders geeigneten Stelle, wird endlich diese verstärkte Abweichung von der Symmetrie zum Ausdruck kommen, wie sie es durch Bildung eines Muttermales oder eines Leberfleckes thut. Eine derartige minimale Abweichung von der Symmetrie kann nur an den Zweigspitzen des Zellenstammbaumes sichtbar werden, der durch den menschlichen Körper dargestellt wird. Das können wir uns an der Hand der beifolgenden Abbildung klar machen.

Fig. 15 b veranschaulicht einen Zellenstammbaum, der aus einer in geringem Grade von der Symmetrie abweichenden, im übrigen aber zweiseitig-symmetrischen Zelle hervorgeht. Wäre die Zelle vollkommen symmetrisch, so würde sie sich in der Weise verzweigen, wie es Fig. 15 a zeigt. Durch die punktierte Linie, welche den Winkel, den die beiden ersten Äste des Stammbaumes a bilden, halbiert, soll ausgedrückt sein, dass diese Äste einander vollkommen symmetrisch gleich sind. Dagegen ist der Winkel, den in Figur b der rechts gelegene erste Ast des Zellenstammbaumes eines aus einer etwas unsymmetrischen Zelle hervorgegangenen Körpers mit der punktierten Linie bildet, ein wenig grösser als der neben ihm liegende. Aber diese Abweichung von der Symmetrie ist so gering, dass sie unserem Auge kaum wahrnehmbar ist. Die weiteren Zweige des Zellenstammbaumes sind in Figur a immer symmetrisch zueinander gelegen, so dass sie mit dem vorhergehenden Zweige immer gleiche Winkel bilden, während diese Winkel in Figur b immer um ein weniges voneinander verschieden sein sollen. Aus unserer mit grosser Sorgfalt angefertigten Zeichnung ist nun leicht zu ersehen, dass die Asymmetrie des Zellenstammbaumes b mit jeder neu hinzukommenden Zweigbildung deutlicher wird, und ganz ähnlich muss es sich im Tierkörper verhalten, falls eine Eizelle durch Gemmarien aufgebaut wird, die eine minimale Abweichung von der die bilaterale Sym-

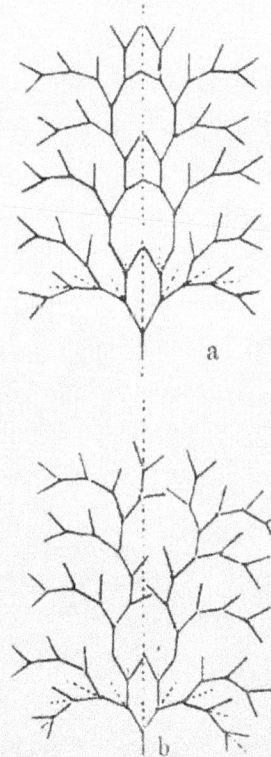

Fig. 15.

Symbole für Zellenstammbäume

a) eines rein zweiseitig-symmetrischen Körpers,

b) eines zweiseitig-symmetrischen Körpers mit geringer Abweichung von der Symmetrie.

metrie des Körpers bedingenden Grundform haben. Solche Abweichungen
werden gelegentlich zu Tage treten, sei es durch Ablagerung von Pigment an besonders dazu geeigneten Stellen, sei es in etwas gröberer
Weise, und es ist klar, dass sie sich vererben müssen, falls sie einer
Abweichung der Gemmarien von der Symmetrie ihre Entstehung verdanken. Es ist also die Vererbung von Muttermalen u. dgl. auf Grund
unserer epigenetischen Vererbungstheorie sehr wohl verständlich.

Die von uns gegebenen Figuren sind gewiss im hohen Grade sche-
matisch und veranschaulichen nur in höchst roher Weise die Notwendigkeit, mit welcher eine bestimmte Grundform des Körpers aus einer bestimmten Gemmarienform resultiert. Allein, dass sie es thun muss, geht,
glaube ich, mit vollkommener Sicherheit aus unseren Auseinandersetzungen
hervor. Wenn die Gemmarien eine bestimmte Form haben, wenn sie
sich, wie wir früher gezeigt haben, durch Assimilation vermehren können,
und wenn sie sich gegenseitig anziehen, so müssen sie sich in jeder
Zelle in ganz bestimmter Weise zusammenlagern, und zwar geschieht
dieses um einen gemeinsamen Mittelpunkt, das Centrosoma, herum. Ist
die Zelle isoliert, so erhält sie dadurch diejenige Grundform, die ihr vermöge der Form ihrer Gemmarien mit Notwendigkeit zukommt. Steht
sie aber mit anderen Zellen in körperlichem Verbande, so wird ihre
Form selbstverständlich durch die Form der benachbarten Zellen beeinflusst, und der ganze Körper erhält dann die Grundform, die seiner Eizelle durch die Gestalt ihrer Gemmarien zukam.

Diese Gestalt bedingt es auch, dass die Plasmastrahlungen sich nicht
ganz gleichmässig um das Centrosoma herum verteilen, sondern dass
sie je nach dem Orte, welchen sie einnehmen, dichter oder weniger nahe
bei einander stehen. Wo sie weniger dicht stehen, wird sich ungeformte
Substanz, Nahrungsdotter, ansammeln können, und dieser macht es begreiflich, dass eine Sonderung von verschieden grossen Zellen eintreten
muss. Aus der Teilung einer nahrungsdotterhaltigen Zelle muss ein
Keim hervorgehen, dessen eine Hälfte kleinere und plasmareichere Zellen
enthält als die andere, in welcher grössere Zellen, die reicher an Nahrungsdotter sind, liegen, und dadurch wird, wie wir später sehen werden,
die Entstehung eines zweischichtigen Keimes, einer Gastrula, begreiflich,
und weiterhin die fortgesetzte Faltenbildung im Körper, wie sie besonders
schön in der Keimesgeschichte und in dem Körperbau des Amphioxus
zum Ausdruck gelangt. Die Gemmarienlehre erklärt also nicht allein
die Vererbung der Grundform, sondern auch die der Organe, und ge-

nügt deshalb allen Ansprüchen, die an eine Theorie der Formbildung zu stellen sind.

Dass sie auch auf die Entstehung der Formen bei den Pflanzen anwendbar ist, wird nach allem Vorhergehenden nur der bezweifeln, der sich noch nicht völlig in die allerdings äusserst schwierigen stereometrischen Vorstellungen hineingefunden hat, die zum Verständnis unserer Gemmarienlehre unerlässlich sind. Nur wer ein genügend ausgebildetes stereometrisches Vorstellungsvermögen, wie es leider nicht allzu häufig ist, besitzt und die Mühe intensiven Nachdenkens nicht scheut, wird in das Verständnis der Gemmarienlehre eindringen und sich auch mit Hilfe von Zeichnungen und Modellen in der Ableitung der Grundformen der Organismen von den Formen ihrer Gemmarien zurechtfinden. Er wird auch einsehen, dass der Kern in den verschiedenen Zellen des Körpers immer eine bestimmte Lage einnehmen muss, dass er sich wahrscheinlich dort finden wird, wo er den geringsten Widerstand findet.

Die Anordnung der Gemmarien in bestimmter architektonischer Weise ist natürlich dort nicht möglich, wo eine lebhafte Plasmaströmung stattfindet, wie wir sie bei den Pflanzen sehen. Aber in dem Urmeristem der Pflanzen lässt sich eine solche Plasmaströmung nicht nachweisen, denn was man als solche gedeutet hat, lässt sich sehr wohl durch die Annahme erklären, dass diese Zellen wachsen und dabei ja natürlich ihre Plasmaelemente etwas gegeneinander verschieben müssen. Im grossen und ganzen bleibt die Anordnung der letzteren in den Meristemzellen dieselbe, und diese müssen sich deshalb in bestimmter Weise gruppieren und dadurch zu dem architektonischen Aufbau führen, der uns an den Pflanzen in so greifbarer Weise entgegentritt.

Was wir vom Kern gesagt haben, gilt auch für die anderen Zelleinschlüsse, so auch für die Vakuolen. Dass diese beispielsweise bei den Infusorien einen festen Platz haben, wissen wir bestimmt; aber auch bei den Radiolarien müssen sie in einer regelmässigen, durch die Form der Gemmarien bedingten Weise angeordnet sein. Sie bilden sich da, wo sie den geringsten Widerstand finden, und dasselbe muss von den viel kleineren Vakuolen, die nach Bütschli eine wabenförmige Anordnung des Plasma's bedingen, gleichfalls gelten. Eine solche schaumförmige Verteilung der kleinen Vakuolen mag immerhin in den meisten Zellen bestehen; allein es ist nicht richtig, in diesem Wabenwerk die Struktur des Plasma's zu erblicken, denn aus Plasma bestehen nur die Wände der Vakuolen und nicht der Inhalt der einzelnen Hohlräume.

In den Wänden der Vakuolen kann sich aber das Plasma der Form seiner Gemmarien entsprechend anordnen, und diese Anordnung braucht nicht durch die Vakuolen gestört zu werden, solange keine Plasmaströmung, wie in den Pflanzenzellen, eintritt. Ich habe also keine Veranlassung, Bütschli zu widersprechen, wenn er für das Plasma einen wabenförmigen Bau annimmt, aber die Struktur der plasmatischen Wände dieses Wabenwerkes hängt lediglich von der Gestalt der Gemmarien ab.

Wir haben in einer, wie ich hoffe, verständlichen Weise nunmehr die Ontogonie der Grundformen erklärt, sie auf die Gestalt der Gemmarien der befruchteten Eizelle zurückgeführt. Die Gemmarienform ist aber eine erworbene, eine Gestalt, welche sich im Laufe der stammesgeschichtlichen Entwickelung verändert hat; und wir haben nunmehr zu zeigen, wie wir uns diese Veränderung zu denken haben.

Die Stammesgeschichte der tierischen Grundformen bewegt sich, wie wir gesehen haben, in einer ganz bestimmten Richtung. Bei den niedersten Urtieren, z. B. bei den Amöben, ist die Grundform durchaus unregelmässig, dass aber die Gemmarien des Plasma's bei ihnen schon eine bestimmte Gestalt haben, lässt sich folgern aus der charakteristischen Form der Scheinfüsschen bei diesen und anderen Urtieren. Bei den Sonnentieren hat das Plasma schon eine bestimmtere Form angenommen, insofern als hier die Kugel die herrschende Grundform ist, und die Sonnentiere leiten hinüber zu den Radiolarien, bei welchen wir alle Grundformen, die überhaupt im Tierreich vorkommen, vertreten finden; hier muss die erbliche Form der Gemmarien in jeder einzelnen Art eine sehr bestimmte sein. Die Kammertiere weisen gleichfalls Reihen auf, in welchen die Grundform mit dem Fortschreiten von unten nach oben an Bestimmtheit gewinnt, und dasselbe ist bei den Flagellaten und Infusorien der Fall; unter diesen beiden Gruppen haben wir schon unsymmetrische Tiere. Wir haben also schon bei den Urtieren sämtliche Hauptformen, die wir bei den Darmtieren wiederfinden, durch einzelne Zellen verwirklicht, und daraus geht hervor, dass auch die Eizelle der Darmtiere dieselben Grundformverhältnisse zeigen kann, wie der einzellige Leib der Urtiere.

Unter den Darmtieren finden wir ähnliche Stufenfolgen wie bei den Urtieren. Von den Schwämmen angefangen nimmt die Grundform an Bestimmtheit zu, je weiter wir uns von diesem Ausgangspunkt entfernen. Unter den Schwämmen sind noch viele mehr oder minder formlos, insofern wenigstens, als die erwachsenen Stücke in Betracht kommen, während allerdings die Eizelle der meisten Schwämme eine eiförmige sein mag, was auch von der Gastrula der Schwämme gilt. Das heranwachsende Schwammindividuum büsst dagegen mehr und mehr seine ursprüngliche Grundform ein, d. h. es wird durch die Aussenwelt so beeinflusst, dass es bald in dieser, bald in jener Richtung wächst. Nur verhältnismässig wenige Schwämme haben eine feste erbliche Grundform auch für die erwachsenen Individuen gewonnen; zu ihnen gehört beispielsweise der bekannte Venusblumenkorb.

Bei den Nesseltieren ist die Grundform viel bestimmter als bei den Schwämmen, selbst schon bei den tiefststehenden unter ihnen, beispielsweise bei der Hydra unserer süssen Gewässer. Allerdings ist bei ihr die Anzahl der Tentakel noch nicht erblich fixiert, und dasselbe gilt von vielen anderen Hydroidpolypen; aber bei manchen der letzteren ist die Anzahl der Tentakel schon mehr oder minder konstant geworden, so dass wir auch hier eine zunehmende Bestimmtheit der Grundformen konstatieren können.

Bei den Hydromedusen finden wir ähnliches. Sie nehmen ihren Ausgang von regulär-quadratpyramidalen Formen, die in die Grundform einer zweischneidigen und einer zweiseitig-symmetrischen Pyramide übergehen. Bei den Ktenophoren und Siphonophoren finden wir dann auch Formen, bei welchen die Ausbildung eines Schiefstrahlers angebahnt ist. Die Scyphomedusen haben zwar fast alle die reguläre Quadratpyramidenform, indessen haben wir in der Monorhiza, die jedenfalls auf einer sehr hohen Entwickelungsstufe steht und zu der höchststehenden Abteilung der Scheibenquallen gehört, eine auffällige Abweichung von der strahligen Symmetrie, und ähnliches finden wir bei Aurelia, die einen Übergang von der Quadratpyramide zu einem vierzähligen Schiefstrahler darstellt.

Bei sämtlichen übrigen Tierstämmen ist die Grundform ursprünglich die bilateral-symmetrische. Diese geht bei den Echinodermen wieder in die fünfstrahlige über, aus Ursachen, auf welche wir hier nicht näher eingehen wollen. Allein diese fünfstrahlige Grundform nähert sich mehr und mehr der zweiseitig-symmetrischen, je weiter wir die Reihen der Echinodermen nach oben hin verfolgen. Wir sind bei diesen Tieren in der glücklichen Lage, die Entwickelung der Grundform paläontologisch begründen zu können, was wenigstens bei den Seeigeln möglich ist. Diese nehmen ihren Ausgangspunkt von einer beinahe völlig regulären fünfstrahligen Form und langen bei einer nahezu völlig zweiseitig-symmetrischen Grundform an. Die erstere würden wir beispielsweise bei den Palechiniden, die letztere bei der Gattung Pourtalesia finden. Eine ähnliche Formenreihe wie die Seeigel weisen die Seegurken auf, wenn sich die Stammesgeschichte ihrer Grundformen auch nicht paläontologisch begründen lässt.

Wenden wir uns von den Echinodermen zu den Weichtieren, so haben wir hier viele Beispiele dafür, dass die zweiseitige Grundform in die unsymmetrische überzugehen bestrebt ist. Mit alleiniger Ausnahme der Käferschnecken bekunden sämtliche Gruppen der Weichtiere das Bestreben, unsymmetrisch zu werden, und ähnliches ist bei den meisten Wirbeltieren der Fall. Die Lage der Baucheingeweide ist bei fast allen Wirbeltieren eine unsymmetrische, aber keine beliebige, sondern sie bekundet, dass die Grundform in ganz bestimmter Richtung von der symmetrischen abweicht. Äusserlich freilich scheinen die meisten Wirbeltiere noch zweiseitig gebaut zu sein; aber es giebt doch Gruppen, wie die Plattfische, die auch äusserlich völlig unsymmetrisch geworden sind. Am wenigsten wird man bei den Säugetieren und Vögeln von vornherein unsymmetrische Grundformen zu erwarten geneigt sein, und doch ist nicht nur der innere Leibesbau dieser Tiere ein mehr oder minder unsymmetrischer, sondern es zeigen sich in vielen Fällen auch äusserlich starke Abweichungen von der Symmetrie. Ich will nur daran erinnern, dass beim Haushund der Schwanz in den allermeisten Fällen nach der linken Seite hin von der Mittelebene abweicht; beim Menschen ist die rechte Hand erblich stärker als die linke; der Schädel vieler Wale ist unsymmetrisch, und beim Narwal ist nur an einer Seite ein Stosszahn ausgebildet; ebenso pflegt beim Renntier der Augenspross an der einen Geweihstange stärker zu sein, als an der anderen.

Man sollte meinen, dass es äusserlich unsymmetrische Vögel überhaupt nicht geben könnte, und doch fand man auf Neuseeland einen Vogel, dessen Schnabel nach einer Seite hin umgeknickt war. Man hielt dies anfänglich für eine Missbildung, bis man fand, dass diese Abweichung von der Symmetrie eine für die betreffende Art charakteristische ist.

Auch unter den Gliederfüssern kommen unsymmetrische Formen vor, namentlich bei den höheren Krebsen. Manche Krabben haben auf der einen Seite eine grössere Scheere als auf der anderen, und die Einsiedlerkrebse haben einen stark unsymmetrischen Bau; indessen ist es möglich, dass dieser auf Anpassung an die Lebensweise zurückzuführen ist, während sonst die Entstehung unsymmetrischer Formen aus symmetrischen, die Entwickelung dieser aus strahligen und das Hervorgehen der letzteren aus unbestimmten weder durch direkte Anpassung an eigenartige Existenzbedingungen, noch durch das Zweckmässigkeitsprinzip zu erklären ist; durch das letztere wenigstens nicht, soweit dabei die dotationelle Auslese in Betracht kommt.

Die Umwandlung der Grundformen, die überall, wo direkte Anpassung an die Umgebung nicht störend eingegriffen hat, einen fest vorgezeichneten Gang innehält, ist vielmehr durch Gefügefestigung zu erklären.

Durch äussere Einflüsse kann das Gemmariengefüge eines Organismus gefestigt und gelockert werden. Die Individuen mit gelockertem Plasmagefüge können äusseren Einflüssen nicht so leicht widerstehen wie die mit festerem. Diese werden durch konstitutionelle Zuchtwahl ausgelesen und können ihre durch äussere Einwirkungen erworbene Gefügefestigkeit auf ihre Nachkommen vererben, wodurch das Gefüge innerhalb der Stammesreihe mehr und mehr an Festigkeit gewinnt, während selbstverständlich die Formen der Gemmarien fort und fort an Bestimmtheit zunehmen müssen. Den unbestimmten Formen einer Amöbe oder eines Süsswasserschwammes müssen auch Gemmarien mit leicht wechselnder Form entsprechen. Bei diesen Gemmarien sind die einzelnen Gemmen noch leicht gegeneinander verschiebbar; deshalb wird die Körperform dieser Tiere, wie es ja namentlich die Schwämme in ausgezeichneter Weise zeigen, durch äussere Einflüsse leicht verändert. Bei den Hydroidpolypen ist das schon weniger leicht möglich, weil hier die Gestalt der Gemmarien an Bestimmtheit gewonnen hat. Sie wird Hand in Hand mit der zunehmenden Gefügefestigung eine immer charakteristischere.

Es lässt sich nun, wie ich glaube, unschwer zeigen, dass wechselförmige Gemmarien, wie sie bei den Amöben und Schleimpilzen vorkommen mögen, zunächst übergehen mussten in solche, die eine etwas bestimmtere Grundform als die der genannten bedingten, etwa eine solche, wie wir sie bei manchen Flagellaten und Hydroidpolypen finden. Die Gemmarien, welche die Grundform dieser Tiere bedingen, dürften etwa die Form eines Stabes haben, an welchem die beiden Enden und ebenso die rechte und linke Seite einander gleich sind, während die obere von der unteren abweicht. Ein solcher Stab bietet an seinen Enden einer-, seinen beiden gleichen Seiten anderseits gleich günstige Angriffs-

11*

punkte für schädigende äussere Einflüsse. Wird dagegen die rechte
von der linken Seite verschieden, so geht die Form des Stabes dadurch
in die eines zweiseitig-symmetrischen Gebildes über. Die beiden Enden
dieser Gemmarienform bieten noch gleich günstige Angriffspunkte für
Störungen von aussen, dagegen werden sich die obere von der unteren
Seite und die vordere von der hinteren durch den Grad ihrer Wider-
standsfähigkeit gegen schädigende äussere Einflüsse unterscheiden. Ein
solcher Gemmarienstab bietet also nur noch vier günstigste Angriffspunkte, nämlich an jedem der beiden Enden einen, an den beiden Längsseiten, die sich ja in Bezug auf die Widerstandskraft gegen äussere
Einflüsse unterscheiden müssen, zusammen einen und ebenso an der
Ober- und Unterseite zusammen einen, während der vorher betrachtete
Stab noch fünf günstigste Angriffspunkte bot, nämlich an den beiden
Enden und an den beiden Längsseiten je zwei und an der oberen und
unteren Seite zusammen einen. Bei einem runden Stabe, oder einem
Stabe, dessen Querschnitt ein regelmässig vielseitiger ist, ist die Zahl
der Angriffspunkte natürlich bedeutend grösser. Noch zahlreicher müssen
die Angriffspunkte sein bei locker gefügten Gebilden, wie es die Gemmarien der Amöben sein mögen. Dagegen bietet ein Gemmarienstab,
der eine von der zweiseitigen Symmetrie abweichende Grundform bedingen würde, nur noch drei günstigste Angriffspunkte für schädigende
äussere Einflüsse, nämlich an den beiden Längsseiten zusammen einen,
an Ober- und Unterseite zusammen einen und an den beiden Enden
zusammen einen.

Aus alledem geht hervor, dass nach und nach aus lockeren Gemmarien solche gezüchtet werden müssen, die der Reihe nach einen runden
oder polygonalen, einen zweischneidigen, einen zweiseitig-symmetrischen
und einen unsymmetrischen Querschnitt haben. Die Gemmarien mit
unregelmässigem Querschnitt unterscheiden sich dann weiterhin dadurch,
dass ihre Enden einander symmetrisch gleich oder unsymmetrisch sein
können. Solchen Gemmarienstäben entspricht aber notwendigerweise die
Grundform des entwickelten Tieres, denn die genannten Gemmarienformen bedingen der Reihe nach wechselförmige Tiere, wie die Amöben,
eiförmige, wie manche Radiolarien, Flagellaten und Hydroidpolypen,
zweischneidige, wie manche Medusen, zweiseitig-symmetrische, wie eine
grosse Anzahl von Darmtieren, und unsymmetrische, wie es die Schnecken
und Plattfische sind. Diese Grundformen sind also durch die konstitutionelle Individualselektion herangezüchtet worden, und daraus erklärt

sich, weshalb der Schein einer nach einer bestimmten Richtung zielenden Entwickelungsbewegung zu stande kommen muss.

Von einer „Zielstrebigkeit", einer Vervollkommnung aus „inneren" Ursachen kann für den Naturforscher selbstverständlich nicht die Rede sein; dagegen verstehen wir ohne weiteres, dass festes Gefüge Bestand hat, während lockeres dem Untergange geweiht ist, sei es, dass es sich dabei um Tiere, um Pflanzen, um Kristalle oder um irgend welche andere unorganische Gebilde handle, sei es, dass wir es mit Naturobjekten oder mit Erzeugnissen der menschlichen Kunstfertigkeit zu thun haben, sei es, dass es sich um Gleichgewichtszustände auf der Erde oder am Sternenhimmel handelt. Je stabiler ein Gleichgewichtssystem ist, desto längeren Bestand hat es.

Da nun, wie wir gezeigt haben, der Festigkeit der Gemmarien bestimmte Formenverhältnisse zu Grunde liegen, da sich diese nach der Seite der abnehmenden Symmetrie hinbewegen, so musste die Entwickelung der Grundformen im Tierreich so vor sich gehen, wie sie es thatsächlich gethan hat. Wo allerdings störende Einflüsse der Gefügefestigung durch konstitutionelle Zuchtwahl entgegenarbeiteten, wo die Grundformen vorwiegend durch äussere Einflüsse bedingt waren, wie bei den Schwämmen, wurde der konstitutionelle Selektionsprozess verlangsamt. Er konnte gelegentlich auch wohl aufgehoben werden. Beides konnte namentlich bei festsitzenden Tieren geschehen, wie es die Korallen und viele Echinodermen sind. Gleichwohl finden wir auch bei den Korallen Formen, die wenigstens in Bezug auf ihre inneren Organe nur zwei, häufig auch nur eine Symmetrieebene haben. Dagegen geht aus der vergleichenden Ontogenie und der Paläontologie der Echinodermen hervor, dass bei ihnen die ursprüngliche zweiseitige Symmetrie nach und nach einer fünfstrahligen Grundform gewichen ist, weil diese Tiere ein festsitzendes Leben führten und deshalb von allen Seiten mit der Aussenwelt in gleiche Berührung kamen. Es hat also hier die direkte Anpassung an die Aussenwelt die Wirkung der Gefügezuchtwahl aufgehoben, und wenn auch beispielsweise die Seesterne wieder zur kriechenden Lebensweise übergegangen sind, so war die Ausbildung der Arme ihrer festsitzenden Vorfahren doch schon so weit gediehen, und die Arme waren sich schon so gleich geworden, dass die Seesterne in der Richtung jedes beliebigen Armes weiterkriechen konnten, wodurch bald dieser, bald jener Arm in Anspruch genommen wurde, was eine gleichmässige Einwirkung der Aussenwelt auf alle Arme bedingte. Deshalb sind die Seesterne nicht wieder zur zweiseitigen Grundform zurückgekehrt. Dagegen ist das der Fall gewesen bei den Seeigeln und bei den Seegurken; bei beiden ist der Körper nicht wie bei den Seesternen in Arme aufgelöst, und sobald die Vorfahren dieser Tiere ihre festsitzende Lebensweise wieder aufgegeben hatten, konnte die Gefügezuchtwahl wieder zur Geltung kommen, die den Körper wieder etwas zweiseitig-symmetrisch machte. Nachdem das geschehen war, konnten sich die betreffenden Tiere nur noch nach einer Richtung hin leicht bewegen, und dadurch musste die Anpassung an die Umgebung, die nunmehr nicht mehr nach allen Seiten hin die gleiche war, mit der Gefügefestigung durch konstitutionelle Zuchtwahl Hand in Hand arbeiten, so dass dadurch eine stets zunehmende bilaterale Symmetrie gewährleistet war.

Ich glaube, dass durch die obigen Auseinandersetzungen die Leistungsfähigkeit der Gemmarienlehre als erklärendes Prinzip in ein helles Licht gesetzt worden ist, und dass sie unsere Berechtigung darthun, unsere Theorie wenigstens als den Versuch einer allgemeinen Entwickelungsmechanik der Organismen zu bezeichnen.

e. Die Entstehung der Organe.

Wir haben im vorigen Abschnitte das Problem der Formentstehung ohne Rücksicht auf die verschiedenen Qualitäten der einzelnen Zellen, die sowohl bei der Keimes- wie bei der Stammesgeschichte der Organismen entstehen, behandelt. Eine epigenetische Vererbungstheorie muss aber notwendigerweise auch diese erklären, wenn sie nicht den Vorwurf auf sich laden will, dass sie gerade das unerklärt lässt, was in erster Linie von ihr gefordert werden müsse. Wir glauben aber zeigen zu können, dass auch die Entstehung qualitativ verschiedener Zellen durch eine epigenetische Theorie erklärt werden kann, dass also eine Präformationstheorie von vornherein überhaupt keine Berechtigung hat.

Es empfiehlt sich, die Entstehung der Organe zunächst an der Hand ihrer mutmasslichen Stammesgeschichte zu betrachten, um darauf die Vererbung durch den Gebrauch veränderter Organe zu veranschaulichen und die keimesgeschichtliche Sonderung der Organe ins Auge zu fassen. Wir müssen uns bei alledem auf die Tiere beschränken, zumal diese ja eine viel weitergehende Sonderung der Organe besitzen, als die Pflanzen.

Es kann keinem Zweifel unterliegen, dass sich die vielzelligen Tiere nicht aus solchen Urtieren entwickelt haben, die gleich den Radiolarien und Infusorien aus einer hochentwickelten Zelle bestehen, sondern aus Urtieren, die gleich den Amöben noch auf einer sehr tiefen Entwickelungsstufe stehen. Die Amöben haben einen formenwechselnden Körper, und der erste Schritt zur Entstehung vielzelliger Tiere war vielleicht der, dass dieser Körper eine mehr oder minder beständige kugelförmige Grundform annahm, wie sie den Sonnentieren bereits zukommt. Aus einem derartigen, ans einer einzigen kugelförmigen Zelle bestehenden Tiere konnten sich dann mehrzellige dadurch entwickeln, dass die durch die Teilung des einzelligen Urtieres entstehenden Zellen im Zusammenhang miteinander blieben. Das letztere wird begreiflich durch die Überlegung, dass die Gefügezuchtwahl Tiere schaffen musste, deren plasmatischer Bau schon dermassen gefestigt war, dass die einzelnen Zellen, die aus der Teilung der Zelle hervorgingen und im Zusammenhang miteinander blieben, sich so stark anzogen, dass sie sich nicht mehr voneinander trennen konnten. Aus einzelligen Tieren werden zunächst zweizellige und aus diesen solche vierzellige entstanden sein, bei welchen die vier Zellen in einer Ebene nebeneinander lagen. Dadurch, dass sich auch diese vier Zellen teilten, entstanden achtzellige Tiere, deren acht Zellen den Ecken eines Würfels entsprachen. Gingen nun aus solchen achtzelligen Tieren 16-, 32-, 64zellige hervor, so konnten die einzelnen Zellen dieser mehrzellig gewordenen Tiere nicht mehr einen soliden Haufen bilden, sondern mussten, da jede von ihnen nur mit den benachbarten in Verbindung bleiben konnte, eine einschichtige Zellenblase formen.

Die einzelnen Zellen dieser Hohlkugel werden so lange im Zusammenhange geblieben sein, wie es die konstitutionelle Gefügefestigkeit dieses auf der Grenze zwischen Ur- und Darmtieren stehenden Tieres zuliess, d. h. so lange die schädigenden äusseren Einflüsse, welche das Tier während seines Lebens erlitt, noch nicht lockernd auf den Zellenverband dieser Hohlkugel eingewirkt hatte. War aber der Punkt erreicht, wo die Gefügefestigkeit des Tieres den äusseren Einflüssen nicht mehr widerstand, so konnte es in die einzelnen Zellen zerfallen. Diese konnten sich durch die Verbindung mit den Zellen eines anderen Tieres wieder auf eine Weise, die wir später kennen lernen werden, festigen, und aus zwei kopulierten und zu einer einzigen verschmolzenen Zelle konnte sich das Tier wieder entwickeln.

Wir wollen uns nun vorstellen, dass die kugelförmige Eizelle eines solchen Hohlkugeltieres allmählich infolge von konstitutioneller Zuchtwahl überging in eine ovale, dass also die Gemmarien eine derartige Gestalt annahmen, dass die Plasmastrahlen nicht mehr gleichmässig um den Mittelpunkt der Zelle verteilt waren, sondern dass sie an einem nunmehr hervortretenden Pole dichter standen, als an dem gegenüberliegenden. An dem letzteren sammelte sich infolgedessen Nahrungsdotter an, d. h. hier ging die Assimilation der Nahrung zu Plasma nicht so schnell von statten wie an dem gegenüberliegenden Pole, wo die Gemmarienstrahlen dichter standen und das Plasma in innigere Berührung mit den Nährsubstanzen kam. Teilte sich eine solche Zelle in zwei miteinander in Zusammenhang bleibende Zellen, so konnte die Teilungsebene entweder durch die Hauptachse der eiförmigen Zelle gehen, oder sie konnte quer zu dieser Hauptachse erfolgen. Im ersteren Falle entstanden zwei gleiche und mit ihren Polen gleich orientierte Zellen, im letzteren eine kleinere Zelle mit mehr Plasma und eine grössere mit mehr Nahrungsdotter.

Wir wollen den ersten Fall, wo zwei gleiche Furchungszellen entstanden, weiter verfolgen. Hier konnten durch die zweite Zellteilung ein Paar kleinerer Zellen mit viel Plasma und ein Paar grösserer mit viel Nahrungsdotter voneinander getrennt werden. Wir nehmen aber an, dass die zweite Zellteilung derartig erfolgte, dass aus ihr vier gleiche und gleich orientierte Zellen hervorgingen, vier Zellen mit je einem plasmareichen und je einem nahrungsdotterreichen Pole. Die dritte Zellteilung konnte dann diese vier Zellen sondern in vier kleinere plasmareiche und vier grössere nahrungsdotterreiche. Durch fortgesetzte Zellteilungen musste aus diesen acht Zellen eine Hohlkugel entstehen mit einer Sonderung der sie zusammensetzenden Zellen in zwei Gruppen, nämlich in eine, die aus kleinen plasmareichen, und eine andere, die aus grossen nahrungsdotterreichen Zellen bestand.

Eine ähnliche Hohlkugel musste entstehen, wenn die erste Zellteilung schon eine kleine plasmareiche von einer grossen nahrungsdotterreichen Zelle geschieden hatte, denn auch in diesem Falle musste das Endergebnis dasselbe sein.

Etwas ähnliches musste auch herauskommen, wenn die Sonderung des dotterreichen Teiles der Zelle von dem plasmareichen erst sehr spät erfolgte, wenn zunächst eine grosse Anzahl von Zellteilungen stattfand, aus welchen immer gleiche Zellen hervorgingen. Man hätte sich freilich vorstellen können, dass die Zellen sich, solange die dotterreichen

Zellen nicht von den plasmareichen geschieden wurden, in einer Ebene ausbreiten mussten. Allein die vier ersten Furchungszellen der Eizelle blieben in körperlichem Zusammenhange miteinander. Die folgenden Zellteilungen konnten aus diesem Grunde nicht mehr parallel zu einer der beiden ersten erfolgen, sondern mussten die beiden ersten Teilungsebenen unter einem Winkel schneiden, wie unsere Fig. 16c es veranschaulicht. Es ist leicht zu begreifen, dass durch fortgesetzte Zellteilungen, die immer gleiche Teilungsprodukte lieferten, eine Kugel ent-

Fig. 16.

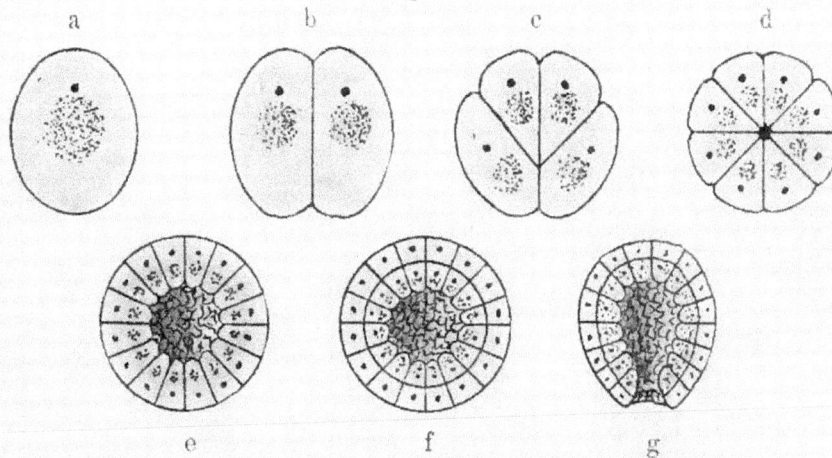

Schematische Darstellung der Entstehung einer Gastrula delaminata.
a Eizelle. b Zweizellenstadium. c Achtzellenstadium (nur vier Zellen sind sichtbar). d Vielzellenstadium. e Einschichtiges Hohlkugelstadium. f Zweischichtiges Hohlkugelstadium. g Fertige Gastrula. Die punktierten Stellen bezeichnen den Nahrungsdotter.

stehen musste, wie sie in unserer Fig. 16d im Durchschnitt dargestellt ist. In dem Innern dieser Kugel konnte sich Flüssigkeit ansammeln, wodurch eine Hohlkugel entstand. Erfolgte endlich gleichzeitig eine Teilung sämtlicher Zellen dieser Hohlkugel, welche den plasmareichen von dem dotterreichen Teile der Zelle trennte, so entstand eine zweischichtige Hohlkugel, die sich an dem einen Pole, wo, wie Fig. 16c zeigt, die Zellen ursprünglich auseinanderklafften, wieder öffnete. Auf diese Weise können wir uns die Entstehung eines Urdarmtieres, einer „Gasträa", anschaulich vor Augen führen.

Dem geschilderten Vorgange entsprechen noch heute die Keimesgeschichten mancher Tiere, die durch eine sogenannte Gastrula delaminata, durch eine durch Abblätterung entstandene Darmlarve charakterisiert sind. Eine Gastrula entsteht aber nicht bloss durch Abblätterung, sondern auch durch Einstülpung, und zwar vollzieht sich diese an einer Hohlkugel, wie wir sie vorhin beschrieben haben.

Bei dieser bildeten sich zwei verschiedene Gruppen von Zellen aus,
aber die Scheidung der kleinen plasmareichen und der grossen dotterreichen Zellen konnte nicht zur Entstehung von Zellen führen, die entweder ausschliesslich aus Plasma oder ausschliesslich aus Nahrungsdotter bestanden. Vielmehr mussten auch die plasmareichen Zellen
noch etwas Nahrungsdotter und die dotterreichen noch etwas Plasma erhalten. Dieses Plasma musste aber nach einer und derselben Richtung hin
orientiert sein, wie es aus unseren schematischen Bildern in Fig. 17

Fig. 17.

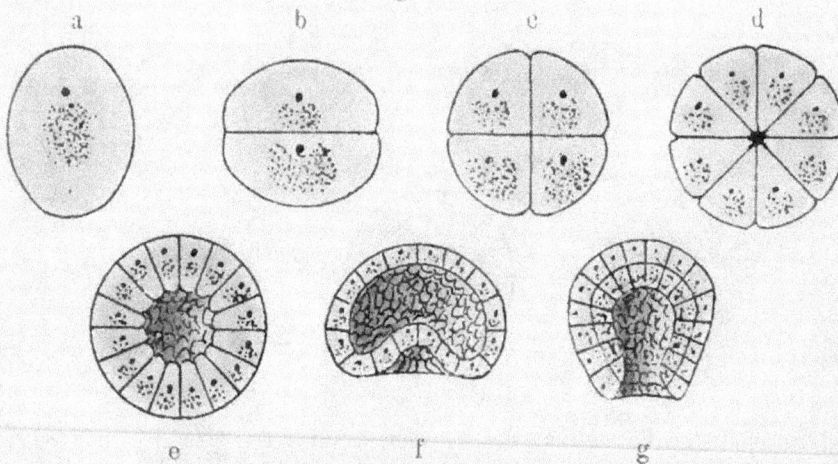

Entstehung der Gastrula durch Einstülpung.
a Eizelle.   b Zweizellenstadium.   c Achtzellenstadium (nur vier Zellen sind sichtbar).
d Vielzellenstadium.   e Hohlkugelstadium.   f Einstülpungsstadium. g Fertige Gastrula.

hervorgeht. Wo der (punktierte) Dotter angehäuft war, war die Zelle nach-
giebiger, während sie an dem plasmareichen Pole widerstandsfähiger war.
Da nun, wie unsere Abbildung zeigt, das Plasma an dem einen Pole der
aus der Einfurchung hervorgegangenen Hohlkugel nahe an der Peripherie
liegt, während es am anderen Pole dem inneren Hohlraum zugewendet ist,
so müssen sich diese beiden Pole auch verschieden verhalten. Der Pol
der plasmareichen Zellen, den man gewöhnlich den animalen nennt,
muss an der Peripherie der Hohlkugel stärker wachsen, während der
Pol der dotterreichen Zellen sich an der inneren Begrenzungsfläche des
Binnenraumes stärker ausdehnen muss, als an der entgegengesetzten
Seite der betreffenden Zellschicht; denn sowohl in den dotterreichen,
wie in den dotterarmen Zellen wird der Dotter allmählich assimiliert,
zu Plasma verarbeitet. Da nun die Assimilation so erfolgen muss, dass
der um den organischen Mittelpunkt jeder Zelle gelegene plasmareiche
Teil am stärksten wächst, denn um das Centrosoma herum ist ja das

Plasma am dichtesten angehäuft, so muss sich der Pol der dotterreichen Zellen mit dem Verschwinden des Dotters durch Assimilation allmählich abflachen, weil die einzelnen Zellen hier die Unterschiede ihrer äusseren und ihrer inneren Pole mehr und mehr ausgleichen.

Ähnliche Vorgänge müssen auch bei den Zellen des plasmareichen Poles stattfinden; aber hier ist die Veränderung der beiden Pole der einzelnen Zellen von einem entgegengesetzten Effekt begleitet, weil diese Zellen an der Peripherie sehr viel Plasma haben. Eine Abflachung kann also nur am Pole der ursprünglich dotterreichen Zellen stattfinden und muss endlich, da die einzelnen Zellen in ihrem plasmareichen Teile durch Assimilation des Nahrungsdotters wachsen, während sie im ursprünglich dotterreichen an Masse abnehmen, in eine Einstülpung übergehen. Wir hätten somit die Entstehung des Urdarmtieres und der Gastrula auch in diesem Falle mechanisch aus unserer Gemmarienlehre erklärt.

Diese Erklärung habe ich ohne Rücksichtnahme auf irgend welche speziellen Fälle versucht, weil erst ein Fundament zu gewinnen war für die phylogenetische Entstehung der Gasträa und die ontogenetische Ausbildung der Gastrula. Die letztere kann ja auf anscheinend sehr verschiedene Weise gebildet werden. Ich glaube aber, dass ihre Entstehung sich in allen Fällen aus ähnlichen mechanischen Gesichtspunkten heraus begreifen lässt, wie wir sie bei der vorhergehenden Schilderung angenommen haben, und ich hoffe demnächst an einem anderen Orte darthun zu können, dass sich in der That alle Formen der Gastrula auf eine der beiden ursprünglich möglichen Entstehungsarten zurückführen und dadurch mechanisch erklären lassen. Hier möchte ich noch darauf hinweisen, dass die durch Einstülpung entstandene Darmlarve, die „Gastrula invaginata", nicht von der durch Abblätterung entstandenen, der „Gastrula delaminata", verschieden ist, denn es geht aus unserer Schilderung klar hervor, dass der Urdarm der Gastrula, sei es, dass sie durch Einstülpung, sei es, dass sie durch Abblätterung entsteht, in beiden Fällen derselbe ist.

Man darf den Hohlraum, der bei der durch Einstülpung entstehenden Gastrula durch Auseinanderweichen der Zellen und durch Bildung einer dadurch hervorgebrachten Hohlkugel entstanden ist, nicht vergleichen mit dem Hohlraum, der bei einer durch Abblätterung entstehenden Gastrula schon vor der Teilung der aus der Eifurchung hervorgegangenen Zellen in eine plasmareiche und eine dotterreiche Zelle besteht. Die Urdarmhöhle der einen Gastrula so gut wie die der anderen liegt von vornherein an der Aussenseite der dotterreichen Zellen und behält ihre Lage in beiden Larvenformen bei, nur dass sie bei der durch Abblätterung entstehenden Gastrula von vornherein konkav, bei der durch Einstülpung entstehenden aber zunächst konvex war. Es ist also falsch, wenn man, wie es noch jüngst Kennel in seinem „Lehrbuch der Zoologie" gethan hat, sagt, dass man den Urdarm der durch Einstülpung entstandenen Gastrula nicht mit dem von einer durch Abblätterung entstandenen Gastrula umschlossenen Hohlraum vergleichen könne, dass der Hohlraum im letzteren Falle eine Furchungshöhle sei, während diese bei der durch Einstülpung entstandenen Gastrula verschwunden wäre. Die Sache liegt vielmehr so, dass bei der durch Einstülpung entstandenen Gastrula zunächst eine Furchungshöhle gebildet wird, während dieses bei der durch Abblätterung entstandenen erst sehr spät geschieht. Eine Furchungshöhle kommt dadurch zu stande, dass Zellen, die an einem Pole plasma- und am anderen dotterreich sind, sich früher oder später in plasmareiche und dotterreiche Zellen teilen. Bei der durch Einstülpung entstehenden Gastrula kann sich die Trennungsebene sehr bald zu einer Furchungshöhle umbilden, während das bei der durch Abblätterung entstehenden Gastrula zunächst nicht möglich ist. Später freilich trennen sich auch bei dieser die Zellen, welche den Körper nach aussen, und die, welche den Urdarm begrenzen. Es entsteht also bei der Gastrula delaminata die „Furchungshöhle", die hier nur eine trennende Grenze benachbarter Zellen darstellt, erst nachdem die Gastrula schon fertig ist, während sie bei der durch Einstülpung entstandenen schon lange vor der Einstülpung da war. In beiden Fällen ist diese „Furchungshöhle" aber homolog.

Es besteht also kein wesentlicher Unterschied zwischen einer Gastrula invaginata und einer Gastrula delaminata. Der einzige Unterschied ist der, dass bei der letzteren die Bildung der nur durch eine Zellgrenze angedeuteten Furchungshöhle auf ein spätes Stadium verschoben worden ist. Die Trennung der Zellen des äusseren und des inneren „Keimblattes" erfolgt bei der durch Abblätterung entstandenen Gastrula sehr spät, während sie bei der durch Einstülpung entstandenen sehr früh stattfindet.

Wir sind auf diese Verhältnisse etwas näher eingegangen, weil sie uns lehren, dass wir uns die Entstehung des Urdarmtieres auf beide Arten gleich gut erklären können; dass in der That beide Wege nicht nur zu demselben Ziele führen, sondern auch von demselben Punkte ausgehen, und dass die mechanischen Ursachen in dem einen wie in dem anderen Falle dieselben sind. Diese mechanischen Ursachen sind zu suchen in dem Übergange der kugelförmigen Eizelle eines aus lauter gleichen Zellen zusammengesetzten hohlkugelförmigen Tieres in eine eiförmige, deren Entstehungsursache die Gefügefestigung durch konstitutionelle Zuchtwahl ist. Aus den dargelegten mechanischen Entwickelungsvorgängen, welche die Entstehung der Gasträa beziehungsweise der Gastrula bewirkt haben, geht aber ausserdem hervor, dass sich auch andere Einfaltungsvorgänge aus der Form der Eizelle und ihrer Gemmarien mechanisch begreifen lassen werden. Wir werden sie wenigstens im Prinzip verstehen können und haben damit eine Direktive für den weiteren Ausbau der Entwickelungsmechanik gewonnen.

Bekanntlich ist es His gewesen, der mit Erfolg die Keimesgeschichte der Tiere auf Einfaltungs- und Verwachsungsprozesse zurückgeführt hat, und wenn auch manches von ihm Geäusserte keinen Bestand gehabt hat, so haben doch die neueren Untersuchungen über die Entwickelungsgeschichte der Tiere gezeigt, dass Einfaltungsvorgänge und Verwachsungsprozesse die Hauptrolle bei der Entwickelung der Tiere gespielt haben. Nur muss man sie, wie wir es gethan haben, auf die Form der Eizelle oder vielmehr auf die der die letztere zusammensetzenden Gemmarien, von deren Form ja die der Eizelle abhängt, zurückführen. Wer unbefangen die Thatsachen, die durch die ontogenetischen Untersuchungen zu Tage gefördert worden sind, überblickt, wird sich der Überzeugung nicht verschliessen können, dass die Erklärung dieser Vorgänge mechanisch zu begründen sein muss und vielleicht über kurz oder lang mechanisch begründet werden wird.

Die Entwickelungsgeschichte des Lanzettfischchens, das eigentlich nichts weiter ist, als eine zusammenhängende, vielfach eingefaltete Zellschicht, berechtigt zu der Anschauung, dass alle Tiere hervorgegangen sind aus Hohlkugeln, deren Zellwände sich eingefaltet haben. Daneben kommen allerdings eine Reihe anderer Entwickelungsprozesse, wie die, welche durch die Auswanderung von Zellen dargestellt werden, in Betracht. Allein auch alle diese sind im Prinzip nicht schwer zu begreifen. Vorderhand freilich ist es unmöglich, im einzelnen den weiteren Entwickelungsvorgängen nachzugehen, welche jene Hohlkugel und die aus ihr entstandene Gasträa in der Umbildung zu den verschiedenen Stämmen der Darmtiere durchlaufen hat. Es wird aber wahrscheinlich in nicht allzu ferner Zukunft möglich sein, auch über diese Vorgänge Licht zu

verbreiten durch das Studium der Keimesgeschichte, das auf die uns hier
beschäftigende Frage ein besonderes Augenmerk zu richten haben wird.
Dass erneute Bestrebungen von Erfolg gekrönt sein müssen, mag noch an
dem Beispiel der Entstehung einer zweiseitig-symmetrischen Tierform
aus einer eiförmigen dargethan werden.

Wir haben die Entstehung der Gastrula invaginata dadurch zu erklären versucht, dass wir annahmen, die Eizelle eines einer vollkommenen
Hohlkugel gleichenden Tieres wäre infolge von Gefügefestigung durch
konstitutionelle Individualselektion in eine eiförmige übergeführt worden,
und zwar dadurch, dass sich an den Gemmarien dieser Eizelle Veränderungen vollzogen, die notwendigerweise ihre kugelförmige Form
in eine eiförmige überführen mussten. Nehmen wir nun an, dass weitere
Gemmenreihen den Gemmarien einer eiförmigen Eizelle angefügt werden,
wodurch die Grundform der Eizelle in eine zweiseitig-symmetrische übergeführt wird, so kann die Einstülpung der Gastrula nicht mehr in der
Richtung der Hauptachse erfolgen, d. h. die Einstülpungsachse kann nicht
mehr zusammenfallen mit der Hauptachse der ehemaligen Eizelle, sondern
die Einstülpungsachse wird zwar noch in dieselbe Ebene fallen, wie die
Hauptachse der bilateral-symmetrisch gewordenen Eizelle, aber einen
Winkel mit ihr bilden, so dass dadurch die Gastrula eine zweiseitig-
symmetrische wird. Unsere Fig. 18—23 zeigen bei genauem Studium,
dass dieses nicht anders sein kann. Sie thun dar, dass die Lage des
Nahrungsdotters, der in keiner bilateral-symmetrischen Eizelle fehlt, wenn
er auch oft nicht nachgewiesen werden kann, die Modifikation der Einstülpung bedingt. Wir haben gesehen, dass bei der Bildung der Gastrula durch Einstülpung die letztere dort erfolgt, wo der Nahrungsdotter, der in unseren Figuren punktiert ist, zunächst der Peripherie
des Keimes liegt. Aus einer zweiseitig-symmetrischen Eizelle, wie sie
in Fig. 18 im Aufriss (a), im Grundriss (b) und in der Seitenansicht (c)
dargestellt ist, muss auf dem Wege, wie ihn die Fig. 19—21 zeigen,
durch fortgesetzte Zellteilungen ein blasenförmiger Keim hervorgehen,
wie er in Fig. 22 in einem den Keim in zwei symmetrische Hälften
teilenden Durchschnitt dargestellt ist. Die Lage des Nahrungsdotters in
den Zellen dieses Keimes bewirkt die zu einer bilateral-symmetrischen
Gastrula führende Einstülpung (Fig. 23). Zweiseitig-symmetrische Darm-
larven finden wir bei vielen Tieren, beispielsweise beim Frosch; aber
die Verfolgung der weiteren Entwickelungsvorgänge an solchen zweiseitig-symmetrischen Keimformen und ihre mechanische Begründung stösst

auf Schwierigkeiten, deren Beseitigung eingehenden Untersuchungen überlassen werden muss. Indessen glauben wir zur Genüge dargethan zu haben, dass es die Form der Gemmarien ist, von welcher alle morphologischen Veränderungen im Tierkörper bedingt werden.

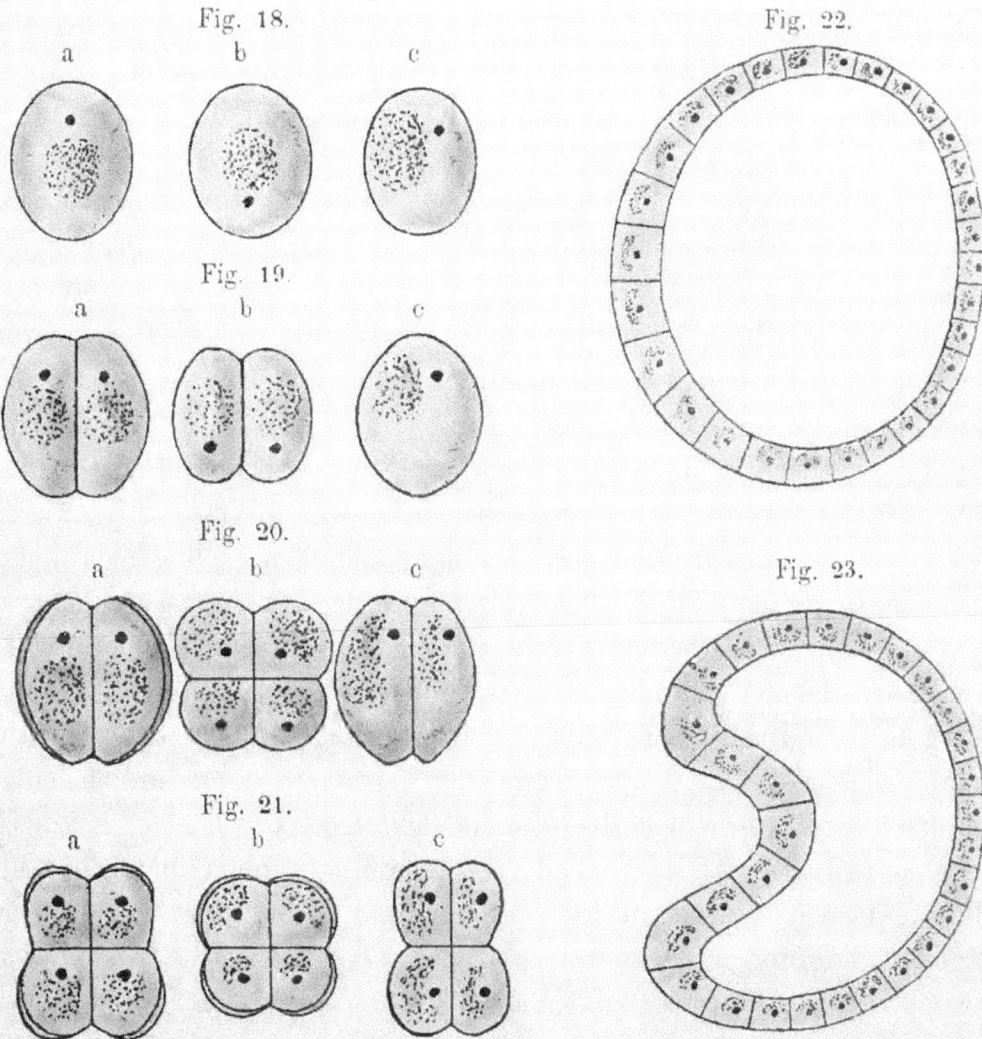

Schematische Darstellung der Entstehung einer zweiseitig-symmetrischen Gastrula.

Durch diese morphologischen Veränderungen sind Gebilde entstanden, die sich infolge eigener Thätigkeit und direkter Anpassung zu den Organen des Körpers umbilden konnten, und die stammesgeschichtliche Entstehung der Organe ist keineswegs schwierig zu begreifen, wenn wir bedenken, dass durch die infolge von Gefügefestigung eingetretenen und von Verwachsungsvorgängen begleiteten Einfaltungsprozesse die Lage der einzelnen Zellen des Körpers gegenüber den anderen und in Beziehung zur Aussenwelt eine sehr verschiedene wurde. Bei der aus einer Zellenschicht bestehenden blasenförmigen Urform, aus welcher die Darmtiere wahrscheinlich hervorgegangen sind und welcher eine regelmässige kugelförmige Grundform zukam, verhielt sich jede Zelle sowohl der Aussenwelt als auch den übrigen Zellen gegenüber in derselben Weise. Deshalb war es unmöglich, dass sich bei einem derartigen Tiere aus verschiedenartigen Zellen bestehende Organe herausbilden konnten, denn die Zellen eines solchen Hohlkugeltieres kamen fortwährend mit der Umgebung in gleiche Berührung und konnten sich deshalb gar nicht verschiedenartig ausbilden; wenn auch jede einzelne sich verändert haben mag, so waren diese Veränderungen doch nur solche, wie sie auch in allen übrigen Zellen der einschichtigen Blase vorkamen. Aber schon durch die Einstülpung dieser Blase zu einem zweischichtigen eiförmigen Tiere wurden die beiden Zellenschichten, die dadurch entstanden, in sehr verschiedenartige Berührung mit der Umgebung gebracht. Die Zellen des äusseren Keimblattes, wie wir die nach aussen liegende Zellenschicht jetzt nennen können, kamen mit der Aussenwelt in völlig anderer Weise in Berührung, als die des inneren Keimblattes. Während bei dem vollkommen kugelförmigen Blasentiere alle Zellen sowohl an der Nahrungsaufnahme wie an dem Schutze des Tieres beteiligt waren, konnte sich bei der Gasträa eine Arbeitsteilung vollziehen; die Zellen des äusseren Keimblattes kamen häufig mit der Umgebung in unsanfte Berührung, und sie allein konnten Organe bilden, die zur Fortbewegung des ganzen Körpers und zu seinem Schutze gegen äussere Unbilden dienen konnten. Die Zellen des inneren Keimblattes dagegen, die mit der Aussenwelt weniger häufig in Berührung kamen, konnten weicher bleiben und wurden infolgedessen geeigneter, Nahrung aufzunehmen und zu verarbeiten. Sie passten sich dabei direkt der Nahrungsaufnahme an, während die Zellen des äusseren Keimblattes sich der Fortbewegung und dem Schutze des Körpers anpassten.

Die Vorgänge, die hierbei im Innern der Zellen stattfanden, sind noch in völliges Dunkel gehüllt; es wird sich aber vielleicht Licht darüber verbreiten lassen, wenn man die während des Lebens stattfindenden Anpassungen mikroskopisch auf die Umänderungen, welche die einzelnen Zellen dabei erleiden, untersucht. Genug, dass wir erkannt haben, dass die verschiedene Lage der Zellen im Körper zu verschiedener Ausbildung der letzteren führen musste.

Nachdem die Gasträa zweiseitig geworden war, bewegte sie sich vorwiegend nur noch nach einer Richtung hin, und dadurch waren

weitere Anlässe zur Bildung von Organen gegeben. Dasjenige Körper-
ende, welches sich nach vorn bewegte, kam in anderer Weise mit der
Umgebung in Berührung als das hintere. Die Oberseite erlitt andere
Einflüsse als die Unterseite. Nervöse Organe werden sich infolgedessen
an solchen Stellen ausgebildet haben, die mit der Aussenwelt in besonders häufige Berührung gekommen sind, und deshalb finden wir das
Gehirn oder den oberen Schlundknoten der Darmtiere in der Nähe seines
vorderen Körperendes. Dadurch, dass vorwiegend gewisse Zellen von
äusseren Reizen, die Empfindung erzeugten, getroffen wurden, dadurch,
dass sich diese Reize wiederum ungleichmässig durch den Körper verteilten, nämlich vor allem auf diejenigen Zellen fortpflanzten, welche vermöge ihrer Lagerung im Körper besonders leicht zu reizleitenden Organen
werden konnten, entstanden Sinnesorgane und die zu ihnen gehörigen
Nerven aus besonderen Zellen und Zellenreihen der Oberfläche, beziehungsweise der inneren Teile des Körpers. Ähnlich musste es sich mit den
Muskeln verhalten. Nicht alle Zellen in dem durch Einfaltung verwickelt
gewordenen Bau des Körpers konnten sich in gleich guter Weise bewegen, sondern nur die, die vermöge ihrer Lage besonders dazu geeignet
waren. Aus diesen haben sich Muskelzellen gebildet. Schutz- und Stütz-
organe entstanden dagegen an solchen Orten, wo die Zellen weder zur
Ernährung des Körpers, noch zur Aufnahme und zur Leitung von Reizen,
noch auch zur Ausführung von Bewegungen veranlasst wurden. In
derartigen Zellen konnte sich feste organische oder anorganische Substanz
ablagern und dadurch zur Bildung von inneren und äusseren Skeletten
führen. Der Zusammenhang der einzelnen Zellen im Körper musste an
verschiedenen Stellen ein sehr ungleich fester werden, so dass Körperstellen entstehen konnten, bei welchen leicht einzelne Zellen aus dem
Verband der übrigen austreten konnten, und solche konnten dann zu
Fortpflanzungszellen werden. Derartige Zellen werden sich vor allem an
Körperstellen gebildet haben, die den Einflüssen der Aussenwelt mehr
oder weniger entzogen waren und sich deshalb nicht zu Organen der
Empfindung, der Bewegung oder des Schutzes umbilden konnten. Die
Lage der Fortpflanzungsorgane, die so oft eine versteckte ist und nicht
selten dazu dienen musste, ein Argument gegen die Vererbung erworbener
Eigenschaften zu bilden, ist also nicht darauf zurückzuführen, dass natür-
liche Zuchtwahl die Lage der Eierstöcke und Hoden den Unbilden der
Aussenwelt, durch welche Vererbung erworbener Eigenschaften bewirkt
worden sein könnte, entzogen hätte, sondern sie erklärt sich einfach da-

durch, dass sich am ehesten an versteckten Körperstellen, wo die Zellen nicht anderweitig in Anspruch genommen waren, Zellen aus dem gemeinsamen Verband loslösen und dadurch zu Keimzellen werden konnten.

Aus den obigen Betrachtungen geht hervor, dass die Zellen sich in sehr verschiedener Weise an die Aussenwelt und an ihre Nachbarn anpassen mussten, je nachdem sie diese oder jene Lage hatten; dadurch wurden sie sowohl morphologisch als auch chemisch verändert. Die morphologischen Veränderungen betreffen die Anordnung der Gemmarien, welche auf die Anordnung der einzelnen Gemmen innerhalb der Gemmarien zurückwirken musste; die chemischen Veränderungen aber sind zu verstehen als solche, welche den chemischen Aufbau der Organe, die sich aus der Zelle entwickelten, betreffen. Wo Zellen von Sinnesreizen getroffen wurden, sei es, dass diese in Druck, in akustischen, optischen, thermischen oder endlich auch in chemischen Einflüssen der Aussenwelt ihre Ursache hatten, musste der Chemismus ein anderer werden; dadurch wurden die Stoffwechselvorgänge in den betreffenden Zellen verändert, es bildeten sich hier solche Verbindungen, welche den betreffenden Sinnesreizen widerstanden. Wir haben ja den Stoffwechsel zurückgeführt auf den Zerfall von gesättigten Molekülen, d. h. von solchen, deren atomistische Zusammensetzung eine derartige geworden ist, dass sie leicht auf irgend welche äusseren Reize zerfallen müssen und dadurch zu weniger gesättigten, aber stabileren Molekülen werden. Es ist nun nicht schwer, sich vorzustellen, dass, um ein Beispiel zu nennen, intensive Lichteinwirkung einen andersartigen Zerfall der Moleküle bewirken musste, als etwa schwache Wärmereize. In dem einen Falle entstanden also andere chemische Verbindungen, andere Moleküle als in dem anderen. Auch diese Moleküle konnten sich zu Gebilden höherer Einheit, zu Gemmen der Nerven, der Muskeln usw. anordnen, und auch diese Gemmen konnten in ihrer Weise spezifische Gewebegemmarien bilden. Freilich sind dabei wohl niemals alle Gemmen des ursprünglichen Keimplasma's zu spezifischen Gemmen umgeändert worden, denn wir finden ja in fast allen Zellen Reste des ursprünglichen Plasma's, und es scheint, dass diese Reste es sind, die nicht nur manchen Zellen niederer Tiere die Entwickelung zu einem vollkommenen Tiere gestatten, sondern dass sie auch die Anordnung der Zellen im Körper regeln und erbliche Übertragung erworbener Eigenschaften bewirken.

Die stammesgeschichtliche Entstehung der Organe ist nach allem Vorhergehenden also keineswegs schwierig zu begreifen. Wir haben aber hier unter stammesgeschichtlicher Organbildung diejenige verstanden, welche durch äussere Einflüsse hervorgebracht, durch diese im einzelnen Tierkörper und seinen Zellen bewirkt wird, und haben uns nunmehr mit der Frage zu beschäftigen, wie die von den Individuen erworbenen Anpassungen auf die Keimzellen übertragen werden konnten. Ich glaube nicht, dass diese Übertragung schwer zu begreifen ist, wenn man bedenkt, dass alle Zellen des Körpers in direktem oder indirektem Verbande miteinander stehen. Abgesehen von Wanderzellen giebt es wohl keine, die nicht in irgend einer plasmatischen Verbindung mit einer oder mehreren benachbarten Zellen ständen, und auch die Wanderzellen werden zeitweilig in eine solche Verbindung mit dem Körper treten, und dasselbe gilt von den Eizellen und den Samenmutterzellen. Haben doch viele Keimzellen geradezu Vorrichtungen, durch welche sie in Verbindung mit den Zellen des benachbarten Gewebes gesetzt werden, wie wir es beispielsweise bei manchen Korallen finden, bei denen ein Zapfen von Zellen in das Plasma der Eizelle eingreift. Bei anderen Eizellen, z. B. bei denen der Säugetiere, ist die Zellhaut von feinen Kanälen durchsetzt, und es ist wohl nicht zu bezweifeln, dass durch diese Kanäle hindurch plasmatische Verbindungen den Leib der Eizelle mit dem Plasma der umgebenden Zellen des Eierstocks in Verbindung setzen. Auf welche Weise es also verhindert werden soll, dass keine Beeinflussung der Keimzellen seitens der Körperzellen stattfindet, ist angesichts solcher Einrichtungen schlechterdings nicht zu begreifen. Die Zellen müssen ja doch ernährt werden und können ihre Nahrung doch nicht wohl anderswoher beziehen, als aus den sie umgebenden Zellen. Es ist also für jeden, der keine unzulänglichen Vererbungstheorien zu vertreten hat, von vornherein wahrscheinlich, dass sich erworbene Eigenschaften übertragen müssen. Dass dies mit Notwendigkeit geschehen muss, werden wir aber sofort einsehen, wenn wir uns auf den Boden unserer Gemmarienlehre stellen.

Wir haben gesehen, dass aus einer bestimmten Form der Gemmarien eine bestimmte Anordnung der Zellen im Körper resultieren muss. Sämtliche Zellen des Körpers stehen fortwährend miteinander im Gleichgewicht; wo das Gleichgewicht in einer einzigen Zelle gestört wird, muss auch eine Gleichgewichtsveränderung in sämtlichen übrigen Zellen eintreten. Das Gleichgewicht kann aber dauernd nur dadurch gestört werden, dass die Form der Gemmarien sich ändert, d. h. dass ihre Gemmen sich gegeneinander verschieben, dass sich neue Gemmenreihen bilden und andere verschwinden, dass die einen Gemmenreihen kürzer,

die anderen länger werden, dass also die Anordnung der Gemmen
innerhalb der Gemmarien anders wird; denn wenn sie so bleibt, wie sie
vordem war, so muss notwendigerweise das ursprüngliche Gleichgewicht
und damit die ererbte Körperform wieder hergestellt werden. Wird aber
eine Zelle dauernd etwa durch äusseren Druck oder durch beständigen
Lichtreiz beeinflusst, so muss sie sich in ihrem plasmatischen Gleichgewicht mit diesen äusseren Einflüssen abfinden; das kann sie aber
nicht anders als dadurch, dass sie die Form ihrer Gemmarien ändert,
denn es sind ja diese, in welchen die Anordnung der Gemmen durch
die äusseren Einflüsse verändert wird. Diese Anordnung kann unmöglich dieselbe bleiben, wenn die Anordnung der Gemmarien, welche durch
die gegenseitige Anziehung der letzteren und durch ihre Form bedingt
wird, gewaltsam geändert wird. Dann kommen die Anziehungspole der
Gemmarien in andere gegenseitige Berührung als vordem; die Kräfte-
verteilungen innerhalb der Gemmarien werden andere, und die Folge
davon ist, dass alte Gemmarienreihen verschwinden und neue sich an
anderen Stellen ansetzen.

Dass solches eintreten muss, kann man sich leicht an einigen schematischen Abbildungen klar machen. Gesetzt, die beiden Rhomben in
Figur 24a seien zwei sich anziehende Gemmarien, deren Lage durch

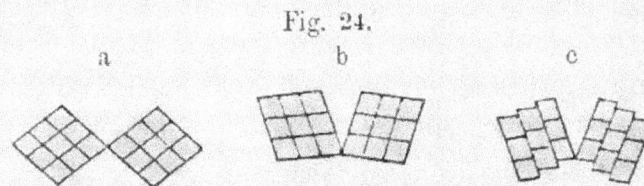

Fig. 24.

a   b   c

Schemata zur Erläuterung der Gemmarienumformung.

die ihnen vermöge der Anordnung ihrer Gemmen zukommenden Anziehungspole bestimmt wird; es soll dadurch die in unserer Figur an-
gegebene gegenseitige Lagerung bewirkt werden. Diese Gemmarien sollen
nun infolge äusseren Drucks gegeneinander dauernd verschoben werden,
so dass ihre Anziehungspunkte zum Teil ausser Thätigkeit gesetzt, zum
Teil in anderer Weise in Anspruch genommen werden, wie es in
Figur 24b dargestellt ist. Dadurch werden die einzelnen Teile der
Gemmarien in anderer Weise mit dem sie umgebenden und das ganze
Plasma durchsetzenden ungeformten Nährstoff, den wir als Sarkode bezeichnet haben, in Berührung gebracht. Ihr Stoffwechsel wird ein
anderer, manche ihrer Gemmen, die früher dem Stoffwechsel mehr ent-

zogen waren, werden in diesen hineingebracht, sie zerfallen, und an anderer Stelle der Gemmarien können neue Gemmen ankristallisiren, so dass die Form der Gemmarien vielleicht die wird, die wir in Figur 24 c sehen. Diese Veränderungen müssen sich natürlich durch den ganzen Körper hindurch fortsetzen und auch die Gemmarienform der Keimzellen beeinflussen, und schwer zu verstehen ist diese Beeinflussung nicht.

Stellen wir uns vor, dass durch Kz in Figur 25 a zwei symmetrische Keimzellen im Inneren eines vielzelligen Tieres bezeichnet würden, durch Oz dagegen zwei Organ-zellen, die durch äussere Einflüsse, etwa durch fortwährenden Reiz oder durch veränderten Gebrauch in ihrem Gefüge verändert werden. Nehmen wir ferner an, dass durch die Strahlenfiguren, die wir den Symbolen unserer Keim- und Organ-zellen gegeben haben, die Anordnung der Gemma-

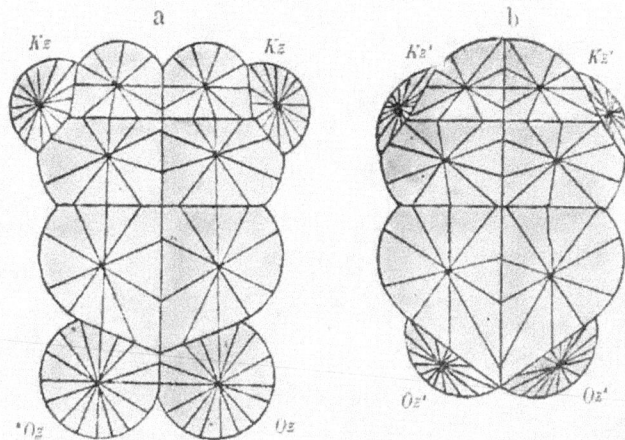

Fig. 25.

Symbole zur Erläuterung der Vererbung.

rien in ihnen und die der Gemmen in den einzelnen Gemmarien ausgedrückt werde, so werden die beiden Keimzellen Kz nach ihrer Ablösung wieder einen Tierkörper hervorbringen, wie er durch unsere symbolische Fig. 25 a dargestellt ist und sowohl mit den Keimzellen Kz als auch mit den Organzellen Oz im Gleichgewichte steht. Dieser Tier-körper soll nun durch äussere Einflüsse, die seine beiden Organzellen Oz treffen, umgeändert werden. Dadurch wird das Gefüge in diesen Zellen ein anderes, und diese Veränderung setzt sich durch den ganzen Körper fort und überträgt sich auch auf die Keimzellen Kz. Die Veränderung, die der Körper und die Keimzellen erleiden, soll durch die Konfiguration der Zellen in Figur 25 b angegeben werden. Es stehen also in dem durch die symbolische Figur 25 a dargestellten Körper die Keimzellen Kz mit den Körperzellen Oz im Gleichgewicht und in dem durch die sym-bolische Figur 25 b wiedergegebenen, durch äussere Einflüsse veränderten Körper die Keimzellen Kz' mit den Organzellen Oz'. Hat nun Kz wieder den Körper a und also auch die Organzellen Oz erzeugen können, so muss Kz' auch wieder den Körper b und die Organzellen Oz' hervorbringen können. Wenn Kz mit Oz im Gleichgewichte steht und Kz' mit Oz', so heisst es das Gesetz von der Erhaltung der Kraft leugnen, wenn man zugiebt, dass Kz zwar Oz erzeugt, aber bestreitet, dass die Keimzelle Kz' die Organzelle Oz' hervorbringen kann. Diejenigen Naturforscher, welche die Vererbung erworbener Eigenschaften bezweifeln, bezweifeln damit die allgemeine Gültigkeit des obersten Naturgesetzes.

Fast ebenso leicht, wie sich die Vererbung einer durch äussere Einflüsse hervorgebrachten morphologischen Umwandlung der Zellen dadurch erklärt, dass sich Verschiebungen innerhalb der Gemmarien einer Zelle durch den ganzen Körper bis zu den Keimzellen hindurch fortsetzen müssen, ist es zu begreifen, warum auch die durch äussere Einflüsse hervorgebrachten chemischen Umwandlungen der Zellen vererbt werden. Zum Verständnis dieser Art der Vererbung führen dieselben Überlegungen, die die Übertragung der Gemmenanordnung erklären, denn der Körper bildet nicht nur in Bezug auf die Lage seiner einzelnen Zellen ein Gleichgewichtssystem, sondern auch in Bezug auf deren chemische Zusammensetzung. Durch äussere Einflüsse wird nicht nur der morphologische Aufbau des Körpers erblich verändert, sondern auch dessen Chemismus, und in Bezug auf diesen besteht gleichfalls ein Gleichgewichtsverhältnis zwischen den einzelnen Zellen des Körpers. Wenn der Stoffwechsel in einer Körperzelle durch Einflüsse von aussen verändert wird, so muss auch der Stoffaustausch zwischen dieser Zelle und den benachbarten ein anderer werden, und mit derselben Notwendigkeit, mit der sich morphologische Veränderungen durch den Körper hindurch bis zu den Keimzellen fortpflanzen, müssen es auch chemische thun. Wenn demnach eine Körperzelle im chemischen Gleichgewichte mit dem gesamten Körper und folglich auch mit seinen Keimzellen steht, und der Stoffwechsel der betreffenden Körperzelle ändert sich, so muss es auch der des Gesamtkörpers thun und damit auch der der Keimzelle. Wenn also die Keimzelle Kz nicht nur in morphologischer, sondern auch in chemischer Beziehung die Organzelle Oz hervorgebracht hat, so muss durch Umwandlung der Organzelle Oz in Oz' auch die Keimzelle Kz in Kz' übergehen, und Kz' muss wieder Oz' reproduzieren, denn der Ort, welchen die durch fortgesetzte Teilung der befruchteten Eizelle entstehenden Organzellen im Körper erhalten, muss auf den Chemismus der Körperzellen einen grossen Einfluss ausüben und ihr Plasma chemisch umändern, und ebenso wie sich bei der durch äussere Einflüsse bewirkten stammesgeschichtlichen Umbildung der Zellen ein grosser Teil des ursprünglichen Plasma's in andere Plasmaarten, wie es beispielsweise Nerven- und Muskelmasse sind, umsetzte, muss dieselbe Umsetzung auch bei der Ontogenie der Organe wiederholt werden.

Ein noch besseres Verständnis der Vererbung chemischer Umänderungen im Körper werden wir gewinnen, wenn wir später die periodischen Schöpfungsmittel näher ins Auge fassen. Hier haben wir zunächst noch das Verhältnis zu besprechen, in welchem der Gang der Keimesgeschichte zu dem der Stammesgeschichte steht, und vor allem den Parallelismus zwischen Ontogenie und Phylogenie zu erklären.

Bekanntlich hat Haeckel ein „Grundgesetz der organischen Entwickelung" aufgestellt, sein „biogenetisches Grundgesetz", wonach die Keimesgeschichte eine kurze und gedrängte Wiederholung der Stammesgeschichte ist, und wir müssen zugeben, dass, obwohl die Keimesgeschichte manche Züge aufweist, die der Stammesgeschichte fremd waren, doch im grossen und ganzen ein auffälliger Parallelismus zwischen Ontogenie und Phylogenie besteht. Es ist die Aufgabe einer Vererbungs- und Formbildungslehre, diesen Parallelismus ursächlich zu erklären. Der Präformationslehre in ihrem neuesten, durch Weismann herbeigeführten Stadium ist das nicht möglich. Nach ihr besteht die Ontogenie darin, dass die Ide der befruchteten Keimzellen in ihre Determinanten zerlegt werden, und dass, sobald eine Determinante isoliert ist, die sie zusammensetzenden Biophoren aus dem Kern der betreffenden Zelle in das umgebende Plasma eintreten, sich hier vermehren und so den Charakter der Zelle bestimmen. Wie die natürliche Zuchtwahl dazu gekommen sein sollte, bei dieser Zerlegung eine so grosse Umständlichkeit, wie sie wegen der bedeutenden Komplikation der keimesgeschichtlichen Vorgänge doch thatsächlich angenommen werden müsste, bestehen zu lassen, ist schlechterdings nicht einzusehen, um so weniger, als Weismann und seine Anhänger das krasseste Selektionsprinzip vertreten.

Die Zerlegung eines aus ungleichen Teilen bestehenden Körpers, wie es ein Id ist, in seine einzelnen Qualitäten, ist auf ausserordentlich verschiedene Weise möglich. Trotzdem finden wir, dass die Keimesgeschichte im grossen und ganzen eine Wiederholung der Stammesgeschichte ist, und dieser Umstand ist es, der die Präformationstheorie Weismann's unfähig macht, Licht über die Keimesgeschichte zu verbreiten. Wenn es bei der Keimesgeschichte lediglich darauf ankommt, die Determinanten des Ids auf die Zellen des sich entwickelnden Körpers zu verteilen, so müsste die Keimesgeschichte einen viel schnelleren Gang

nehmen, als sie es thatsächlich thut, um so mehr, als ein Tier, das
schnell zur Ausbildung gelangt, grosse Vorteile im Kampf ums Dasein
haben müsste, und wenn man die Berechtigung dieser Schlussfolgerung anerkennen will, so wird man des weiteren nicht begreifen,
warum bei allen Tieren ein mehr oder minder ausgesprochener Parallelismus zwischen Ontogenie und Phylogenie besteht, denn die natürliche Zuchtwahl müsste darauf hinarbeiten, in jeder Tiergruppe denjenigen Gang der Keimesgeschichte. d. h. diejenige Zerlegung der Ide
in Determinanten herbeizuführen, die für die betreffende Tiergruppe am
schnellsten zum Ziele führt. Es müsste also, wie gesagt, eine grosse
Verschiedenheit in Bezug auf den Gang der Keimesgeschichte in verschiedenen Tiergruppen eingeführt worden sein, was bekanntlich nicht
der Fall ist; denn darüber sind sich nachgerade alle Zoologen einig, dass
Haeckel mit seinem biogenetischen Grundgesetze im grossen und
ganzen das Richtige getroffen hat. Da also ein Verständnis für die Ontogenie nicht auf dem Wege einer präformistischen Vererbungstheorie
zu gewinnen ist, müssen wir uns zu unserer epigenetischen Anschauung
wenden, um von ihr eine Erklärung der Keimesgeschichte zu fordern,
und diese Erklärung ergiebt sich aus unserer Lehre in einfachster Weise.

Die Veränderungen, die durch äussere Einflüsse, sei es, dass diese
in den allgemeinen physikalischen und chemischen Verhältnissen der
Umgebung oder in dem veränderten Gebrauche der Organe bestehen, zu
stande kommen, vollziehen sich an einem Körper, dessen Zellenzahl
nicht in allen Generationen dieselbe ist, sondern von Generation zu Generation zunimmt, solange die Gefügezuchtwahl ihre Wirksamkeit entfalten kann. Das Körpergefüge wird immer mehr befestigt, so dass
immer mehr Zellen gebildet werden und in Zusammenhang mit den
schon vorhandenen bleiben können. Der Zellenstammbaum, welchen der
Körper darstellt, erhält also immer neue Äste und Zweige, und die vorhandenen Zweige werden immer stärker und dadurch zu Hauptzellen-
bahnen, während sich an sie fortwährend neuere kleinere Zweige ansetzen. Die während der Ontogenie zuerst gebildeten Zweige müssen
also notwendigerweise auch den stammesgeschichtlich zuerst entstandenen Verzweigungen des Zellenstammbaumes entsprechen, denn die Vererbung bewirkt, dass sich zunächst in jeder Ontogenie diejenigen Zellenreihen wieder bilden, die schon bei den Eltern des betreffenden Organismus bestanden. Wenn sich aber an den Spitzen dieser Zellenreihen
neue Zellen entwickeln und dadurch die Länge der einzelnen Zweige

des Zellenstammbaumes vergrössern, so muss neben der keimesgeschichtlichen Reproduktion des ererbten Zellenstammbaumes der Eltern ein
Wachstum über das ererbte Mass hinaus stattfinden, und Eimer hat
das Richtige getroffen, wenn er die stammesgeschichtliche Entwickelung
mit einem Wachstumsprozesse vergleicht. Dieser Prozess wird zwar in
jeder neuen Ontogenese durchbrochen, aber wenn eine Organismenart
sich in Umbildung befindet, so wird auch bei jeder Keimesentwickelung
die Zweiglänge des Zellenbaumes etwas vergrössert, die Äste und Zweige
dieses Baumes laufen deshalb nur bis zu dem Punkte, von welchem an
diese Verlängerung erfolgt, mit den Zellenbäumen der Eltern des betreffenden Organismus parallel; hier werden die während der Ontogenese
dieser Tiere neu hinzugefügten Zellen angesetzt.

Es ist klar, dass dieser Parallelismus ein immer geringerer wird, je
weiter wir von einer heute lebenden Generation auf ihre Vorfahren
zurückgehen. Während die heute lebenden Organismen sich vielleicht
nur in Bezug auf die Länge einzelner äusserster Zweigspitzen des Zellenbaumes von ihren nächsten Vorfahren unterscheiden, fehlen bei weiter
zurückliegenden Vorfahren die kleinsten Verzweigungen im Zellenstamm-
baume der heutigen Organismen schon gänzlich. Gehen wir noch weiter
zurück, so sehen wir auch Äste von beträchtlicher Grösse schwinden,
und auch diese nehmen an Anzahl und Länge ab, wenn wir uns abermals weiter in der Stammesgeschichte zurückversetzen. Zuletzt besteht
der ontogenetische Zellenstammbaum nur noch aus einigen wenigen
Ästen, und endlich schwinden auch diese. Unsere Epigenesislehre, welche
die stammesgeschichtliche Fortbildung der Hauptsache nach durch die
Annahme einer konstitutionellen Zuchtwahl erklärt, begründet also in
einer Weise, wie es bisher nicht möglich war, den ursächlichen Zusammenhang zwischen Keimes- und Stammesgeschichte, den Parallelismus der ontogenetischen und phylogenetischen Entwickelung, und sie
erklärt auch, warum, wie es von Eimer mit solchem Nachdrucke betont worden ist, das organische Wachsen ein gesetzmässiges sein muss.

Dieses organische Wachsen kann nämlich im Laufe der Stammesgeschichte dadurch abgeändert werden, dass sich einzelne Äste des ontogenetischen Zellenstammbaumes verkürzen, und dass sich andere verlängern
und stärker werden, dass sich endlich hier und da neue Verzweigungen
bilden. Die letzteren müssen an ganz bestimmten Stellen entstehen,
nämlich dort, wo die Lage der betreffenden Zellen eine neue Verzweigung
zulässt. Bei verwandten Tieren wird das an korrespondierenden Körper-

stellen der Fall sein und deshalb werden solche Tiere unabhängig voneinander dieselben neuen Entwickelungsbahnen einschlagen. Daraus erklärt sich aber die gesetzmässige Umbildung beispielsweise der Zeichnung, wie sie durch Eimer's schöne Untersuchungen bekannt geworden
ist. Während aber Eimer diese gesetzmässige Umbildung zunächst nur
empirisch feststellen konnte, ist es nunmehr möglich geworden, die Ursachen des sich nach einer Richtung hin bewegenden phylogenetischen
Entwickelungsganges zu verstehen. Diese Ursache ist durch die Gefügefestigung gegeben. Durch äussere Einflüsse wird das plasmatische Gefüge eines Körpers verändert, entweder gestärkt oder geschwächt,
und die konstitutionelle Zuchtwahl bewirkt, dass immer nur die Individuen mit dem festesten Gefüge überleben. Dadurch kommt die in so
hohem Grade gesetzmässige und nach bestimmten Richtungen hin er-
folgende Entwickelung der Organismen zu stande. die Karl Ernst von
Baer und andere Naturforscher nur durch die Annahme einer Zielstrebigkeit erklären zu können glaubten. während Nägeli dafür einen
Mechanismus der Entwickelung seines Idioplasma's ersann, wie er thatsächlich nicht bestehen kann, denn die Anstösse zur Fortentwickelung
einer Organismenart kommen in allen Fällen von aussen und nicht von
innen heraus. Bleiben die äusseren Lebensbedingungen dieselben, so
setzt sich das Plasma mit ihnen ins Gleichgewicht, und die betreffende
Organismenart bildet sich desto langsamer um, je mehr dieser Gleichgewichtszustand erreicht ist. Thatsächlich aber sind die Einflüsse, von
denen die verschiedenen Individuen einer Art betroffen werden, verschieden, so dass immer eine Auswahl unter Individuen mit verschieden
festem Gefüge möglich ist. Freilich wird sich zu einer solchen Auswahl
in grossen Umbildungsgebieten viel ausgiebigere Gelegenheit bieten, als
in kleinen, wodurch es denn zu erklären ist, dass in den letzteren eine
verhältnismässig langsame Umbildung stattfindet.

Die hier vorgetragene Lehre bahnt also ein wirkliches mechanisches
Verständnis für die Entstehung der Körperformen bei phylogenetischer
und ontogenetischer Entwickelung, für die Vererbung erworbener Eigenschaften und den Parallelismus von Keimes- und Stammesgeschichte
an. während frühere Vererbungs- und Formbildungslehren nur empirische
Gesetzmässigkeit feststellen konnten, ohne dafür die wahren Ursachen
beibringen zu können, und der Präformismus sich überhaupt unfähig erweist, irgend etwas wirklich zu erklären. Wir dürfen deshalb für unsere
Lehre prinzipiell die Bezeichnung einer Entwickelungsmechanik in An-

spruch nehmen; sie macht uns die Gleichgewichtsverhältnisse der organischen Körper mechanisch begreiflich.

Aus der Gemmarienlehre geht auch ohne weiteres hervor, warum die Ontogenie auch bei solchen Tieren keine vollkommene Wiederholung der Phylogenie sein kann, welche nicht durch embryonale Anpassungen in ihrer keimesgeschichtlichen Entwickelung beeinflusst worden sind. Wo das letztere der Fall ist, wo das sich entwickelnde Tier sich an eigenartige Lebensverhältnisse, beispielsweise an den Aufenthalt in dem Fruchtbehälter seiner Mutter, angepasst hat, ist es von vornherein verständlich, dass diese Anpassung eine Einwirkung auf den Gang der keimesgeschichtlichen Entwickelung haben musste. Allein viele Tiere sind nicht an solche Verhältnisse angepasst; beispielsweise kann man bei den Scheibenquallen, die sich aus einem Becherpolypen durch Teilung des letzteren entwickeln, nicht von weitgehender Anpassung an das Keimlingsleben sprechen. Gleichwohl ist auch bei diesen Tieren der ontogenetische Entwickelungsgang abgeändert. Die einzelnen aufeinanderfolgenden Entwickelungsstufen der Scheibenquallen gleichen zwar noch annähernd, aber doch nicht mehr vollkommen ihren phylogenetischen Vorfahrenstufen, und sie können es deshalb nicht, weil das Plasma, aus welchem sie sich entwickeln, eben dasjenige ihrer eignen Art und kein anderes ist. Deshalb müssen sie auch schon auf der Stufe der befruchteten Eizelle verschieden sein, auch wenn ihre Verschiedenheiten für uns nicht wahrnehmbar sind. Die Verschiedenheiten treten aber bald genug hervor, so dass es für den Geübten nicht schwer sein wird, auf tiefer ontogenetischer Entwickelungsstufe stehende Scheibenquallen voneinander artlich zu unterscheiden, und dasselbe gilt von allen übrigen Tieren und auch von den Pflanzen. Die Unterschiede des Plasma's sind in den Keimzellen der Organismen ebenso gross wie die der erwachsenen Tiere und Pflanzen, und deshalb kann die keimesgeschichtliche Entwickelung sich nicht mehr volkommen mit der stammesgeschichtlichen decken. Wenn demnach das Haeckel'sche biogenetische Grundgesetz, wie wir oben gezeigt haben, eine Stütze in unserer Gemmarienlehre findet, so findet es anderseits auch eine notwendige Einschränkung durch eben diese Lehre, und dadurch, wie mir scheint, eine nur um so festere Begründung. Unsere Lehre erklärt, warum beispielsweise die Keimesgeschichte des Säugetieres in viel höherem Grade von der des Amphioxus abweichen muss, als die der Amphibien, warum sich der Polyp der Becherquallen viel weiter von der Hydra entfernt hat, als der Polyp der Schleierquallen. Diese Unterschiede liessen sich früher keineswegs ohne weiteres verstehen. Die Gemmarienlehre, welche ein monotones Keimplasma annimmt, begründet zu gleicher Zeit die notwendigen Über- einstimmungen und Verschiedenheiten der Keimesgeschichte verschiedener Organismenarten und erweist sich dadurch als ein mechanisches Er- klärungsprinzip. Dass sie auch die Erklärung für die Anpassung des sich entwickelnden Organismus an seine besonderen Lebensbedingungen giebt, werden wir in dem Abschnitte über die Entstehung der periodischen Entwickelungsvorgänge sehen.

f. Die Entstehung der Ausrüstung.

Wir haben in dem vorhergehenden Abschnitt dargethan, dass ver- änderte Lebensbedingungen notwendigerweise auf den Organismus ein- wirken und neue Anpassungen herbeiführen, und dass diese vererbt werden müssen. Durch direkte äussere Einflüsse kann erstens die Form der Gemmarien eine andere werden, und zwar dadurch, dass sie ent- weder fester oder lockerer wird. Die Individuen mit dem festesten Gemmariengefüge überleben, während die übrigen zu Grunde gehen. Es wird also dadurch eine stammesgeschichtliche Umgestaltung bewirkt, die unabhängig ist von Anpassungen der einzelnen Organe an neue Lebensbedingungen.

Wir müssen aber auch zweitens solche Anpassungen unterschei- den, welche direkt durch den veränderten Gebrauch der Organe infolge von auf Gefügefestigung beruhenden Formveränderungen des Körpers herbeigeführt und vererbt werden. Ob diese Veränderungen zweckmässig sind, d. h. ob sie geeignet sind, der betreffenden Organis- menart eine lange Existenz zu sichern, hängt von den sonstigen Lebens- bedingungen der Art und von dem in Zukunft eintretenden Wechsel der letzteren ab. Denn die Anpassungen, welche durch den Gebrauch oder Nichtgebrauch der Organe entstehen, brauchen keineswegs immer er- haltungsmässige zu sein, und dasselbe gilt von der Grundform, die, wie wir gesehen haben, durch Gefügefestigung im Laufe der Stammesgeschichte der Tiere abgeändert wird. Die Gefügefestigung kann aber drittens noch weitere Veränderungen mit sich bringen, sie kann beispielsweise die Färbung beeinflussen, und das Gleiche gilt von den Abänderungen der einzelnen Organe, denn wenn eine einzige Zelle sich ändert, so müssen alle anderen Zellen sich gleichfalls verändern und dadurch den gesamten Organismus in allen seinen Teilen umbilden. Auf diese Weise entstehen neue Eigenschaften, die erhaltungsmässig oder nichterhaltungsmässig oder endlich auch indifferent sein können, und die Lebensbedingungen einer abgeänderten Organismenart haben darüber zu entscheiden, ob die Neben-erzeugnisse, wie wir die durch Gefügefestigung und Organumbildung auf korrelativem Wege hervorgebrachten Abänderungen nennen können, zum Besten oder zum Nachteil der betreffenden Art ausfallen oder end-lich für das Fortbestehen der Art gleichgültig sind. Es wird also leicht eine Auslese zwischen verschiedenen nächstverwandten Arten oder Rassen, deren Verbreitungsgebiete sich so verschieben, dass sie teilweise zur Deckung gelangen, eine Rassenzuchtwahl zu stande kommen können, welche die Ausrüstung, die Dotation der Organismen betrifft.

Wir nehmen also mit Darwin eine Zuchtwahl an, aber, sofern die Ausrüstung und nicht das Gefüge betroffen wird, nur zwischen ver-wandten Rassen einer Art oder verwandten Arten einer Gattung. Durch solche dotationelle Rassenselektion kann man sich beispielsweise die Entstehung der Schutzfärbung erklären, und dass unsere Lehre auch geeignet ist, die Entstehung hochgradiger Mimikry zu erklären, will ich an dem folgenden von Seitz mitgeteilten Beispiel darzuthun versuchen.

„Weit verbreitet über Indien und die angrenzenden Länder," sagt Seitz, „findet sich eine nachweisbar geschützte Danaide; nachweisbar geschützt, denn ihre Raupe lebt an Giftpflanzen (Asclepiadeen). Auf Ceylon fliegt sie in einer sehr lebhaft gelbroten (plexippus) Form, auf Java ist sie düsterer (melanippus) u. s. f. Mit ihr zusammen fliegt eine nicht geschützte Satyride (Elymnias undularis, Raupe an Palmen), die im weiblichen Geschlechte jene Danaide aufs genaueste nachahmt und auf Java düsterer, auf Ceylon heller ist (= var. fraterna). Das Männ-chen dieser Elymnias ist vorwiegend schwarz und blau und hat weder mit seinem Weibchen, noch mit der Danaide die geringste Ähnlichkeit. Es gelang mir nun, auf der Insel Singapur einen Ort aufzufinden, wo die braune Danaide fehlt, oder richtiger gesagt, wo sie infolge eines Albinismus einen vollständig anderen Habitus angenommen hat (= var. hegesippus); auch auf dieser Insel kommt die Elymnias undularis vor, hier aber — und damit ist die Probe auf die Mimikry-Theorie gemacht — ist das Weibchen genau wie das Männchen gefärbt (= var. nigrescens Btlr.). Wir sehen also, dass nicht etwa eine ‚zufällige Gleichheit der

klimatischen oder physikalischen Verhältnisse' den Grund zur mime-
tischen Färbung liefert, sondern dass es sich in der That bei der Mimikry
um eine ‚Nachahmung‘ handelt."

Während ich Seitz in Bezug auf diesen letzten Satz beistimme,
vermag ich es nicht anzuerkennen, dass dadurch, dass auf Singapur im
Bezirke der durch Albinismus abgeänderten braunen Danaide das Weibchen der Elymnias dem Männchen gleicht, die Probe auf die Mimikry-
Theorie gemacht sein soll; ich glaube vielmehr, dass dadurch die Mimikry-Theorie in ihrer jetzigen Form widerlegt wird. Um aber meine
Anschauung darüber zu entwickeln, muss ich etwas weiter ausholen.

Schmetterlinge giebt es schon seit alten Zeiten, und sehr viele Arten,
beispielsweise der Distelfalter, haben Gelegenheit gehabt, sich über einen
grossen Teil der Erde zu verbreiten. In früheren Zeiten, als auch bei
uns im Norden noch ein wärmeres Klima herrschte, muss solches noch
viel eher möglich gewesen sein, und es wird oft vorgekommen sein, dass
eine durch schlechten Geschmack oder Geruch geschützte Art über ein
weites Gebiet zusammen mit anderen verbreitet war, welche nicht geschützt waren. Es ist nun möglich, dass in irgend einem engeren Bezirke dieses weiten Gebietes zufällig eine Rasse einer nicht geschützten
Art entstand, die der geschützten Art mehr oder weniger ähnelte. Die
Individuen dieser Rasse werden grössere Aussichten im Kampf ums Dasein gehabt haben, als die Individuen der anderen Rassen derselben Art,
die der geschützten Art unähnlich blieben. Die nachahmende Rasse
konnte sich deshalb über das ganze grosse Gebiet verbreiten, während
die übrigen Rassen zum Teil wenigstens im Kampf ums Dasein unterliegen mussten, und nachdem die durch Nachahmung begünstigte Rasse
sich so weit wie möglich ausgebreitet hatte, konnte sie selbst innerhalb
der kleineren Bezirke ihres gesamten Verbreitungsgebietes wiederum
irgendwo eine Rasse bilden, die noch mehr als sie der durch schlechten
Geschmack geschützten fremden Art ähnelte. Dieser Prozess konnte
sich öfters wiederholen, so dass endlich eine hochgradige Ähnlichkeit
zwischen der geschützten und nachahmenden Art entstand. Es ist aber
wohl möglich, dass bei diesem Prozesse der Rassenzuchtwahl Rassen
unterlagen, welche an und für sich besser zum Leben befähigt waren,
als die nachahmende Rasse, dass die letztere ihre weite Verbreitung und
ihr Fortbestehen auf Kosten ihrer Konstitution eingetauscht hatte. Solches
ist, wie es scheint, oft der Fall gewesen, und deshalb sind nachahmende
Tiere, Tiere, die in hohem Grade durch Mimikry ausgezeichnet sind, oft

recht individuenarm, während man nach dem Darwinismus das Gegenteil erwarten sollte.

Der von Seitz mitgeteilte Fall scheint gegen unsere Theorie der Rassenzuchtwahl, welche weite Gebiete gebraucht, zu sprechen; es scheint, dass auf Ceylon, Java usw. ein individueller Zuchtwahlprozess stattgefunden hat, welcher die Ausrüstung einer Schmetterlingsart betraf, während er auf Singapur nicht stattfand. Der Fall ist aber anders zu erklären. Wir dürfen annehmen, dass sowohl die geschützte als auch die nachahmende Art ursprünglich sehr weit verbreitet war, dass sich aber in verschiedenen Gebieten besondere Rassen der geschützten Art heranbildeten. Zunächst mag die Danaide die auf Java herrschende Färbung angenommen haben. Diese wurde in irgend einem Bezirke von der Satyride nachgeahmt; die betreffende Rasse der letzteren wurde die herrschende, verbreitete sich über das Gesamtgebiet der Danaide und gelangte auch nach Java. Aber die Danaide veränderte sich im grössten Teile des von ihm bewohnten Gebietes; sie nahm vielleicht die jetzt auf Ceylon gefundene Färbung an, und auch diese wurde von irgend einer Rasse der sich gleichfalls verändernden Satyride nachgeahmt. Nunmehr wurde diese die herrschende Rasse der geschützten Art und gelangte unter anderm auch nach Ceylon. Beide Arten konnten sich noch weiter verändern, aber auf Java und Ceylon behielten sie ihre Eigentümlichkeiten bei, weil sich auf diesen kleinen Gebieten die Veränderungen äusserst langsam vollziehen, eine Eigentümlichkeit der Inselfaunen, die wir im nächsten Abschnitte verstehen lernen werden. Die jetzt auf Singapur vorkommende Rasse der Danaide erlitt aber infolge äusserer Einflüsse Abänderungen, die Seitz als Albinismus deutet. Sicher sind doch nun auch die auf Singapur lebenden Individuen dieser Danaide geschützt; auch ihre Raupen werden sich von Giftpflanzen nähren, und es ist nach der üblichen Theorie der Mimikry nicht einzusehen, weshalb nicht auch auf Singapur die Satyride schützende Ähnlichkeit beim Weibchen aufweisen sollte. Wenn sich nach der herrschenden Ansicht auf Java und Ceylon ein Prozess dotationeller Individualselektion an der Satyride vollziehen konnte, so konnte er es doch auch wohl auf Singapur. Warum also giebt es hier keine Mimikry bei der Satyride? Die Probe auf die Richtigkeit der herrschenden Mimikry-Theorie wäre zwar auch noch nicht gemacht, wenn auch auf Singapur das Weibchen der Satyride ebenfalls der Danaide gliche, aber die Theorie erlitte dann wenigstens keinen Stoss. Dieser Fall zeigt eben, dass Mimikry

nicht durch dotationelle Individualselektion entstanden sein kann, dass
es sich dabei vielmehr um Rassenzuchtwahl handelt. Ich weiss
nicht, wie weit die Unterart der Satyride, in welcher das Weibchen dem
Männchen gleicht (var. nigrescens), verbreitet ist, möchte aber annehmen,
dass sie kein grosses Gebiet bewohnt und dass in diesem, vielleicht in
einzelne Bezirke zerrissenen Gebiete die Danaide entweder fehlt oder,
wie auf Singapur, einen völlig veränderten Habitus zeigt. In solchen
Bezirken hätte sich dann eine Rasse der Satyride, die ihre Färbung in
beiden Geschlechtern lediglich der konstitutionellen Individualselektion
verdankt, halten können.

Unsere Ausführungen zeigen, dass hochgradige Mimikry nur dadurch zu stande kommen konnte, dass von vornherein mindestens in
einem Gebiete sämtliche Individuen der dort lebenden Rasse einer un-
geschützten Art Ähnlichkeiten mit einer geschützten Art hatten, denn
wie durch Individualselektion hochgradige Ähnlichkeit zweier ursprünglich völlig verschiedener Rassen zu Wege gebracht werden kann, ist
nicht einzusehen, weil die konstitutionelle Zuchtwahl unter Individuen
einer Rasse jedenfalls über dotationelle Individualselektion, die ja
nur geringe individuelle Unterschiede betreffen könnte, die Ober-
hand behalten muss. Dagegen kann eine Rasse, die durch konstitutionelle
Individualselektion zufällig einer geschützten fremden Art ähnlich geworden ist, möglicherweise im Wettbewerb mit anderen Rassen überleben,
auch wenn die letzteren besser konstituiert sind. Wir ersehen daraus,
dass die verschiedenen Arten der Zuchtwahl nicht immer Hand in Hand
zu arbeiten brauchen, sondern auch gegeneinander wirken können, und
dass es nicht immer das Überleben des Bestausgestatteten, des Best-
gerüsteten ist, das die Fortentwickelung der Arten bedingt hat. Die
Ausstattung wird zunächst ohne Rücksicht auf Zweckmässigkeit durch
die Individualselektion herangezüchtet oder direkt durch äussere Einflüsse oder durch den Gebrauch und Nichtgebrauch der Organe hervorgebracht, aber darüber, ob sie bestehen bleiben soll, entscheidet nicht
die Individualselektion, sondern die Rassenauslese. Auf Grund der Unterscheidung dieser beiden Arten der Auslese wird auch, wie wir bereits
gesehen haben und im nächsten Abschnitt noch des näheren sehen
werden, die Entstehung der Faunen verständlich.

g. Die Entstehung der Faunen.

In meiner „Schöpfung der Tierwelt" habe ich den Nachweis geführt, dass die Landfaunengebiete, die wir auf der Erde unterscheiden können, eine auffällige Stufenfolge darstellen. Auf der tiefsten Stufe steht Neuseeland, auf einer etwas höheren Australien; es folgen Madagaskar und die grossen Antillen, Südamerika, Afrika und Indien, dann Nordamerika, bis wir endlich in Europa und Nordasien die höchstentwickelte Landfauna antreffen. Solches gilt für die Säugetiere, und ähnliches lässt sich für die Vögel und für manche andere Tiere feststellen. Australien steht noch heute in Bezug auf seine Säugetierfauna auf einer Entwickelungsstufe, die der Norden der Erde während der Sekundärzeit durchlaufen hat, und die Fauna Madagaskars mag einer alttertiären Säugetierfauna unserer Gegenden entsprechen. Wo wir altertümliche Tiere oder Tiergruppen antreffen, finden wir sie meistens im Süden der Erde. Ein Blick auf eine Erdkarte zeigt uns, dass die Entwickelungshöhe der Faunen Hand in Hand geht mit der Isolierung und der mehr oder minder grossen Ausdehnung der Faunengebiete, und wenn wir bedenken, dass aller Wahrscheinlichkeit nach die Konfiguration der grossen Kontinentalmassen der Erde im grossen und ganzen vor alter geologischer Zeit dieselbe war wie heute, so gelangen wir zur Aufstellung des Satzes, dass die Entwickelungshöhe der Tiere eines Faunengebietes ceteris paribus proportional ist der Ausdehnung des letzteren, vorausgesetzt, dass das betreffende Gebiet nicht leicht einer Einwanderung von aussen zugänglich, also wirklich ein für sich bestehendes Gebiet ist.

Schon im Jahre 1886 habe ich den Satz aufgestellt, dass sich alle grösseren Gruppen der Landtiere, etwa schon alle Gruppen von der Bedeutung einer Ordnung, von dem in der nördlichen Erdhalbkugel gelegenen Kontinentalkomplex aus, dessen Mittelpunkt der Nordpol ist, über die Erde verbreitet haben, und ich habe diesen Satz folgendermassen zu begründen gesucht: „Solche Erdregionen, welche neben ausgedehnten Landmassen eine im Laufe der Zeiten wechselnde Verteilung von Land und Wasser und damit eine ausgedehnte Verschiebung der klimatischen und faunistischen Verhältnisse aufweisen, würden meiner Ansicht nach in ganz hervorragender Weise befähigt gewesen sein, neue Tiergruppen ins Dasein zu rufen." Ich gelangte dann zu dem Ergebnis, „dass etwa die nördlichen zwei Dritteile der Nordhemisphäre das einzige grössere Kon-

tinentalgebiet der Erde bilden, in welchem während früherer Erdperioden
grössere Landmassen bald miteinander verbunden, bald voneinander getrennt waren, dass also nur dieses Gebiet, dessen Mittelpunkt der Nordpol
ist, den Schauplatz für die Entstehung grösserer Systemgruppen des Tier-
reiches abgeben konnte. Ist dieses aber der Fall gewesen," fuhr ich fort,
„dann müssen die neu entstandenen Tiergruppen die älteren mehr und
mehr nach Süden bis in die entferntesten Erdenwinkel gedrängt haben.
Ist unsere Schlussfolgerung richtig, dann müssen wir in südlichen entfernten Erdenwinkeln heute die letzten überlebenden Vertreter alter
und grösstenteils ausgestorbener Tiergruppen finden, während die Reste
ihrer früher lebenden Vorfahren und Anverwandten auch in den Erdschichten der nördlichen Hemisphäre abgelagert sein müssen." Ich konnte
behaupten, dass beides der Fall sei, und habe seitdem in meiner „Schöpfung
der Tierwelt" gezeigt, dass sich nicht bloss die früher von mir namhaft
gemachten Tiere, nämlich die straussartigen Vögel, die Ursäuger, Beuteltiere, Halbaffen, Zahnarmen und Insektenfresser, den Forderungen meiner
Verbreitungstheorie fügen, sondern dass der Satz, dass dort, wo seit
langer Zeit die grössten Landmassen angehäuft sind, auch die lebhafteste
Fortentwickelung der Landtiere stattfindet, allgemeine Gültigkeit hat und
mutatis mutandis auch für die Bewohner des Meeres und des süssen
Wassers gilt. Ich habe aber auch gelernt, diesen Satz durch meine
Gemmarienlehre mechanisch zu begründen.

Gewiss sind die Einwirkungen, die in einem grossen Ländergebiete
durch wechselnde klimatische Verhältnisse, durch Bildung von Meeres-
armen, von Inseln und dergleichen mehr auf die Tierwelt ausgeübt werden,
von grosser Bedeutung; allein auch wo sie fehlen, muss sich die Tierwelt eines grossen Gebietes schneller umbilden, als die eines kleinen,
das im übrigen dieselben Existenzbedingungen gewährt, denn auf einem
grossen Gebiete kann die Gefügezuchtwahl viel ausgiebiger eingreifen, als
in einem kleinen, weil sie mehr Material hat, um ihre Auswahl zu treffen.
Je grösser das Gebiet ist, desto mehr wird es auch in seinen einzelnen
Teilen geringe Verschiedenheiten zeigen und desto mehr Faunengrenzen
von untergeordneter Bedeutung werden sich in ihm finden. Es kann
sich also in jedem einzelnen Teilgebiete des grossen Gesamtgebietes aus
einer ursprünglich über das ganze Gebiet verbreiteten Tierart eine neue
Rasse entwickeln, und unter den neuen Rassen, in welche die früher über
das ganze Gebiet verbreitete Tierart zerfallen ist, wird diejenige, welche
in Bezug auf Gefügefestigkeit und Ausstattung am vorteilhaftesten um-

gebildet worden ist, sich über das Gesamtgebiet verbreiten und die anderen Rassen verdrängen können, und dieser Prozess kann sich, wie schon im vorigen Abschnitt ausgeführt, oft wiederholen, was in einem kleinen Gebiete nicht möglich ist. Es ist deshalb kein Wunder, dass die Fortbildung der Tierwelt in grossen Gebieten unter übrigens gleichen Umständen viel schneller stattfindet, als in kleinen; dagegen kann direkte Anpassung an die äusseren Lebensverhältnisse viel eher in kleinen Gebieten zu stande kommen, weil hier die Gefügefestigung der Anpassung nicht entgegenarbeitet, weil in kleineren Gebieten deshalb eher eine Verschiebung der Zellen des Körpers und der Gemmen innerhalb der Gemmarien möglich ist, weil hier das Gefüge der Tiere weniger fest ist, als in grossen Gebieten. Und in der That finden wir in manchen südlichen Gebieten weitgehende Anpassungen an einseitige Lebensweise, und dasselbe gilt von isolierten Inseln. Ich erinnere an die flügellosen Vögel Neuseelands, an die einseitige Ausbildung des Känguruhfusses, an die eigentümliche Umbildung der Kiefer bei den Ursäugern, an die Greifschwänze vieler Säugetiere Südamerikas und Australiens, an die flugunfähigen Käfer von Madeira und an die schwerfälligen ausgestorbenen Taubenvögel von den Maskarenen. Beispiele für einseitige Anpassung liessen sich noch in grosser Menge aufführen, und man würde finden, dass sie hauptsächlich in südlichen Gebieten angetroffen werden. Das findet seine Erklärung in unserer Gemmarienlehre, während mir keine andere Lehre bekannt ist, die zur Begründung dieser auffälligen tiergeographischen Befunde dienen könnte.

Allerdings ist die Anschauung, dass die hauptsächlichste Umbildung der Landtiere in Europa und im Norden von Asien stattgefunden hat, nicht neu. Ich habe schon in meinem oben citierten Aufsatze darauf hingewiesen, dass sie im wesentlichen diejenige des bedeutendsten Tiergeographen der Gegenwart, Wallace's, ist. Seit der Veröffentlichung meines Aufsatzes hat dann der englische Geistliche und Ornithologe Tristram gleichfalls den Satz aufgestellt, dass die Tiere sich vom Norden aus über die Erde verbreitet haben; aber er begründet diesen Satz anders, als ich es gethan habe. Tristram knüpft an die Vögel an und sagt, dass dort die Heimat eines Vogels zu suchen sei, wo er brüte, dass beispielsweise unsere Zugvögel früher jahraus, jahrein bei uns im Norden lebten. Er meint nun, dass sich von hier aus die Erde bevölkert habe, und dass die abweichenden Formen der südlichen Vertreter nordischer Tiere darauf zurückzuführen seien, dass sie sich mehr von dem

gemeinsamen Ursprung entfernt hätten, als diejenigen, die im Norden
geblieben sind.

Diesem Satze kann ich nicht zustimmen, da ich im Gegenteil der
Ansicht bin, dass die Umbildung der Tiere im Norden viel rascher erfolgt
ist, als im Süden. Allerdings weichen südliche Tiere oft in hochgradiger
Weise von ihren nordischen Verwandten ab; allein nicht diese sind es,
die auf der ursprünglichen Entwickelungsstufe stehen geblieben sind,
sondern die des Südens. Die letzteren sind zwar oft in einseitiger Weise
den Lebensverhältnissen der südlichen Länder angepasst und weichen
dadurch von den typischen, im Norden wohnenden Vertretern ihrer Gruppe
ab, aber trotz alledem sind letztere weiter entwickelt, wie sie es ja nach
unserer Gemmarienlehre sein müssen, falls die grossen Landmassen,
welche wir heute im Norden finden, schon seit langer Zeit bestanden
haben, falls die grossen Kontinentalsockel seit uralten geologischen Zeiten
dieselben geblieben sind. Und gerade diejenige Tiergruppe, welche
Tristram in erster Linie zur Begründung seiner Ansichten heranzieht,
nämlich die der Spechte, stimmt viel besser zu meiner Theorie, obwohl
sie dieser auf den ersten Blick teilweise zu widersprechen scheint.

Im Norden der Erde finden wir typische Spechte, beispielsweise
unseren Schwarzspecht und den Herrenspecht Nordamerikas. Je weiter
wir uns vom Norden aus nach dem Süden zu entfernen, desto mehr
Vögel treffen wir an, die noch nicht zu so vollkommenen Spechten geworden sind, wie die hochentwickelten nordischen Vertreter der Gruppe.
Nun sind diese allerdings einseitiger angepasst als beispielsweise die
kleinen Weichschwanzspechte des Südens, aber bei unserer Vogelgruppe
kommen besondere Verhältnisse in Betracht. Die einseitigen Anpassungen
der Spechte beruhen auf der eigentümlichen meisselartigen Umbildung
des Schnabels, auf dem Kletterfuss, den starren Schwanzfedern und der
langen hervorstreckbaren Zunge. Da aber die grosse Mehrzahl der Spechte
Waldvögel sind, und da wir uns den Specht nur in Waldgebieten
entstanden denken können, so leben sie sowohl im Norden als auch im
Süden der Erde unter denselben Lebensbedingungen. Im Norden konnte
nun eine intensive Gefügezuchtwahl stattfinden, und dadurch wurde die
Körpergrösse der nordischen Spechte allmählich viel beträchtlicher, als sie
es ursprünglich gewesen ist und als wir sie bei vielen südlichen Spechten
heute noch finden. Die fortgesetzte Anpassung an das Baumleben musste
aber sowohl im Norden als auch im Süden in derselben Richtung

wirken, und deshalb konnte auch die Gefügezuchtwahl im Norden nicht viel gegen die direkte Anpassung ausrichten.

Da die nordischen Spechte mit der Zeit durch Gefügezuchtwahl viel grösser geworden waren, als die südlichen, so konnten die einseitigen Umbildungen, die der Specht infolge von Anpassung an seine eigenartige Lebensweise erlitten hat, im Norden viel auffälliger werden. Die mächtigen Hammerschläge, die der Schwarzspecht mit seinem Schnabel ausführen kann, müssen stärker umbildend auf den letzteren einwirken, als es bei den winzigen Zwergspechten des Südens möglich ist· der Druck, den die grossen nordischen Spechte auf ihre Schwanzfedern dadurch, dass sie sich auf diese stützen, ausüben, ist gleichfalls ein viel stärkerer als bei den kleinen Spechten des Südens. Aus diesen Gründen mussten die nordischen Spechte viel typischere Vertreter ihrer Gruppe werden, als die südlichen, sofern diese nicht erst neuerdings aus dem Norden gekommen sind. Und wenn die nordischen Spechte auch einseitiger angepasst sind, als viele südliche, so sind sie doch immerhin vermöge ihrer Körpergrösse und sonstiger Eigentümlichkeiten, die nicht auf direkter Anpassung beruhen, beispielsweise in Bezug auf Färbung und Zeichnung die höchstentwickelten Vertreter ihrer Familie.

Ähnliches finden wir auch bei anderen Tieren, die nicht so einseitig angepasst sind wie die Spechte. Typische Raben, Hirsche, Marder, um nur einige Beispiele zu nennen, finden wir vor allem im Norden, und dasselbe gilt von allen anderen Landtieren, sofern deren Verbreitungsgebiet nicht allzusehr von klimatischen Verhältnissen abhängig ist. Wo, wie es etwa bei den Schmetterlingen, ferner bei den Kriechtieren und Lurchen geschehen ist, eine Verschiebung des Hauptverbreitungsgebietes vom Norden nach den Tropen zu stattfand, weil im Norden ein unwirtliches Klima eintrat, da ist allerdings der Norden neuerdings in der Entwickelung zurückgeblieben. Aber zu einer Zeit, in welcher noch überall auf der Erde warmes Klima herrschte, muss der Norden auch die höchststehenden Vertreter dieser Tiergruppen beherbergt haben, wenn thatsächlich im Norden immer die meisten Landmassen angesammelt gewesen sind. Es haben sich also nicht die Tiere des Südens, wie Tristram meint, von den nordischen entfernt, sondern das Umgekehrte hat stattgefunden: die nordischen Tiere haben sich infolge der grossen Ausdehnung ihres Heimatsgebietes von ihren ursprünglichen Vorfahren entfernt, während Verwandte der letzteren, die nach dem Süden der Erde hingelangt waren, im grossen und ganzen auf derselben Stufe stehen geblieben sind, die ihre Vorfahren einnahmen, als sie in ihr heutiges südliches Verbreitungsgebiet einwanderten.

Ich habe in meiner früheren kleinen Abhandlung allerdings nicht genug betont, dass die Umbildung der Landtiere im Norden der Erde eine viel schnellere sein musste, als im Süden, was ich aber bereits in meiner „Schöpfung der Tierwelt" gethan habe. Aber schon im Jahre 1886 habe ich die höhere Entwickelung der nordischen Tiere mit ihrem grossen Verbreitungsgebiete in Zusammenhang gebracht, und jetzt bin ich in der Lage, die Abhängigkeit der Entwickelungshöhe der Tiere eines Faunengebietes von dessen Ausdehnung mechanisch durch die Gemmarienlehre zu begründen, wie ich es auf den vorhergehenden Seiten gethan habe. Meine Ansicht ist deshalb eine wesentlich andere als die des englischen Ornithologen.

Übrigens hat schon lange vor uns beiden Gustav Jäger in einer kleinen, ziemlich unbeachtet gebliebenen Abhandlung gleichfalls den Satz vertreten, dass sich die Tiere des Landes vom Norden aus über die Erde verbreitet haben; aber er hat diesen Satz weder empirisch, noch auch theoretisch in genügender Weise begründet. Jäger's Begründung seiner Anschauungen war die folgende: Er dachte sich, dass sich früher um den Nordpol der Erde herum ein im grossen und ganzen kreisförmiges offenes Meer befand, und dass sich an den Ufern dieses Meeres eine circumpolare Tierwelt entwickelt hatte, die sich nach und nach von hier aus über die Erde verbreitete. Nachdem dann die im Norden zurückgebliebenen Tiere weiter umgebildet waren, konnten sich neue Tierringe von den Gestaden des kreisförmigen Polarmeeres aus über die Erde ausdehnen, und auf diese Weise, meint Jäger, seien die Übereinstimmungen zu stande gekommen, die wir in denselben Zonen verschiedener Kontinente finden. Beispiele dafür würden die Verbreitung der Beuteltiere in Australien und Südamerika, die der straussartigen Vögel in Neuseeland, Australien, Madagaskar, Afrika und Südamerika, und die Verbreitung der Papageien, deren Hauptmasse südlich vom Äquator gefunden wird, bilden. Jäger hat dagegen nicht dargethan, dass die Tiere des Nordens sich schneller umbilden mussten, als die des Südens, und er hat auch nicht betont, dass die grossen Landmassen hauptsächlich im Norden der Erde angehäuft sind. Was er zu zeigen versuchte, war die annähernd sternförmige Anordnung der Kontinente, wie sie uns auf der äusserst brauchbaren, von Jäger erfundenen und seiner Abhandlung beigegebenen Karte in Sternprojektion entgegentritt. Der flüchtigste

Blick auf eine solche Karte zeigt ja, dass allerdings die Übereinstimmungen in den faunistischen Verhältnissen südlicher Länder am besten dadurch erklärt werden, dass man zurückgeht auf eine nordische Fauna, weil diese sich am ehesten über die Erde verbreiten konnte. Allein die Annahme, dass ein kreisförmiges Nordpolarmeer dazu gehörte, um die heutige Verteilung der Tierwelt herbeizuführen, scheint mir im hohen Grade gesucht.

Auch ich habe in meiner Abhandlung über den „Nordpol als Schöpfungszentrum der Landfauna" den Pol zu sehr in den Vordergrund gestellt, wenn ich auch hervorgehoben habe, dass das Gebiet, welches ich als einen Hauptumbildungsherd der Landfauna betrachte, etwa bis zum 40. Grade nördlicher Breite hinunterreicht. Andere Naturforscher haben auf das Wort „Nordpol" in dem Titel meiner Abhandlung ein grösseres Gewicht gelegt, als ich selbst ihm beigemessen habe. Wenn auch die Wirkungen der klimatischen Verhältnisse der Erde eine grosse Rolle in der Verbreitung der Tiere spielen, so sind diese doch wohl zu unterscheiden von dem Einflusse, den grosse Landmassen auf die Umbildung der Tierwelt gehabt haben. Ich glaube deshalb auch, dass man die Erde nicht in eine nördliche und südliche Halbkugel teilen muss, wenn man die faunistischen Verhältnisse verstehen will, sondern in eine Land- und in eine Wasserhalbkugel. Nicht der Nordpol ist demnach das Schöpfungszentrum der Landfauna, sondern der Mittelpunkt der Landmassen. Man darf aber nicht annehmen, wie es von etlichen Seiten nach Lektüre meines Aufsatzes in Bezug auf den Nordpol geschehen ist, dass die Umbildung der Tierwelt gerade in unmittelbarster Nähe des Mittelpunktes der Landhemisphäre stattgefunden hätte, sondern man muss als das Hauptumbildungsgebiet der Landtiere den grossen Kontinentalkomplex betrachten, der diesem Mittelpunkte benachbart ist. In der That habe ich auch nichts anderes gewollt, und ich habe auch gesagt, dass sich alle grösseren Gruppen der Landtiere von dem in der nördlichen Erdhalbkugel gelegenen Kontinentalkomplex aus, dessen Mittelpunkt der Nordpol ist, über die Erde verbreitet haben. Heute würde ich anstatt Nordpol Mittelpunkt von Centralasien sagen. Mittelasien scheint wirklich seit alten Zeiten der Hauptumbildungsherd der Tierwelt des Landes gewesen zu sein. Von hier aus haben Europa und, so oft es anging, auch Nordamerika, Einwandererschübe erhalten. Dass die Umbildung der Tierwelt im Osten von Europa schneller vor sich gehen muss als im Westen, lehren beispielsweise schon manche unserer deutschen

Vögel. Der Dompfaff, der Raubwürger, die Nachtigall, der Uhu und manche andere haben im Osten grössere und höherstehende Vertreter, und hier haben ja auch noch in jüngstvergangener geologischer Zeit Riesentiere wie das Mammut gelebt.

Wer unbefangen die Verbreitungsverhältnisse der Tiere überblickt, der wird zu dem Satze gelangen, dass die Entwickelungshöhe eines Tieres unter übrigens gleichen Umständen bedeutender ist, je mehr sich dessen Verbreitungsgebiet dem Mittelpunkte von Centralasien nähert, und ich kann auch mit Genugthuung konstatieren, dass die von mir entwickelten Anschauungen, meines Wissens wenigstens, mehr Zustimmung als Widerspruch gefunden haben. Ich hoffe, dass meine Ausführungen noch mehr Beachtung finden werden, nachdem ich im vorliegenden Werke die Faunistik mechanisch durch meine Gemmarienlehre begründet habe, und nachdem ich in der „Schöpfung der Tierwelt" viele Beweise für die Richtigkeit meiner Verbreitungslehre beigebracht habe. Ich glaube auch, dass die Fortbildung, welche ich mit den Ideen von Moritz Wagner vorgenommen habe, der Beachtung wert ist.

In der Form, in welcher dieser ausgezeichnete Tiergeograph seine Anschauungen vorbrachte, mussten sie viel Widerspruch erfahren. Ich glaube aber den Nachweis führen zu können, und werde es in einem voraussichtlich im nächsten Frühjahr erscheinenden Werke thun, dass Wagner mit dem Satze recht hatte, dass nächstverwandte Tierarten netz- oder kettenförmig über die Erde verbreitet sind. In der Begründung dieses Satzes, die von Wagner schon viel besser vorgenommen ist, als ich es jemals zu thun im stande sein werde, liegt das grosse Verdienst des leider viel zu wenig beachteten und ohne grosse Anerkennung verstorbenen Begründers eines der wichtigsten Sätze nicht nur der Tiergeographie, sondern der Entwickelungslehre überhaupt. Ich kann nicht umhin, meiner Genugthuung darüber Ausdruck zu geben, dass ich die Thatsachen, auf welchen Wagner fusst, kausal durch die Gemmarienlehre begründen konnte.

Dass in manchen Faunengebieten die Tiere in der Entwickelung zurückgeblieben sind, hat auch, freilich erst im Jahre 1888, Eimer hervorgehoben, wobei er insbesondere darauf hinwies, dass die Säugetiere Australiens auf einer tiefen Stufe der Entwickelung stehen geblieben sind. Allerdings vermag ich ihm nicht beizustimmen, wenn er meint, dass die Gleichförmigkeit des australischen Gebietes für die Einförmigkeit der dortigen Tier- und Pflanzenwelt mit verantwortlich gemacht

werden muss. Allerdings hat sie eine untergeordnete Rolle gespielt;
allein die Hauptursache des Zurückbleibens der australischen Säugetiere
liegt in der Kleinheit des australischen Kontinents. Aber Eimer hat recht,
wenn er die einseitigen Anpassungen mancher australischer Beuteltiere, die
gewissermassen die Nagetiere, Wiederkäuer und andere Säugergruppen
der ausseraustralischen Gebiete vertreten, auf unmittelbare Anpassungen
zurückführt.

Eimer hat ein Gesetz der Genepistase oder des Entwickelungsstillstandes aufgestellt, und ich glaube, dass auch dieses Gesetz in
der Gemmarienlehre seine Begründung findet, namentlich in dem Satze,
dass die Tierarten auf kleinen Gebieten hinter denen der grösseren Gebiete in der Umbildung zurückbleiben müssen; denn der Entwickelungs-
stillstand muss notwendigerweise seine Ursache in äusseren Verhältnissen haben.

Wenn ich demnach in Bezug auf die Erklärung der Faunenent-
wickelung vielfache Berührungspunkte mit früheren Forschern und mit
solchen, die sich erst nach dem Erscheinen meines oben citierten Aufsatzes über die Faunenverhältnisse in ähnlicher Weise wie ich ausgesprochen haben, feststellen kann, und gerne anerkenne, dass ich
namentlich Wallace und Moritz Wagner zu grossem Danke verpflichtet bin, so muss ich doch auch andererseits betonen, dass die
kausale Begründung der bisherigen Tiergeographie eine ungenügende
war, und dass erst die Gemmarienlehre ein Verständnis der Ursachen
anbahnt, welche die Tiere des einen Gebietes unaufhaltsam weiter fortschreiten, die des anderen auf tiefer Entwickelungsstufe stehen bleiben
liess. Aus der Gemmarienlehre ergiebt sich der Hauptsatz für die
Tiergeographie der Zukunft, und dieser Satz lautet: Wenn alles
andere sich gleich bleibt, sei es, dass es sich um Landtiere,
um Meeresbewohner oder um Tiere des Süsswassers handelt,
so findet dort die schnellste Umbildung der Tiere statt, wo
sich das ausgedehnteste Wohngebiet erstreckt. Ich glaube,
dass auch die Botaniker diesem Satze ihre Zustimmung in Bezug auf
die Pflanzenwelt nicht versagen werden.

Mit der hier entwickelten Ansicht von der Entstehung der Faunen
scheint sich auf den ersten Blick eine andere, die neuerdings von
Pfeffer dargelegt worden ist, nicht zu vertragen. Pfeffer sucht sich
die Entstehung der Faunen, und zwar in erster Linie der Meeresfaunen,
auf Grund der Annahme zu erklären, dass das Meer ursprünglich von

einer einheitlichen Tierbevölkerung bewohnt wurde. Nach dem Eintreten
von klimatischen Unterschieden hätten sich dann aus den Eismeeren und
den gemässigten Meeren diejenigen Tiere äquatorwärts zurückgezogen, die
der Kälte nicht zu widerstehen vermochten, und nur solche Tiere seien
in den gemässigten und kalten Meeren geblieben, die von vornherein der
Kälte Trotz zu bieten vermochten. Diese Tiere hätten freilich auch in
den Meeren der heissen Zonen gelebt, wären aber hier von den Tieren,
die nur in warmen Meeren fortkommen konnten, gewissermassen über-
wuchert worden und zu Grunde gegangen. Daraus erkläre sich die
grosse Übereinstimmung der Tierwelt der nördlichen und südlichen Meere,
die durch Meere mit einer sehr verschiedenen Fauna voneinander getrennt sind. Auf ähnliche Weise sucht Pfeffer die Entstehung der
Tiefsee- und Süsswasserfauna zu erklären. Solche Tiere hätten sich zu
Tiefsee- und Süsswassertieren umgebildet, die von vornherein dazu befähigt waren, und da sie früher gleichmässig über alle Meere der Erde
verteilt waren, so musste die Tiefseefauna einerseits, die des Süsswassers
andererseits eine so grosse Einförmigkeit erlangen, wie wir sie in Bezug
auf diese Faunen feststellen können. Auf die Tierwelt des Landes ist
Pfeffer nicht näher eingegangen, aber er scheint geneigt zu sein, auch
für sie eine ursprünglich viel gleichmässigere Verteilung anzunehmen.

Ich bin den lichtvollen Ausführungen Pfeffer's mit grossem In-
teresse gefolgt und glaube nicht, dass sie meinen tiergeographischen Anschauungen widersprechen, denn unsere Ansichten lassen sich sehr wohl
vereinigen. Pfeffer wird gewiss nicht annehmen, dass es in Australien
neben Beuteltieren früher Löwen und Tiger, Hirsche und Faultiere, Bisons
und Dachse, Antilopen und Guanakos, Pferde und Gürteltiere gegeben
habe, denn die Sonderung der Fauna Australiens von der der übrigen
Erde hat sich schon zu einer Zeit vollzogen, als es solche Tiere überhaupt noch nicht gab. Sie konnten nicht nach Australien gelangen, und
es kann daher von einer Australien umfassenden Einheitlichkeit der
Landfauna unserer Erde nur insofern die Rede sein, als frühere Erdperioden in Betracht kommen. Gewiss ist es möglich, und das nimmt
auch Pfeffer, wie es scheint, an, dass die Säugetierbevölkerung Australiens, um bei dieser zu bleiben, zur Sekundärzeit ungefähr dieselbe war,
wie etwa bei uns in Deutschland, aber seitdem haben nur diejenigen
Erdteile an der Fortentwickelung der Tierwelt der grossen nordischen
Gebiete teilnehmen können, die mit ihnen im Zusammenhang blieben
oder, auch wenn das nicht der Fall war, der Einwanderung der nordischen

Tiere keine unübersteiglichen Grenzen entgegensetzten. Wenn keine Faunengrenzen auf der Erde vorhanden wären, wenn Neuseeland, Australien und Madagaskar noch heute mit dem Norden verbunden wären, wenn Südamerika, Australien und Indien leichter vom Norden aus zugänglich wären, als sie es sind, und wenn eine bequeme Landverbindung zwischen Nordamerika und dem Norden der alten Welt existierte, so würde wahrscheinlich die Landfauna der Erde überall dieselbe sein, vorausgesetzt, dass auch die Lebensbedingungen an allen Orten die nämlichen wären. Die meisten Tierarten würden dann genügende Zeit gehabt haben, sich über die ganze Erde zu verbreiten, wie es trotz aller möglichen Hindernisse etliche Arten auch thatsächlich gethan haben. Allein es haben seit jeher auf dem Lande mehr oder minder scharfe Faunengrenzen bestanden, und da diese in völlig regelloser Weise die Oberfläche des Landes in verschieden grosse und verschieden beschaffene Gebiete teilten, so musste sich in allen diesen Gebieten eine besondere Tierwelt entwickeln, und eine Verbreitung auf die übrigen Gebiete war vor allem den Tieren desjenigen Gebietes möglich, das vermöge seiner weiten Ausdehnung eine lebhafte Gefüge- und Rassenzuchtwahl zuliess. Die Anschauung Pfeffer's, wonach sämtliche Tiere ursprünglich gleichmässig verteilt waren, muss demnach bis zu einem gewissen Grade modifiziert werden. Ist das aber geschehen, so lässt sie sich sehr wohl mit dem oben formulierten Grundgesetz der Tierverbreitung vereinigen.

Ich kann diesen Abschnitt nicht schliessen, ohne auf die Bedeutung hinzuweisen, welche die Tiergeographie für die allgemeine Entwickelungslehre besitzt, und dieser Wert ist auch in anderen Ländern, namentlich in England und Nordamerika, schon erkannt. Bei uns in Deutschland hingegen, wo den Tierkundigen mehr und mehr die Kunde von unzerstückelten Tieren, namentlich von Säugetieren und Vögeln, insbesondere auch von denjenigen unseres eigenen Vaterlandes, abhanden gekommen ist, bleiben tiergeographische Bestrebungen seitens der Mehrzahl der Zoologen völlig unbeachtet. Ich wollte schon hier auf diesen Zustand hinweisen, werde aber Gelegenheit haben, in einem späteren Abschnitte darauf zurückzukommen. Hier möge es genügen zu betonen, dass derjenige, dem es um das Verständnis der allgemeinen Entwickelungslehre zu thun ist, einer eingehenden Kenntnis der Tiergeographie nicht zu entraten vermag.

h. Die Erklärung des Epimorphismus.

Eine Erklärung der Stufenfolge der organischen Entwickelung, die wir als Epimorphismus bezeichnet haben, ist schon durch die vorherigen Abschnitte gegeben. Wir haben unter Epimorphismus die zunehmende Höhe der Entwickelungsvollkommenheit verstanden, die im Laufe der stammesgeschichtlichen Entwickelung zu Tage tritt, und die wir auch noch an den heute lebenden Organismen beobachten können. Wir können diese letzteren in Reihen ordnen, die von Anfang bis zu Ende eine stetig zunehmende Vollkommenheit der Formbildung zeigen. Diese Entwickelungsvollkommenheit darf nicht verwechselt werden mit Anpassungsvollkommenheit, wie es seitens der othodoxen Darwinisten geschieht: sie ist nicht durch die „natürliche Zuchtwahl" Darwin's und seiner Anhänger zu stande gekommen. Freilich müssen wir diese letztere Behauptung etwas einengen, nachdem wir gezeigt haben, dass eine Individual- und eine Rassenselektion, eine konstitutionelle und eine dotationelle Auslese zu unterscheiden sind. Die Anpassungsvollkommenheit ist zu stande gekommen teils durch direkte äussere Einflüsse und den Gebrauch und Nichtgebrauch der Organe, teils durch dotationelle Rassenselektion: dagegen ist die Entwickelungsvollkommenheit lediglich durch die auf das Plasma festigend einwirkenden äusseren Einflüsse und durch eine konstitutionelle Individualselektion, welche die Individuen mit gefestigtem Plasma zur Fortsetzung des Stammes bestimmte und die mit gelockertem Gefüge zu Grunde gehen liess, erzielt worden.

Organismen, deren Plasma ein festeres ist als das der nächsten Verwandten, konnten schädigenden äusseren Einflüssen, wie sie in grosser Anzahl auf den Tier- und Pflanzenkörper einwirken, leichter widerstehen, als solche mit gelockertem Plasmagefüge. Sie hatten deshalb auch Gelegenheit, aus der Nahrung neues Plasma zu assimilieren, dadurch ihr Wachstum zu beschleunigen und eine beträchtlichere Körpergrösse zu erlangen. Da ihr Plasma ein immer festeres wurde, so konnten immer mehr Zellen im Zusammenhang mit dem schon bestehenden Zellenverbande des Körpers bleiben, so dass die Körpergrösse immer beträchtlicher werden musste. Die neu hinzukommenden Zellen entstanden aber nicht an allen Körperstellen, sondern namentlich an den Spitzen des ontogenetischen Zellenbaumes, als welchen wir den Tier- und Pflanzenkörper auffassen können. Die Fortentwickelung der Organismen musste dadurch eine ganz bestimmte Richtung erlangen. Es kam dazu aber noch ein Zweites, nämlich die im Laufe der Phylogenese stetig abnehmende Selbstbestimmung der einzelnen Zellen. Der Zellenverband des Körpers wurde infolge der Gefügefestigung durch konstitutionelle Zuchtwahl ein immer innigerer, und dadurch mussten die einzelnen Teile des Organismus immer ungleicher werden, denn der Organismus wurde mit der abnehmenden Autonomie der ihn zusammensetzenden Zellen ein immer einheitlicheres Gebilde. Notwendigerweise musste dadurch die Anzahl der homologen Teile herabgesetzt oder, sofern dies nur in beschränkter Weise stattfand, die ungleichmässige Ausbildung homologer Teile eine immer stärker hervortretende werden. Da, wie wir gesehen haben, das Plasma der Keimzelle schon dasjenige sein muss, das die Art überhaupt charakterisiert, so hat es auch schon alle Eigenschaften, welche dem Plasma der betreffenden Art zukommen. Es müssen demnach schon die ersten Generationen des Zellenstammbaumes des Körpers einen viel festeren Zellenverband darstellen, als bei auf tiefer Entwickelungsstufe stehenden Organismen, und dadurch wurde es verhindert, dass sich an manchen Stellen Zellen bildeten, an welchen früher noch welche entstanden waren, um zur Entwickelung zahlreicher homologer Teile zu dienen. Je einheitlicher der Zellenverband des Körpers wurde, desto mehr mussten bestimmte Richtungen der Zellteilungen begünstigt werden. Der Körper konnte sich nicht mehr so gleichmässig nach allen Seiten hin entwickeln wie früher, und die Wirkung davon war, dass homologe Teile ungleich wurden und an Zahl nach und nach abnahmen.

Aus diesem Epimorphismus der Entwickelungshöhe erklärt sich dann auch der Epimorphismus der Anpassungsvollkommenheit, der auf Grund des reinen Darwinismus überhaupt nicht zu verstehen ist. Durch die Erhöhung der Entwickelungsvollkommenheit oder, was dasselbe ist, der Gefügefestigkeit, d. h. der Stabilität des plasmatischen Gleichgewichts, wurden, wie wir eben gesehen haben, homologe Teile mit Notwendigkeit ungleich, dadurch konnten sie nicht mehr alle auf dieselbe Weise mit der Aussenwelt in Berührung kommen, und die einen mussten sich deshalb in anderer Weise der Umgebung anpassen, als die anderen. Wir wollen dies an einem Beispiel, etwa an dem fünfzehigen Fusse eines Tieres, dessen Zehen alle gleich lang waren und alle in gleicher Weise mit der Aussenwelt in Berührung kamen, erläutern.

Gefügefestigung soll die Zehen ungleich gemacht haben. Lief das Tier etwa auf den Zehenspitzen, so mussten diejenigen Zehen, welche die längsten waren, am ausgiebigsten mit dem Boden in Berührung kommen; sie wurden deshalb durch den Gebrauch gestärkt, während die anderen infolge von vermindertem Gebrauch geschwächt wurden. Die Ungleichheit in der Länge der Zehen musste also eine immer stärkere werden, je nachdem die einzelnen Zehen in mehr oder minder ausgedehnte häufige Berührung mit dem Boden kamen. Dazu kam, dass auch die Gefügefestigung weiter arbeitete und die Zehen mehr und mehr ungleich machte. Es arbeiteten sich also Gefügefestigung und direkte Anpassung Hand in Hand, und auf diese Weise konnten Tiere entstehen, die, wie die Pferde, an allen vier Füssen nur noch eine einzige entwickelte Zehe und ausserdem nur noch sehr schwache Rudimente von zwei anderen haben. Gewiss ist der Pferdefuss eine höchst zweckmässige Einrichtung, und wenn wir auch den Neudarwinisten zugestehen wollten, dass er unter Umständen durch die natürliche Zuchtwahl im Sinne Darwin's erklärt werden könnte, so würde es doch unmöglich sein, auf Grund des Darwinismuss eine Erklärung für die allgemeine und ausnahmslose Regel zu finden, wonach die Anpassung eines Organes stets in einer Richtung weiter geht, wenigstens die solcher Organe, wo direkter Gebrauch und nicht indirekter Nutzen, wie etwa bei der Färbung, in Betracht kommt.

Die Entwickelungsreihen, die wir auf Grund der Organvergleichung aufstellen können, zeigen nie und nirgends einen Rückschritt in der einmal eingeschlagenen Anpassungsrichtung, wenn die Anpassung aber allein bedingt wäre durch Auslese zwischen Organen, die jederzeit nach allen möglichen Richtungen hin variieren, wie es der Darwinismus annimmt, so müssten wir Formenreihen aufstellen können, in denen, um auf unser vorheriges Beispiel zurückzukommen, etwa ein fünfzehiger Fuss mit lauter gleichen Zehen überging in einen solchen, bei dem die Zehen sehr ungleich geworden waren, während dieser sich etwa wieder in einen gleichzehigen Fuss verwandelte und der letztere wieder ungleichzehig wurde, aber in völlig anderer Weise als vorher. Entwickelungsreihen, in welchen solches oder ähnliches stattgefunden haben könnte, kennen wir nicht, und doch müssten sie zahlreich sein, wenn dotationelle Individualselektion die Formenbildung beherrschte. Indessen haben wir diesen Gegenstand schon früher erörtert und brauchen deshalb nur nochmals hervorzuheben, dass der Epimorphismus der Entwickelungsvollkommenheit sowohl wie der der Anpassungsvollkommenheit allein durch die Theorie der Epigenesis in befriedigender Weise zu erklären ist.

i. Geschlechtliche Fortpflanzung.

Das Wesen der geschlechtlichen Fortpflanzung ist durch keine der bisherigen Theorien in befriedigender Weise aufgeklärt worden. Die allermeisten Forscher, die darüber nachgedacht haben, betrachten die geschlechtliche Fortpflanzung als eine Art Verjüngung; aber Weismann hat recht, wenn er diese Erklärung als ungenügend bezeichnet, denn es müsste doch gezeigt werden, wie durch Verbindung zweier verschiedener Plasmen eine Verjüngung zu stande kommen kann. Das ist bis jetzt nicht geschehen. Wir werden zwar sehen, dass man die Wirkung der geschlechtlichen Fortpflanzung in der That als ein Ergebnis betrachten kann, dem man, wenn man will, den Namen Verjüngung beilegen darf, allein es wird sich zeigen, dass erst unsere Theorie Anspruch darauf erheben darf, das, was durch die geschlechtliche Fortpflanzung erreicht wird, als eine Art Verjüngung zu bezeichnen. Ehe wir aber dazu übergehen, das Wesen der geschlechtlichen Fortpflanzung aus der Gemmarienlehre zu erklären, müssen wir auf Weismann's Theorie über die Bedeutung der geschlechtlichen Fortpflanzung etwas näher eingehen.

Weismann betrachtet die geschlechtliche Fortpflanzung als eine Einrichtung, dazu bestimmt, immer neue Kombinationen von Ahnenplasmen, von Iden, zu schaffen, um dadurch der natürlichen Zuchtwahl Gelegenheit zu geben, die günstigsten Kombinationen auszuwählen. Wie diese Einrichtung zu stande gekommen ist, hat Weismann nicht gezeigt. Man könnte annehmen, dass die natürliche Zuchtwahl Organismen mit geschlechtlicher Fortpflanzung allmählich herangezüchtet hätte; aber durch diese Annahme wird weder über den Ursprung der geschlechtlichen Fortpflanzung, noch über die Entstehung der Bedeutung, die sie nach Weismann besitzt, Licht verbreitet. Wenn sie allmählich herangezüchtet worden ist, so müsste sie doch erst einmal dagewesen sein, d. h. es müsste Organismen gegeben haben, die sich gelegentlich vereinigten, um fortan einen einzigen Organismus zu bilden. Was die Organismen zur Vereinigung trieb, darüber hat uns Weismann vollständig im Dunkel gelassen, und es dürfte auch unmöglich sein, die erste Entstehung der geschlechtlichen Fortpflanzung auf Grund der Weismann'schen Lehre zu erklären. Wir wollen aber einmal annehmen, dass bei einer Organismenart, wo bis dahin noch keine geschlechtliche Fortpflanzung bestand, etliche Individuen anfingen, mit anderen zu verschmelzen. Durch die Verschmelzung zweier Individuen zu einem

einzigen wurde ein grösseres Individuum geschaffen, als es sonst bei der
betreffenden Organismenart üblich war, und man könnte nun annehmen,
dass gerade solche Individuen einen Vorteil im Kampfe ums Dasein
vermöge ihrer Körpergrösse gehabt hätten. Wenn wir aber bedenken,
dass nach Weismann's Annahme alles gezüchtet ist, so ist es auch die
Körpergrösse, und wenn diese bei der betreffenden Organismenart eine
bestimmte war, was wir doch annehmen müssen, da eben alles, was
existiert, nach Weismann nützlich ist und deshalb nicht innerhalb
weiter Grenzen variieren kann, so kann durch Verschmelzung zweier
Individuen zu einem einzigen kein Vorteil erreicht worden sein. Man
kann nun allerdings sagen, dass nicht zwei ausgewachsene Individuen,
sondern zwei Individuen, die durch Teilung ihrer Eltern entstanden waren,
verschmelzen, und dass deshalb der durch die Verschmelzung gebildete
neue Organismus nicht grösser war, als die Eltern der beiden vereinigten
Individuen. Allein bei dieser Annahme sieht man nicht ein, weshalb
die Eltern sich zu teilen brauchten, denn wenn sie es thaten, so kann
es doch nur deshalb geschehen sein, weil sie die Grenze des individuellen
Maasses erreicht oder bereits überschritten hatten. Dadurch, dass sich
zwei aus der Zweiteilung hervorgegangene Individuen wieder zu einem
einzigen vereinigten, wurde also ein Organismus gezeugt, der wiederum
die Grenze der individuellen Grösse bereits erreicht oder auch schon
wieder überschritten hatte. Es wäre also durch die Vereinigung auf
keinen Fall etwas gewonnen gewesen.

Ich glaube auch nicht, dass Weismann Annahmen, wie wir sie
eben gemacht haben, gelten lassen würde, sondern dass er die Bedeutung
der geschlechtlichen Fortpflanzung auch für solche Organismen, bei denen
sie bis dahin noch nicht bestand, in anderen Umständen suchen würde.
Wir wollen also einmal die Annahme machen, dass ein aus der Kopulation zweier bis dahin getrennter Individuen erzeugtes neues Individuum
deshalb einen Vorteil über nicht durch Kopulation entstandene Individuen
hatte, weil in seinem Körper zwei verschiedene Plasmenarten vereinigt
waren. Diese Annahme ist aber zu allgemeiner Natur, und wir müssen
deshalb versuchen, uns darüber eine Vorstellung zu machen, weshalb
die Vereinigung zweier verschiedener Plasmen von Vorteil für das durch
Kopulation entstandene Individuum war. Da es sich dabei nur um allereinfachste Organismen handeln kann, weil ja die geschlechtliche Fortpflanzung eine uralte und bei den heute lebenden Organismenarten eine fast
allgemeine ist, so müssen wir annehmen, dass die betreffende Organismen-

art nur eine einzige Art von Plasma in jedem Individuum barg, d. h. dass sie nur durch eine „Determinante" in jedem Individuum bestimmt war. Diese Determinante wird freilich, wie wir nach Weismann annehmen müssen, etwas verschieden gewesen sein von allen oder wenigstens von den meisten anderen Determinanten der übrigen Individuen unserer Organismenart, und daraus würde sich der Schluss ergeben, dass die Vereinigung zweier verschiedener Determinanten, oder zweier verschiedener Ide, deren jedes aus einer Determinante bestand, vielleicht von Vorteil für das durch diese Kopulation erzeugte Individuum war und deshalb als nützliche Einrichtung weiter gezüchtet wurde. Es ist aber nicht einzusehen, auf welche Weise das hätte geschehen können, denn es sind doch nur drei Fälle denkbar. Wir können erstens annehmen, dass die beiden sich vereinigenden Ide gleich gut für den Kampf ums Dasein ausgerüstet gewesen sind, dass sie alle beide im höchsten Grade den Anforderungen entsprachen, welche die Lebensverhältnisse der Art erhoben. Dann würde der Vorteil der Vereinigung doch nur in einer Zunahme der Masse bestehen, und dass dies von keinem Vorteil sein konnte, haben wir soeben gezeigt. Wir können aber auch zweitens eine Verschiedenheit in der Anpassungsvollkommenheit der beiden sich vereinigenden Plasmen annehmen, so dass das eine besser den Anforderungen, welche die Aussenwelt stellte, entsprach, als das andere. Das erstere würde dann von der Vereinigung nur einen Nachteil gehabt haben, und es wäre nicht einzusehen, weshalb natürliche Zuchtwahl die Vereinigung zweier Plasmen, von denen das eine nicht gut angepasst war, begünstigt haben sollte, denn es wäre doch viel einfacher gewesen, das gut angepasste nicht durch Vereinigung mit einem schlecht angepassten zu verschlechtern, sondern das schlecht Angepasste zu Grunde gehen und das gut Angepasste fortbestehen und sich fortpflanzen zu lassen. Es bleibt also auch bei dieser zweiten Annahme unverständlich, wie die Einrichtung der geschlechtlichen Fortpflanzung durch Naturzüchtung zu stande gekommen sein soll. Nehmen wir aber gar drittens an, dass beide sich vereinigende Plasmenarten nicht besonders gut angepasst waren, so konnte auch durch ihre Vereinigung nichts entstehen, was natürliche Zuchtwahl begünstigt haben könnte.

Wir haben durch diese Betrachtungen gezeigt, dass eine Lehre, wie sie Weismann vorgetragen hat, der Erklärung der ersten Entstehung geschlechtlicher Fortpflanzung völlig ratlos gegenübersteht, und es ist überhaupt nicht einzusehen, wie durch Mischung von Plasmen verschie-

dener Güte etwas Besseres zu stande kommen soll, als wenn die gut
angepassten Plasmen für sich bleiben. Es ist doch wahrlich viel einfacher, anzunehmen, dass natürliche Zuchtwahl eben nur die gut angepassten Plasmen bestehen lässt; thut sie aber das, so bleibt die geschlechtliche Fortpflanzung unerklärt.

Wir wollen aber einmal annehmen, dass in der That durch Mischung
verschiedener Plasmen ein Vorteil zu erzielen wäre, dass also die durch
Kopulation gebildeten Individuen einer Organismenart, bei welcher geschlechtliche Fortpflanzung bis dahin nicht eingeführt war, im Kampfe
ums Dasein überlebten, während die anderen Individuen zu Grunde
gingen. Aber auch, wenn wir diese Annahme machen, so verstehen
wir nicht, wie die aus der Teilung solcher Individuen hervorgehenden
Nachkommen dazu gekommen sein sollten, sich ihrerseits wieder mit
anderen Individuen zu verbinden. Man wird einwenden, dass sie die
Fähigkeit dazu von ihren Eltern, die ja auch durch Kopulation entstanden wären, ererbt hätten. Allein es muss doch erklärt werden, wie
eine solche Vererbung zu stande kommen konnte, und das vermag die
Weismann'sche Lehre nicht darzuthun. Wir haben ja schon vorhin
gezeigt, dass Weismann nicht zu sagen vermag, warum plötzlich einmal zwei Individuen dazu kommen sollten, sich zu vereinigen, wie ja
überhaupt die Weismann'sche Lehre uns bezüglich der wirklichen
Ursachen der Umbildung der Organismen vollständig im Dunkel lässt.
Wir wollen aber annehmen, dass bei zwei sich vereinigenden Individuen
irgend eine Ursache vorhanden war, welche diese Individuen zur Vereinigung trieb. Aber auch dann bleibt es unverständlich, weshalb die aus
Teilung solcher Individuen hervorgehenden Tochterindividuen wiederum
diesen Trieb haben sollten, denn durch Vereinigung zweier verschiedener
Plasmen wird ja etwas Neues erzeugt, das andere Eigenschaften hat, als
jedes der beiden Plasmen vor der Vereinigung, und es ist nicht einzusehen, weshalb sich der Trieb, der die beiden ursprünglichen Plasmen
zur Vereinigung bestimmte, vererbt haben sollte. Man könnte nun zwar
sagen, die beiden Plasmen hätten sich bei der Fortpflanzung des durch
Kopulation entstandenen Individuums wieder getrennt, hätten dadurch
ihre ursprünglichen Eigenschaften zurückerhalten, und zu diesen gehörte
der Trieb, sich mit anderen Plasmen zu verbinden. Durch eine solche
Annahme würden wir aber in Widerspruch geraten mit der Annahme
einer Amphimixis, denn wenn eine solche besteht, so musste es verhindert werden, dass sich beide Plasmen wieder voneinander trennten.

Wir müssten also wohl die Annahme machen, dass aus der Fortpflanzung eines durch Kopulation entstandenen Individuums wieder Tochterindividuen mit zwei Plasmen hervorgingen und dass diese den Vereinigungstrieb ihrer Grosseltern geerbt hätten. Wie das aber möglich war, ist nicht zu begreifen, denn der Vereinigungstrieb müsste doch durch die erfolgte Vereinigung befriedigt worden sein, und er konnte nicht wieder aufleben, wenn die vereinigten Plasmen sich nicht wieder voneinander trennten. Die Vererbung des Vereinigungstriebes bleibt also unerklärt, und damit ist ein Verständnis der Entstehung der geschlechtlichen Fortpflanzung durch natürliche Zuchtwahl unmöglich gemacht. Es bleibt eben dann keine andere Annahme, als dass die Plasmen, welche sich ursprünglich vereinigten, von einem so unersättlichen Kopulationstriebe beseelt gewesen wären, dass fortgesetzte Vereinigung nötig war. Dass eine solche Annahme nichts erklärt, liegt auf der Hand.

Die Weismann'sche Lehre erweist sich also, wie man die Annahmen auch drehen und wenden mag, als absolut unzureichend zur Erklärung einer so allgemeinen Einrichtung, wie es die geschlechtliche Fortpflanzung ist. Wir haben ja überdies gezeigt, dass das, was Weismann Amphimixis nennt, konsequenterweise zu Folgerungen führt, denen die Natur unmöglich entsprechen kann. Je mehr verschiedenartige Plasmen sich vereinigen, desto mehr Individuen müssen erzeugt werden, damit überhaupt ein den Anforderungen der Aussenwelt entsprechendes Individuum zu stande kommt. Es lässt sich leicht zeigen, dass die Fortpflanzung eine über alle Begriffe grosse Menge von Individuen in jeder Generation erzeugen muss, so gross, dass die Oberfläche der Erde sich zu der eines Weltkörpers, auf welchem die notwendige Anzahl von Individuen Platz finden könnte, verhalten müsste wie die einer Erbse zu der der Sonne. Es wäre also eigentlich überflüssig gewesen, hier den hoffnungslosen Versuch zu unternehmen, die Entstehung der geschlechtlichen Fortpflanzung auf Grund der Weismann'schen Amphimixislehre zu erklären. Allein, bei der Zähigkeit, mit welcher Weismann an unhaltbaren Annahmen festhält, haben wir es für gut gehalten, auch in diesem Abschnitte zu zeigen, dass Weismann's Lehre völlig unfähig ist, die Thatsachen der Biologie zu erklären, dass sie ihre Existenz nur fristen kann, wenn sie sich einfach über diese Thatsachen hinwegsetzt. Wir wenden uns deshalb wieder jenen älteren Anschauungen zu, die in der geschlechtlichen Vererbung eine Art Verjüngung des Individuums erblicken, und wollen nunmehr zeigen, dass es sich dabei in der That um etwas handelt, was, wie schon

14*

oben gesagt, allenfalls als Verjüngung bezeichnet werden könnte. Wir werden aber darzuthun haben, dass sich für den unbestimmten und im Grunde genommen nichtssagenden Begriff der Verjüngung ein Begriff bestimmten Inhalts substituieren lässt.

Nach unserer Lehre ist das Plasma aus Gemmarien von bestimmtem Bau zusammengesetzt, und diese selbst sind aus Gemmen aufgebaut, die sich in einer bestimmten Art und Weise aneinander gelagert haben. Diese Aneinanderlagerung ist lediglich bedingt durch die allgemeinen physikalischen und chemischen Zustände der Aussenwelt und durch besondere Verhältnisse im Aufbau der verschiedenen Organismenarten, sie verändert sich also, wenn sich die äusseren Einflüsse verändern, und wenn die Organe der Organismen in anderer Weise gebraucht werden als bisher. Dadurch kann, wie wir genugsam betont haben, und wie ja aus unserer Annahme ohne weiteres hervorgeht, sowohl eine Lockerung, als auch eine Festigung des Gemmariengefüges, d. h. des Aufbaues der Gemmarien aus Gemmen, hervorgebracht werden. Es entstehen also durch äussere Einflüsse Individuen mit festerem und mit gelockertem Gefüge, von welchen die ersteren im Kampfe ums Dasein bestehen, während die letzteren zu Grunde gehen. Dass die letzteren sterben, könnte aber dadurch verhindert werden, dass ihr Gefüge wieder so gefestigt wird, dass sie ebensoviel Aussicht im Kampfe ums Dasein, wie diejenigen Individuen, bei welchen keine Lockerung des Gefüges eingetreten ist, haben. Eine solche Wiederbefestigung kann aber stattfinden, wenn sich zwei Individuen mit etwas verschiedenem Plasma zu einem einzigen vereinigen. Durch die Vereinigung müssen die Gemmarien der beiden Plasmaarten miteinander vermischt werden, so dass sich in vielen Fällen Gemmarien der einen Art an Gemmarien der anderen anfügen können. Es wird den Gemmarien dadurch Gelegenheit gegeben, sich miteinander ins Gleichgewicht zu setzen, d. h. ihre Ungleichheiten auszugleichen. Wie das geschehen kann, sehen wir, wenn wir bedenken, dass sich die Gemmen innerhalb der Gemmarien notwendigerweise gegeneinander verschieben müssen, wie es etwa geschehen würde, wenn zwei mit anziehenden Kräften und verschiebbaren Winkeln begabte Parallelogramme sich mit einer ihrer als gleichlang angenommenen Seiten aneinanderlegen. Die ungleichen Winkel der beiden Parallelogramme würden sich durch gegenseitige Einwirkung ausgleichen, d. h. es würden dadurch zwei gleiche Parallelogramme entstehen, und zwar zwei Parallelogramme, deren Seiten sich nicht so leicht verschieben, wie es bei den beiden aufeinander einwirkenden Parallelogrammen möglich war. Denn der Winkel, der bei dem einen der letzteren zu gross war, war bei dem anderen zu klein, und umgekehrt. Ähnliches müsste auch bei der Vereinigung zweier Gemmarien stattfinden. Es müssten dadurch neue Gemmarien entstehen, deren Gefüge weder nach der einen, noch nach der anderen Seite hin zu sehr von derjenigen Gleichgewichtslage abweicht, welche die am wenigsten labile ist.

Aus diesen Betrachtungen geht also hervor, dass die geschlechtliche Vereinigung von grossem Vorteile für die Organismen sein muss, denn durch sie wird das gelockerte Gefüge der Gemmarien ein festeres und weniger leicht hinfälliges. Es handelt sich also bei der geschlechtlichen Fortpflanzung nicht darum, dass eine Mischung verschiedener Plasmen zu stande kommt, sondern dass diese eine annähernde Ausgleichung zur Folge hat, dass auch das geschlechtlich gezeugte Individuum aus festerem Plasma besteht. Die Bedeutung der geschlechtlichen Fortpflanzung wäre also nicht die Erzielung eines aus vielen verschiedenen Plasmen gemischten Bildungsstoffes, sondern die fortgesetzte Wiederherstellung des plasmatischen Gleichgewichts durch Vereinigung zweier Gemmarienformen, von denen jede etwas, aber jede in anderer Weise von der erforderlichen Stabilität ihres Gemmenaufbaues abweicht.

Wir haben hierdurch aber nur gezeigt, dass die geschlechtliche Fortpflanzung von grossem Vorteil für die Organismen sein muss, nicht aber, wie sie ursprünglich entstanden ist: denn sie konnte nicht eher von Vorteil sein, ehe sie vorhanden war, und eine vollständige Lösung des Problems von der Bedeutung der geschlechtlichen Fortpflanzung hat nachzuweisen, durch welche Ursache die Vereinigung zweier Plasmen bedingt wird.

Wie mir scheint, ist diese Ursache nicht schwer aufzufinden, denn es ist eine allgemeine Eigenschaft getrennter Portionen gleichen Stoffes, sich zu vereinigen. Zu einem Kristall, der sich in einer gemischten Mutterlauge bildet, fügen sich nur solche Moleküle zusammen, die in dem betreffenden Kristallsystem kristallisieren. Stoffe, von denen der eine im hexagonalen, der andere im triklinen System kristallisiert, treten nicht in die Zusammensetzung eines und desselben Kristalles ein, und was von Kristallen gilt, gilt von allen anderen Substanzen, welche gleiche chemische Zusammensetzung oder wenigstens dieselbe Molekülform haben. Öltropfen, welche auf dem Wasser schwimmen, fliessen leicht zusammen, weil zwischen ihren Teilen eine starke Kohäsion besteht. In der That ist es das, was die Physiker Oberflächenspannung nennen, was bei Vereinigung von getrennten Stoffportionen in Betracht kommt, und wir dürfen annehmen, dass die Ursache der Vereinigung von Portionen eines und desselben Stoffes in der gleichen Form ihrer Moleküle zu suchen ist. Moleküle gleicher Art haben alle dieselben Anziehungsrichtungen, sie können deshalb aufeinander einwirken und leicht einen zusammenhängenden Körper bilden, was bei Molekülen verschiedener Art mit verschiedenen Anziehungsrichtungen nicht möglich ist. Auf diese Weise haben wir uns die Vereinigung zweier einzelliger Urtiere oder zweier Keimzellen vorzustellen. Sie bestehen aus Plasmamolekülen von annähernd gleicher Form und fliessen deshalb zusammen; sie ziehen sich gegenseitig an.

Die Ursache der geschlechtlichen Fortpflanzung ist also nicht in irgend welchen besonderen Eigenschaften der Organismen begründet, sondern sie ist dieselbe, die auch die Vereinigung zweier getrennter Portionen gleicher unorganischer Substanz bewirkt. Zwischen den Molekülen einer und derselben Substanz besteht keine Oberflächenspannung, weil ihre Anziehungsrichtungen dieselben sind, während Oberflächenspannung da vorhanden ist, wo Moleküle ungleichen Baues zusammenkommen. Zwischen den Molekülen eines Öles besteht keine Oberflächenspannung, ebensowenig zwischen den Molekülen des Wassers. Dagegen besteht eine starke Oberflächenspannung zwischen Ölmolekülen und Wassermolekülen, und deshalb mischen sich Öl und Wasser nicht miteinander. Die geschlechtliche Fortpflanzung ist also ein Vorgang, dessen Entstehung überhaupt nicht erklärt zu werden braucht, weil er eine allgemeine Eigenschaft der Materie bedeutet. Wo sich zwei gleiche Plasmen treffen, vereinigen sie sich miteinander, und deshalb ist die geschlechtliche Fortpflanzung auch nur zwischen Individuen möglich, die zu einer Art oder zu einander sehr nahestehenden Arten gehören. Sehr ungleiche Plasmen vereinigen sich nicht miteinander. Die weite Verbreitung der geschlechtlichen Fortpflanzung erklärt sich also einfach aus denselben Gründen, aus denen sich die Vereinigung gleicher Moleküle überhaupt erklärt.

Allerdings sind die Plasmen zweier verschiedener Individuen auch bei einer und derselben Art nie völlig einander gleich, aber sie sind auch nicht so ungleich, dass sie sich nicht vereinigen könnten. Es treten ja auch Moleküle verschiedener chemischer Substanzen zur Bildung eines einzigen Kristalles zusammen, solange sie nur in demselben System kristallisieren, und deshalb ist es auch den Plasmen zweier verschiedener Individuen einer Art möglich, sich miteinander zu vereinigen.

Es ist aber nicht in allen Fällen nötig, dass diese Vereinigung eintritt, denn viele Organismen pflanzen sich durch Jungfernzeugung oder Parthenogenesis fort, und bei manchen Urtieren und vielen Pflanzen werden viele Generationen auf ungeschlechtlichem Wege erzeugt, ehe wieder eine geschlechtliche Vermischung stattfindet. Ob aber, abgesehen von Bakterien und anderen niedersten Urwesen, Organismen leben, bei welchen überhaupt keine geschlechtliche Fortpflanzung nötig ist, müssen wir bezweifeln, und dass Organismen vorkommen, bei denen geschlechtliche Fortpflanzung nicht gelegentlich eintritt, sobald die Möglichkeit dazu gegeben ist, darf bestritten werden, denn dadurch würden wir ja Stoffe kennen lernen, die sich dem allgemeinen Naturgesetze, dass sich Moleküle eines gleichartigen Stoffes miteinander vereinigen, nicht fügen.

Aus der Gemmarienlehre ergiebt sich eigentlich ganz von selbst, weshalb viele oder die meisten Organismenarten nicht ohne geschlechtliche Fortpflanzung bestehen können; denn das Plasma wird durch die schädigenden Einflüsse der Aussenwelt gelockert, und es wird vielleicht überhaupt nur dadurch wieder befestigt, dass es sich mit einer anderen Plasmenmodifikation vereinigt und dadurch seine ehemalige Festigkeit wieder gewinnt.

Viele einzellige Organismen scheinen sich zwar lange Zeit hindurch ohne geschlechtliche Fortpflanzung erhalten zu können; dagegen wissen wir, dass die meisten mehrzelligen Tiere und Pflanzen nicht ohne geschlechtliche Fortpflanzung bestehen können, sofern sie sich nicht auch zu gleicher Zeit durch Knospung oder Teilung fortpflanzen. Wo diese besteht, kann allerdings geschlechtliche Fortpflanzung durch viele Generationen hindurch entbehrt werden. Vielzellige Organismen dagegen, die sich nur durch Bildung von Keimzellen fortpflanzen können, bedürfen durchweg der geschlechtlichen Fortpflanzung, der Befruchtung ihrer Keimzellen, und diese Nötigung scheint durch den Umstand verursacht zu sein, dass die betreffenden Organismen mehrzellig sind. Von dem befruchteten Ei bis zur Bildung neuer Keimzellen ist meistens ein weiter Weg, und wenn sich auch die Keimzellen sehr bald während der Ontogenese bilden, wenn sie auch gelegentlich, wie es bei den Fliegen der Fall ist, schon durch die erste Zellteilung des befruchteten Eies von den übrigen Zellen gesondert werden, so vergeht doch noch lange Zeit, ehe sich aus ihnen wieder ein Organismus entwickeln kann. Dadurch ist aber ausgiebige Gelegenheit gegeben, das Plasma zu schädigen, zu lockern. Infolge dieser Lockerung, welche die Keimzellen während der Zeit, in welcher das Individuum noch nicht geschlechtsreif ist, erleiden, scheint bei den allermeisten Tieren und Pflanzen die Fähigkeit zur Fortpflanzung erloschen zu sein, sofern sich die Keimzellen nicht mit anderen Keimzellen verbinden und dadurch wieder die erforderliche Beschaffenheit ihres Gemmariengefüges erlangen. Dass dieses allerdings nicht absolut notwendig ist, dass geschlechtliche Fortpflanzung zur Entwickelung der Keimzellen nicht unerlässlich ist, geht aus dem Bestehen von Tierarten hervor, die sich lediglich auf dem Wege der Parthenogenese fortpflanzen.

Wir glauben durch die vorhergehenden Betrachtungen gezeigt zu haben, weshalb geschlechtliche Fortpflanzung, d. h. die Verbindung zweier getrennter Plasmen, ursprünglich eintrat: wir führten sie auf die allgemeinen Eigenschaften der Materie zurück, und wir glauben auch ferner dargethan zu haben, dass sie bei den meisten Organismen unerlässlich ist, sobald es sich um die Fortpflanzung des Individuums durch eine einzige Zelle handelt, die sich aus dem Verbande der übrigen Zellen des Körpers gelöst hat. Dadurch dürfte die geschlechtliche Fortpflanzung so weit mechanisch erklärt sein, wie es überhaupt möglich ist, denn dass sie nicht unerlässlich ist, haben wir ja gesehen. Wir brauchen deshalb auch nicht den Nachweis zu führen, dass geschlechtliche Fortpflanzung eine Eigenschaft ist, die sich nicht von dem Begriff des Organismus trennen lässt. Jedenfalls sind wir nunmehr in die Lage versetzt, den Begriff der geschlechtlichen Fortpflanzung schärfer zu fassen.

Die Bedeutung der geschlechtlichen Fortpflanzung ist allerdings die einer Art Verjüngung, d. h. durch die geschlechtliche Fortpflanzung wird wieder dasjenige Gleichgewichtssystem des plasmatischen Gefüges hergestellt, bei welchem sich die Lebenserscheinungen der betreffenden Organismenart am besten abspielen. Es entwickeln sich nur diejenigen befruchteten Eier, in welchen zwei genügend fest gefügte Plasmen vereinigt sind, Plasmen, die so beschaffen waren, dass das, was dem einen fehlte, bei dem anderen zu viel vorhanden war, so dass eine Ausgleichung stattfinden konnte.

Durch diese neu gewonnene Anschauung über die Bedeutung der geschlechtlichen Fortpflanzung wird auf einmal ein helles Licht über die Vorteile der Kreuzung und die Nachteile der Inzucht verbreitet, wozu

der Weismannismus durchaus unfähig ist. Weismann vermag nicht zu
zeigen, weshalb, wie die Thatsachen der Tier- und Pflanzenzucht zur Genüge darthun, bei Inzucht so leicht eine Degeneration eintritt, während
diese durch Kreuzung verhindert wird, denn nach Weismann besteht
ja das Keimplasma aus sehr vielen verschiedenen Iden, und warum diese
bei der Inzucht so schnell zu einer Degeneration führen sollen, ist, wie
wir noch im Speziellen in dem Abschnitt über Mischung und Rückschlag darthun werden, nicht einzusehen. Denn wenn die Anzahl der Ide
so gross ist, wie sie Weismann annimmt und annehmen muss, so ist
immer eine genügende Verschiedenheit der homologen Determinanten der
einzelnen Zellen vorhanden, wenigstens ist diese auf lange Zeit hin gewährleistet. Ganz anders ist es dagegen, wenn das Plasma eines Individuums
ein monotones ist. Ist es das, dann kann es in einseitiger schädlicher
Weise durch äussere Einflüsse umgebildet werden, und wenn es dadurch
eine zu grosse Hinfälligkeit bekommen hat, so wird an dieser dadurch
nichts geändert, dass es sich, wie es bei der Inzucht geschieht, gewissermassen wieder mit sich selbst vereinigt.

Es geht also aus dem von uns angenommenen Bau der Gemmarien
unmittelbar hervor, dass Inzucht schädlich sein muss. Indessen können
wir erst näher auf die Bedeutung von Inzucht und Kreuzung in dem
Kapitel über Mischung und Rückschlag eingehen. Das gegenwärtige
Kapitel hat uns darüber belehrt, dass die Bedeutung der geschlechtlichen
Fortpflanzung sich unmittelbar aus unserer Gemmarienlehre ergiebt, und
das ist, wie ich glaube, ein Umstand, der geeignet ist, diese Lehre der
Würdigung aller derjenigen zu empfehlen, die sich bestreben, die Ursachen der biogenetischen Vorgänge zu ergründen.

k. Ungeschlechtliche Fortpflanzung und Regeneration.

Die Thatsachen der Parthenogenesis oder Jungfernzeugung
lehren, dass Eizellen sich auch ohne Befruchtung entwickeln können,
und die sogenannte Pädogenesis, die Jugendzeugung mancher Tiere,
zeigt, dass auch schon unerwachsene Tiere Eizellen erzeugen können, die
sich ohne Befruchtung entwickeln. In solchen Fällen müssen wir annehmen, dass es sich um Tiere handelt, deren Gefügefestigkeit eine
beträchtliche ist, so dass die Konstitution der Keimzellen nicht leicht
geschädigt werden kann. Besonders leicht ist aus diesem Gesichtspunkte

heraus die Pädogenesis zu verstehen, weil die Eizellen von Tieren, die noch nicht vollständig entwickelt sind, noch viel weniger schädigende Einflüsse erfahren haben können, als Eizellen von Tieren, die zu ihrer Entwickelung eine sehr lange Zeit gebrauchen. Im übrigen brauchen wir uns nicht weiter bei den Thatsachen der Jungfern- und Jugendzeugung aufzuhalten, denn sie erheischen keine besondere Erklärung, sondern lehren nur, dass Eizellen auch ohne Befruchtung im stande sind, sich wieder zu einem vollständigen Tiere zu entwickeln. Dass solches nur bei Tieren stattfinden kann, die ein verhältnismässig stabiles Gefüge haben, deren Eizellen also nicht leicht geschädigt werden können, liegt auf der Hand.

Von der Parthenogenesis unterscheiden sich nur wenig die Thatsachen der Knospung. Neuere Untersuchungen haben gezeigt, dass man unter dem Begriffe der Knospung am besten nur diejenigen Fälle zusammenfasst, in welchen es sich um die Entwickelung einer tierischen Person aus einer einzigen Zelle handelt. Solche Zellen besitzen eine genügende Menge unveränderten Keimplasma's und können sich ohne Befruchtung zu einer vollständigen Person entwickeln. Sie bleiben aber dabei, und dadurch unterscheidet sich die Knospung von der Entwickelung durch Keimzellenbildung, wenigstens eine Zeit lang, in vielen Fällen immer, im Zusammenhang mit dem elterlichen Individuum. Dass bei Zellen, die noch eine genügende Menge von unverändertem Keimplasma haben, leicht eine Entwickelung zu einer vollständigen Person eintritt, ist deshalb leicht zu verstehen, weil diese Zellen reichlich durch ihre Umgebung ernährt werden, und weil sie an solchen Körperstellen liegen, die ihrer Entwickelung nicht hindernd im Wege stehen.

Soll aber Knospung, d. h. Entwickelung einer im Zusammenhang mit dem elterlichen Individuum bleibenden Zelle erfolgen, so darf dieser Zusammenhang ein nicht allzu fester sein, und die betreffende Zelle darf nicht allzusehr von anderen Aufgaben in Anspruch genommen werden, d. h. sie darf sich noch nicht zu einer Muskel- oder Nervenzelle oder zu einer Zelle irgend eines anderen Gewebes von ausgeprägtem Charakter umgebildet haben.

Solche Zellen treffen wir, wie von vornherein ersichtlich, vorzugsweise bei niederen Tieren an. Wir finden deshalb die Knospung weit verbreitet im Stamme der Pflanzentiere, und zwar sind es vorzugsweise die nicht zu hoch entwickelten Arten, die sich noch heute durch Knospung fortpflanzen, oder wenigstens die Jugendzustände, also etwa die

Polypenformen, von Arten, die im übrigen auf höherer Entwickelungsstufe stehen. Inwieweit bei anderen Tieren noch Knospung in der schärferen Fassung, die wir hier dem Begriffe gegeben haben, vorkommt, müssen spätere Untersuchungen lehren. Auf jeden Fall wird sich zeigen lassen, dass sie sich bei Tieren findet, die gleich den Pflanzentieren auf tiefer Entwickelungsstufe stehen, weil bei derartigen Tieren die Körperzellen noch weniger scharf differenziert sind, als bei höheren Tieren, und weil die Anpassung der Zellen an bestimmte Aufgaben bei niederen Tieren noch nicht so weit gediehen ist, wie bei jenen. Es giebt bei diesen noch eine grosse Anzahl von Arten, bei denen ein grosser Teil der Zellen befähigt ist, das ganze Tier wieder zu reproduzieren. Bei den höheren Tieren ist dagegen Knospung nicht mehr möglich, weil ausser den Keimzellen sämtliche andere Zellen des Körpers zu sehr von besonderen Aufgaben in Anspruch genommen sind, weil sie ihr Plasma in einseitiger Richtung in Anpassung an diese Aufgaben umgebildet haben.

Für die andere Art der ungeschlechtlichen Fortpflanzung, welche man als Teilung bezeichnet, gilt im grossen und ganzen dasselbe wie für die Knospung. Die Teilung unterscheidet sich dadurch von der letzteren, dass bei ihr nicht bloss eine einzige Zelle zum neuen Tiere wird, sondern deren mehrere, sie ist aber durch Übergänge mit der Knospung verbunden. Falle, in denen sich ein Tier etwa derartig teilt, dass jedes Teilstück die Hälfte des elterlichen Tieres erhält, leiten hinüber zu solchen, bei welchen nur wenige Zellen die Grundlage für das neue Tier abgeben. Es ist deshalb in manchen Fällen schwierig zu entscheiden, ob es sich um Teilung oder um Knospung handelt. Wollen wir die Begriffe scharf voneinander trennen, so müssen wir den Begriff der Knospung auf diejenigen Fälle beschränken, wo das neue Individuum aus einer einzigen Zelle entsteht, die nicht zu den eigentlichen Keimzellen gehört.

Auch die Teilung findet sich nur bei Tieren, die auf verhältnismässig tiefer Entwickelungsstufe stehen; so bei Pflanzentieren, bei Würmern und etlichen anderen niederen Tieren, dagegen nicht mehr bei Insekten und anderen Gliederfüssern und bei Wirbeltieren. Dass die Teilung hier fehlt, ist auf die zu grosse Gefügefestigkeit dieser Tiere zurückzuführen.

Wenn sich bei niederen Tieren ein Zellenkomplex mehr oder weniger von der Umgebung unabhängig gemacht hat, wie es ja nur bei Tieren mit geringer Gefügefestigkeit und bei solchen, deren einzelne Zellen noch nicht in zu weitgehender Weise besonderen Aufgaben angepasst sind, vorkommen kann, können sich die Gemmarien der Zellen dieses Komplexes wieder neu ordnen und gemäss ihrer Gestalt wieder dasjenige gegenseitige Lagerungsverhältnis eingehen, das für die Art charakteristisch ist. Es ist weder schwer einzusehen, wie dadurch eine Umstimmung der Zellen zu stande kommen kann, noch auch zu begreifen, weshalb das nur bei Tieren möglich ist, bei welchen der Zellenverband des Körpers noch nicht in so hohem Grade ein einheitlicher geworden ist, wie etwa bei den Insekten oder höheren Wirbeltieren.

Sobald eine Gewebspartie durch irgend einen normalen oder abnormen Entwickelungsvorgang gelockert ist, hören die Verbindungen der diese Partie zusammensetzenden Zellen mit den umgebenden Zellen des in Zusammenhang mit dem elterlichen Individuum bleibenden Gewebes auf, und dadurch müssen die gegenseitigen Beziehungen des sich loslösenden Teiles der Zellen zu einander geändert werden. Sie nehmen dasjenige Gleichgewicht an, das ihnen vermöge der Gestalt ihrer Gemmarien zukommt, und es muss deshalb notwendigerweise ein Tier derselben Art aus ihnen entstehen, solange die sonstigen Bedingungen günstige sind. Oft braucht sich nur ein Teil der Zellen eines durch Teilung entstandenen Tieres umzustimmen.

Die Regeneration erklärt sich nach dem Vorhergehenden ganz von selbst. Wenn ein Salamander ein verloren gegangenes Bein oder eine Eidechse den abgebrochenen Schwanz regeneriert, so müssen sich die neu entstehenden Zellen notwendigerweise so anordnen, wie es ihnen durch die Konfiguration der nicht verloren gegangenen und die Gestalt ihrer Gemmarien vorgeschrieben wird.

Die Thatsachen, welche uns zeigen, dass Teilung, Knospung und Regeneration nur bei verhältnismässig niederen Tieren vorkommen, stehen im schönsten Einklange mit der Gemmarienlehre, während Weismann einen grossen Aufwand an Hypothesenbildung machen muss, um die betreffenden Thatsachen von dem Standpunkte seiner Theorie aus zu erklären.

Weismann glaubt, dass Teilung, Knospung und Regeneration allmählich herangezüchtet worden seien, dass diese wie jene beiden für die betreffenden Arten nützliche Einrichtungen bedeuten. Ohne Zweifel ist das letztere der Fall, indessen giebt es viele Fälle, wo wir absolut nicht zu verstehen vermögen, wie Naturzüchtung die Fähigkeit zu ungeschlechtlicher Fortpflanzung und zur Regeneration hervorgebracht haben könnte. Ich erinnere namentlich an Thatsachen, wie sie neuerdings durch Driesch bekannt geworden sind. Driesch hat die beiden ersten Furchungszellen von in Entwickelung begriffenen Seeigeleiern durch Schütteln getrennt, und er hat gesehen, dass solche Zellen in manchen Fällen zur Bildung eines neuen Individuums führen, und zwar eines solchen Individuums, das sich nur durch seine Grösse von normalen Individuen unterscheidet. Wie will Weismann diese Thatsache, die trotz seiner daran geäusserten Zweifel unumstösslich feststeht, erklären? Wenn das Vermögen einer isolierten Furchungszelle des zweizelligen Stadiums eines in Entwickelung begriffenen Seeigels, sich zu einem vollständigen Individuum zu entwickeln, durch Naturzüchtung hervorgebracht sein sollte, so müsste es doch häufig vorkommen, dass die Furchungszellen von Seeigeleiern voneinander getrennt werden. Dafür ist aber weder ein Beweis beigebracht, noch ist es überhaupt wahrscheinlich, dass eine solche Trennung oft eintritt. Natürliche Zuchtwahl kann also hier nicht im Spiele sein, und wenn sie dennoch Angriffspunkte fände, wenn Seeigeleier häufig in ihre Furchungszellen zerfielen, so bleibt noch zu erklären, woher diese letzteren das Vermögen erhalten haben, das vollständige Tier zu bilden? Man müsste doch annehmen, dass die einen isolierten Furchungszellen sich wieder zum vollständigen Tiere entwickelt hätten, die anderen aber nicht, und dass die ersteren im Kampf ums Dasein den Sieg davongetragen hätten. Allein woher sie ihr Vermögen zur Neubildung des vollständigen Tieres erhalten haben soll, bleibt durchaus unverständlich. Es müssten sich doch schon bei der ersten Teilung etliche „Ide" unverändert erhalten, um das vollständige Tier reproduzieren zu können, wie diese Ide aber dazu kommen sollten, ist nicht zu begreifen.

Weismann verzichtet übrigens auf eine Erklärung wie die von mir in seinem Sinne versuchte, um die von Driesch an Seeigeln und von Chabry bei Seescheiden beobachteten Thatsachen zu begreifen. Was bleibt ihm aber dann übrig? Nun, er weiss es:

„Dann bleibt zunächst die folgende Auffassung übrig. Die erste Teilung bewirkt die Trennung der Determinanten-Gruppe für die linke und die rechte Körperhälfte; jede von diesen ist zwar kein volles Keimplasma, insofern sie nicht jede Determinante doppelt enthält, aber es ist sehr wahrscheinlich, dass diese Ide das Vermögen besitzen, sich unter Umständen in der Weise zu teilen, dass sie sich dabei verdoppeln. Ein solches Keimplasma würde dann zwar ein Muttermal oder irgend eine

Asymmetrie der andern Körperhälfte nicht enthalten können, würde aber ein vollständiges Tier liefern.“

„Ein vollständiges Tier“ zu liefern, dazu würde es absolut nicht im stande sein, muss ich mir einzuwenden erlauben: denn wenn ich nicht sehr irre, sind Seeigellarven und Seescheiden bilateral-symmetrische Tiere, deren Körperhälften nicht kongruent sind. Hatten die von Driesch und Chabry gezüchteten Larven nur zwei linke oder nur zwei rechte Körperhälften? Oder giebt es etwas, was uns „sicherer leiten“ kann, als solche „nie ganz reine und unzweifelhafte Versuche“, wie die genannten Forscher sie anstellten? „Vorsichtige Schlüsse“, die Weismann jenen Versuchen vorzieht, sind es aber nicht, die Weismann zu dem Ergebnis geführt haben, dass eine der beiden ersten den beiden symmetrischen Körperhälften entsprechenden Furchungszellen eines bilateral-symmetrischen Tieres durch Verdoppelung „ein vollständiges Tier liefern“ würde. Wenn Weismann seine Determinantenlehre aufrecht erhalten will, dann wird er wohl zugeben müssen, dass vorsichtigere Schlüsse, als er sie gezogen hat, uns davon überzeugen, dass die Determinanten der rechten Körperhälfte eines bilateral-symmetrischen Tieres, dessen Körperhälften nicht kongruent sind, nur die rechte, die der linken nur die linke Körperhälfte, aber kein „vollständiges Tier“ liefern können.

Mit der citierten Weismann'schen „Auffassung“ ist es also nichts.

„Aber die Regeneration der ersten Blastomeren zum ganzen Embryo,“ sagt Weismann, „ist noch einer andern Auslegung fähig. Ascidien vermehren sich nicht bloss auf geschlechtlichem Wege, sondern auch intensiv durch Knospung; Seeigel thun dies zwar nicht, aber sie besitzen ein ungemein hohes Regenerationsvermögen. In diesem Kapitel wurde das letztere durch die Annahme erklärt, dass bestimmten Idstufen der Ontogenese ein ‚Neben-Idioplasma‘ beigegeben sei, zusammengesetzt aus den für die Regeneration nötigen Determinanten. In einem folgenden Kapitel werde ich zu zeigen haben, dass wir für die Knospung dieselbe Annahme machen müssen. Diese Annahmen sind unerlässlich, sobald man auf der Keimplasma- und Determinantenlehre fusst. Das zur Knospung erforderliche Neben-Idioplasma bringt das ganze Tier wieder hervor, muss also alle Determinanten des Keimplasma's enthalten und muss schon vor der ersten Furchung im Ei enthalten sein, um dann in latentem Zustande durch alle Entwickelungsstadien hindurch gewissen Zellfolgen beigegeben zu bleiben. Wenn nun dieses Neben-Idioplasma durch irgend welche abnormale Einflüsse, z. B. die Tötung der andern Blastomere, aktiv werden könnte, so würde auch auf diesem Wege eine Regeneration des ganzen Embryo zu stande kommen können."

Schade nur, dass das „ungemein hohe Regenerationsvermögen" der Seeigel eine Weismann'sche Vision gewesen ist! Für die Seeigel muss deshalb eine andere Erklärung gesucht werden, als für die Ascidien, und die wird dann wohl auch auf die letzteren passen. Weismann aber hat sie nicht gefunden, und er kann sie auch nicht finden.

Überaus charakteristisch ist für das Wesen seiner Präformationstheorie, was er im Anschluss an die oben citierten Sätze sagt. Ich lasse es hier ohne weiteren Kommentar folgen:

„Alles dies sind zwar nur Möglichkeiten, deren Aufzählung ich mir gern erspart hätte, da ich ihre Unvollkommenheit und Unsicherheit sehr wohl erkenne, ich wollte aber doch zeigen, dass die erwähnten Beobachtungen nicht jeder Erklärungs-Möglichkeit spotten, wenn wir auch zur Zeit eine irgend sichere Deutung noch nicht geben können, vor allem schon deshalb nicht, weil die betreffenden Beobachtungen selbst noch viel zu unvollkommen und lückenhaft sind. Ich gehe aus diesem Grunde auch nicht auf eine nähere Erklärung der Embryologie dieser Fälle ein.

„Auf eines aber möchte ich doch noch hinweisen, nämlich auf das entgegengesetzte Verhalten des Froscheies und der Eier der Ascidie und des Seeigels. Aus einer Blastomere des Froscheies entsteht nur ein halber Embryo, wenn wir von der besonders zu betrachtenden ‚Postgeneration' absehen, aus einer Blastomere der beiden anderen Eiarten entsteht dagegen das ganze Tier. Mögen meine Erklärungs-Andeutungen noch so unvollkommen sein, die ihnen zu Grunde liegende Annahme muss im allgemeinen richtig sein, d. h. es muss das Ei des Frosches in seiner ersten Blastomere ein Vermögen nicht enthalten, welches bei den anderen Eiern in ihr enthalten ist. Da aber Kräfte an Substanzen gebunden sind, so wird es wahrscheinlich, dass die Blastomere der Ascidie und des Seeigels ein Plus von Substanz enthalten, welches sie zur Regeneration befähigt und welches der Frosch-Blastomere abgeht — Neben-Idioplasma. Driesch äussert zwar, wie oben angeführt wurde, den Zweifel, ob nicht etwa die Blastomere des Frosches sich ebenso verhalten würde, wie die des Seeigels, wenn man sie wie diese von der operierten Blastomere wirklich trennen und isolieren könnte; allein dieser Zweifel ist wohl kaum berechtigt, da auch bei dem Ascidienei eine solche Isolierung der normalen Blastomere durch

Chabry's Versuch nicht bewirkt wurde, und dennoch die Entwickelung zum ganzen Tier ebenso eintrat, wie beim Seeigelei.

„Wenn nun auch das halbe Froschei sich zunächst nur zu einem halben Embryo entwickelt, so kann sich doch ein solcher Halb-Embryo vervollständigen durch einen sehr eigentümlichen Regenerations-Vorgang, welchen Wilhelm Roux an seinen Halb- und Dreiviertels-Embryonen beobachtet und ‚Postgeneration‘ genannt hat.

„Roux beobachtete, dass die ihrer Entwickelungsfähigkeit beraubte Furchungszelle des Froscheies wieder ‚belebt‘ werden kann. Aus der normal entwickelten Eihälfte tritt eine grössere Zahl von Zellkernen in die Dottermasse des verletzten Teiles, die sich vermehren und zu Zellen gestalten. ‚Die postgenerative Bildung der Keimblätter geht in dem durch die nachträgliche Cellulation gebildeten Zellmaterial vor sich, indem der Prozess der Differenzierung in dem ruhenden Zellmaterial fortschreitet.‘ Es kann auf diese Weise, wie Roux gesehen zu haben glaubt, zu einer vollständigen Ergänzung des Embryos kommen, der lebensfähig ist und auch wirklich längere Zeit am Leben erhalten wurde.

„Gewiss mit Recht haben diese Beobachtungen grosses Aufsehen erregt; sie sind in jedem Falle im höchsten Grade interessant. Ob sie aber so, wie sie uns bis jetzt vorliegen, schon vollständig genug sind, um fundamentale theoretische Schlüsse darauf zu bauen, das muss ich doch bezweifeln. Bei aller Hochachtung vor der Beobachtungs-Sicherheit und Experimentierkunst von Roux kann ich doch nicht umhin, mir zu sagen, dass diejenigen Halbembryonen, welche sich später zu ganzen Tieren ‚postgenerierten‘, möglicherweise solche waren, bei denen der Stich mit der heissen Nadel den Kern der Furchungszelle nicht getroffen hatte. Jedenfalls konnte der Thatbestand darüber und über die ganze spätere Kette von Vorgängen, welche zur Ergänzung führten, immer nur an anderen Individuen beobachtet werden, als an den sich schliesslich ergänzenden. Es ist doch immerhin ein relativ roher Eingriff, wenn man mit der heissen Nadel in eine Furchungszelle stösst, und das, was dabei zerstört wird, kann in jedem Falle wieder etwas anderes sein. Nicht nur könnte die Kernsubstanz als Ganzes unter Umständen unversehrt bleiben, sondern möglicherweise auch bloss einzelne Idanten derselben. Diese könnten sich später durch Verdoppelung zur Normalzahl derselben ergänzen und dann die Entwickelung der Eihälfte einleiten. Allerdings sagt Roux, dass die Postgeneration nicht auf demselben Wege erfolge, wie die normale Entwickelung der primär gebildeten Hälfte, also nicht durch selbständige Anlage der Keimblätter, allein die Vorgänge im Innern des Eies lassen sich nur auf Schnitten verfolgen, und die Anfertigung dieser gebietet die Tötung des Embryos. Bei solchen Experimenten ist aber kein Fall dem andern gleich, und man wird über ein sehr grosses Material gebieten müssen, um mit einiger Sicherheit sagen zu können, dass das in Schnitte zerlegte Ei in seiner innerlichen Beschaffenheit einem andern gleich gewesen sei, dessen Entwickelung und Postgeneration man verfolgt hat.

„Roux hat drei Arten von ‚Wiederbelebung‘ der operierten Eihälfte beobachtet, unter anderem auch eine ‚Umwachsung‘ der getöteten Hälfte von der äusseren Zellenschicht der lebenden Hälfte aus; diese führte aber nicht zur Postgeneration, vielmehr nur die oben erwähnte Art durch Eindringen einiger ‚Kerne‘ von der lebenden Hälfte in die operierte, welches aber nur bei schwacher pathologischer Veränderung des Dotters erfolgte, und auch dann nicht immer. Der Gedanke liegt nahe, es möchte die Postgeneration nur da erfolgt sein, wo die Zerstörung eine geringe war und Kernmaterial übrig gelassen hatte, von dem nachträglich eine Zellbildung ausgehen konnte. — Damit soll nicht bezweifelt werden, dass auch lebende ‚Kerne‘ von der anderen Seite her in die operierte Hälfte des Eies eingedrungen seien; die Furchungszellen haben ja auch im normalen Entwickelungsgang noch eine ungeheuere Vermehrung zu leisten, und es kann somit nicht Wunder nehmen, dass sie — nach Aufhebung des Wachstumswiderstandes durch Operation der andern Eihälfte — sich auch auf Kosten dieser vermehren, aber dass in jenen Fällen, in welchen die andere Hälfte des Embryos sich nachträglich ergänzte, diese Ergänzung auf dem Wege einer Art von Zellen-Infection stattgefunden habe, derart, dass das blosse Anstossen z. B. an Ektodermzellen die noch undifferenzierten Zellen der operierten Eihälfte bestimmte, sich ebenfalls zu Ektodermzellen auszugestalten, das Anstossen an Mesoblastzellen aber sie zu Mesoblastzellen bestimmte, — einer solchen, alle unsere bisherigen Anschauungen über den Haufen werfenden Annahme könnte ich nur zustimmen, wenn unwiderlegliche Thatsachen sie bewiesen.

„Roux selbst aber hat seine Arbeit nur als ‚eine erste Abschlagszahlung an das grosse Thema‘ betrachtet und eine Fortsetzung seiner Versuche in Aussicht gestellt. Solange aber hier nicht ganz unzweideutige Thatsachen vorliegen, werden wir die in so zahlreichen Thatsachen wurzelnde, gerade auch durch den ersten Teil der Roux'schen

Versuche mächtig gestützte Vorstellung von der Prädestinierung der Zellen durch Zuerteilung bestimmter Determinanten und Determinantengruppen nicht aufgeben dürfen. Ein Aufgeben aber dieser Vorstellung würde unvermeidlich sein, wenn es Thatsache wäre, dass die Zellen der Keimblätter wirklich die Fähigkeit hätten, etwa durch den Ort, an den sie zufällig gelangen, oder durch ihre zufällige Nachbarschaft in ihrem Wesen bestimmt zu werden."

Driesch hat nachgewiesen, dass dieses Thatsache ist; Weismann wird es also nicht vermeiden können, seine Präformationstheorie aufzugeben. Ich aber unterschreibe gern den folgenden Satz Weismann's: „Ich bin überzeugt, dass eine noch mehr ins Einzelne gehende erneute Durchforschung des von Roux eröffneten Untersuchungsfeldes uns die Thatsachen in noch anderem Licht zeigen und eine Versöhnung mit unseren übrigen Vorstellungen über die Ursachen der Ontogenese ermöglichen wird"; denn ich bin nicht der Ansicht, dass „alle unserige bisherigen Anschauungen über den Haufen" geworfen werden durch die Annahme, dass der Charakter einer Zelle Funktion ihrer Lage im Organismus ist. Diese „Annahme" ist seit Caspar Friedrich Wolff's Zeiten das Fundament der Entwickelungslehre, ein Fundament, das Weismann sich vergebens „über den Haufen zu werfen" bemüht hat.

Weismann irrt sich, wenn er meint: „Für den Augenblick aber halte ich es noch nicht für erspriesslich, allen den Möglichkeiten nachzugehen, welche bei einem Erklärungsversuch der ‚Postgeneration' in Betracht kommen müssten." Diese wie alle anderen Arten der Regeneration lassen sich gleich den Thatsachen der Knospung und Teilung nur verstehen auf Grund der Annahme eines monotonen Plasma's, das desto regenerationsfähiger ist, je weniger das betreffende Tier, sei es in stammesgeschichtlicher, sei es in keimesgeschichtlicher Entwickelung vorgeschritten ist. Bei auf tiefer stammesgeschichtlicher Entwickelungsstufe stehenden erwachsenen Tieren ist oft Knospung oder Teilung und neben beiden Regeneration verloren gegangener Körperteile möglich; und wo die Tiere, beispielsweise Frösche, schon zu weit in ihrer stammesgeschichtlichen Entwickelung und damit in der Gefügefestigung vorgeschritten sind, besitzen sie häufig noch Furchungszellen, Jugend- oder Embryonalformen, die entweder im hohen Grade der Regeneration fähig sind, oder sich auf ungeschlechtlichem Wege durch Knospung oder Teilung vermehren können.

Dass Gefügefestigung nach und nach die Fähigkeit zur Knospung und Teilung und zur Wiederersetzung verloren gegangener Körperteile verringert und endlich völlig verschwinden lässt, ist nicht nur a priori wahrscheinlich und eine Annahme, die mit unserer Theorie in völligem Einklange steht, die eine Konsequenz dieser Theorie bildet, ohne dass wir nötig hätten, irgend welche Hilfshypothesen zu ersinnen, sondern auch sämtliche Thatsachen, die wir über Knospung, Teilung und Regeneration kennen, lehren uns, dass es eben immer nur verhältnismässig niedere Tiere sind, bei welchen das eine oder andere stattfindet. Höhere Tiere besitzen zwar noch oft ein mehr oder weniger ausgeprägtes Regenerationsvermögen, aber auch dieses ist bei den höchsten Tieren häufig ein sehr beschränktes. Bei vielen Tieren kann es höchstens noch zu einer Heilung von Wunden kommen.

Dass die Fähigkeit zur Regeneration und zur Knospung und Teilung für höhere Tiere nicht nützlich sein sollte, wäre eine Annahme, die in keiner Weise begründet werden kann. Höhere Tiere pflanzen sich viel langsamer fort als niedere, und deshalb wäre es gerade für sie wichtig, dass natürliche Zuchtwahl auch bei ihnen hohe Regenerationsfähigkeit und Knospung und Teilung eingeführt hätte, wie sie es nach Weismann bei den niederen Tieren gethan hat. Aber der orthodoxe Darwinismus, welchen Weismann vertritt, krankt ja schon lange an unzulänglichen Annahmen, durch welche nichts gewonnen ist, welche die Biologie nur auf Abwege führen und sie verhindern, den wahren Ursachen nachzuspüren. Was sollen wir dazu sagen, wenn Weismann die Flosse eines Fisches als ziemlich wertlos hinstellt? Ist es Weismann gleichgültig, wenn einem Dampfer, auf welchem er sich auf hoher See befindet, die Schraube oder, falls es ein Raddampfer ist, eines der Räder bricht? Hat Weismann noch nie ein Aquarium besucht?

Die wahre Ursache, warum hochstehende Organismen weder ein gutes Regenerationsvermögen haben, noch auch sich durch Knospung und Teilung fortpflanzen können, liegt eben in ihrer zu weit gegangenen Gefügefestigung. Diese ist aber nicht mit Komplikation des Baues zu verwechseln, die nach Weismann ein Hindernis der Regeneration bei höheren Tieren ist. Dass das Auge eines Molches wieder erzeugt wird, vermag Weismann sich vorzustellen. Giebt es Organe, die viel komplizierter sind, als das Wirbeltierauge?

Völlig unhaltbar erscheinen uns aber die Weismann'schen Annahmen über Reservedeterminanten. Er lässt sowohl die Fähigkeit zur

Knospung und Teilung wie zur Regeneration durch Ide oder Determinanten zu stande kommen, die in den Organen der Tiere herumliegen und erst in Wirksamkeit treten, wenn es nötig ist. Wir wollen ganz davon absehen, dass die Annahme von schlummernden Iden und Determinanten an und für sich schon ein Unding ist, denn wenn ein Teil der Ide und Determinanten einer sich entwickelnden Keimzelle sich in seine Determinanten und Biophoren auflöst, so ist durchaus nicht einzusehen, weshalb die übrigen es nicht auch thun sollen, da sie doch unter den gleichen Lebensbedingungen stehen. Die Annahme, dass sie es nicht thun, ist eine völlig willkürliche, die wieder zu Gunsten der Weismann'schen Theorie ersonnen worden ist. Prüfen wir aber, abgesehen von diesen Schwierigkeiten, die Weismann'sche Lehre im einzelnen, so stossen wir auf andere Schwierigkeiten, über welche wir ebensowenig hinwegkommen. Es giebt Seesterne, bei welchen sich einzelne Arme abschnüren, oder wo einzelne Arme leicht durch äussere Gewalt abgebrochen werden können. Es ist nun nicht nur der an dem Seestern zurückgebliebene Stumpf fähig, sich zu einem vollständigen Arme zu regenerieren, sondern der abgebrochene Arm vermag auch die ganze Mittelscheibe des Seesternes nebst den übrigen Armen wieder zu erzeugen. Man müsste also vom Standpunkte des Darwinismus aus annehmen, dass sowohl an der Bruchfläche des im Zusammenhang mit dem Tiere bleibenden Armstumpfes, wie an derjenigen des abgebrochenen Armes Regenerationsdeterminanten liegen. Nun ist es klar, dass die Determinanten am Armstumpf ganz anders beschaffen sein müssen, als diejenigen am abgebrochenen Arme, denn die ersteren haben nur einen einzigen Arm zu erzeugen, während die anderen die Mittelscheibe und die übrigen Arme wieder hervorzubringen haben. Wenn das Seestern-id einen derartigen architektonischen Bau hat, dass es sich leicht in zwei Stücke zerlegt, von denen das eine dem abgetrennten Arme, das andere dem verstümmelten Seesterne entspricht, so müssten in dem letzteren die ersteren Teilstücke des Ides und in dem abgebrochenen Arme die dem verstümmelten Tiere entsprechenden zur Entwickelung gelangen, oder, kürzer ausgedrückt, wenn ein regenerationsfähiges Tier in die beiden ungleichen Teilstücke a und b zerfällt, und wenn seine Ide sich dementsprechend leicht in die Teilstücke α und β zerlegen können, so müssen die an der Bruchfläche von a zufällig liegenden Reserveide, zur Zeit, als die Regenerationsfähigkeit durch natürliche Auslese herangezüchtet wurde, zufällig in die Teilstücke α und β zerfallen sein, und zwar so,

dass die Teilstücke β zufällig an der Bruchfläche von a, die Teilstücke α
zufällig an der Bruchfläche von b zu liegen kamen, und dass die einen
wie die anderen sich zufällig zur Entwickelung veranlasst sahen. Wie
sie aber zu allen diesen Dingen zufällig kommen sollten, das vermag
Weismann uns nicht zu zeigen; er müsste schon die Annahme machen,
dass Polarität den Aufbau des Tierkörpers beherrscht. Wenn er aber
diese Annahme, die ohne allen Zweifel richtig ist, macht, so hat er keine
Reservedeterminanten mehr nötig; dann vermag sich das Plasma wieder
so zu ordnen, wie es durch die Polarität seiner Gemmarien bedingt ist.
Will Weismann sich aber nicht zu einer epigenetischen Theorie verstehen,
dann ist es das einfachste, dass er seine eigene Vererbungstheorie preis-
giebt und zu derjenigen des „grossen britischen Forschers" zurückkehrt.
Will er auch das nicht, so würde er in der de Vries'schen Theorie
eine Lehre finden, die, wenn man nur die „Pangene" oder „Biophoren"
mit dem erforderlichen Ordnungssinn ausstattet, vollständig genügen würde,
um die Reproduktion zusammengesetzter Organe zu erklären. Allein gegen
diese Lehre hat Weismann mit grossem Scharfsinn und, wie ich glaube,
mit grossem Glück angekämpft. Die Zumutung, die durch die Ausstattung der Pangene oder Biophoren mit einem solchen Ordnungssinn an
den Naturforscher gestellt würde, wäre auch zu stark. Ich habe Weismann's bezügliche Auslassungen oben citiert und kann sie, soweit sie
nicht der von mir vorgetragenen Vererbungslehre widersprechen, nur gut-
heissen. Die Präformationstheorie Weismann's kommt aber trotz alledem ohne ordnungsliebende Biophoren nicht aus.

Sobald eine „mehr oder minder komplizierte Zusammensetzung des
Körpers aus bestimmt angeordneten, verschiedenartigen Biophoren besteht", sagt Weismann, „genügt die einfache Zweiteilung des Bion
nicht mehr, um die Eigenschaften des Muttertieres auf die Nachkommen
zu übertragen. Wenn Vorn und Hinten, Rechts und Links, Oben und Unten
an dem Tiere verschieden ist, so ist keine Art von Halbierung mehr im
stande, den beiden Teilsprösslingen alle Elemente, d. h. alle Biophoren-
Arten und Biophoren-Gruppierungen derart zu übermitteln, dass sie durch
blosses Wachstum sich wieder zu einem dem Mutter-Bion ähnlichen
Wesen ergänzen müssten. Hier werden also besondere Mittel angewandt
sein, um diese Ergänzung und damit die volle Vererbung zu ermöglichen, und diese Mittel haben wir" nach Weismann, sofern es sich
nicht um die Ergänzung der Ide selbst handelt, „in der Schaffung
eines Zellkernes zu sehen".

Wie aber kommen die Ide, die sich doch auch teilen, dazu, sich zu ergänzen? Hier müssen auch „besondere Mittel angewandt sein, um die Ergänzung und damit die volle Vererbung zu ermöglichen", denn an den Iden zweiseitig-symmetrischer Tiere muss „Vorn und Hinten, Rechts und Links, Oben und Unten" verschieden sein, auch bei ihnen „ist keine Art der Halbierung mehr im stande, den beiden Teilsprösslingen alle Elemente, d. h. alle Biophoren-Arten und Biophoren-Gruppierungen derart zu übermitteln, dass sie durch blosses Wachstum sich wieder zu einem dem Mutter-Bion ähnlichen Wesen ergänzen müssten". Da Weismann aber nicht konsequent genug sein wird, um auch für die Ide „besondere Mittel angewandt sein" zu lassen, um ihre „Ergänzung und damit die volle Vererbung zu ermöglichen", da er die Aufforderung, zur alten Einschachtelungstheorie zurückzukehren, als eine unerhörte Zumutung von der Hand weisen wird, so bleibt ihm nichts übrig, als seine Ide mit einem Vervollständigungstrieb auszustatten.

„Ich will nicht besonders betonen, dass dieser Vervollständigungstrieb gar keine allgemeine Erscheinung ist, dass es Pflanzenteile giebt, die sich nicht als Stecklinge fortpflanzen lassen usw.; ich beschränke mich einfach darauf, daran zu erinnern, dass die Annahme einer allgemeinen Reproduktionskraft des Protoplasma's, selbst wenn sie eine Thatsache wäre, doch sicherlich keine Erklärung ist. Sie wäre eben das, was erklärt werden soll!"

Warum steht dieser Passus zwischen Anführungszeichen? — Weil er von Weismann stammt und nicht von mir!

Weismann's Determinantenlehre ist also unfähig, die Thatsachen der ungeschlechtlichen Fortpflanzung und der Regeneration irgendwie verständlich zu machen. Um das zu thun, oder um den Schein zu erwecken, dass sie es könnte, muss sie die abenteuerlichsten Annahmen machen und giebt dadurch jede wissenschaftliche Berechtigung preis.

Eine Vererbungs- und Formbildungslehre, die nicht ohne Hilfshypothesen auskommen kann, die, wie die Weismann'sche, gezwungen ist, eine ganze Legion von solchen aufzustellen, und dabei starke Zumutungen an unser Gehirn macht, die genötigt ist, die einfachsten Thatsachen der Biologie in erzwungene Erklärungen hineinzupressen, die hat überhaupt auf den Namen einer wissenschaftlichen Theorie keinen Anspruch.

Unsere epigenetische Vererbungstheorie hat keinerlei Hilfshypothesen nötig, sie erklärt die in diesem Abschnitte behandelten Erscheinungen auf die ungezwungenste Weise, ohne dass wir überhaupt genötigt wären, über die Erklärung der betreffenden Erscheinungen nachzudenken. Diese Erklärung ergiebt sich aus der Gemmarienlehre ganz von selbst. Sie ist übrigens nicht neu. Herbert Spencer hat schon mit seiner Regenerationstheorie im wesentlichen das Richtige getroffen. Freilich, Weismann — wir glauben es gern! — weiss nichts mit ihr anzufangen. „Wer zeigt den ‚Einheiten‘ an, was fehlt und wie sie sich diesmal anzuordnen haben?“ ruft er aus. Wir aber sekundieren ihm: Wer zeigt den Biophoren der sich teilenden Ide an, was fehlt und wie sie sich diesmal anzuordnen haben?

1. Mischung und Rückschlag.

Nach Weismann ist die geschlechtliche Fortpflanzung eine „Einrichtung“, die dazu dienen soll, eine immer wechselnde Kombination verschiedenartiger Vererbungstendenzen in einem Keimplasma zusammenzubringen. Weismann's Ide stammen nach einer seiner Ansichten von Urwesen her, die nur ein Id in ihrem Körper hatten und dadurch mehrere erhielten, dass sie sich miteinander verbanden. Nachdem bei diesen Urwesen die geschlechtliche Fortpflanzung eingeführt war, konnte sich in ihrem Keimplasma eine grosse Ansammlung von verschiedenen Iden sammeln. Allmählich aber wurde der Zellkern, in welchem nach Weismann's Ansicht die einzelnen Ide aufgestapelt sind, zu klein, um die gesamte Menge der Ide fassen zu können, und es musste eine Einrichtung getroffen werden, um die Hälfte der Ide aus dem Kerne zu entfernen. Das geschah dadurch, dass die halbe Anzahl der Idanten bei der Keimzellenreifung ausgestossen wurde, so dass auf diesem Wege der „Reduktionsteilung“ zwei befruchtungsfähige Keimzellen entstanden, aus deren Vereinigung mit anderen wieder eine Zelle hervorging mit der für die Art charakteristischen Anzahl von Idanten und Iden.

In der That haben neue Untersuchungen festgestellt, dass die Keimzellen einem Reduktionsprozess unterworfen sind. So teilt sich die Samenmutterzelle des Pferdespulwurmes zunächst auf dem Wege der gewöhnlichen Zellteilung in zwei Zellen, und jede dieser beiden Zellen wird darauf dem Reduktionsprozess unterworfen, der die Zellen befruchtungsfähig macht. Es wird die Hälfte der Chromosomen, die in jeder dieser beiden Zellen sind, in je eine der beiden aus jeder sich bildenden Samenzellen übergeführt. Ganz ähnlich verläuft die Reifung der Eizellen. Die Mutterzelle des Eies teilt sich zunächst auf dem Wege der gewöhnlichen Zellteilung in eine grosse und eine kleine Zelle. Jede dieser beiden Zellen teilt sich wieder, und zwar erhält jede der daraus hervorgehenden vier Zellen die Hälfte der bei dieser Art wechselnden Anzahl von zwei oder vier Chromosomen. Die grosse Zelle teilt sich wiederum in eine grössere, aus der die Eizelle wird, und in eine kleinere, die zu Grunde geht. Zu Grunde gehen ausserdem die beiden aus der Teilung der zuerst genannten kleinen Zelle hervorgehenden Zellen, und erhalten bleibt nur die grosse Eizelle. Die drei kleinen zu Grunde gehenden Zellen hat man Richtungskörper genannt. Sie haben weiter keine Bedeutung, sind aber theoretisch von grosser Wichtigkeit, weil sie zeigen, dass der Prozess der Keimzellenreifung bei den männlichen und bei den weiblichen Zellen der gleiche ist, soweit wenigstens der Pferdespulwurm in Betracht kommt. Die Samenmutterzelle zerfällt in zweimal zwei Zellen und ebenso die Eimutterzelle; in jedem Falle erhalten wir 4 Zellen. Die 4 männlichen Zellen, deren jede die halbe Anzahl der Chromosomen der Mutterzelle erhält, werden zu Samenzellen; von den drei weiblichen Zellen gehen aber drei, weil sie zu klein sind, zu Grunde, und nur die vierte wird zur Eizelle. Indessen ist, abgesehen von der beträchtlichen Grösse dieser vierten Zelle, der Keimzellenreifungsprozess im männlichen wie im weiblichen Geschlechte derselbe, und offenbar ist dieser Prozess zuerst vom Männchen erworben und später aufs Weibchen übertragen worden. Das Männchen schreitet ja bei vielen Tieren in der Entwickelung voran, und nach und nach nimmt auch das Weibchen männliche Eigenschaften an, die es früher nicht hatte. Als eine solche dürfen wir die Anzahl der bei der Keimreifung gebildeten Zellen betrachten, denn was hätte es für einen Zweck, dass auch der zuerst gebildete Richtungskörper noch durch Reduktionsteilung in zwei Zellen zerfällt, da die beiden ja zu Grunde gehen. In anderem Lichte erscheint der Vorgang dagegen, wenn er aus nicht auf einen Zweck gerichteten Ursachen, denselben, die bei der Reifung der Samenzellen wirksam sind, erfolgt. Es fragt sich nun, welches diese Ursachen sind.

Weismann, der in seinem ganzen dicken Buche über „Das Keimplasma" von wirklichen Ursachen kaum redet, sondern immer und immer wieder alles durch die natürliche Zuchtwahl entstanden sein lässt, die doch nur unter dem, was durch wirkende Ursachen hervorgebracht worden ist, eine Auswahl treffen kann, geht nicht weiter darauf ein, zu zeigen, wie die Zellen, aus denen die definitiven Keimzellen hervorgehen, dazu gekommen sind, sich der Hälfte ihrer Chromosomen zu entledigen. Weismann erblickt darin eben eine nützliche Einrichtung, die aus irgend welchen Ursachen, denen er nicht weiter nachzuspüren für nötig hält, entstand und durch Zuchtwahl zu einem Vorgange von allgemeiner Bedeutung geworden ist. Wenn, wie er annimmt, bald diese bald jene Kombination von Chromosomen und damit von den nach seiner Meinung in den Kernstäben steckenden Iden ausgestossen wird, wenn also das befruchtete Ei dadurch eine Anzahl anderer Ide als die, welche im mütterlichen Organismus steckten, bekommen hat, wenn alle seine Ide verschiedene Vererbungstendenzen haben, die von den sich noch ungeschlechtlich vermehrenden Urwesen, welche die Vorfahren der geschlechtlich differenzierten Organismen waren, herstammen, wenn alle diese abenteuerlichen Annahmen wahr sind, dann allerdings ist eine grosse Variabilität der einzelnen Individuen der Organismenarten gesichert.

Dass aber mit dieser Variabilität im Weismann'schen Sinne nichts anzufangen ist, haben wir schon gezeigt. Die Individuenvermehrung der Organismenarten müsste eine über alle Begriffe ungeheuere sein, wenn überhaupt eine Anzahl zum Überleben tauglicher Individuen entstehen soll. Die Wahrscheinlichkeit, dass letzteres geschähe, erweist sich als verzweifelt gering, wenn wir konsequent, wie wir es gethan haben, auf den Weismann'schen Prämissen weiterbauen. Thatsächlich bewirkt aber auch das, was Weismann Amphimixis nennt, nämlich die Vermischung von Individuen, deren Keimzellen einer Reduktionsteilung unterworfen sind, nicht Variabilität, sondern Einförmigkeit unter den Individuen einer Art in einem Verbreitungsgebiete, wo nach allen Richtungen hin freie Kreuzung möglich ist. Freie Kreuzung arbeitet der Variabilität entgegen, sie macht die Individuen einander gleich, und dass sie das kann, verdankt sie der Reduktionsteilung der Keimzellen. Nicht eine Amphimixis, eine bunte Mischung verschiedener Vererbungstendenzen wird dadurch ermöglicht, sondern der Keimzellenreifungsprozess bedeutet eine Entmischung, für die ich den Namen Apomixis vorschlage.

So wenig, wie ich Weismann's Determinantenlehre anerkenne, vermag ich seine Anschauungen zu teilen, dass in den Chromosomen eine Anzahl von Iden enthalten sind, deren jedes für sich allein im stande wäre, ein Individuum der betreffenden Art zu erzeugen. Wir wissen nichts von Iden und Idanten, Biophoren und Determinanten, sondern kennen an der Zelle nur das Plasma mit seinem organischen Mittelpunkte, dem Centrosoma, und den Kern, der bei der Zellteilung in Chromosomen zerfällt, die, wie es scheint, aus kleineren Körpern, den Mikrosomen, zusammengesetzt sind. Ich möchte diese Körper vergleichen mit Bakterien; ein Kernstab, in welchem die Mikrosomen hintereinander liegen, würde also eine Kette bakterienartiger Wesen vorstellen, falls es sich nämlich herausstellen sollte, dass sich die von mir mit Bakterien verglichenen Mikrosomen erhalten, auch nachdem sich die Kernstäbe zurückgebildet haben. Wie dem aber auch sei, jedenfalls ist der Organismus der Zelle aufzufassen als eine Symbiose zwischen Plasma und Kernsubstanz. Dass auch die letztere aus einer Art Plasma besteht, ist nicht zu bezweifeln, aber dieses Plasma hat nichts mit dem formengebenden Plasma des ausserhalb des Kernes gelegenen Zellleibes, insbesondere des Centrosoma's, zu thun, abgesehen davon, dass ein Stoffwechsel zwischen Zellleib und Kern der Zelle besteht und dass durch die chemischen Eigenschaften des Kernes vielleicht die Form der Gemmarien des Plasma's beeinflusst wird.

Es ist aber zweckmässig, den Stoff des Kernes nicht mit dem Namen Plasma zu bezeichnen, sondern unter dem Namen Plasma den Baustoff des Zellleibes zu verstehen; in diesem Sinne habe ich das Wort bisher in diesem Buche sowohl, als auch in meiner „Schöpfung der Tierwelt" gebraucht. Dieses Wort macht alle anderen Bezeichnungen, von denen es ja eine erkleckliche Anzahl giebt, überflüssig. Das Wort Plasma - oder Bildungsstoff sagt deutlich genug, dass dieser Stoff es ist, der den Körper plastisch bildet.

Sowohl die Kernstoffe als auch das Plasma werden bei der Zeugung von dem elterlichen Individuum auf das kindliche übertragen, und wo geschlechtliche Fortpflanzung stattfindet, mischen sich dabei sowohl die beiden von Vater und Mutter stammenden Plasmen, als auch die beiden Kernstoffe in mehr oder minder inniger Weise. Jede Zelle des Körpers, die aus einer befruchteten Eizelle hervorgeht, erhält in der Regel sowohl väterliches und mütterliches Plasma, als auch die Kernstoffe beider Eltern gemischt, es sei denn, dass besondere Verhältnisse, auf die wir später zu sprechen kommen, ein Überwiegen einer Plasma - oder einer Kernstoffart bedingen.

Dass die Vererbungsstoffe der Eltern, und zwar sowohl die formengebenden, also die Plasmen, als auch die chemischen, nämlich die Kernstoffe, in allen Zellen, die aus einer befruchteten Eizelle hervorgehen, gemischt sind, zeigen die Thatsachen der Vererbung. Ich habe darüber ausgedehnte Untersuchungen angestellt, und zwar an Ziegen und Schafen, Hunden und Katzen, an Ratten und namentlich an Mäusen, und glaube, dass ich mir ein Urteil über das erlauben darf, was bei der geschlechtlichen Vermischung zweier Individuen stattfindet. Meine Züchtungsversuche mit Mäusen habe ich in einem so grossen Massstabe betrieben, wie dergleichen Versuche meines Wissens bisher noch nicht ausgeführt worden sind. Die Ergebnisse dieser Versuche, für deren Mitteilung ich mir die Abfassung eines besonderen grösseren Werkes vorbehalten muss, kann ich hier nur im Auszuge mitteilen, aber das, was ich darüber zu sagen habe, genügt, um den Beweis zu führen, dass die Weismann'schen Anschauungen völlig irrtümliche, willkürliche und phantastische sind, dass sie den Thatsachen widersprechen, dass sie mit ihnen völlig unvereinbar sind. Wer in einer so bestimmten Weise, wie Weismann es thut, über Vererbung mitsprechen will, der widme vor allen Dingen einige Jahre seines Lebens und einen grossen Teil seiner Zeit und Arbeitskraft, nicht minder aber auch einen zweckmässig eingerichteten Raum und das zur Besoldung eines Wärters und zur Bestreitung der Einrichtungs-, Fütterungs- und Pflegekosten nötige Geld daran, um auf Grund eigener Untersuchungen den Thatsachen der Vererbung näher zu treten. Ich verdanke es der „Neuen Zoologischen Gesellschaft" in Frankfurt am Main, dass mir die Anstellung eines Züchtungsversuches im grössten Massstabe möglich wurde, habe aber jahrelang einen grossen Teil meiner Freizeit auf die Überwachung meiner Mäusezucht verwenden müssen. Ich hebe alle diese Dinge nur deshalb hervor, weil Weismann denjenigen das Recht abspricht, in Vererbungssachen mitzureden, die der Ansicht sind, dass es mehr als einen Träger der Vererbung in den Keimzellen giebt, nämlich ausser der Kernsubstanz auch noch das Zellplasma. Weismann meint, dass der, welcher solchen Ansichten huldigt, den Thatsachen der Vererbung und ihrer Erklärung noch recht fern stehe. Ich muss nun gestehen, dass ich, ehe ich ausgedehnte Untersuchungen über diese Thatsachen anstellte, ihnen allerdings noch recht fern stand; denn was man auch darüber bei Darwin und anderen Schriftstellern nachlesen mag, erweist sich als völlig ungenügend, sobald es gilt, die Vererbungslehre durch eigenes Nachdenken zu fördern. Gerade die Vererbungslehre ist ein Gebiet, dem man erst näher treten kann, wenn man sehr ausgedehnte eigene Züchtungsergebnisse zur Verfügung hat. Mehr als in irgend einem anderen Gebiete der Biologie sind eigene Unter-

suchungen hier unerlässlich, weil die Thatsachen der Vererbung in der
That äusserst verwickelt erscheinen, wenn man ihnen, wie Weismann
es gethan hat, fern bleibt, indem man sich auf die Lektüre dessen, was
ältere Schriftsteller darüber gesagt haben, beschränkt. Ich kann also
nicht umhin, ausdrücklich zu betonen, dass Weismann den Thatsachen
der Vererbung sehr fern steht, und dass er ihnen erst durch eigene
Untersuchungen näher treten muss, ehe er daran denken darf, seine im
Jahre 1892 veröffentlichte, völlig phantastische, überaus widerspruchsvolle
und gänzlich haltlose Vererbungstheorie durch eine bessere zu ersetzen.

Das Endergebnis meiner Untersuchungen ist in der That ein ausserordentlich einfaches: Die beiden verschiedenen Plasmen P und P', die
sich bei der Befruchtung vereinigt haben, trennen sich wieder bei der
Reduktionsteilung der Keimzelle, und dasselbe gilt von den beiden Kernstoffen K und K'. Diese Trennung ist in manchen Fällen, wie es scheint,
eine völlige, so dass die Plasmen und die Kernstoffe, abgesehen von den
mehr oder minder weitgehenden, aber niemals vollkommenen Aus-
gleichungen ihrer Eigenschaften, die durch gegenseitige Beeinflussung
stattfinden müssen, ebenso rein aus der Vereinigung hervorgehen, als sie
in diese hineingetreten sind. Die Ursachen dieser Trennung lassen sich
aber begreiflich machen.

Wir haben gesehen, dass diejenigen Zellen, aus welchen die Keimzellen entstehen, im Laufe des Lebens der elterlichen Tiere so viele schädigende Einflüsse erfahren, dass sie in ihrem Gefüge verändert, und zwar
gelockert werden. Sie lösen sich aus dem Verbande der übrigen Zellen
der Eltern und leben auf eigene Hand weiter. Die erste Lebensäusserung
ist die, dass sie ihre Gefügelockerung dazu benutzen, um dasjenige wieder
rückgängig zu machen, was bei der Befruchtung eingetreten ist, nämlich
die Mischung verschiedener Plasmen und Kernstoffe. Sowohl die form-
gebenden, als auch die chemischen Vererbungsstoffe der Zellen entmischen sich wieder; die beiden individuellen Plasmen- und Kernstoffarten trennen sich voneinander. Dass dies möglich ist, ist bedingt durch
die Gefügelockerung, welche die betreffende Zelle im Laufe des Lebens
ihres Elters erlitten hat. Diese ermöglicht es, dass die Gemmarien und
die Kernstoffelemente gleicher Art sich wieder zusammenfinden. Die
Gemmarien G des Plama's P fügen sich wieder aneinander und nicht
minder auch die Gemmarien G' des Plasma's P'. Ein ebensolcher Prozess
findet bei den Elementen des Kernstoffes K und den Elementen des
Kernstoffes K' statt. Es herrscht also zwischen den Elementen ver-

schiedener Vererbungsstoffe eine Art Oberflächenspannung, vermöge deren sich diejenigen Elemente sondern, welche nicht dieselbe Form und nicht dieselbe chemische Beschaffenheit haben.

Nun aber ist der Kernstoff K nicht so innig an das Plasma P gebunden, dass er notwendigerweise diesem folgen müsste, und ebensowenig gilt ein solches Gebundensein von dem Plasma P' und dem Kernstoff K'; denn der Organismus der Zelle stellt ja eine Symbiose dar, und die Symbiose zwischen dem Plasma P und dem Kernstoff K kann einer Symbiose zwischen dem Plasma P und dem Kernstoff K' oder zwischen dem Plasma P' und dem Kernstoff K Platz machen. Haben sich also bei der Befruchtung die Kernstoffe K und K' und die Plasmen P und P' miteinander verbunden, so können bei der Reduktionsteilung der Keimzellen, die von einem aus dieser Verbindung hervorgegangenen Tiere erzeugt werden, Befruchtungszellen entstehen, in welchen 1) das Plasma P wieder mit dem Kernstoff K, 2) das Plasma P mit dem Kernstoff K', 3) das Plasma P' mit dem Kernstoff K und 4) das Plasma P' mit dem Kernstoff K' verbunden sind. Haben wir etwa durch Kreuzung der beiden Individuen PK und $P'K'$ ein Männchen und ein Weibchen erhalten, von denen jedes aus den Plasmen P und P' und den Kernstoffen K und K' zusammengesetzt sein muss, so kann jedes dieser beiden Tiere die eben genannten vier Arten von Befruchtungszellen bilden. Pflanzen sich nun diese Tiere miteinander fort, so können wir folgende 9 Arten von befruchteten Eizellen erhalten, nämlich:

1) PP, KK 4) PP', KK 7) $P'P', KK$

2) PP, KK' 5) PP', KK' 8) $P'P', KK'$

3) $PP, K'K'$ 6) $PP', K'K'$ 9) $P'P', K'K'$

Wir erhalten also 1) Individuen, die dem einen der Grosseltern völlig gleichen ($PP, KK = P, K$), 2) Individuen, die dem anderen der beiden Grosseltern völlig gleich sind ($P'P', K'K' = P'K'$), 3) Individuen, die aus dem Plasma des einen Grosselters und aus den Kernstoffen des zweiten Grosselters bestehen ($PP, K'K'$ und $P'P', KK$), 4) Individuen, die aus dem Plasma eines Grosselters und aus den gemischten Kernstoffen beider Grosseltern bestehen (PP, KK' und $P'P', KK'$), 5) Individuen, die aus den gemischten Plasmen beider Grosseltern und aus dem Kernstoff eines Grosselters bestehen (PP', KK und $PP', K'K'$), und 6) Individuen, die aus den gemischten Plasmen und aus den gemischten Kernstoffen beider Grosseltern bestehen (PP', KK').

Was, wenn man von derartigen Tieren weiter züchtet, entsteht, kann man sich aus obigem leicht zusammenstellen, und ich darf versichern, dass meine Untersuchungen an Mäusen vollständig den theoretischen Konstruktionen entsprechen, die sich auf Grund der hier vorgetragenen Theorie von vornherein machen lassen. Ich gehe dabei von der Voraussetzung aus, dass die Farben der Mäuse an die Kernstoffe, die sonstigen Eigenschaften, das Tanzen der Tanzmäuse z. B., an die Plasmen gebunden sind.

Wenn wir etwa farbige japanische Tanzmäuse und weisse gewöhnliche Mäuse miteinander paaren, so erhalten wir von der dritten Generation an Mäuse, die, wie die mit diesen erzielten Züchtungsergebnisse zeigen, jenen neun Kombinationen entsprechen. Sind wir etwa bei weissen Tanzmäusen angelangt und züchten wir diese unter sich weiter, so tritt nie wieder ein Rückschlag auf farbige oder auf gewöhnliche Mäuse ein. Sind die Farben bei Tanzmäusen, die wir als durch die Kernstoffe bedingt betrachten, gemischt, so können sich diese wieder trennen, aber die Plasmen bleiben dieselben; es entstehen aus Tanzmäusen immer nur wieder Tanzmäuse. Man kann leicht berechnen, was in jedem Falle entstehen muss, wenn wir Tiere der neun Kombinationen miteinander paaren. Ich kann auf diese höchst interessanten Verhältnisse an dieser Stelle nicht viel Raum verwenden, sondern muss auf mein späteres Werk, das sämtliche von mir erzielten Zuchtergebnisse an der Hand von genauen Stammbäumen geben wird, verweisen, will aber hier diejenigen Resultate hervorheben, die der Weismann'schen Lehre vollständig widersprechen.

Wenn wir von schwarz und weiss gescheckten japanischen Tanzmäusen, die aus Japan importiert worden sind, weiter züchten, so erhalten wir immer wieder schwarz und weiss gescheckte oder höchstens blau und weiss gescheckte, aber immer gescheckte Mäuse und immer Tanzmäuse. Setzen wir die Reinzucht der schwarz und weiss und der blau und weiss gescheckten Tanzmäuse eine Zeit lang fort, so erhalten wir reinrassige Tiere, einerseits schwarz und weiss gescheckte, andererseits blau und weiss gescheckte, die wir zu weiteren Versuchen verwenden können. Wir paaren die ersteren mit gewöhnlichen weissen Mäusen, wie sie bei uns in Deutschland schon seit langem gehalten werden. Es ist aber bei dieser Paarung Bedacht darauf zu nehmen, dass diese Mäuse auch wirklich nie mit gescheckten Mäusen gekreuzt worden sind, weil dadurch das Plasmagefüge verändert wird, auch wenn sich solches, weil die Mäuse weiss sind, nicht äusserlich kundgeben kann. Zu unserer Kreuzung benutzen wir also Tiere, die erstens die an das Plasma gebundenen Eigenschaften des Tanzens und zweitens die ebenfalls an das Plasma gebundene der Scheckung haben, während die schwarze Färbung der auf weissem Grunde befindlichen Flecken durch die Kernstoffe bedingt wird, und andererseits weisse Mäuse, deren Plasma nicht die Eigenschaften des Tanzens und auch nicht die der Scheckung besitzt. Durch diese Kreuzung erhalten wir ungescheckte Mäuse, entweder schwarze oder dunkelgraue, welche nicht tanzen. Durch die Verbindung des gescheckten Tanzmausplasma's, wie wir uns kurz ausdrücken wollen, mit ungescheckten gewöhnlichen Plasma entsteht ein Kreuzungsprodukt, das nicht tanzt und ungescheckt ist.

Weshalb es diese beiden Eigenschaften nicht zeigt, ist nicht schwer zu begreifen, denn dergleichen Eigenschaften, wie es Tanzen und Scheckung sind, können leicht verändert werden, weil sie in einer sehr labilen Form des plasmatischen Gefüges ihre Ursache haben. Paaren wir nun derartige ungescheckte Mäuse untereinander, so erhalten wir 1) gescheckte Tanzmäuse, 2) weisse Tanzmäuse, die aber, ohne dass man es sieht, gescheckt sein können, 3) ungescheckte schwarze oder graue nicht tanzende Mäuse, die aber geschecktes Tanzmausplasma und weisses gewöhnliches Plasma enthalten können, und 4) weisse nicht tanzende Mäuse, die aber geschecktes Tanzmausplasma enthalten können, aber keine farbigen Kernstoffe bergen. Ausserdem aber enthalten wir auch schwarze oder graue ungescheckte Tanzmäuse, die besondere Beachtung verdienen. Es zeigt sich nämlich, dass zwar in vielen Fällen ein vollständiger Rückschlag eintritt, wie er unseren theoretischen Voraussetzungen entspricht, dass aber durch die Vereinigung der beiden Plasmen insofern eine Ausgleichung ihrer Eigenschaften stattfindet, als dadurch ein festeres Gefüge bewirkt wird. Scheckung ist sicher auf Lockerung des Plasmagefüges zurückzuführen, und dadurch, dass das gescheckte Plasma der Tanzmaus mit ungescheckten Plasma einer gewöhnlichen Maus in Berührung gebracht wird, gewinnt es einen Teil seiner Gefügefestigkeit zurück, und damit die Fähigkeit, Farbstoffe gleichmässig in den Haaren der Haut zur Ablagerung gelangen zu lassen. Aber auch aus solchen Tanzmäusen, die eine gewisse Gefügefestigkeit, welche ihnen abhanden gekommen war, wieder erlangt haben, gehen niemals andere Mäuse als Tanzmäuse hervor. Es ist also dadurch, dass geschecktes Tanzmausplasma mit ungescheckten Plasma einer gewöhnlichen Maus in innige Berührung gekommen ist,

dem Tanzmausplasma ein Teil seiner verloren gegangenen Gefügefestigkeit zurückgegeben worden, während es sich allerdings der Hauptsache
nach gleich geblieben ist. Wir haben demnach die aus der Zusammenstellung der obigen möglichen Fälle gewonnenen Ergebnisse, die allerdings im grossen und ganzen den Zuchtergebnissen entsprechen, dahin
zu modifizieren, dass sich allerdings die beiden bei der Befruchtung miteinander gemischten Plasmen und Kernstoffarten bei der Reduktionsteilung der Keimzellen wieder trennen, dass aber aus dieser Trennung
Plasmen mit etwas veränderten Eigenschaften hervorgegangen sind, und
zwar haben sie ihre Eigenschaften teilweise ausgeglichen durch Verschiebung der Gemmen innerhalb ihrer Gemmarien. Sie haben sich dadurch
wieder der mittleren Gefügefestigkeit der betreffenden Art genähert und
dadurch an Erhaltungsfähigkeit gewonnen.

Setzen wir unsere Züchtungsversuche mit Mäusen der dritten
Generation weiter fort, so verhalten sie sich genau dem entsprechend,
was durch die obigen Kombinationen ausgedrückt wird, mit der Einschränkung, dass sie, wie eben dargethan, wo Gelegenheit dazu ist, ihr
Plasmagefüge etwas ausgleichen. Wir erhalten beispielsweise aus weissen
Tanzmäusen nie etwas anderes wieder als weisse Tanzmäuse, und aus
gescheckten, die wir in dritter oder in einer späteren Generation erhalten,
niemals etwas anderes wieder als gescheckte Tanzmäuse.

Wie sind nun diese Züchtungsergebnisse mit der Weismann'schen
Lehre in Einklang zu bringen? Wie kommt es beispielsweise, dass aus
der Paarung von gescheckten Tanzmäusen mit gewöhnlichen weissen
Mäusen Junge hervorgehen, die einfarbig schwarz oder grau sind? Das
Resultat eines solchen Züchtungsversuches ist völlig unvereinbar mit
Weismann's Determinantenlehre und widerlegt diese direkt. Hätte
Weismann ein einziges Mal eine rein durchgezüchtete gescheckte Maus
mit einer rein durchgezüchteten weissen Maus gekreuzt, so hätte er einfarbige graue oder schwarze Mäuse erhalten, ein Resultat, das ausnahmslos eintritt, und der Versuch, dieses Resultat mit seiner Lehre in Einklang zu bringen, hätte ihm gezeigt, dass die Lehre unhaltbar ist, wie
sich sofort aus folgendem ergeben wird.

Der Umstand, dass es gescheckte Mäuse giebt, muss, wenn wir uns
auf den Boden der Weismann'schen Determinantenlehre stellen, darin
seinen Grund haben, dass die einzelnen Partien der Behaarung von verschiedenen, gesonderten Determinanten im Keimplasma bestimmt werden. Hätten sämtliche Haare einer Maus eine gemeinsame

Determinante, so müssten sie entweder alle weiss oder alle farbig sein. Wenn es also gescheckte Mäuse giebt, so müssen die verschiedenfarbigen Flecken auch durch verschiedene Determinanten bestimmt werden. Da aber die Scheckung sehr veränderlich ist, da wir Übergänge von fast einfarbigen gefärbten Mäusen mit nur einem einzigen weissen Fleck zu solchen haben, die beinahe weiss sind und sehr wenig Farbe zeigen, da also die Flecke in ihrer Ausdehnung sehr wechseln können, so folgt daraus, dass die Anzahl der Determinanten der Haare oder derjenigen Zellen, welche die Ablagerung des Pigmentes in den Haaren bewirken, eine ausserordentlich grosse sein muss. Es kann jedes Haar weiss oder farbig sein, so dass mindestens jedes Haar eine Determinante in den Iden des Keimplasma's haben muss. Wir wollen einmal einen Blick auf andere Tiere werfen, auf solche, die eine regelmässige Zeichnung besitzen, wie es etwa die Katzen oder die Tigerpferde sind, die an ganz bestimmten Körperstellen dunklere Flecke oder Streifen haben. Weismann hat die Zebrastreifen angeführt, um daraus de Vries gegenüber den Beweis zu erbringen, dass die Vererbungsträger eine bestimmte architektonische Anordnung im Keimplasma haben müssen, und wir können diese Anschauung nur als eine Konsequenz der Weismann'schen Lehre betrachten, denn sonst könnten bei regelmässig gezeichneten Tieren, wie es Zebras und Katzen sind, nicht immer wieder dieselben Flecke und Streifen auftreten; es müssten sich sonst dunkler und heller gefärbte Hautpartien bei der Vermischung der Individuen decken, und das würde die Zeichnung im höchsten Grade variabel machen, wenn es überhaupt eine Zeichnung zum Ausdruck kommen liess. Es müssen also die Biophoren homologer Determinanten der verschiedenen Ide im Keimplasma einer Katze in dieselben Körperzellen gelangen, wenn sie eine bestimmte Färbung und Zeichnung hervorbringen sollen. Beispielsweise müssen diejenigen Determinanten, welche den weissen Fleck bestimmen, der sich auf dem schwarzen Ohre mancher Katzen befindet, ihre Biophoren immer denselben Körperzellen übergeben. Aus dieser Notwendigkeit geht aber hervor, dass bei den Mäusen ähnliches stattfinden muss, sind doch die japanischen Tanzmäuse gewöhnlich bis an die Schultern gefärbt und hinten weiss. Wenn wir nun Mäuse miteinander kreuzen, so kommen dabei die Determinanten, welche die Farbe des Schwanzes bestimmen, mit solchen zusammen, welche gleichfalls die Farbe des Schwanzes bestimmen, die Ohrendeterminanten im Keimplasma eines Individuums vereinigen sich mit den Ohrendeterminanten im Plasma des anderen; kurz,

die Determinanten der einzelnen Hautstellen, die von dem einen elterlichen Tiere herstammen, vereinigen sich durch ihre Biophoren mit denen,
die von dem anderen elterlichen Tiere herstammen. Hat etwa eine Maus
einen schwarzen Kopf und schwarze Schultern, wie es bei den echten
japanischen Tanzmäusen die Regel ist, während sie im übrigen weiss ist,
und paaren wir eine solche Maus mit einer weissen Maus, so kommen
die Biophoren der Determinanten, welche die schwarze Färbung des
Kopfes und der Schultern bei der gescheckten Maus bestimmen mit den
Biophoren derjenigen Determinanten, welche die weisse Farbe des Kopfes
und der Schultern bei der gewöhnlichen Maus bestimmen, in dieselben
Zellen der aus der Kreuzung hervorgehenden Mäuse zu liegen. Es
müssten daraus also Mäuse entstehen, die eine Mischung von Schwarz
und Weiss an Kopf und Schultern zeigen. Dass sie an diesen Teilen
oft grau gefärbt sind, würde sich also gut mit der Weismann'schen
Theorie vereinigen lassen, und es widerspricht dieser Theorie auch wohl
nicht, wenn es, was noch häufiger der Fall ist, Kreuzungsmäuse giebt, die an
Kopf und Schultern schwarz sind. Soweit wären also die Ergebnisse der
Züchtung im vollen Einklang mit Weismann's Determinantenlehre. Leider
aber verhalten sich diejenigen Hautpartien, die weder bei den gescheckten,
noch bei den weissen Mäusen gefärbt sind, nicht so, wie sie es thun
müssten, wenn Weismann's Determinantenlehre das Richtige getroffen
hätte. Obwohl sich an den betreffenden Hautstellen nur Biophoren
weisser Determinanten mit Biophoren weisser Determinanten vereinigen können, sind sie bei den Kreuzungsmäusen nicht weiss, wie sie
es sein müssten, da Weiss und Weiss doch nichts anderes geben kann
als wieder Weiss, sondern sie sind gleichfalls intensiv schwarz oder
dunkelgrau.

Diese Thatsache ist so völlig unvereinbar mit der Weismann'schen
Determinantenlehre, dass sie die letztere ohne weiteres umstösst. Es wird
Weismann nichts helfen, zu sagen, dass diese Züchtungsergebnisse
durch Rückschlag zu erklären seien, dass sich sowohl unter den Färbungs-
determinanten der weissen Mäuse, als auch unter denjenigen der weissen
Hautstellen der gescheckten Mäuse noch schwarze Determinanten befänden, die auf dem Wege der Amphimixis durch Rückschlag in der
Mehrzahl in eine Zelle zu liegen kommen können, denn erstens dürften
dann nicht alle Kreuzungsmäuse gleichmässig schwarz oder grau gefärbt sein, und zweitens dürften nicht alle Hautstellen dieselbe Färbung
zeigen, sondern es müsste eine ganz unregelmässige Scheckung zu stande

kommen, und auch an Kopf und Schultern solcher Kreuzungsmäuse müssten dann weisse Flecke auftreten. Denn wenn sich unter den weissen Determinanten der ungefärbten Hautstellen noch schwarze befinden, so ist es nicht mehr wie recht und billig, anzunehmen, dass zwischen den schwarzen Determinanten der schwarzen Hautstellen noch weisse liegen. Weismann hat also von dem Versuche, unsere obigen Zuchtergebnisse als einen durch Amphimixis hervorgebrachten Rückschlag zu bezeichnen, nichts zu erhoffen. Wenn neben den weissen Determinanten der ungefärbten Hautstellen noch schwarze Determinanten vorkommen, wenn die weissen Determinanten der gewöhnlichen Mäuse noch schwarze unter sich haben, so müsste bei fortgesetzter Zucht weisser Mäuse auch einmal eine Maus geboren werden, die nicht weiss, sondern mehr oder minder gescheckt oder auch einfarbig schwarz oder grau ist. Das ist aber niemals der Fall. Durch Paarung weisser Mäuse untereinander hat noch kein Mensch irgend etwas anderes erhalten, als immer nur wieder weisse Mäuse, und wenn er die Mäusezucht auch im grössten Massstabe betrieben hat. Weismann hat ja über die Züchtung weisser Mäuse Erfahrung; ist es ihm jemals vorgekommen, dass weisse Mauseltern schwarze oder graue Mausjunge hervorgebracht hätten? Ohne die bezüglichen Ergebnisse der Weismann'schen Züchtungsversuche zu kennen, darf ich mit absoluter Sicherheit behaupten, dass Weismann durch Paarung weisser Mäuse miteinander noch nie etwas anderes erhalten hat als weisse Mäuse. Wie aber will er dann die Thatsache erklären, dass weisse Mäuse mit gescheckten Mäusen gepaart einfarbige schwarze oder graue Mäuse geben? Ich habe mich bemüht, für dieses Züchtungsergebnis irgend eine Erklärung auf Grund der Determinantenlehre zu finden; es ist mir aber nicht gelungen. Vielleicht hat Weismann mehr Glück!

Diese Widerlegung der Weismann'schen Lehre durch das Züchtungsexperiment wäre zwar völlig genügend, indessen wollen wir noch ein anderes Züchtungsergebnis hier besprechen und den Versuch machen, Weismann's Lehre damit in Einklang zu bringen.

Paaren wir schwarz und weiss gescheckte Tanzmäuse mit weissen gewöhnlichen Mäusen und lassen wir die Kreuzungsmäuse sich wieder untereinander fortpflanzen, so erhalten wir in der dritten oder in eine späteren Generation weisse Tanzmäuse. Nach der Weismann'schen Lehre müssen sich in dem Keimplasma solcher weisser Tanzmäuse eine Anzahl von unveränderten Iden gescheckter Tanzmäuse und ebenso eine

16*

Anzahl von unveränderten Iden weisser gewöhnlicher Mäuse befinden. Es würden dann bei diesen weissen Tanzmäusen einerseits die Tanz-determinanten der gescheckten Tanzmauside, andererseits die Färbungs-determinanten der gewöhnlichen Mauside zur Herrschaft in den Zellen gelangt sein. Die letzteren hätten die Färbung der weissen Tanzmäuse bestimmt und die ersteren die Eigenschaft des Tanzens. Bei fortgesetzter Züchtung müssten also auch einmal wieder Mäuse zum Vorschein kommen, bei welchen die Färbungsdeterminanten der Tanzmäuse und die den Tanz-determinanten der letzteren entsprechenden Determinanten der weissen Mäuse allein die betreffenden Zellen bestimmten. Es müsste also auch einmal wieder Mäuse geben, die nicht tanzen, aber gefärbt sind. Das ist aber niemals der Fall; weisse Tanzmäuse erzeugen immer wieder weisse Tanzmäuse, niemals Mäuse, welche nicht tanzen, und auch niemals Mäuse, die gefärbt sind. Es beweist also auch dieses Zucht-ergebnis die völlige Haltlosigkeit der Weismann'schen Determinanten-lehre.

Trotzdem meine Züchtungsversuche so klare Ergebnisse liefern, so lassen sie doch nicht mit Sicherheit erkennen, ob die Vorgänge, die da-bei stattfinden, genau der oben von mir aufgestellten Theorie ent-sprechen. Es wäre beispielsweise möglich, dass die Elemente des Plasma's einer auf dem Wege des Rückschlages entstandenen weissen Tanzmaus beispielsweise auch noch mit etlichen wenigen Gemmarien der gewöhn-lichen weissen Maus gemischt wären. Ich hoffe auf die Besprechung dieser Frage näher in dem Werke über meine Züchtungsergebnisse ein-gehen zu können und habe hier um so weniger alle in Betracht kommen-den Möglichkeiten zu erörtern, als so viel wenigstens mit Sicherheit aus meinen Versuchen hervorgeht, dass verschiedene durch Kreuzung zu-sammengebrachte Plasmen- und Kernstoffe sich wieder zu sondern be-streben nach dem auch für die Elemente des Zellleibes und des Kernes geltenden Grundgesetz: Gleich und gleich gesellt sich gern.

Die hier vorgetragene Theorie wirft auch ein helles Licht auf die sich oft widersprechenden Züchtungsversuche über die Bedeutung der Inzucht und der Kreuzung. Ich muss aber zunächst bemerken, dass die Züchtungsversuche, die man an Pflanzen darüber angestellt hat, nach meiner Ansicht irreführend sind. Denn wenn man eine Blüte mit ihrem eigenen Pollen befruchtet, so bringt man Zeugungsstoffe zusammen, die nicht die gleiche Lebensenergie haben. Entweder eilt der Frucht-knoten in seiner Entwickelung den Staubgefässen voraus, oder es findet das Umgekehrte statt, und es ist deshalb nicht zu verwundern, wenn die aus solcher Inzucht hervorgehenden Pflanzen schwächlich sind. Wenn man den Pollen einer Pflanze dagegen auf die Narben einer anderen Pflanze bringt, so ist viel eher die Wahrscheinlichkeit gegeben, dass Pollen von Staubgefässen, die auf derselben Reifestufe wie die Narben stehen, zur Befruchtung verwendet wird. Ähnliche Verhältnisse kommen zwar, wie Düsing gezeigt hat, auch bei der Tierzucht in Betracht; aber es ist bei der letzteren viel eher Auskunft über die Bedeutung der Kreuzung und der Inzucht zu gewinnen, weil es sich dabei nicht um Experimente mit Zwittern handelt.

Die Experimente mit Tieren haben ergeben, dass Inzucht schädlich und Kreuzung vorteilhaft ist. Warum das aber der Fall ist, hat noch niemand völlig begreiflich zu machen gewusst. Aus unserer Gemmarienlehre geht ohne weiteres hervor, dass es so sein muss. Die individuellen Plasmen weichen immer etwas von der Norm ab. Bringt man also Mengen eines und desselben Plasma's bei der Befruchtung zusammen, so ist dadurch die Möglichkeit gegeben, dass diese Abweichung immer stärker wird, denn ein Plasma, das ein hinfälliges Gefüge hat, wird schädigende äussere Einflüsse viel weniger ertragen als ein fest gefügtes. Die Gefügefestigkeit wird aber, wie wir gesehen haben, durch die Kreuzung zurückgewonnen, und zwar dadurch, dass sich die Gemmen zweier aufeinander wirkenden Gemmarien miteinander ins Gleichgewicht setzen, dass sie innerhalb der Gemmarien derartig verschoben werden, dass ein weniger labiles Gleichgewicht zu stande kommt. Es geht aber aus dem, was wir über unsere Züchtungsergebnisse mit Mäusen mitgeteilt haben, des weiteren hervor, dass nicht alle Individuen Inzuchtstiere sein können, sofern wir die Experimente mit zwei verschiedenen Tieren begonnen haben. Wir können Geschwister, die aus einer Kreuzung von einer gescheckten Tanzmaus und einer gewöhnlichen Maus hervorgegangen sind, paaren, ohne dass wir zu befürchten brauchen, dass solches schädlich sein muss, denn die Mischungsverhältnisse der verschiedenen Plasmen- und Kernstoffe sind bei Mäusen der dritten Generation, wie wir gesehen haben, sehr verschiedene. Es ist also nicht die Inzucht an sich schädlich, sondern die Verbindung identischer Plasmen und Kernstoffe, weil jede individuelle Plasmen- und Kernstoffart etwas von der die beste Konstitution bedingenden Norm abweicht, weil diese Norm erst wieder durch Verbindung mit einer andern Plasmenart hergestellt wird. Dadurch zeigt sich klar, weshalb

nicht Inzucht an und für sich, sondern erst fortgesetzte Inzucht
schädlich wird. Wenn wir Generationen hindurch immer Geschwister
miteinander paaren, so wird dadurch die Wahrscheinlichkeit, dass wir
identische Plasmen und Kernstoffe zusammenbringen, eine immer grössere.
Die Folgen der Inzucht müssen deshalb von Generation zu Generation
mehr hervortreten. Es zeigt sich also auch hier unsere Gemmarienlehre
in Verbindung mit den von uns gewonnenen Züchtungsresultaten im
schönsten Einklange mit dem, was die Tierzüchter schon längst festgestellt haben.

Dagegen ist es aus der Weismann'schen Lehre durchaus nicht
ersichtlich, weshalb Inzucht so schnell zur Degeneration führen muss;
denn soviel ist doch wohl klar, dass die ursprüngliche Verbindung von
zwei verschiedenen Plasmen und von zwei Kernstoffen bei fortgesetzter
Inzucht viel leichter wieder dieselben individuellen Plasmen und Kernstoffe in eine befruchtete Eizelle zusammenbringen muss, als es bei der
Weismann'schen Annahme möglich sein kann. Wenn das Plasma
aus vielen Iden zusammengesetzt ist, die alle individuelle Verschiedenheiten zeigen, so muss lange Zeit darüber vergehen, bis einmal
in einem Keimplasma lauter identische Ide zusammen zu liegen kommen, wie aus der Berechnung der Wahrscheinlichkeit, mit der dieser
Fall eintreten wird, hervorgehen würde.

Ich brauche eine solche Berechnung hier nicht anzustellen, weil von
vornherein die geringe Grösse der Wahrscheinlichkeit evident ist, mit
welcher identische Ide in demselben Keimplasma zu liegen kommen
müssen, falls das Keimplasma ursprünglich aus sehr vielen individuell
verschiedenen Iden zusammengesetzt war, zumal da in jedem Ide noch
jede Determinante auf eigene Faust variieren kann. Die Unwahrschein-
lichkeit, dass wir bei Inzucht schon bald lauter gleiche Ide mit lauter
gleichen Determinanten in einem Keimplasma erhalten, ist so ausserordentlich gross, dass wir mit ihr die Thatsache, wonach Inzucht sehr
schnell zur Degeneration führt, in keiner Weise vereinigen können,
während diese Thatsache auf Grund unserer Lehre sehr leicht verständlich ist. Wir können schon in dritter Generation Tiere erhalten,
welche dieselben Kernstoffe und dieselben Plasmen haben. Setzen wir
nun die Inzucht mit solchen Tieren fort, so arbeiten wir immer
mit denselben einseitig verschobenen Gemmarien, und es ist deshalb kein Wunder, wenn dadurch Tiere entstehen, die schädigenden
Einflüssen leicht erliegen, wie jeder weiss, der etwa weisse Mäuse in

grösserer Anzahl längere Zeit hindurch gezüchtet hat. Nach alledem
können wir diese Betrachtungen mit dem Satze schliessen, dass es sich
bei der geschlechtlichen Fortpflanzung nicht um Amphimixis, sondern
um Apomixis handelt, dass diese dieselben Keimplasmen leicht in eine
Zelle zusammenbringt, dass aber dort, wo verschiedene Plasmen miteinander in Berührung kommen, ein teilweiser Ausgleich ihrer Eigenschaften
stattfindet. Die geschlechtliche Fortpflanzung hat also nicht die Bedeutung, ungleiche Individuen zu schaffen, sondern sie bewirkt das gerade
Gegenteil, wie es übrigens jedem Unbefangenen schon längst bekannt ist.

Aus unseren obigen Auseinandersetzungen geht hervor, dass die
Reduktionsteilung nicht gelegentlich einmal zufällig väterliche und mütterliche Plasmen und Kernstoffe voneinander scheidet, sondern dass dieser
Vorgang ein regelmässiger und ursächlich begründeter, ein notwen-
diger ist, wenn auch die Scheidung in vielen oder vielleicht in den
meisten Fällen keine ganz reinliche ist, was bei der Mischung, welche
die Plasmen bei der Befruchtung miteinander eingehen, auch nicht er-
wartet werden darf. Immerhin geht aber aus meinen Versuchen mit
Mäusen und aus allen mir sonst bekannten Thatsachen der Vererbung
hervor, dass bei der Reduktionsteilung eine mehr oder minder ausgesprochene Sonderung der bei der Befruchtung gemischten Plasmen
und Kernstoffe, also eine Apomixis, stattfindet, und dass von Zufälligkeit
dabei absolut nicht die Rede sein kann. Was man sonst über Vererbung
weiss, zeigt gleichfalls, dass das Wesen der Reduktionsteilung in Apomixis besteht; und ich muss deshalb gestehen, dass ich nicht begreifen
kann, dass Weismann bei Gelegenheit der Besprechung von Rückschlägen, die bei Jungen von Kreuzungstieren auf eine der reinen Stammformen vorkommen, behaupten kann, dass solche Rückschläge selten
vorzukommen scheinen. Nach meinen Untersuchungen sind diese Rückschläge allerdings nicht so häufig wie die Nachkommen mit gemischten
Charakteren, aber sie sind auch keineswegs selten. Übrigens geht ja
auch aus der hier vorgetragenen Theorie der Apomixis hervor, dass
reine Rückschläge auf eine der beiden Stammformen einer Kreuzungs-
rasse nicht so häufig vorkommen können, als neue Mischungen. Man
werfe einfach einen Blick auf die Tabelle S. 237. Aus dieser kann man
die Wahrscheinlichkeit berechnen, mit welcher Rückschläge auf die reinen
Stammformen vorkommen, und ich kann nur sagen, dass meine Züchtungsergebnisse dieser Wahrscheinlichkeit im grossen und ganzen ent-

sprechen und dadurch den Beweis führen, dass meine Annahmen eher das Richtige getroffen haben, als die Weismann'schen.

Wenn nun Weismann sagt, dass da, wo Rückschläge auf eine reine Stammform vorkommen, irgend welche uns noch unbekannten Umstände die Halbierung des Keimplasma's der Mutterkeimzelle in einer bestimmten Teilungsebene bewirken, so darf ich hier wohl hervorheben, dass sich diese uns noch unbekannten Umstände aus dem, was ich oben auseinandergesetzt habe, ohne weiteres ergeben. Diese Umstände sind uns keineswegs unbekannt, sofern wir nicht zur Weismann'schen Idantenlehre schwören, sondern sie betreffen eine allgemeine Eigenschaft der Materie, nämlich die, dass die Elemente eines und desselben Stoffes sich gegen die anderer Stoffe überall dort, wo sich Gelegenheit dazu bietet, abzusondern bestrebt sind. Die Behauptung Weismann's aber, dass Rückschläge auf die reine Stammart selten sind, steht in Widerspruch mit den Thatsachen. Sie kommen sogar recht oft vor, und dass dem so ist, davon kann man sich überzeugen, wenn man selbst Züchtungsversuche mit Tieren anstellt. Dass Pflanzen viel weniger dazu geeignet sind, werden wir später sehen. Allerdings ist immer im Auge zu behalten, dass Kreuzung das Gemmariengefüge etwas verändert, und zwar festigt, so dass beispielsweise aus dem Plasma gescheckter Tanzmäuse ein Plasma entsteht, das einfarbige Tanzmäuse hervorbringt, aber das Tanzmausplasma sondert sich leicht wieder von dem Plasma der gewöhnlichen Maus, und umgekehrt.

Ebenso unhaltbar wie Weismann's Behauptung, dass Rückschläge auf eine reine Stammform von Kreuzungstieren selten vorkommen, ist die, dass solche Rückschläge nicht möglich wären, wenn es keine „Reduktionsteilung' in seinem Sinne gäbe, oder wenn das Keimplasma eine homogene Masse wäre, die sich bei der Bastardierung mit dem Keimplasma der anderen Art völlig vermischte. Weismann meint, es würde dann auch mit der Reduktionsteilung niemals das Keimplasma der einen Art entfernt werden können, es würde diese Reduktion nur eine Massen-, aber keine Qualitätsreduktion sein; durch Befruchtung mit den eigenen Bastardzellen würden dann in keinem Falle Rückschläge auf eine Stammform eintreten können, aber auch bei fortgesetzter Rückkreuzung mit der einen Stammart würde die Keimplasmamischung der ersten Bastardgeneration nur mehr und mehr verdünnt werden; völlig reines Keimplasma der einen Stammart könnte nie wieder entstehen. Sobald wir aber Einheiten im Keimplasma annehmen, die wie die Idanten und Ide getrennt bleiben, meint Weismann weiter, wäre eine Entfernung sämtlicher Einheiten der einen Art aus dem Keimplasma der Bastardsprösslinge sowohl mit als ohne Rückkreuzung durchaus möglich; ja selbst im letzteren Falle müsste sie früher oder später bei einzelnen Nachkommen eintreten.

Es scheint, dass diese Ansichten Weismann's doch wohl unter dem Banne seiner Determinantenlehre entstanden sind, denn dass die Elemente zweier verschiedenen Plasmen sich nicht wieder entmischen könnten, ist eine Behauptung, die mit allem, was wir sonst wissen, völlig unvereinbar ist. Dieser Behauptung würde es gleichkommen, wenn man sagen wollte, dass es nicht möglich wäre, dass aus einer Mutterlauge ein Körper rein herauskristallisieren könne. Aber bekanntlich ist Kristallisation das Mittel, reine Stoffe herzustellen.

Ich darf daher wohl die oben citierten Anschauungen Weismann's auf sich selbst beruhen lassen; nicht aber darf ich eine andere seiner Schlussfolgerungen mit Stillschweigen übergehen.

Weismann sagt, die „Reduktionsteilung muss irgendwann einmal in der Phylogenese der Amphimixis zuerst aufgetreten sein. Wäre sie schon in den Keimzellen des ersten geschlechtlich erzeugten Wesens aufgetreten, so würde sie — vorausgesetzt, jedes der elterlichen Keimplasmen habe vorher nur aus einem Id bestanden — immer das Id des einen Elters aus jeder Keimzelle des Kindes wieder entfernt haben, d. h. es würde ein Enkel niemals etwas von seinen beiden Grosseltern zugleich erben können."

Wer meine obigen Ausführungen mit Aufmerksamkeit gelesen hat, wird sofort herausfinden, dass ich allerdings der Ansicht bin, dass Reduktionsteilung schon bei den Keimzellen des ersten geschlechtlich erzeugten Wesens aufgetreten ist, dass jedes der elterlichen Keimplasmen nur aus einem Id, um mit Weismann zu sprechen, bestand, d. h. dass seine Gemmarien alle gleich waren, und dass bei jeder Reduktionsteilung immer das Id des einen Elters aus jeder Keimzelle des Kindes wieder entfernt wird. Ich habe nun oben weitläufig gezeigt, dass Enkel in den meisten Fällen etwas von ihren beiden Grosseltern zugleich erben werden, vorausgesetzt, dass ihre Eltern Geschwister sind. Weismann hat sich also wohl nicht unzweideutig genug ausgedrückt; er meint sicher, dass ein Enkel in den Fällen, wo keine Inzucht getrieben wird, niemals etwas von den beiden Eltern des Vaters oder den beiden Eltern der Mutter zugleich erben kann, und ich muss zugestehen, dass das nicht angehen würde, falls im Körper der Eltern keine gegenseitige Beeinflussung der Plasmen und Keimstoffe der Grosseltern möglich wäre. Dass diese aber stattfindet, zeigen meine einfarbigen schwarzen Tanzmäuse. Unsere Theorie wird also auch der Thatsache gerecht, dass ein Kind etwas von beiden Eltern seines Vaters oder von beiden Grosseltern mütterlicherseits erben kann. Um diese Thatsache zu erklären, haben wir keine „Theorie der zahlreichen Ide" nötig. Wir betrachten diese mit um so grösserem Misstrauen, als sie, wenigstens bei Weismann, wunderliche praktische Anwendungen zulässt.

Auf Seite 414 des Keimplasmabuches sagt Weismann: „Eines möchte ich hervorbeben, dass nämlich nach der (Weismann'schen) Theorie niemals ein Kind eine Mischung aus dem Bilde zweier Grosseltern sein kann." Ich muss nun freilich gestehen, dass ich den Unterschied, den Weismann zwischen „etwas von beiden Grosseltern erben", was nach ihm ja möglich ist, und eine „Mischung aus dem Bilde zweier Grosseltern sein" macht, nicht recht verstehe, und dass der Protest, den ich vom Boden der Weismann'schen Theorie aus gegen den zuletzt angeführten Satz erheben muss, deshalb vielleicht nicht zutreffend ist. Indessen scheint es, dass Weismann zwar annimmt, ein Enkel könnte etwas von zwei Grosseltern erben, indessen nur Eigentümlichkeiten der Art oder der Rasse, hingegen nicht individuelle Eigentümlichkeiten. Hören wir, was Weismann als Grund dafür angiebt, weshalb ein Kind niemals eine „Mischung aus dem Bilde zweier Grosseltern" sein kann: „Einfach deshalb, weil mindestens die Hälfte der Idanten eines Keimplasma's das Bild des Kindes bestimmen, weil aber immer nur ein Viertel der Idanten zweier Grosseltern zugleich im Keimplasma des Kindes enthalten sein können."

Mir scheint, dass den Berechnungen Weismann's hier ein Irrtum untergelaufen ist, wie sich aus folgendem Beispiel ergeben wird. Die Individuen I und II mögen miteinander das Individuum III zeugen, und die Individuen IV und V das Individuum VI, endlich mögen III und VI das Individuum VII zeugen. Es wären also I und II das eine Grosselternpaar und IV und V das andere Grosselternpaar von VII. Wir wollen nun annehmen, dass das Individuum I zusammengesetzt ist aus den Idanten a, b, c, d, dass die Idanten in der Keimzelle des Individuums II e, f, g, h, die von IV i, k, l, m und die von V n, o, p, q gewesen seien. Ehe sich die Keimzellen, welche das Individuum III bildeten, gegenseitig befruchteten, möge aus der Keimzelle vom Individuum I die Idanten-

gruppe *c d* und aus der vom Individuum II die Idantengruppe *g h* ausgestossen sein. Es würde also das Individuum III die Idantengruppe
a b e f erhalten; ebenso soll von den Idanten *i, k, l, m* in der Keimzelle,
die vom Individuum IV erzeugt wurde, die Gruppe *l m,* und in der Keimzelle, die vom Individuum V erzeugt wurde, die Gruppe *p q* durch die
Reduktionsteilung beseitigt worden sein. Die befruchtete Eizelle des Individuums VI erhielt also die Idantengruppe *i k n o.* Es möge nun ferner
aus der vom Individuum III erzeugten Keimzelle, die mit einer Keimzelle vom Individuum VI das Individuum VII bildete, die Idantengruppe
c f, und aus der Keimzelle vom Individuum VI die Idantengruppe *n o*
ausgestossen sein, wodurch in den Enkel VII der Individuen I und II
und IV und V die Idanten *a, b, i, k* zu liegen kommen. Nehmen wir nun
an, dass in dem Individuum I die Idantengruppe *a b* das Bild des Individuums bestimmte, was nach Weismann ja angeht, da „mindestens
die Hälfte der Idanten eines Keimplasma's das Bild des Kindes bestimmen",
und dass in dem Individuum IV das Bild durch die Idantengruppe *i k*
bestimmt wurde, nehmen wir ferner an, dass diese beiden im Individuum
VII vereinigten Idantengruppen sich gegenseitig das Gleichgewicht halten,
wogegen Weismann nichts einzuwenden haben dürfte, so dass sie beide
das Bild des Individuums VII bestimmen, so ist VII ein Enkel, der
„eine Mischung aus dem Bilde zweier Grosseltern" darstellt,
was nach Weismann nach seiner Theorie unmöglich sein soll. Ich
wüsste aber nicht, inwiefern die Annahmen, von welchen ich bei diesem
Beispiel ausgegangen bin, irgendwie von Weismann's Theorie abweichen, und in der That habe ich bei meinen Zuchtversuchen mit Mäusen
oft genug Enkel erhalten, die „eine Mischung aus dem Bilde zweier Grosseltern" boten. Allein, es handelt sich augenblicklich nicht darum, ob
die seiner eignen Theorie aufs grausamste widersprechende Behauptung
Weismann's mit den Thatsachen stimmt, sondern ob die Arithmetik der
Idologie den Regeln der bei anderen Lehren üblichen Arithmetik entspricht. Weismann sagt, dass im Keimplasma des Kindes immer nur
ein Viertel der Idanten zweier Grosseltern enthalten sein kann. In unserem Individuum VII sind aber 4 Idanten, während die Grosseltern je
4 Idanten haben. Die Anzahl der Idanten zweier Grosseltern beträgt
also 8. Von diesen 8 Idanten sollen nie mehr als ein Viertel zugleich im
Keimplasma des Enkels enthalten sein können. Wenn ich aber 4 Haufen
Kirschen habe, von denen jeder aus 4 Kirschen besteht, und ich esse
von jedem Haufen 2 Kirschen, so bleiben 4 Haufen, aus je 2 Kirschen

bestehend. Mache ich aus diesen 4 Haufen 2, indem ich je 2 und 2 zusammenthue, so erhalte ich 2 Haufen mit je 4 Kirschen; verzehre ich von diesen 2 Haufen wieder je 2 Kirschen, so bleiben noch je 2 Kirschen in meinen beiden Haufen. Bilde ich aus diesen beiden aus je 2 Kirschen bestehenden Haufen einen einzigen, so erhalte ich einen Haufen, der aus 4 Kirschen besteht. Wir haben aber nach Weismann bei der Keimzellenbildung und Befruchtung ganz dasselbe. Es wird immer die Hälfte der Idanten aus jeder Keimzelle vor der Befruchtung entfernt, und wir erhalten deshalb obigem Beispiel entsprechend das hier folgende Bild,

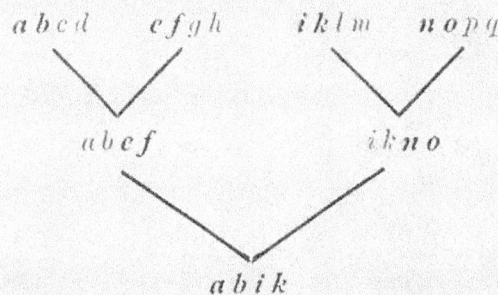

$$a\,b\,c\,d \qquad e\,f\,g\,h \qquad i\,k\,l\,m \qquad n\,o\,p\,q$$

$$a\,b\,e\,f \qquad\qquad i\,k\,n\,o$$

$$a\,b\,i\,k$$

in welchem diejenigen Idantengruppen fett gedruckt sind, die das Bild des betreffenden Individuums bestimmen. Es geht daraus hervor, dass der Enkel, wie schon oben auseinandergesetzt ist, eine Mischung aus dem Bilde zweier Grosseltern sein kann, während er seinen Eltern nicht zu gleichen braucht, denn bei den Eltern hat die Idantengruppe ef beziehungsweise no das Übergewicht über die Idantengruppe ab beziehungsweise ik davongetragen gehabt.

Ich habe mir grosse Mühe gegeben, einen Irrtum in obigen Auseinandersetzungen zu entdecken, weil es mir ferne liegt, Weismann unrechtmässigerweise einen Vorwurf zu machen, allein ich kann mit dem besten Willen nichts Unzulässiges in meinen Ausführungen auffinden, und glaube vielmehr, dass sie im strengen Einklang mit der Weismann'schen Theorie stehen. Ich will mich aber gerne belehren lassen, falls ich einem Irrtum zum Opfer gefallen bin.

Doch halt! Vielleicht wollte Weismann auf seiner Seite 414 sagen, dass „niemals ein Kind eine Mischung aus dem Bilde der Eltern seines Vaters oder der Eltern seiner Mutter sein könne. Wenn Weismann dieses wirklich sagen wollte, so hätte er sich wohl etwas deutlicher ausdrücken dürfen, zumal er auf Seite 391 erklärt hat, dass ein Enkel zwar selten etwas von „seinen beiden" Grosseltern erben würde, das dieses aber nicht unmöglich erschiene.

Wenn ich Weismann demnach hier auch keinen Widerspruch mit sich selbst nachweisen kann, so muss ich ihm doch einer höchst unklaren Behandlung eines einfachen arithmetischen Problems zeihen, denn angesichts der Thatsache, dass die Menschen — um diese handelt es sich — vier Grosseltern haben, musste Weismann sagen, welche zwei von den vieren er eigentlich meint. Ich mache ihm diesen Vorwurf deshalb, weil Weismann auf die arithmetische Behandlung seiner Theorie, zu welcher die letztere doch geradezu herausfordert, nicht die nötige Sorgfalt verwandt hat. Hätte er das gethan, so würde er auch die seiner Zeit von mir vorgebrachten und auf Seite 83 ff. wiederholten streng arithmetischen Berechnungen, die eine verbesserte Auflage von Weismann's Ahnenplasmentheorie hätten verhindern müssen, nicht unbeachtet gelassen haben. Er hätte dann auch die von mir gebrachte Widerlegung seiner Determinantenlehre selbst besorgen und sein Keimplasmabuch unveröffentlicht lassen können. Das hätte freilich der Wissenschaft zum Nachteil gereicht, denn nichts wird so sehr den endgültigen Sieg der Epigenesislehre beschleunigen, als die im „Keimplasma" erfolgte Krönung des Weismann'schen Lehrgebäudes.

Wir sind durch die Mitteilungen über die Ergebnisse meiner Zuchtversuche bei den Erscheinungen des Rückschlages angelangt, müssen aber, ehe wir näher darauf eingehen, zunächst die Eigenschaften von Kreuzungsprodukten verschiedener Arten oder verschiedener Rassen einer Art besprechen. Wir wollen die ersteren Bastarde, die letzteren Blendlinge nennen. Wenn wir zwei verschiedene Arten miteinander kreuzen, so erhalten wir einen Bastard; kreuzen wir dagegen zwei Individuen zweier verschiedener Rassen, etwa eines Haustieres, miteinander, so erhalten wir Blendlinge. Die letzteren unterscheiden sich nun in auffälliger Weise von den ersteren, und zwar dadurch, dass Bastarde in den allermeisten Fällen eine Mischung der Charaktere der beiden Stammarten zeigen, während bei Blendlingen häufig die eine Rasse bei der Vererbung überwiegt. Ich will dafür nur etliche von mir selbst beobachtete Beispiele anführen. Ich liess eine echte siamesische Hauskatze von einem weissen Angorakater belegen und erhielt einen 6 oder 7 Köpfe starken Wurf von Kätzchen, die alle, abgesehen von einigen kaum sichtbaren schwarzen Tüpfeln auf dem Kopfe, in der Farbe und auch bis zu einem gewissen Grade in der Beschaffenheit des Haares dem weissen Angorakater glichen. Ebenso liess ich weibliche Heidschnucken von einem schwarzen Kameruner Schafbock belegen und erhielt dadurch Lämmer.

die von der Kameruner Schafrasse nicht zu unterscheiden waren. Endlich kreuzte ich eine importierte südamerikanische Nackthündin mit einem
rein durchgezüchteten Dalmatiner. Sie warf vier Junge, von denen zwei
der Nackthündin glichen, während die beiden übrigen weder mit dem
Dalmatiner, noch mit der Hündin Ähnlichkeit hatten. Es geht also aus
diesen und vielen anderen Beispielen hervor, dass bei der Blendlingszucht die Eigenschaften der einen Rasse sehr häufig überwiegen, während
es allbekannt ist, dass Bastarde in den allermeisten Fällen eine innige
Mischung der Charaktere der beiden Stammarten zeigen.

Auf Grund der Gemmarienlehre ist dieser Unterschied nicht schwer
zu verstehen. Bei der Blendlingszucht handelt es sich um Haustiere,
bei der Bastardzucht entweder um wilde Tiere oder doch wenigstens um
zwei völlig voneinander verschiedene Haustierarten. Haustiere sind
aber in ihrem Gefüge geschwächt, weil bei ihnen infolge der für-
sorgenden Teilnahme des Menschen die konstitutionelle Zuchtwahl zum
grossen Teil in Fortfall gekommen ist. Aus diesem Grunde sind auch
Haustiere so oft gescheckt, während unregelmässige Scheckung bei wild
lebenden Tieren überhaupt kaum als Artcharakter vorkommt. Bei der
Bastardzucht kommen zwei Plasmen zusammen, die sich in Bezug auf
Gefügefestigkeit die Wage halten. Es bringt deshalb jedes dieser beiden
Plasmen seine Eigenschaften zum Ausdruck, während in einem Blendlinge oft ein Plasma überwiegt, weil es in seinem Gefüge weniger
gelockert ist als das andere. Darwin hat schon auf diese Eigentümlichkeit hingewiesen, ohne sie aber in befriedigender Weise erklären zu können.
Es findet also bei Mischung verschiedener Individuen eine Art Kampf
der Plasmen statt, wie ihn auch Weismann annimmt. Während aber
bei der Bastardzucht meistens keines der beiden Plasmen als Sieger aus
dem Kampfe hervorgeht, kommt bei der Blendlingszucht oft der Fall vor,
dass ein Plasma das andere völlig besiegt.

Dieser Kampf der Plasmen ist von grosser Bedeutung für die Mischung
persönlicher Eigenschaften bei den Produkten einer ersten Kreuzung
zweier verschiedener Haustierrassen und nicht minder bei den Nachkommen
von solchen Kreuzungstieren. Für die Pflanzen gilt dasselbe. Auch bei
der Vererbung individueller Eigenschaften bei Menschen spielt der Kampf
der Plasmen eine grosse Rolle. Dieser Kampf kann nun ein derartiger
sein, dass schon in der befruchteten Eizelle das Plasma des Vaters oder
der Mutter zur Herrschaft gelangt, und dass demnach das Kind der
Hauptsache nach einem der Eltern gleicht, ein Fall, der beim Menschen

oft genug vorkommt und sogar die Regel bildet. Es ist jedoch auch der andere Fall möglich, dass die beiden Plasmen sich das Gleichgewicht halten und beide das Bild des Kindes bestimmen. Endlich ist es auch möglich, dass in dem einen Körperteil dieses, in dem anderen jenes Plasma das Übergewicht bekommt, so dass einzelne Körperteile individuelle Eigenschaften des Vaters zeigen, während andere den betreffenden Körperteilen der Mutter gleichen. Allerdings ist es meistens recht schwierig zu sagen, in welchen Zügen das Kind mehr dem Vater und in welchen es mehr der Mutter gleicht, und namentlich ist der Mensch ein sehr ungeeignetes Objekt zur Prüfung von vererbungstheoretischen Fragen, weil es unmöglich ist, genaue Vergleiche zwischen dem Menschen und seinen Eltern anzustellen, da die Unterschiede, die durch das verschiedene Alter bedingt werden, beim Menschen beträchtlicher sind, als bei irgend einem anderen Tier, und deshalb leicht zu Irrtümern Anlass geben. Noch viel weniger ist man in der Lage, ein Kind mit einem seiner Grosseltern, geschweige denn mit allen seinen Grosseltern oder mit noch früheren Vorfahren leicht vergleichen zu können. Allein es ist auf Grund der Gemmarienlehre wohl zu verstehen, dass nicht immer alle Körperteile des Kindes entweder denen eines der Eltern oder beider zugleich ähnlich sind, sondern dass ein Teil sich nach dem einen Elter und ein anderer nach dem andern Elter richtet, und ebenso muss es auch möglich sein, dass ein Kind eine derartige Mischung von den Eigenschaften zweier seiner Grosseltern zeigt.

Die Erscheinungen, um welche es sich hier handelt, sind namentlich an Pflanzen studiert worden. Im landwirtschaftlichen botanischen Garten in Jena konnte ich infolge der Güte des Herrn Professor Liebscher Bastarde zweier Arten von Gerste sehen, und zwar solche der zweiten Generation. Die der ersten Generation hatten die Charaktere der beiden Stammrassen gemischt, und zwar so, dass man annehmen konnte, dass jede Zelle sowohl väterliche als auch mütterliche Eigenschaften hatte. Dagegen zeigten die Nachkommen dieser Bastarde Mischungsverhältnisse, die völlig verschieden von denen der Eltern und auch unter sich waren. Die Ähren dieser Bastarde glichen in manchen Teilen völlig der einen, in anderen genau der zweiten Stammart, während aber bei den einen dieses Mischungsverhältniss zum Ausdruck kam, kam bei den anderen jenes zur Geltung, und es fragt sich, wie sich diese Erscheinungen mit unserer Gemmarienlehre vereinigen lassen. Ich glaube, dass ihre Erklärung auf Grund unserer Theorie nicht schwierig ist.

Schon Liebscher hat gelegentlich der Beschreibung seiner Bastarde darauf hingewiesen, dass dabei eine Lockerung des Plasmagefüges stattgefunden habe. Weismann weiss zwar nicht, wie er sich eine solche Lockerung vorzustellen hat, aber ich glaube, dass er aus vorliegendem Werk ersehen wird, dass man sich dergleichen recht greifbar vor Augen führen kann. Aus dieser Annahme einer Lockerung erklärt es sich, warum die ursprünglichen Bastarde noch in allen ihren Teilen die Eigenschaften ihrer Stammarten gemischt zeigten, während dies bei ihren Nachkommen nicht mehr der Fall war. Bei den ursprünglichen Bastarden waren eben zwei Plasmen miteinander in Berührung gekommen, die sich noch gegenseitig das Gleichgewicht hielten. Dadurch aber, dass diese beiden Plasmen aufeinander einwirken konnten, sind sie in ihrem Gefüge gelockert worden, weil es sich dabei um Plasmen verschiedener Arten gehandelt hat. Aus diesem Grunde sind die Mischungsverhältnisse bei den Nachkommen der Gerstenbastarde so schwankende, ungleichmässige geworden, weil bald das eine, bald das andere Plasma das Übergewicht erhielt, je nach den Umständen, unter welchen die Gerstenpflanzen erzeugt und aufgewachsen waren. Allerdings ist es möglich, dass die Erscheinungen bei Pflanzen, weil es sich dabei meistens um Stöcke handelt, während wir es bei den Tieren mit Personen zu thun haben, andere sind als bei den letzteren, und ich werde noch später auf diese Möglichkeit zurückkommen. Soviel aber dürfte aus dem Gesagten hervorgehen, dass der Ausgang des Kampfes zweier verschiedener Plasmen sehr verschieden sein muss bei verschiedenen Individuen und in verschiedenen Teilen des Leibes eines Individuums, je nach den äusseren Umständen und den sonstigen Eigenschaften der betreffenden Individuen.

Es bleibt mir noch übrig, auf einen merkwürdigen Unterschied zwischen Bastarden und Blendlingen aufmerksam zu machen, nämlich auf die bekannte Thatsache, dass Bastarde meistens unfruchtbar sind, Blendlinge dagegen nicht, ja dass die letzteren oft fruchtbarer sind als ihre Stammrassen. Dieser Unterschied ist nicht schwer zu begreifen. Bei der Bastardzüchtung kommen Plasmen miteinander in Berührung, die in sich gefestigt sind und dadurch, dass sie in einer und derselben Zelle vereinigt werden, eine Lockerung ihres Gefüges erleiden. Diese Lockerung geht so weit, dass Bastarde meistens nicht mehr im stande sind, entwickelungsfähige Keimzellen zu erzeugen. Dagegen werden bei der Blendlingszucht, weil es sich dabei um Haustiere handelt, die infolge der schädigenden Einflüsse der Domestikation eine in einseitiger

Weise erfolgte Gefügelockerung erlitten haben, zwei nach verschiedenen Seiten hin abgeänderte Gemmarienformen mit lockerem Gefüge zusammengebracht. Sie haben Gelegenheit, durch gegenseitigen Einfluss aufeinander ihre Ungleichheiten auszugleichen und damit wieder ihre Gefügefestigkeit zum Teil oder völlig zurückzugewinnen, und es ist deshalb nicht zu verwundern, dass Blendlinge sich oft durch grosse Fruchtbarkeit und durch kräftige Konstitution auszeichnen.

Wir sind nunmehr in der Lage, etwas genauer auf die Erscheinungen des Rückschlages einzugehen.

Weismann erklärt alle Rückschlagserscheinungen durch seine Theorie der Amphimixis. Diese ist allerdings geeignet, gewisse Rückschläge zu erklären; allein sie lässt im Stich bei der Erklärung anderer Arten von Rückschlägen und muss deshalb in solchen Fällen durch neue Hilfshypothesen gestützt werden. Bei alledem ist sie nicht im stande, darzuthun, warum in manchen Fällen kein Rückschlag eintritt wo er, wie aus der Abstammung der Tiere hervorgeht, doch leicht eintreten müsste.

Weismann und alle seine Vorgänger machen keinen scharfen Unterschied zwischen den einzelnen Arten des Rückschlages, obgleich diese in völlig verschiedenen Ursachen ihren Grund haben. Deshalb ist Weismann, obwohl er beispielsweise Rückschlag auf individuelle Charaktere, auf Rassencharaktere und auf die Eigenschaften entfernter Vorfahren unterscheidet, gezwungen, alle diese Rückschlagserscheinungen aus seinem Prinzip der Amphimixis heraus zu erklären, bei welcher Gelegenheit dann eine Reihe von neuen Hilfshypothesen gemacht werden. Wir werden hingegen sehen, dass es vier Gruppen von Rückschlagserscheinungen giebt, deren jede in einer anderen Ursache ihren Grund hat, dass sich aber sämtliche vier Gruppen aus unserer Gemmarienlehre heraus erklären lassen.

Die erste Gruppe von Rückschlägen umfasst jene Fälle, wo ein Enkel auf einen oder zwei seiner Grosseltern oder auch seiner Urgrosseltern oder etwas entferntere Vorfahren zurückschlägt. Solche Rückschlagserscheinungen habe ich im einzelnen bei meiner Mäusezucht studiert, und ich bin deshalb in der Lage, sie genau prüfen zu können. Alles, was ich dabei beobachtet habe, erklärt sich leicht aus unserer Annahme, wonach das Plasma eines Individuums bei geschlechtlich sich fortpflanzenden Tieren der Hauptsache nach aus zwei individuell verschiedenen Plasmen zusammengesetzt ist, während für den Kern dasselbe gilt. Ich

müsste alles, was ich oben über die Zucht von Ziermäusen augeführt
habe, wiederholen, wenn ich hier näher auf die bei ihnen beobachteten
Rückschlagserscheinungen eingehen wollte. Ich darf mich daher damit
begnügen, meine Leser einfach auf das oben Gesagte zu verweisen, und
will aus den dort aufgeführten möglichen Fällen des Rückschlages nur
ein paar herausgreifen, um daran zu zeigen, dass Weismann's Theorie
der Amphimixis unfähig ist, die Erscheinungen des Rückschlages zu erklären, wie sie derjenige, der selbst Züchtungsversuche anstellt, beobachtet.

Paaren wir eine schwarz und weiss gescheckte japanische Tanzmaus
mit einer weissen gewöhnlichen Maus, so erhalten wir schwarze oder
dunkelgraue Mäuse, die in ihrem Benehmen unseren gewöhnlichen Haus-
mäusen gleichen. Wenn wir von solchen Jungen unter sich weiter züchten,
so können wir unter anderm rein weisse Tanzmäuse erhalten. Wie diese
zu stande kommen, habe ich oben gezeigt. Da Weismann's Theorie von
Iden ausgeht, in welchen alle Eigenschaften der betreffenden Art oder
Rasse, wenn auch in individueller Färbung, durch Determinanten und
Biophoren vorgebildet sind, so müssen wir annehmen, dass in den Idanten
einer solchen weissen Tanzmaus sowohl Ide der schwarz und weiss gescheckten Tanzmaus, als auch Ide der gewöhnlichen weissen Maus enthalten sind. Es würden diejenigen Zellen, auf welchen die Eigenschaft
des Tanzens beruht, dann durch die Tanzmauside, dagegen diejenigen,
welche die Farbe der Haare bedingen, durch Ide der gewöhnlichen weissen
Maus bestimmt werden. Da es nun leicht ist, aus grauen oder schwarzen
Kreuzungsmäusen auf dem Wege des Rückschlages wieder gescheckte Tanzmäuse zu erzielen, so sollte man annehmen, dass die Weiterzucht der
weissen Tanzmäuse gelegentlich auch einmal wieder gescheckte Tanzmäuse
ergeben würde. Dieser Fall tritt aber niemals ein. Zwar habe ich die
Zucht der weissen Mäuse nicht sehr lange fortsetzen können, indessen,
was ich darüber beobachtet habe, lässt mich mit Bestimmtheit erkennen,
dass weisse Tanzmäuse immer nur wieder weisse Tanzmäuse erzeugen
werden, dass sie nie gescheckte Tanzmäuse und auch nie Mäuse, welche
nicht tanzen, hervorbringen werden, obwohl sie doch von gescheckten
Tanzmäusen und von nicht tanzenden weissen Mäusen abstammen. Ich
kann deshalb den Verehrern des Weismannismus nur raten, doch einmal selbst meine Behauptungen durch eigne Zuchtversuche zu prüfen.
Ich brauche die Ergebnisse einer solchen Prüfung nicht zu scheuen, da
ich über 3000 Mäuse gezüchtet habe, ein Material, das ich demnächst unverkürzt den Vererbungstheoretikern vorlegen werde.

Es sei mir gestattet, aus diesem Material noch ein anderes Beispiel herauszugreifen. Ausser schwarz und weissen Tanzmäusen erhalten wir aus Japan auch solche, die nicht schwarz und weiss, sondern blau und weiss gescheckt sind. Was ich hier „blau" nenne, ist ungefähr ein bläuliches Aschgrau, das gelegentlich einen Stich ins Fahle zeigt. Im grossen und ganzen bin ich aber berechtigt, die betreffende Farbe kurzweg als blau zu bezeichnen. Die Eigenschaften blau und weiss gescheckter Tanzmäuse sind streng erblich, falls man zu den betreffenden Zuchtversuchen echte, aus Japan stammende Tanzmäuse nimmt. Paart man Mäuse mit dieser individuellen Färbung immer miteinander, so erhält man nie etwas anderes, als blau und weiss gescheckte Tanzmäuse. Solche Mäuse habe ich mit gewöhnlichen weissen Mäusen gepaart und von ihnen Junge erhalten, die von unserer gewöhnlichen wilden Hausmaus nur schwer oder überhaupt nicht zu unterscheiden waren. Diese grauen Mäuse kann man nun miteinander paaren, um dadurch einfarbige blaue gewöhnliche Mäuse zu erzielen. Man kann die Versuche aber auch komplizierter machen, und das habe ich durchweg gethan. Ich habe aber auch dann auf dem Wege des Rückschlages einfarbige blaue Mäuse, die nicht tanzten, erhalten. Wenn man nun diese untereinander weiter züchtet, so erhält man nichts weiter als einfarbige blaue Mäuse, welche nicht tanzen, obwohl sie von Tanzmäusen abstammen und von diesen ihre Färbung ererbt haben. Nach Weismann's Theorie der Amphimixis müssen aber in den Idanten solcher einfarbiger blauer Mäuse zahlreiche Ide von Tanzmäusen enthalten sein, da diese ja allein die Farbe der blauen Mäuse bestimmen. Ich habe die Zucht mit blauen Mäusen lange fortgesetzt, aber nie etwas anderes erhalten, als einfarbige blaue Mäuse, die höchstens einmal einen kleinen weissen Fleck an dieser oder jener Körperstelle hatten. Wie kommt es nun, dass bei solchen Mäusen kein Rückschlag auf die eine oder die andere der beiden Vorfahrenformen mehr eintritt? Die Erklärung ist höchst einfach. Das Plasma solcher Mäuse ist das gewöhnlicher Mäuse, aber die Kernstoffe sind die der blau und weiss gescheckten Tanzmäuse. Die Scheckung und das Tanzen werden bei diesen durch das Plasma des Zellleibes bestimmt, während die Färbung der Haare durch ihre Kernstoffe bestimmt werden. Da nach unserer Theorie leicht gleiche Plasmen und gleiche Kernstoffe der Grosseltern in den Enkeln oder späteren Nachkommen vereinigt sein können, so kann selbstverständlich kein weiterer Rückschlag mehr eintreten.

17*

Während unsere Theorie also genau mit den Thatsachen, denen Weismann noch näher zu treten hat, übereinstimmt, ist die Amphimixislehre Weismann's mit diesen Thatsachen völlig unvereinbar. Ich glaube, dass alle Vererbungserscheinungen, welche zur Kategorie der Rückschläge auf Grosseltern oder andere nicht weit entfernte Vorfahren gehören, auf ähnliche Weise zu erklären sein werden, wie die, welche ich bei den Mäusen gefunden habe, nämlich durch die Annahme, dass die Reduktionsteilung der Keimzellen die beiden bei der Befruchtung zusammengekommenen individuell verschiedenen oder auch durch Rasseneigentümlichkeiten sich unterscheidenden Plasmen und ebenso die beiden Kernstoffe wieder trennt, wobei die Plasmen ihre Kernstoffe gegenseitig austauschen können. Selbstverständlich ist diese Trennung wohl nur in seltenen Fällen eine völlig reine, und es mögen beispielsweise zwischen den Gemmarien von Tanzmäusen, die zu ihren Vorfahren gewöhnliche Mäuse zählen, auch einige Gemmarien solcher Mäuse liegen, und ähnliches mag für die Kernstoffe gelten. Im grossen und ganzen glaube ich aber das Richtige getroffen zu haben, und ich bin auch überzeugt, dass meine Erklärung sich auf die bei Pflanzen beobachteten Vererbungserscheinungen, die allerdings einer erneuten Kontrolle durch das Züchtungsexperiment bedürfen, anwenden lässt.

Alle Pflanzen, welche zu Züchtungsexperimenten gedient haben, unterscheiden sich nämlich von Mäusen und anderen Tieren, mit welchen man Zuchtversuche angestellt hat, dadurch, dass sie Stöcke bilden und nicht eine einzelne Person darstellen. Mit der Person beim Tiere, deren Charakteristikum der Besitz eines Magens ist, lässt sich, wie es von seiten Haeckel's geschehen ist, der Spross der Pflanze vergleichen. Insbesondere dürfen wir die Blüten direkt mit den Personen der Tiere in Parallele stellen. Es fragt sich nun, ob bei der Sprossenbildung der Pflanzen nicht Plasmensonderungen stattfinden, namentlich bei Bastarden der zweiten oder dritten Generation, bei denen, wie wir oben gezeigt haben, und wie auch schon Liebscher angenommen hat, eine Lockerung des plasmatischen Gefüges, die eine leichte Trennung der verschiedenen Plasmen ermöglicht, stattgefunden hat. Es kann deshalb bei dem einen Spross diese, bei dem anderen jene Plasmenart allein die Eigenschaften bestimmen, so dass wir sehr verschiedene Bastarde erhalten, wie ich sie z. B. in Jena als Ergebnisse der Zuchtversuche Professor Liebscher's gesehen habe. Es darf also das, was man bei Pflanzen beobachtet hat, nicht ohne weiteres mit den Rückschlagserscheinungen bei Tieren in Parallele gestellt werden. Es sind vielmehr neue Versuche nötig, und diese werden, wie ich überzeugt bin, ergeben, dass meine Erklärung der Rückschlagserscheinungen richtig ist. Ebendasselbe wird auch eine genaue und sorgfältige Untersuchung der Rückschlagserscheinungen beim Menschen, die allerdings nicht eben leicht ist, zeigen.

Von den bisher betrachteten Rückschlägen auf Grosseltern oder auf Vorfahren, die nicht viel weiter zurückliegen als diese, unterscheiden sich die Rückschlagserscheinungen der zweiten Kategorie dadurch, dass sie zwar nicht sehr weit entfernte Vorfahren betreffen, aber die Stammarten von Haustierrassen oder Kulturpflanzen. Es ist bekannt, dass man durch Kreuzung verschiedener Taubenrassen wieder die Felstaube erhält, und ähnliches kann man bei Hühnern und anderen Tieren beobachten. Diese Art des Rückschlages hat ihre Ursache in Gefügefestigung. Das Gefüge bei Haustierrassen und Kulturpflanzen ist gelockert; es wird dadurch wieder gefestigt, dass Gemmarien zweier verschiedener Rassen miteinander gemischt werden und sich gegenseitig ins Gleichgewicht setzen, und zwar durch eine Verschiebung ihrer Gemmen, oder durch Abwerfung von Gemmen, die bei der einen Rasse nicht vorkommen, oder endlich durch Anfügung von Gemmen, die der einen Rasse verloren gegangen sind, aber bei der wilden Stammart und bei den Gemmen der anderen Rasse vorkommen. Ein Blick auf unsere Fig. 26 wird

Fig. 26.

a   b   c

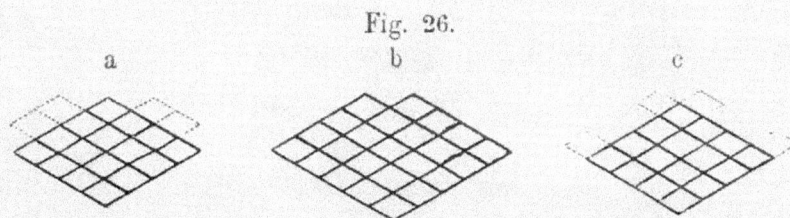

Schemata zur Erläuterung des Rückschlages.

die Art und Weise veranschaulichen, auf welche der Rückschlag auf eine Stammart durch Veränderung der Gemmarien der miteinander gekreuzten Kulturrassen zu stande kommen kann. a und c stellen Querschnitte durch Gemmarien zweier Kulturrassen dar, während b einen Querschnitt durch die Gemmarien der Stammart darstellt. In a und c sind diejenigen Gemmen, welche Rasseneigentümlichkeiten der Kulturrassen bedingen, punktiert. Diese Gemmen sind in a andere als in c. Legen sich nun die den Querschnitten a und c entsprechenden Gemmarien mit eben diesen Querschnitten aufeinander, so finden etliche ihrer Gemmenreihen im anderen Gemmarium solche, mit welchen sie sich ins Gleichgewicht setzen können, und da die betreffenden Gemmenreihen, wie wir annehmen müssen, dem Gemmarium leicht angefügt werden können, so müssen sich die Gemmenreihen der Stammrasse, die in a und c zum Teil, aber in der Weise fehlen, dass sich a und c ergänzen, wiederherstellen. Es ist also wieder eine Gefügefestigung eingetreten, die zu einem Rückschlag auf die wilde Stammart führt.

Eine dritte Art der Rückschlagserscheinungen betrifft Fälle von Rückschlägen, wie wir sie etwa an den Maultieren beobachten. Während das Hauspferd und der Hausesel an den Beinen nicht gestreift sind, treten häufig Tigerpferdstreifen bei Maultieren auf. Diese kommen dadurch zu stande, dass sich gewissermassen die ontogenetischen Zellenstammbäume von Pferd und Esel so weit aufeinanderlegen, als ihre Äste parallel laufen, und da die stammesgeschichtliche Entwickelung ein Wachsen der Äste des ontogenetischen Zellenstammbaumes bedeutet, so werden die Strecken, welche beim Pferde und beim Esel noch einigermassen parallel sind, auch parallel denen der älteren gestreiften Pferde, von welchen Pferd und Esel abstammen, sein, während die nicht parallelen Zweigspitzen beim Bastarde zum Teil in Fortfall kommen. Es erklärt sich also daraus der Rückschlag auf die Tigerpferde, den man bei Maultieren beobachten kann, auf sehr einfache Weise.

Derartige Bastarde thun auch, wie nebenbei bemerkt sein mag, die Unhaltbarkeit der Weismann'schen Determinantenlehre dar. Die Plasmen, die miteinander in einer Keimzelle vereinigt sind, bedingen die Entwickelung so weit, als ihre normale Entwickelung einander parallel laufen würde. Darüber hinaus wird diese Entwickelung nicht fortgesetzt. Das letztere müsste aber möglich sein, wenn Weismann's Determinantenlehre richtig ist. Sobald die homologen Determinanten, die in beiden Plasmen vorkommen, aufgebraucht sind, müsste die Bildung von Zellen aufhören, die Determinanten aus beiden Plasmen haben. Dagegen würden sich noch Zellen bilden müssen, die nur Determinanten der einen Stammart haben. An etlichen Körperstellen würden beispielsweise etwa bei der Kreuzung von Pferd und Esel die Determinanten des Pferdes, an anderen die des Esels zur Geltung kommen. Ich habe aber nie von Bastarden gehört, die im grossen und ganzen die Mitte halten zwischen den beiden Stammarten, ausserdem aber noch, auf verschiedene Körperstellen verteilt, die reinen Charaktere der einen oder der anderen Stammart zeigen. Bastarde erster Generation halten vielmehr, sofern sie nicht die Charaktere der einen Stammart allein besitzen, genau die Mitte zwischen den beiden Stammarten, und das kann nach unserer Lehre nicht anders sein, während diese Thatsache der Weismann'schen Determinantenlehre durchaus widerspricht. Es muss, falls das in einer Keimzelle nach erfolgter Reduktionsteilung befindliche Plasma ein monotones ist, bei der Bastardzüchtung eine Entwickelungshemmung eintreten, weil sich die beiden Plasmen nur so weit Hand in Hand entwickeln können, als die Äste und Zweige der Zellenstammbäume der betreffenden Arten parallel laufen. Sobald sie merklich auseinandergehen, ist keine Entwickelung mehr möglich. Der Rückschlag, den wir bei den Bastarden von Pferd und Esel beobachten, ein Rückschlag auf die gemeinsame Vorfahrenform der Gattung, hat also in einer Entwickelungshemmung seine Ursache.

Ausser den drei genannten Gruppen von Rückschlägen kommt eine vierte vor, die Rückschläge auf einzelne verloren gegangene Charaktere betrifft, welche bei weit entfernten Vorfahren gut entwickelt waren. Solche Rückschläge finden wir beispielsweise bei den Pferden, die gelegentlich an zwei oder an vier Beinen eine überzählige Zehe besitzen und dadurch an ausgestorbene Vorfahren der Pferde erinnern. Auch bei den Hunden, die an den Hinterbeinen nur vier Zehen haben, tritt nicht selten ein Rückschlag dadurch ein, dass die verloren gegangene fünfte Zehe, die bei den Vorfahren gut entwickelt war, wieder erscheint, und ähnliches habe ich an den Hinterfüssen von Meerschweinchen beobachtet, die normalerweise nur drei Hinterzehen haben, aber mitunter noch eine kleine vierte Afterzehe erhalten. Alle diese Fälle von Rückschlag auf Charaktere, die bei weit entfernten Vorfahren vorhanden waren, aber längst verschwunden sind, wurden an Haustieren beobachtet, und es ist mir nicht bekannt, dass solche Rückschläge auch bei wildlebenden Tieren vorkommen. Immerhin mögen sie sich auch bei diesen ab und zu finden, aber unter allen Umständen kommen Rückschläge dieser Gruppe bei weitem häufiger bei Haustieren vor, und zwar infolge des Ausfalles der Gefügezuchtwahl und als Wirkung der schädigenden Einflüsse der Domestikation.

Die Gefügelockerung ermöglicht es, dass ein ontogenetischer Zellenstammbaum wieder Zweige entwickelt, die zwar noch angedeutet sind, aber gewöhnlich nicht mehr äusserlich zum Ausdruck kommen. Die im Laufe der Stammesgeschichte erfolgte Gefügefestigung hat bestimmte Zweige des ontogenetischen Zellenstammbaumes begünstigt. Die Anzahl dieser Zweige ist bei höheren Tieren geringer als bei niederen, aber dafür sind

die einzelnen Äste und Zweige des Zellenstammbaumes bei höheren
Tieren mit festem Gefüge stärker entwickelt, als bei niederen Tieren mit
lockerem Gefüge. Wird nun das Gefüge durch Domestikation wieder
gelockert, so können sich auch Zweige, die zwar noch vorhanden, aber
rudimentär geworden, und in den meisten Fällen nur in Spuren oder
überhaupt nicht anatomisch nachweisbar sind, wieder stärker ausbilden,
wodurch verloren gegangene Charaktere, wie es die fünfte Zehe an den
Hinterfüssen der Hunde und die vierte an denen der Meerschweinchen.
ebenso die überzähligen Zehen am Pferdefusse sind, wieder erscheinen.
Gefügelockerung ist also die Ursache des Rückschlages auf verloren gegangene Charaktere, die bei sehr weit entfernten Vorfahren vorhanden
waren.

Weismann erklärt die Rückschläge dieser Gruppe dadurch, dass
er annimmt, in einzelnen Iden des Keimplasma's der betreffenden Tiere
seien noch Determinanten der verloren gegangenen Charaktere vorhanden.
Wenn eine genügende Anzahl solcher Ide zufällig in einem und demselben Keimplasma zusammen zu liegen kommt, soll ein Rückschlag auf
jene alten Charaktere eintreten. Abgesehen davon, dass diese Anschauung es nicht erklärt, warum derartige Rückschläge bei Haustieren
viel häufiger sind, als bei wild lebenden, beim Haushunde beispielsweise
viel öfter beobachtet werden, als beim Wolf, von welchem unzweifelhaft
eine grosse Anzahl der Haushundrassen abstammen, muss die Weismann'sche Annahme wieder eine neue Hilfshypothese einführen, die
Hypothese nämlich, dass es noch Ide giebt, in welchen unveränderte
oder wenig veränderte Determinanten von Vorfahren liegen, die schon
vor langer erdgeschichtlicher Zeit ausgestorben sind. Warum die natürliche Zuchtwahl, die doch nach Weismann geradezu alles beherrscht,
dergleichen Determinanten nicht beseitigt hat, ist nicht einzusehen. Freilich
hilft sich Weismann durch die Annahme, dass die natürliche Zuchtwahl immer nur das besorgt, was absolut nötig ist, dagegen das Übrige
gehen lässt, wie es will. Allein diese Annahme bringt Weismann mit
sich selbst in Widerspruch, denn man sieht nicht ein, warum Rückschläge
auf überflüssig gewordene Charaktere so selten wieder eintreten, wenn
es gleichgültig ist, ob in einer grösseren Anzahl von Iden noch die Determinanten solcher Charaktere vorhanden sind oder nicht. Die Rückschläge
müssten bei der Weismann'schen Annahme viel häufiger sein, kommen
aber bei wild lebenden Tieren nur äusserst selten (oder gar nicht?) vor.
Der Unterschied zwischen den letzteren und den Haustieren, bei welchen

derartige Rückschläge nichts Seltenes sind, zeigt eben, dass diese Rückschläge ihre Ursache in der Gefügelockerung haben.

Bei den Hauskatzen, die von der in Nordostafrika lebenden Falbkatze abstammen, sind Rückschläge auf eine altertümliche Zeichnungs-
form des Katzenfells nichts Ungewöhnliches. Es giebt viele Hauskatzen,
bei wechen die Flecken in Längs- und Querreihen angeordnet sind,
wie wir sie etwa beim Serval und anderen wild lebenden Katzen finden.
Die Falbkatze ist dagegen im grossen und ganzen einfarbig und hat nur
noch Andeutungen einer Querstreifung, die nach Eimer die höchststehende
Zeichnung des Katzenfells darstellt. Ich habe mich vielfach mit der
Frage nach der Zeichnung des Katzenfells beschäftigt und kann Eimer
nur beistimmen. Warum giebt es nun bei der wild lebenden Falbkatze
keine Exemplare, die zu gleicher Zeit eine Anordnung von Flecken in
Längs- und in Querreihen zeigen? Wenn in den Iden der Hauskatze
noch wenig veränderte Zeichnungsdeterminanten sind, die den genannten
Rückschlag bedingen, so müssen sie auch in den Iden der Falbkatze
vorhanden sein, gleichwohl tritt bei dieser kein Rückschlag ein. Ein
solcher Rückschlag brauchte ja nur die Andentungen von Flecken
hervorzubringen; diese könnten dem betreffenden Tiere nicht schädlich
werden, und altertümliche Fleckenzeichnung müsste deshalb bei der Falbkatze gelegentlich angetroffen werden. Das wird sie aber nicht.

Die bei Haustieren eingetretene Gefügelockerung, auf welche die
Scheckung und alle anderen Unregelmässigkeiten in der Ausbildung der
Charaktere zurückzuführen sind, erklärt es auch, warum bei ihnen Rückschlag auf Charaktere weit entfernter Vorfahren oft nur an einer Körperseite auftritt, wie es zum Beispiel beim Meerschweinchen der Fall ist,
wo mitunter nur an einem Hinterbein eine vierte Zehe erscheint. Gemmarien mit lockerem Gefüge sind grossen Schwankungen in ihrer Form
unterworfen. Schwankende Symmetrieverhältnisse bei Haustieren sind
deshalb nichts Auffälliges. Dagegen vermag Weismann es nicht zu
erklären, warum Rückschläge auf alte Charaktere nur selten auf eine
Körperhälfte beschränkt bleiben. Nach ihm zeichnen sich gerade Haustiere deshalb durch unsymmetrische Ausbildung der Zeichnung aus, weil
diese von keinem Nutzen mehr ist, weil die natürliche Zuchtwahl deshalb die Färbungsdeterminanten auf jeder Körperhälfte ihre eignen Wege
ziehen lässt. Sind aber die rudimentären überzähligen Zehen, die sich
nicht allzuselten bei Hunden finden, von grösserer Wichtigkeit für diese,
als etwa der Haustaube, die doch oft genug vom Habicht verfolgt wird,

die Färbung? Überzählige Zehen treten aber meistens an beiden Körperseiten auf. Warum gehen hier die Determinanten nicht auf jeder Körperhälfte ihre eignen Wege? Warum sind sie nicht bei den einen Iden auf der linken, bei den anderen auf der rechten Seite geschwunden? Vermag Weismann das irgendwie durch seine Determinantenlehre begreiflich zu machen?

Man wird hier vielleicht einwenden wollen, dass rudimentäre überzählige Brustwarzen, die beim Menschen, und zwar auch bei Männern (!), recht häufig vorkommen, meistens nur an einer Körperseite liegen. Allein der Mensch ist ein in viel höherem Grade unsymmetrisches Tier als etwa der Hund. Rechte und linke Körperhälfte sind bei ihm ungleich ausgebildet. Daraus erklärt sich das häufige einseitige Auftreten überzähliger Brustwarzen und ihre grössere Häufigkeit auf der linken Körperseite. Dieses Überwiegen der linken Seite, dass sich auch durch die sehr häufige stärkere Ausbildung der linken weiblichen Brust ausspricht, ist eine Korrelationserscheinung, die durch Weismann's Präformismus unerklärt bleibt.

Den obigen Ausführungen entsprechend haben wir die Rückschläge in vier Gruppen zu sondern, von denen die der einen in der Reduktionsteilung, in der Apomixis der Keimzellen, die der zweiten in Gefügefestigung, die der dritten in einer Entwickelungshemmung und die der vierten in Gefügelockerung ihre Ursache haben. Aber diese vier verschiedenen Ursachen haben alle ihren Grund in der Zusammensetzung des Plasma's aus Gemmarien, die sich ihrerseits aus gegeneinander verschiebbaren Gemmen aufbauen. Die Rückschläge sind der Ausdruck des wechselnden Gleichgewichtszustandes der Gemmarien und ihrer Gemmen und sind aus der Gemmarienlehre mechanisch zu erklären.

Wie weit Weismann davon entfernt ist, die Rückschläge wirklich zu erklären, zeigen etliche seiner Ausführungen, durch welche er uns seine Theorie der Amphimixis in einer bedenklichen Beleuchtung vorführt. Auf Seite 412 seines Keimplasmabuches sagt er, es sei „zu bedenken, dass die völlig gleichmässige Mischung der beiden Elternbilder im Kinde viel seltener ist, als man gewöhnlich glaubt, und dass es schwer, ja häufig unmöglich ist, zu sagen, ob der mütterliche Anteil an einem Charakter wirklich dem Bilde der Mutter und nicht dem des Mutter-Vaters oder der Mutter-Mutter entnommen ist. Meist sind es nur allgemeine Charaktere der mütterlichen Familie," fährt er fort, „die sich mit allgemeinen Charakteren der väterlichen Familie gemischt haben. Charaktere aber, die schon durch Generationen hindurch vielen Gliedern einer Familie eigen waren, sind eben solche, die in zahlreichen Iden und Idanten vorkommen und die deshalb bei vielen Modalitäten der Reduktionsteilung in grösserer Anzahl in die Keimzellen gelangen. Für diese Übertragung allgemeiner Familienähnlichkeit würde theoretisch nicht die dominierende Idantengruppe des Elters, sondern nur überhaupt eine Mehrzahl der Idanten dieser Gruppe erforderlich sein."

Weismann spricht diese Sätze in Bezug auf die Vererbung beim Menschen aus. Wie aber allgemeine Charaktere in einer Familie zu stande kommen, darüber hat er sich nicht ausgelassen. Ein Mensch hat 2 Eltern, 4 Grosseltern, 8 Urgrosseltern, 16, 32, 64, 128, 256, 512 Vorfahren der 5. beziehungsweise der 6., 7., 8., 9. und 10. Generation. Wie also soll es möglich sein, dass etwa ein Deutscher, der nach Australien auswandert und dort eine Engländerin heiratet, seine individuellen Charaktere, wie es oft vorkommt, auf seine Kinder vererbt? Wenn Weismann's Annahme allgemeiner Familiencharaktere beim Menschen richtig wäre, so müsste doch eine hochgradige Inzucht getrieben werden. Es mag ja nun in Weismann's Vaterstadt Frankfurt a. M., die bekanntlich lange eine freie Reichsstadt war, und deren Einwohner weder mit den umwohnenden Hessen, noch mit „Hergeloffenen" etwas zu thun haben wollten, vielfach Inzucht getrieben worden sein, allein in anderen Gegenden ist das nicht der Fall gewesen, und in neu gegründeten Kolonien, wo sich Leute aus sehr verschiedenen Gegenden nicht nur eines Landes, sondern vieler Länder treffen, kann von einer derartigen Inzucht vorderhand noch lange keine Rede sein. Weshalb auch hier so oft wie bei uns zu Hause „die dominierende Idantengruppe", um mit Weismann zu reden, in die der Amphimixis unterworfenen Keimzellen gerät, ist nicht einzusehen. Man könnte zwar einwenden, dass es sich dabei um Nachkommen verschiedener Menschenrassen, wenn man etwa die Engländer und Deutschen als verschiedene Rassen betrachten will, handelt; aber in vielen Fällen, und wohl in den meisten, heiraten die eingewanderten Deutschen in Australien und anderswo wieder Deutsche und die Engländer wieder Engländerinnen. Trotzdem gleichen die Kinder eines deutschen Vaters, der in Australien eine Deutsche, die aus einer von seiner Heimat weit entfernten Gegend stammt, geheiratet hat, häufig diesem Vater oder auch ihrer Mutter. Mir ist ein Fall bekannt, in welchem die Tochter der Mutter, der Sohn aber dem

Vater in hohem Grade ähnlich ist, nicht nur was Gesichtsbildung und Körperform anlangt, sondern auch in Bezug auf den Charakter. Die Mutter der Mutter stammt aus Thüringen, während ihr Vater aus Holstein kam, der Vater des Vaters und seine Mutter stammen allerdings beide aus der Provinz Hannover, allein aus Gegenden, die nicht in Heiratsverkehr stehen. Wie ist es nun möglich, dass sowohl bei der Zeugung der Tochter als auch bei der des Sohnes die Idanten der Keimzellen sich so verhalten haben, dass die Tochter die herrschende Idantengruppe ihrer Mutter, der Sohn die seines Vaters erhielt?

Sehr einfach erklären sich solche überaus häufigen Fälle der Ähnlichkeit der Kinder mit nur einem ihrer Eltern aus der Annahme, dass Organismen, die sich geschlechtlich fortpflanzen, der Hauptsache nach immer nur aus zwei Plasmenarten zusammengesetzt sind, von denen selbstverständlich entweder die eine oder die andere dominieren kann, während sich in manchen Fällen auch beide das Gleichgewicht halten können. Bei der Reduktionsteilung trennen sich diese Plasmen.

Mir scheint, dass Weismann, als er von allgemeinen Charakteren der väterlichen und mütterlichen Familie sprach, die üblichen Stammbäume der phylogenetischen Zoologie im Geiste vor Augen gehabt hat, die ja mit einem unverzweigten und sich dann gabelig oder anderweitig teilenden Stamme beginnen und an der Spitze eine weit verzweigte Krone zeigen, Stammbäume, für welche Haeckel in seiner „Natürlichen Schöpfungsgeschichte" und anderswo manche Beispiele gegeben hat. Für die phylogenetische Zoologie sind solche Stammbäume äusserst brauchbar; aber mit denjenigen Stammbäumen, welche menschliche Familienverhältnisse darstellen sollen, haben sie nichts zu thun. Der Stammbaum eines menschlichen Individuums beginnt mit sehr vielen Zweigen, die sich nach und nach vereinigen und schiesslich in einem einzigen Zweig, eben demjenigen, den das Individuum darstellt, auslaufen. Von welchem der 512 Vorfahren zehnter Generation stammen denn nun eigentlich Weismann's „allgemeine Familiencharaktere" eines Menschen her? Es giebt Familiencharaktere, aber von diesen kann nur bei den Descendenten, nicht bei den Ascendenten eines menschlichen Individuums die Rede sein. Dass die grosse Unterlippe der Habsburger und die gebogene Nase der Bourbonen, dass das musikalische Talent der Familie Bach Familiencharaktere sind, bezweifele auch ich nicht; aber die Entstehung solcher Familiencharaktere, die, weil sie auf ein einziges Individuum zurückzuführen sind und nicht infolge von Inzucht bei vielen Mitgliedern der Familie vorkommen, nichts mit den Weismann'schen zu thun haben, lässt sich nur auf Grund der Annahme erklären, dass das Keimplasma der Individuen, welche diese Familiencharaktere zeigen, aus zwei individuell verschiedenen Plasmen zusammengesetzt ist, von denen das eine das Übergewicht über das andere hat und möglicherweise die Gemmarienform der letzteren in die seiner eigenen Gemmarien hineinzwängt. „Familiencharaktere" müssen mit Notwendigkeit entstehen, sobald irgend ein Vorfahr einer grossen Familie ein solch festgefügtes Plasma hat, dass es allen Einflüssen trotzt. Ein solcher muss seine Charaktere auf die grosse Mehrzahl seiner Nachkommen vererben. Wie das aber möglich ist, wenn Amphimixis stattfindet, welche die Ide und Idanten ja fortwährend durcheinanderwirft und mit anderen Iden und Idanten zusammenbringt, das ist auf Grund der Weismann'schen Theorie nur dann zu verstehen, wenn man entweder annimmt, dass immer die „herrschende Idantengruppe" in die Keimzellen aller dem Stammvater ähnlichen Nachkommen zu liegen kommt, eine Annahme, die das Gegenteil von Amphimixis bedeutet, oder wenn in der betreffenden Familie in hochgradiger Weise Inzucht getrieben wird. Letzteres geschieht aber glücklicherweise in den meisten Familien nicht, trotzdem auch hier die Vererbung individueller Charaktere nicht minder häufig ist, als in Ortschaften, die sich nach aussen hin mehr oder minder streng abschliessen, und wo die Leute nur Ortsangehörige oder womöglich Verwandte heiraten.

Es zeigt sich somit, dass Weismann durch seine Amphimixislehre zu Annahmen verführt worden ist, die an den Thatsachen keinen Rückhalt haben und mit der Amphimixistheorie selbst in unlösbarem Widerspruche stehen.

In Widerspruch mit dieser Theorie steht auch der Erklärungsversuch des Rückschlages bei ungeschlechtlicher Fortpflanzung, den wir bei Weismann finden. Weismann bespricht insbesondere den Rückschlag bei Knospung, und zwar den „panaschierter", d. h. teilweise bleichsüchtiger, Blätter auf gewöhnliche grüne Blätter und ausserdem den Rückschlag, der beim Pfropfbastard zweier Goldregenarten, bei Cytisus adami, beobachtet wird.

Was den leicht zu beobachtenden Rückschlag panaschierter Blätter auf gewöhnliche grüne Blätter betrifft, so handelt es sich dabei um einen Rückschlag von Kulturvarietäten auf ursprüngliche Verhältnisse. Panaschierte Blätter kommen nach meiner Ansicht und im Einklang mit

meiner Gemmarienlehre dadurch zu stande, dass das Gefüge der betreffenden Pflanze gelockert wird, so dass eine ungleiche Verteilung des
Chlorophylls stattfindet. Bei der Knospen- und Blattbildung der Pflanzen
ist es nun sehr wohl möglich, dass etliche Zweige infolge von äusseren
Einflüssen günstiger gestellt sind als andere, insofern als ihr Gefüge
durch diese äusseren Einflüsse wieder ein festeres wird und den Rückschlag auf grüne Blätter, d. h. auf eine gleichmässige Verteilung des
Pigmentes bedingt. Dieser Rückschlag erklärt sich also auf sehr einfache und natürliche Weise. Weismann dagegen ist gezwungen, ihn
durch seine Amphimixis zu erklären und muss zu diesem Zwecke eine
neue Hilfshypothese erfinden, nämlich die, dass die Idanten auf ungleiche
Weise bei der Zellteilung verteilt werden, so dass in die eine Zelle Idanten
mit Determinanten panaschierter Blätter, in die andere solche mit Determinanten grüner Blätter zu liegen kommen. Thatsache ist aber, dass
bei der gewöhnlichen Zellteilung die Idanten der Länge nach halbiert
werden und damit, wenn wir uns auf den Boden der Determinantenlehre
stellen, auch die der Länge nach in den Idanten aufgereihten Ide.
Weismann aber ist gezwungen, in denjenigen Fällen, wo grüne Sprosse
an einer Pflanze mit panaschierten Blättern entstehen, eine Abweichung
von dem nach allen vorliegenden Beobachtungen ausserordentlich gesetzmässigen Teilungsmodus der Zelle anzunehmen. Ungleiche Verteilung der Ide auf die Tochterkerne einer sich
teilenden Zelle ist, wenn Weismann's Theorie konsequent sein will,
nicht möglich. Sie steht mit dem, was Weismann sonst annimmt, in
Widerspruch und stört den regelrechten Gang der Mechanik der Idzer-
legung auf bedenkliche Weise. Ohne eine streng gesetzmässige Teilung
der Idanten und ihrer Ide hat aber Weismann's Determinantenlehre
keinen Sinn. Weismann's Präformismus und seine Amphimixis sind
zwar von vornherein unbrauchbar, aber die Thatsache, dass bei Knospung
Rückschläge eintreten, zeigt, dass sie auch dann unbrauchbar sind, wenn
man sich redlich bemüht, die Erscheinungen der Vererbung durch sie zu
erklären. Weismann sagt: „Irgend eine derartige Unregelmässigkeit in
der Verteilung der Ide muss bei den Kernteilungen vorkommen können,
andernfalls würde es unerklärlich bleiben, wieso eine andere Mischung der
Anlage im Laufe des Wachstums eintreten kann, wie wir sie doch thatsächlich bei Knospungsrückschlägen eintreten sehen." Allerdings! Eine
falsche Grundhypothese bedingt immer eine grosse Reihe von unbrauchbaren Nebenhypothesen, und dass solche Nebenhypothesen gelegentlich

in vollkommenem Widerspruch mit der Hauphypothese stehen müssen, zeigt uns Weismann durch diesen Ausspruch. Durch eine liederliche Verteilung der „Ide" kann niemals ein Organismus mit geordnetem Zellenaufbau zu stande kommen.

Der Rückschlag bei dem Pfropfbastard des Adam'schen Goldregens besteht darin, dass die einzelnen Teile der Blüte bald auf die eine, bald auf die andere Stammform zurückschlagen. Dieselbe Blütenähre trägt nach Darwin zuweilen zwei Sorten von Blüten, und Darwin hat eine Blüte gesehen, die genau in zwei Hälften geteilt war. Die eine war hellgelb, die andere purpurn, so dass die eine Hälfte des einen Blattes gelb und von bedeutender Grösse, die andere purpurn und kleiner war. Bei einer anderen Blüte war die ganze Korolle hellgelb, aber genau die Hälfte des Kelches war purpurn; bei einer weiteren hatte eins der schmutzigroten, also gemischten, Flügelkronenblätter einen schmalen hellgelben Streifen, und endlich war in einer Blüte ein Staubfaden halb gelb und halb purpurn.

Wir haben hier keineswegs einen anderen Fall, als bei den oben angeführten Rückschlägen bei Gerstenbastarden, und können die Rückschläge bei Cytisus adami auf dieselbe Weise wie dort erklären. Bei Cytisus adami sind durch die Pfropfung zwei verschiedene Plasmen und zwei verschiedene Kernstoffe in eine und dieselbe Zelle zu liegen gekommen, und in deren Nachkommen kann sehr wohl bald die eine und bald die andere Art der Plasmen und Kernstoffe zur Geltung kommen, weil das Plasmagefüge von Cytisus adami wahrscheinlich ein lockeres ist. Dieser Bastard verdankt einer abnormen Befruchtung sein Dasein. Wahrscheinlich wurden beim Pfropfen zwei durch Messerschnitte einer künstlichen Reduktionsteilung unterworfen gewesene Zellen zu einer einzigen vereinigt, und aus dieser entstand der Bastard. Dass das Gefüge eines auf so gänzlich abnorme Weise gebildeten Bastardes kein besonders festes ist, ist begreiflich.

Es ist dem Obigen zufolge nicht nötig, mit Weismann anzunehmen, dass die Anzahl der Chromosomen bei Cytisus adami so gross sein muss, wie die der beiden Stammarten zusammengenommen, denn wahrscheinlich konnte Cytisus adami nur dadurch entstehen, dass die sich bei seiner Bildung vereinigenden Zellen zuvor einer künstlichen Reduktionsteilung unterworfen wurden.

Nach Adam's Beobachtung hat sich ja auch nicht die „schlafende Knospe" zum Bastard entwickelt, sondern eine erst im zweiten Jahre

gebildete Knospe. Es hat sich ferner nur eine Bastardknospe entwickelt, nicht alle neuen Knospen des Pfropfstückes sind Bastardknospen
geworden, und da, wie wir nach den vorliegenden Angaben annehmen
müssen, von vornherein die Charaktere der beiden Stammarten fortwährend wechselten, so dürfte unsere Erklärung der von vornherein eingetretenen Rückschläge die richtige sein. Die Bastardzellen besassen ein
lockeres Gefüge, und je nach den Umständen kam bald die eine und
bald die andere Plasmen- und Chromosomenart zur Geltung.

Der von Weismann angeführte Fall von „Rückschlag" bei einem
sich parthenogenetisch fortpflanzenden Muschelkrebse ist gleichfalls nicht
schwierig zu erklären.

„In der Gegend von Freiburg," sagt Weismann, „kommen in gewissen Sümpfen zwei Varietäten eines kleinen Muschelkrebses vor, der
eine sehr auffällige Zeichnung der Schale hat. Die eine Abart, A, erscheint hell ockergelb mit fünf grünen Flecken auf jeder Schale, die
andere, B, sieht dunkelgrün aus, weil bei ihr der ockergelbe Grund von
sechs grossen Flecken stark eingeengt wird. Die Flecken der beiden
Abarten entsprechen einander der Lage nach genau und sind nur bei A
viel kleiner als bei B, Fleck 6 fehlt sogar bei A ganz. Beide Abarten
pflanzen sich bei Freiburg nur durch Parthenogenese fort; Männchen
kommen niemals vor."

Weismann hat nun gesehen, dass sowohl bei der Abart A „Rückschläge" auf B, als auch bei B „Rückschläge" auf A vorkommen können.
Es handelt sich bei dieser parthenogenetischen Fortpflanzung aber um
weiter nichts, als um das, was wir oben bei dem Rückschlag panaschierter Blätter auf grüne kennen gelernt haben. Offenbar ist die Abart A
von Cypris reptans eine bleichsüchtige Form der Abart B. Dass aber
bleichsüchtige Individuen eine bessere Konstitution erhalten können,
wissen wir aus der Erfahrung, und dasselbe kann auch bei den Nachkommen bleichsüchtiger Individuen geschehen. Sie können infolge
günstiger oder nach unserer Ausdrucksweise festigender Einflüsse auf
den Körper wieder normal werden, und ebenso können normale
Individuen infolge den Keim treffender schädlicher Einflüsse bleichsüch-
tig werden. Es handelt sich hier also überhaupt nicht um einen Rückschlag.

Weismann aber, der bis auf weiteres an seine Theorie der Amphimixis gebunden ist, muss versuchen, auch diesen sogenannten Rückschlag
bei Parthenogenese unter allen Umständen mit seiner Theorie in Einklang

zu bringen, und macht wieder einmal Hilfsannahmen, die mit dieser Theorie unvereinbar sind. Er sagt: „Äussere Einwirkungen für diese plötzlichen Umwandlungen verantwortlich zu machen, geht deshalb nicht an, weil stets beide Formen nebeneinander in demselben kleinen Aquarium, also genau unter denselben Bedingungen auftraten."

Durch diesen Satz hebt Weismann seine Determinantenlehre einfach auf, denn die Verschiedenheit der Determinanten ist nach Weismann dadurch zu stande gekommen, dass die verschiedenen Teile eines und desselben Ides, dem gegenüber auch das kleinste Aquarium so gross ist, wie unser Planetensystem verglichen mit einem Kieselstein, durch verschiedenartige Ernährungseinflüsse hervorgebracht wurden. Was aber in diesem winzigen Id möglich ist, das soll nach Weismann in einem Aquarium nicht möglich sein. Die Determinanten in einem Id sollen verschieden ernährt werden können, aber Krebse, die in einem Aquarium leben, nicht! Offenbar ist aber das letztere sehr wohl möglich, denn für einen kleinen Muschelkrebs ist ein auch noch so kleines Aquarium doch immerhin eine Welt, und wie man das Aquarium auch stellen möge, aus der notwendigerweise verschiedenen Beleuchtung, aus der verschiedenen Verteilung der Pflanzen in diesem Aquarium, kurz aus allen möglichen Umständen, ergiebt sich mit Notwendigkeit, dass die verschiedenen in einem Aquarium lebenden kleinen Tiere wechselnden Ernährungsbedingungen unterworfen sind. Dazu kommt aber, dass auch die Keimzellen, die in einem und demselben Tier gebildet werden, nicht alle gleich gut entwickelt sein können, dass manche zu einer Zeit gebildet werden, in welcher eine ungünstige Beeinflussung des betreffenden Tieres von aussen stattfindet, und dass andere eine um so günstigere Zeit treffen können. Ein Rückschlag gut konstituierter Individuen in solche mit schlechter Konstitution und umgekehrt ist deshalb leicht möglich.

Aber nicht genug damit, dass Weismann zur Erklärung dieses Rückschlages gezwungen ist, seine Determinantenlehre indirekt zu verneinen, hat er auch noch eine neue Art der Reduktionsteilung ersonnen. Er sagt, dass bei Arten mit regelmässiger Parthenogenese, obwohl hier keine Befruchtung eintritt, dennoch eine Reduktionsteilung stattfindet, allerdings nur eine. Bei parthenogenetisch sich entwickelnden Eiern wird nur eine sogenannte Richtungszelle abgelöst, nicht deren zwei, wie bei geschlechtlicher Fortpflanzung. „Ohne Zweifel," fährt Weismann fort, „muss dieser einen Halbierung der Idantenzahl des Eies eine Ver-

doppelung derselben vorausgehen, ganz wie bei der geschlechtlichen Fortpflanzung, weil andernfalls die Idanten von Generation zu Generation
um die Hälfte vermindert und schliesslich auf einen gebracht werden
müssten. Sobald nun aber eine Reduktionsteilung mit vorgängiger Verdoppelung der Idantenzahl stattfindet, ist damit auch die Möglichkeit des
Rückschlages gegeben."

Durch das Aussprechen dieses Satzes fügt Weismann dem Haufen
der schwankenden Stützen seiner Theorie eine neue Hilfshypothese hinzu.
Bekanntlich haben die Untersuchungen der Teilungsvorgänge bei Zellen
gezeigt, dass sich die Chromosomen einfach teilen. Wenn in einer Zelle
vier Chromosomen sind und jedes Chromosoma teilt sich, und wenn sich
die eine Teilungshälfte in die eine und die andere in die andere Tochterzelle begiebt, so erhält jede Tochterzelle wiederum vier Chromosomen.
Wenn die Richtungszellenbildung bei echt parthenogenetischen Tieren eine
Reduktionsteilung ist, dann ist es jede Zellteilung.

Allerdings muss die Anzahl der Chromosomen vor der definitiven
Teilung der Zelle verdoppelt werden, wenn jede Tochterzelle die gleiche
Anzahl erhalten soll, wie die Mutterzelle, aber dabei handelt es sich
doch nicht um eine Reduktionsteilung, sondern um eine gewöhnliche
Zellteilung, und etwas anderes beobachten wir auch bei der Bildung der
Richtungszellen parthenogenetischer Tiere nicht. Die Verdoppelung der
Chromosomen fällt nicht immer zusammen mit den übrigen Zellteilungs-
vorgängen, weil eben die Zelle eine Symbiose darstellt und keinen
einheitlichen Organismus. Es ist deshalb ganz verkehrt, wenn Weismann die Bildung des Richtungskörpers bei parthenogenetischen Tieren
auf dem Wege einer Reduktionsteilung zu stande kommen lässt, und hier
ist auch der Ort, darauf hinzuweisen, dass Weismann eine ganz willkürliche Annahme macht, wenn er beispielsweise die Keimzellenreifung
beim Pferdespulwurm so darstellt, als ob dabei durch die erste Teilung
der Eizellenmutterzelle eine Durcheinandermischung der Chromosomen zu stande käme. Es wäre ja denkbar, dass solches geschähe, aber
darüber wissen wir vorläufig noch nichts. Wir wissen noch nicht
einmal, ob es geschehen kann. Der Vorgang ist einfach der, dass sich
die Chromosomen teilen und dass in die eine Tochterzelle die eine Hälfte
und in die andere die andere Hälfte der Chromosomen hineinwandert.
Die bei dieser Zellteilung entstehenden ungleich grossen Zellen teilen
sich nun beide in der Weise, dass ihre Chromosomen nicht halbiert
werden, sondern dass jede aus den Teilungen dieser beiden Zellen her-

vorgehenden Zellen nur die Hälfte der Chromosomen erhält. Das sind die Teilungsvorgänge bei der Eizellenreifung beim Pferdespulwurm. Durch die erste Teilung der Mutterzelle werden die Chromosomen halbiert, bei der zweiten wird ihre Anzahl halbiert. Die erste Teilung ist eine gewöhnliche Zellteilung, die zweite eine Reduktionsteilung, bei welcher sich verschiedene Plasmen und Kernstoffe voneinander sondern, und genau ebenso verläuft die Samenzellenbildung beim Pferdespulwurm, wie wir schon früher gesehen haben.

Bei den Keimzellen geschlechtlich sich fortpflanzender Tiere findet also eine Reduktionsteilung statt, bei strenger Parthenogenese dagegen nicht, und es ist eine völlig willkürliche Annahme Weismann's, wenn er sie dennoch eintreten lässt. Der Unterschied der Parthenogenese und der geschlechtlichen Fortpflanzung beruht eben darauf, dass bei Parthenogenese keine Plasmensonderung eintritt, weil das Gefüge parthenogenetisch sich fortpflanzender Tiere ein derart widerstandsfähiges geworden ist, dass die zur Zeit der geschlechtlichen Vereinigung der Vorfahren dieser Tiere zusammengebrachten Plasmen sich nicht mehr voneinander trennen. Aus diesem Grunde findet zwar die der ersten Teilung der Mutterkeimzelle entsprechende Teilung auch bei parthenogenetischen Tieren statt, dagegen bleibt die Sonderung der Plasmen und folglich die einzige bei nicht parthenogenetischen Eiern stattfindende Reduktionsteilung bei ihnen aus.

Weismann's Erklärung des vermeintlichen Rückschlages bei seinen Muschelkrebsen hat ihn also gleich nach zwei accessorischen Stützen seiner Amphimixistheorie suchen lassen, und er ist dabei ebenso glücklich gewesen, wie bei dem Erfinden anderer Hilfshypothesen.

m. Generationswechsel und Polymorphismus.

Aus dem von uns angenommenen Bau der Gemmarien geht hervor, dass die letzteren durch äussere Einflüsse mehr oder minder leicht in ihrem Gefüge verändert werden können. Ihre Gemmen werden gegeneinander verschoben; dadurch ändert sich die Form des Gemmariums und die Verteilung seiner Anziehungspole. Die Zellen, die sich aus veränderten Gemmarien aufbauen, müssen gleichfalls andere werden, und dasselbe gilt für den ganzen Körper.

Die äusseren Einflüsse wirken nicht nur während einer beschränkten Periode des Lebens eines Individuums, sondern solange dieses überhaupt

18*

existiert. Schon die Keimzellen, aus welchen sich die Individuen entwickeln, sind durch äussere Einflüsse veränderlich, und dasselbe gilt
von allen Stadien der individuellen Entwickelung und des Lebens bis
ins Alter hinein. Der Tod ist eine Folge der sich allmählich häufenden
schädigenden Einflüsse, die das Gleichgewicht der Gemmarien stören und
endlich derartig lockern, dass ein rascher Zerfall eintreten kann, womit
das Leben des Individuums aufhört.

Es sind also während der ganzen Lebensdauer eines Individuums
stetig äussere Einflüsse wirksam, um seine Formen umzubilden; diese
aber hängen zu einem grossem Teile von den periodischen Vorgängen
ab, die in der Natur stattfinden, und welche sich durch den Wechsel von
Tag und Nacht, Ebbe und Flut, von Sommer und Winter und anderen
geographischen Vorgängen kundgeben. Der Körper der Organismen ist
fortwährend gezwungen, sich mit diesen wechselnden periodischen Veränderungen der Aussenwelt ins Gleichgewicht zu setzen, und da die
regelmässige Wiederkehr solcher periodischer Einflüsse durch den Um-
lauf der Erde um die Sonne und durch ihre Achsendrehung bedingt
wird, so wird ein regelmässiger Wechsel der Perioden eingeführt, so
dass die Organismen zu bestimmten Tages- oder Jahreszeiten immer von
denselben oder wenigstens von ähnlichen äusseren Einflüssen getroffen
werden. Der Unterschied zwischen diesen äusseren Einflüssen ist in
manchen Fällen so gross geworden, dass er eine erhebliche Differenz
der Jahreszeitenformen herbeigeführt hat, so dass die zu verschiedenen
Jahreszeiten erzeugten Formen stark voneinander abweichen, wie wir
es z. B. bei etlichen Schmetterlingen beobachten.

Dieser sogenannte Saison-Dimorphismus der Schmetterlinge
lässt sich ohne weiteres auf den periodischen Wechsel der Jahreszeiten
zurückführen, aber das Gleiche ist auch möglich bei dem eigentlichen
Generationswechsel, wie wir ihn beispielsweise bei den Scheibenquallen antreffen. Bei ihnen entsteht aus dem befruchteten Ei der Qualle
in den meisten Fällen nicht wiederum eine Qualle, sondern ein Becherpolyp, der sich an Pflanzen und dergleichen festheftet und durch eine
Art von Teilung, die quer zu seiner Längsachse verläuft, eine Reihe von
kleinen Medusen von sich abschnürt, also auf dem Wege ungeschlechtlicher Fortpflanzung erst wieder die Geschlechtstiere der Art hervorbringt.
Wer Gelegenheit gehabt hat, sich um den Generationswechsel der
Ohrenqualle unserer Ostsee zu kümmern, wird wissen, dass die verschiedenen aufeinanderfolgenden Entwickelungsstadien dieser Qualle im grossen

und ganzen an bestimmte Jahreszeiten geknüpft sind. Die Quallen werden im Spätsommer oder Herbst geschlechtsreif; aus ihren befruchteten Eier entwickeln sich zu dieser Zeit Larven, die zunächst an den Mundarmen der mütterlichen Qualle hängen und sich später auf Gegenstände am Meeresboden, auf Seegras. Tang und dergleichen festsetzen. Hier wachsen sie zu dem Scyphostoma oder dem Becherpolypen aus, und dieser erzeugt erst wieder im Frühjahr durch Querteilung neue Medusen, die zunächst die Larvenform der Ephyrula haben und nach und nach zu den geschlechtsreifen Quallen auswachsen. Wenn man bei uns im Binnenlande wohnt, sich von Zeit zu Zeit eine Partie Quallen aus dem Kieler Hafen schicken lässt und diese in ein Aquarium setzt, in welchem sie nicht weiter wachsen, so kann man schön die aufeinanderfolgenden Entwickelungsstufen der jungen Quallen beobachten, denn man erhält jedesmal bei dem Eintreffen einer neuen Sendung Quallen, die sich namentlich durch ihre Grösse, aber auch durch ihre Formenverhältnisse von den Quallen der vorhergehenden Sendung unterscheiden. Im grossen und ganzen sind die Quallen des Kieler Hafens zu gleicher Zeit mehr oder weniger gleich gross, wenn natürlich auch zahlreiche Ausnahmen vorkommen. Es kommt nun aber in milden Wintern vor, dass die geschlechtsreifen Quallen nicht, wie üblich, sterben, sondern dass sich etliche von ihnen den Winter über erhalten und im Frühjahr von neuem Geschlechtsprodukte bilden. Haeckel hat nun im Winter 1880—81 eine Anzahl von Larven der Ohrenqualle durch meine Vermittelung erhalten und beobachtet, dass diese sich im Aquarium des zoologischen Instituts in Jena zum Teil nicht erst zu Polypen, sondern gleich wieder zu Medusen entwickelten. Schon ehe Haeckel diese Beobachtung machte, hatte ich selbst im Frühjahr 1880 an einer überwinterten Qualle zahlreiche Larven gefunden, die sich, wie ich sofort sah, erheblich von den üblichen Larvenformen unterschieden und mich damals auf die Vermutung brachten, dass auch hier eine direkte Entwickelung der Meduse aus dem Ei stattfände. Leider gelang es mir nicht, diese Larven sich weiter entwickeln zu sehen, ich bin aber heute überzeugt, dass das warme Frühlingswetter die direkte Entwickelung von Larven überwinterter Medusen bewirkt, ähnlich wie es in Jena in den erwärmten Räumen des zoologischen Instituts bei Larven der Fall war, die nach dort aus dem winterlich kalten Wasser des Kieler Hafens gebracht worden waren. Diese Thatsachen zeigen, dass der Generationswechsel vom Jahreszeitenwechsel abhängig ist, wenigstens bei unserer Ohrenqualle. Gewöhnlich werden erst im Herbste Larven erzeugt; aus diesen bilden sich nur Becherpolypen, die erst wieder im Frühjahr junge Medusen hervorbringen. Dagegen kann aus den Eiern der Ohrenqualle sofort wieder eine junge Meduse entstehen, wenn das betreffende Ei oder eine sehr junge Larve einer beträchtlich erhöhten Temperatur ausgesetzt wird. Der Generationswechsel der Ohrenqualle erklärt sich also ohne weiteres aus dem Jahreszeitenwechsel. Aus den Eiern der Ohrenqualle kann gewöhnlich nicht sofort wieder eine Qualle werden, weil diese Eier erst im Spätsommer oder Herbst erzeugt werden, also zu einer ungünstigen Jahreszeit, und der Becherpolyp kann erst junge Medusen erzeugen, wenn die winterliche Kälte der milden Frühlingstemperatur weicht. Wir haben also gewissermassen in der Meduse die Wärmeform, in dem Polypen die Kälteform der Ohrenqualle vor uns.

So ist es wenigstens heute bei unserer Ohrenqualle; aber es giebt auch in den warmen Meeren Quallen, die sich durch denselben Generationswechsel auszeichnen, wie die Ohrenqualle, und es fragt sich deshalb, ob der Generationswechsel ursprünglich dem Wechsel von kalten und warmen Jahreszeiten seinen Ursprung verdankt, oder ob die Einflüsse der periodischen Vorgänge auf der Erde, welche den Generationswechsel der Quallen ursprünglich herbeiführten, nicht anderer Art gewesen sind. Um den Generationswechsel der Scheibenquallen zu verstehen, müssen wir etwas weiter ausholen.

Man kann sich ihn auf dreierlei Weise entstanden denken. Erstens können die Scheibenquallen hervorgegangen sein aus Becherpolypen, aus deren Eiern früher immer nur wieder Becherpolypen entstanden, bis ein Generationswechsel der letzteren mit schwimmenden Quallen eintrat. Wie dieser herbeigeführt sein soll, ist schwer einzusehen. In Übereinstimmung mit der herrschenden Ansicht, habe ich in meiner „Schöpfung der Tierwelt" noch angenommen, dass die Becherpolypen phylogenetisch älter sind, als die Quallen. Allein ich bezweifle, jetzt, dass diese Ansicht das Richtige getroffen hat.

Man kann sich zweitens vorstellen, dass zuerst die Qualle da war, und dass aus ihr erst später der Polyp entstand, der auf ungeschlechtlichem Wege wieder Quallen hervorbrachte. Diese Vorstellung hat eine viel grössere Wahrscheinlichkeit für sich als die vorhergenannte, denn die Larven der stets nur wieder Quallen erzeugenden ältesten Scheibenquallen konnten dadurch, dass sie etwa auf den Meeresboden gerieten, in solch ungünstige Lage kommen, dass zunächst keine weitere Ent-

wickelung zur Meduse möglich war, sondern dass durch die hier stattfindenden Einwirkungen ein Polyp entstand, aus welchem sich erst,
nachdem er erheblich herangewachsen war, wieder Quallen bilden konnten,
und zwar derart, dass das Mundende des Polypen sich in eine Qualle
umwandelte, und dass dieser Prozess oftmals wiederholt und endlich so
gesteigert wurde, dass ziemlich gleichzeitig eine grosse Anzahl von
Quallen durch Umwandlung des Polypen entstand.

Am meisten für sich hat aber drittens die Annahme, wonach Polypen und Quallen ein gleiches Alter haben, so dass weder der Polyp
noch die Qualle als die ursprüngliche Form betrachtet werden können.
Demnach hätten wir uns die Vorfahren der Scheibenquallen zu denken
als eine Art Mittelform zwischen Polyp und Meduse. Diese ist thatsächlich von Haeckel beobachtet worden. Ausserdem aber giebt es
eine grosse Anzahl von Quallen, die noch heute die Mitte zwischen Polypen und Medusen halten; dahin gehören die Lucernarien und alle
Stauromedusen überhaupt und, wie mir scheint, auch die Kubomedusen
und Peromedusen. Alle diese Tiere halten mehr oder weniger in ihrer
Körperform die Mitte ein zwischen einem Polypen und einer Scheiben-
qualle, und in der That kennen wir auch nur bei den letzteren einen
Generationswechsel. Ich habe zwar selbst Beobachtungen gemacht, aus
denen ich den Schluss ziehen zu dürfen glaubte, dass auch bei den
Kubomedusen Generationswechsel besteht, indessen waren die Thatsachen,
auf welche ich diesen Schluss gründete, zu vereinzelt, als dass ich ihre
Beweiskraft heute noch verteidigen möchte. Immerhin ist es nicht ausgeschlossen, dass auch bei den genannten Abteilungen der Medusen, die
ich im Gegensatz zu den Scheibenquallen oder Diskomedusen als niedere
Medusen bezeichnen möchte, hier oder dort Generationswechsel besteht.

Ich denke mir also die Vorfahrenform sämtlicher Becherquallen als ein
Tier, das sowohl einem Polypen, als auch einer primitiven Meduse ähnelte,
ein Tier, wie es noch heute Haeckel's Tessera ist, und das zu Zeiten
schwamm, zu Zeiten aber auch auf dem Meeresboden ruhte. Möglich, dass
es gleich der Hydra unserer süssen Gewässer nach Art der Spanner-
raupen kriechen konnte. Von der Hydra unterschied es sich ausser durch
sonstige Eigentümlichkeiten namentlich durch die Befähigung zum Schwimmen. Aus den Eiern eines solchen Tieres konnten sich Larven entwickeln, die sich zunächst auf dem Meeresboden festsetzten und dort eine
Zeit lang blieben, sich hier auch auf ungeschlechtlichem Wege durch

Teilung fortpflanzten, aber später vom Boden lösten und frei im Meere umherschwammen. Ich vermute, dass die Kubomedusen sich noch heute ähnlich verhalten. Die junge von mir beobachtete Charybdea, die im Gegensatz zu den würfelförmigen Formen der ausgewachsenen Meduse einer Pyramide glich, welche am Scheitel in eine Art Stiel ausgezogen war und hier eine Art Haftnapf trug, scheint mir ein Individuum gewesen zu sein, das eben erst seine jugendliche Lebensweise aufgegeben und zu schwimmen begonnen hatte.

Die Medusen sind Küstentiere; sie halten sich gerne in seichtem Wasser auf, und etliche unter ihnen steigen auch eine Strecke weit in die Flussmündungen hinein. In Gegenden mit Jahreszeitenwechsel, sei es, dass dadurch winterliche Kälte bedingt war, oder dass zu gewissen Jahreszeiten dem Meere und natürlich vor allem dem Küstenwasser eine grosse Quantität Süsswasser durch die Flüsse zugeführt wurde, konnte die Zeit, während welcher die junge Qualle eine festsitzende Lebensweise führte, schärfer bestimmt werden, und das musste schliesslich überall geschehen, denn ein Jahreszeitenwechsel besteht überall, sei es, dass er ein Wechsel von kalter und warmer Temperatur ist, sei es, dass er durch die regelmässige Wiederkehr von Regenzeiten und Zeiten der Dürre dargestellt wird. Es musste also für die ältesten Vorfahren der Scheibenquallen eine günstige und eine ungünstige Jahreszeit geben, und dieser Wechsel bedingte es, dass die junge Qualle erst immer in der günstigen Jahreszeit herumzuschwimmen pflegte, während sie während der ungünstigen eine festsitzende Lebensweise führte. Dieser letzteren, sowie der schwimmenden Lebensweise zur günstigen Jahreszeit passte sie sich dadurch an, dass sie in der Jugend lange Fangarme, wie sie der Becherpolyp besitzt, hervorsprossen liess, während sie später Anpassungen an die schwimmende Lebensweise durch Bildung eines Schirmes erhielt. Diese Anpassungen wurden bedingt und erhalten durch den Wechsel der Jahreszeiten, und es wurde dadurch der Entwickelungsgang der Medusen erblich beeinflusst. Während nun die polypenförmige Jugendform nur befähigt war, sich auf ungeschlechtlichem Wege durch Teilung fortzupflanzen, erzeugte erst die schwimmende Altersform Eier, und zwar zu einer Zeit, als ihre Körpergrösse beträchtlich genug war, also, da sie zur günstigen Jahreszeit fortwährend zugenommen haben wird, im Herbste, so dass die erste Entwickelung der Eier wieder in den Beginn der ungünstigen Jahreszeit fiel, weshalb zunächst wieder die polypenförmige Jugendform entstand.

Auf diese Weise ist die Erklärung des Generationswechsels leicht möglich, und ebenso können wir uns den Generationswechsel bei anderen Medusen und allen anderen Tieren überhaupt, namentlich auch den der Bandwürmer erklären. Die Blasenwürmer sind verschlagene, an ungünstige Orte gelangte Bandwürmer, die sich hier nicht zu Bandwürmern entwickeln können, sondern bessere Zeiten, d. h. die Versetzung in den Darm eines anderen Wirtes abwarten. Die Bandwürmer, die Quallen, sowie alle anderen sich geschlechtlich fortpflanzenden Individuen bei Arten, die einen Generationswechsel haben, sind also nichts weiter als die Altersformen der betreffenden Arten. Werden Qualleneier gleich wieder so günstigen Lebensbedingungen ausgesetzt, dass sie sich schneller entwickeln können als gewöhnlich, so entsteht aus ihnen nicht erst wieder ein Polyp, sondern gleich wieder eine Qualle. Dass Qualle und Polyp dasselbe Tier sind, geht hervor aus der Thatsache, dass das Scyphostoma thatsächlich in eine Reihe von kleinen Quallen zerfällt. Ähnliches findet bei den Bandwürmern statt, denn der Kopf des Bandwurmes wird schon in dem Blasenwurm erzeugt, und er wächst später zur Strobila aus. Die Medusen der Hydroidpolypen werden zwar aus einer einzigen Zelle erzeugt, aber auch, wie man es wenigstens bei Sarsia im Kieler Hafen beobachtet, erst zu einer günstigen Jahreszeit, nämlich im Frühjahr, während die Polypen der Sarsia vorher nur Polypen durch Knospung erzeugen. Je nachdem die Zelle, aus welcher sich eine neue Person zu entwickeln im Begriffe steht, günstige oder ungünstige Jahreszeiten antrifft, wird daraus ein Polyp oder eine Qualle. Ein Polyp ist also weiter nichts als eine in der Entwickelung stehen gebliebene Qualle.

Ein wirklicher Generationswechsel findet also eigentlich gar nicht statt. Die verschiedenen Individuen der Arten, bei welchen Generationswechsel besteht, sind nur Entwickelungsformen eines und desselben Plasma's, je nachdem das letztere diese oder jene Entwickelungsbedingungen antrifft. Der Generationswechsel unterscheidet sich nur dadurch von der geschlechtlichen Fortpflanzung, dass die Jugendformen von Tieren, bei welchen sogenannter Generationswechsel herrscht, zur ungeschlechtlichen Fortpflanzung befähigt sind. Das ist beispielsweise auch bei unserer Hydra der Fall, die aber auch auf ungeschlechtlichem Wege immer nur wieder Polypen erzeugt, bei welcher man deshalb nicht von Generationswechsel spricht, trotzdem ein Wechsel geschlechtlich und ungeschlechtlich sich fortpflanzender Individuen auch bei ihr vorhanden ist.

Die Hydra ist eben ein Tier, das es nicht weit in seiner stammesgeschichtlichen Entwickelung gebracht hat und deshalb keine ausgeprägten Jugend-
und Altersformen und somit auch keinen Wechsel von Jugendformen,
die sich ungeschlechtlich fortpflanzen, und sehr abweichenden Altersformen,
die sich geschlechtlich fortpflanzen, aufweisen kann.

Der Generationswechsel ist also nicht schwerer zu erklären, als etwa
die Metamorphose der Insekten. Könnten sich Schmetterlingsraupen
durch Knospenbildung oder Teilung fortpflanzen, so würde man auch
bei den Insekten von Generationswechsel sprechen können, und aus
diesem Vergleiche geht hervor, dass der Generationswechsel überhaupt
keine andere Erklärung erheischt, als sie die ontogenetische Entwickelung überhaupt beansprucht. Weismann freilich hat zu seiner Erklärung wiederum eine neue Hilfshypothese ersinnen müssen, nämlich die
der Doppeldeterminanten.

Nach Weismann's Theorie würde der Generationswechsel bei den
Scheibenquallen etwa folgendermassen verlaufen: Das befruchtete Ei der
Meduse wird in seine Determinanten und Biophoren zerlegt, von welchen
zunächst die, welche den Becherpolypen bestimmen, „aktiv" werden. Da
aus diesem Becherpolypen aber nicht etwa seitlich, wie bei den Hydroidpolypen, die Medusen hervorknospen, sondern da er sich direkt an seinem
Mundende in die Medusen umwandelt, so müssen auch gleichzeitig
die Determinanten zahlreicher Medusen in gesetzmässiger Weise zerlegt
werden. Sie schlummern bis die Zeit ihrer Entwickelung herannaht: wie
aber dieses Schlummern zu stande kommen soll, darüber hat Weismann
uns keinen Aufschluss gegeben. Seine Annahme von inaktiven Determinanten setzt sich ebensosehr in Widerspruch mit allen Gesetzen der
Physiologie, wie Weismann's Keimplasmalehre überhaupt. Irgendwo
müssen aber in dem Polypen auch unveränderte Ide reserviert sein, aus
denen später die Keimzellen der Medusen werden. In einem Scyphostoma-
Polypen liegen also: 1) die aktiven Biophoren der Polypendeterminanten,
2) die inaktiven Biophoren der Medusendeterminanten, 3) aus Doppeldeterminanten bestehende Ide, die gleich den Determinanten der Medusen ruhen
und später in die Keimzellen der letzteren zu liegen kommen. Nachdem
die aktiven Biophoren der Polypendeterminanten lange genug ihr Wesen
getrieben haben, kommen die der Medusen an die Reihe und gestalten
den Polypen zu Medusen um, und endlich werden in den Eiern
der Medusen wieder die im Polypen unverändert mitgeführten unzerlegten Ide thätig. Sie zerlegen sich in ihre Biophoren, und es entsteht,

weil die Determinanten der Medusen sich unthätig verhalten, zunächst wieder ein Polyp. Die komplizierten Vorgänge, die zur Heranzüchtung eines derartigen Generationswechsels geführt haben müssen, falls Weismann's Theorie der Amphimixis richtig ist, überlasse ich der Vorstellung der Präformisten Weismann'scher Gefolgschaft. Ich brauche mich um so weniger damit abzugeben, Weismann'sche Probleme zu lösen, als Weismann noch nicht in einem einzigen Falle gezeigt hat, dass die Vorstellungen, die er von der natürlichen Zuchtwahl hat, irgendwie möglich sind, und als ich selbst nachgewiesen habe, dass sie in der That unmöglich sind, sobald man sich klar gemacht hat, zu welchen Konsequenzen die Weismann'sche Theorie der Amphimixis führt.

Eine Konsequenz seiner Lehre, das will ich nicht bestreiten, sind Weismann's Doppeldeterminanten, mit deren Hilfe er auch die Erscheinungen des Polymorphismus zu erklären sucht, und die diesbezügliche Anwendung der Weismann'schen Theorie ist sehr geeignet, diese Theorie in die für sie erforderliche helle Beleuchtung zu setzen.

Unter Polymorphismus versteht man die Erscheinung, dass die Individuen einer und derselben Organismenart in zwei oder mehreren verschiedenen Formen auftreten können. Sind es nur zwei Formen, so handelt es sich dabei um geschlechtlichen Dimorphismus; es kann aber sowohl das Weibchen als auch das Männchen in mehreren Formen auftreten, so dass wir eine beträchtliche Anzahl verschiedener Arten des Polymorphismus erhalten, in welcher auch die des gewöhnlichen geschlechtlichen Dimorphismus einbegriffen sind.

Wo Polymorphismus vorkommt, nimmt Weismann, je nach dem besonderen Falle, Doppel- oder mehrfache Determinanten in den Iden des Keimplasma's an. Bei männlichen Tieren bleiben die weiblichen Determinanten inaktiv, bei weiblichen die männlichen. Um diese Weismann'sche Lehre etwas näher zu prüfen, brauchen wir nur eine Tierart ins Auge zu fassen, wo etwa, wie beim Haushuhn, die sekundären Sexualcharaktere des Männchens erheblich von denen des Weibchens abweichen. In den befruchteten Eizellen, die zur Bildung einer Henne bestimmt sind, gelangen ausser den Determinanten des Eierstocks und der übrigen weiblichen Geschlechtsorgane die Determinanten des weiblichen Gefieders und sonstiger weiblicher Sexualcharaktere zur Entwickelung, während in der Eizelle, aus welcher ein Hahn wird, die Hodendeterminanten, die Determinanten der Sporen, des grossen Kammes, der grossen Sichelfedern des Schwanzes und aller übrigen sekundären ge-

schlechtlichen Eigentümlichkeiten des männlichen Huhnes zur Entwickelung kommen. Merkwürdig ist nun, dass nicht auch einmal bei einem
Vogel, in welchem die Determinanten des Hodens zur Entwickelung gelangen, gleichzeitig die Determinanten des weiblichen Gefieders sich in
Biophoren auflösen und die Zellen bestimmen, und umgekehrt. Denn
auch im weiblichen Geschlechte werden die Determinanten der männlichen Charaktere in gesetzmässiger Weise in die Zellen verteilt, bereit,
sich zu entwickeln, sobald die Gelegenheit dazu gegeben ist. Diese Gelegenheit kann dadurch herbeigeführt werden, dass der Eierstock einer
Henne degeneriert. In solchen Fällen ist häufig beobachtet worden, dass
die Henne hahnenfedrig wird, dass sie die Sexualcharaktere des Hahnes
entwickelt, unter anderem auch einen Sporn bekommt und anfängt zu
krähen. Es ist also dadurch mit Sicherheit nachgewiesen, dass in allen
Zellen der Henne das Vermögen enthalten ist, diese Zellen in männliche Zellen umzuwandeln, und Weismann kann dieses Vermögen selbstverständlich nicht anders erklären als dadurch, dass er den meisten oder
allen Zellen der Henne männliche Determinanten beigiebt. Aus der
Thatsache, dass kastrierte Hennen, oder solche, bei denen der Eierstock
degeneriert ist, zu Hühnern mit männlichen Charakteren werden, geht
hervor, dass die Entwickelung dieser Charaktere gehemmt wurde durch
die Gegenwart eines zeugungsfähigen Eierstocks. Es zeigt sich also hier
aufs deutlichste eine Korrelation zwischen der Ausbildung des Eier-
stockes und der der weiblichen Sexualcharaktere. Dasselbe zeigt sich
beim Männchen. Wenn man junge Hähne kastriert, so nehmen sie nur
in beschränkter Weise die sekundären Sexualcharaktere des Hahnes an,
sondern bleiben mehr hennenähnlich. Hier hängt die Entwickelung der
übrigen Eigentümlichkeiten des männlichen Geschlechts von der Ausbildung funktionierender Hoden ab; auch hier besteht eine Korrelation
zwischen primären und sekundären Sexualcharakteren. Auf welche Art
Weismann diese Korrelation erklären will, weiss ich nicht. Er hat
sich nicht darüber ausgelassen, obwohl es sich wohl verlohnt haben
würde, seine Theorie der Amphimixis und der Doppeldeterminanten an
dieser Thatsache zu prüfen, diese Thatsache durch die Theorie zu erklären.

Nach unserer Theorie ist die Erklärung einfach. Wir müssen aber
zunächst die Thatsachen etwas schärfer ins Auge fassen, als es mir bisher geschehen zu sein scheint, und die Frage stellen, ob kastrierte Hähne
wirklich völlig den Hennen, und kastrierte Hennen vollständig dem

männlichen Huhn gleich werden. Das ist nicht der Fall, und ebensowenig beobachten wir dergleichen bei anderen Tieren. Der Ochse erhält
zwar längere Hörner als der Stier, sein Fleisch wird mehr dem der Kuh
ähnlich, aber eine Kuh wird er deshalb doch noch nicht, ganz abgesehen
davon, dass manche Organe, beispielsweise die Ausmündungsstelle der
Harnröhre, sich nicht ändern können. Was vielmehr durch Kastration oder durch Degeneration der Geschlechtsdrüsen bewirkt wird, ist
nicht eine Ausbildung der Charaktere des entgegengesetzten Geschlechts,
sondern die Entwickelung mittlerer Charaktere, solcher, welche die
Mitte halten zwischen männlichen und weiblichen. Die Hühner sind also
thatsächlich nicht dimorph, sondern trimorph. Zwischen der männlichen und der weiblichen steht eine geschlechtslose Mittelform,
die freilich niemals rein zur Ausbildung gelangen wird, weil die Kastration nicht schon bei der ersten Anlage der Geschlechtsorgane im
Keime vorgenommen werden kann. Ich stelle mir den geschlechtlichen
Dimorphismus nach Art und Weise des Dimorphismus bei den anorganischen kristallisierenden Naturkörpern vor. Der kohlensaure Kalk kristallisiert nicht bloss im hexagonalen, sondern auch im rhombischen
System, und einen ähnlichen Dimorphismus besitzt der Schwefel, während
andere Stoffe sogar trimorph sind. Ähnlich verhält sich der Polymorphismus der Organismen. Je nachdem diese oder jene Einflüsse bei
der Bildung der Keimzellen oder zur Zeit der Befruchtung und der
allerersten Entwickelung zur Geltung gelangen, entsteht die eine oder
andere Sexualform oder auch die eine oder andere Form desselben Geschlechts. Wir wissen, dass sich die männlichen Bienen aus unbefruchteten Eiern entwickeln, wir wissen, dass die Bienenkönigin aus
einer Larve entsteht, die besser gepflegt wird als die, aus welcher
sich die Arbeiterinnen entwickeln, wir wissen also, dass es lediglich
äussere Verhältnisse sind, die zur Ausbildung der einen oder anderen
Form führen.

Wie aber Weismann mit diesen Thatsachen seine Hilfshypothese
der Doppeldeterminanten in Verbindung bringen will, weiss ich nicht.
Soll man etwa annehmen, dass im Kalkspat die Moleküle des Arago-
nits unthätig schlummern und umgekehrt? Im Aragonit sind die Moleküle anders angeordnet, als im Kalkspat, und im männlichen Geschlecht
ist die Anordnung der Gemmen in den Gemmarien eine andere, als im
weiblichen. Diese Anordnung aber hängt ab von äusseren Umständen,
wie uns die Bienen und andere Tiere in unwiderleglicher Weise zeigen.

Was freilich in dem einen oder anderen Falle die Ausbildung dieser oder jener Form bedingt, worauf es beruht, dass aus unbefruchteten Bieneneiern Drohnen werden, das können wir noch nicht sagen.

Düsing hat vor Jahren die Hypothese aufgestellt, dass aus der Verbindung einer jungen Eizelle mit einem alten Spermatozoon ein Weibchen, aus der Verbindung einer alten Eizelle mit einem jungen Samenfaden ein Männchen wird, und diese Hypothese hat allerdings vieles für sich, insofern man annehmen kann, dass die jüngere, also kräftigere Zelle dem sich aus ihr entwickelnden Organismus ihr eigenes Geschlecht aufdrückt. Allein dem steht entgegen, dass beim Menschen die Töchter den Vätern und die Söhne den Müttern gleichen können. Würde das Geschlecht durch die mehr oder weniger grosse Jugendkraft der Eizellen, beziehungsweise der Spermatozoen bedingt, so müssten sich auch die sonstigen Charaktere des Vaters oder der Mutter auf die Kinder übertragen. Das geschieht aber in sehr vielen Fällen nicht, sondern der Sohn gleicht sehr häufig der Mutter und die Tochter dem Vater. Die von der Mutter stammende Eizelle hätte also, wenn sie die kräftigere war, wenn sie den Sohn der Mutter ähnlich machen konnte, ihn nicht zum Manne, sondern zu einer Frau werden lassen müssen. Es lässt sich also vorderhand nicht zeigen, weshalb aus der einen Eizelle ein Männchen, aus der anderen ein Weibchen wird, und wir müssen uns damit begnügen, wenigstens die Überzeugung gewonnen zu haben, dass die Ausbildung des Geschlechts durch äussere Einflüsse herbeigeführt wird. Es muss äussere Umstände geben, welche die in den Gemmarien der unbefruchteten Keimzellen noch die indifferente Lage einnehmenden Gemmen so beeinflusst, dass sie entweder die männliche oder die weibliche Lagerung annehmen, und es ist wahrscheinlich, dass es chemische Momente sind, welche die Ausbildung des männlichen und des weiblichen Geschlechts bedingen, ebenso wie die verschiedenen Formen eines und desselben Geschlechts.

Emery hat kürzlich darauf hingewiesen, dass chemische Einflüsse vom activen Hoden und dem zeugungsfähigen Eierstock ausgehen und die Entwickelung der männlichen, beziehungsweise der weiblichen sekundären Sexualcharaktere bedingen könnten. Hört dieser Einfluss infolge von Kastration oder von Degeneration der Keimdrüsen auf, so lagern sich die Gemmen innerhalb der Gemmarien und demgemäss die letzteren auch innerhalb der Zelle um, und das Individuum nimmt den indifferenten Zustand an, wie wir ihn etwa beim Ochsen sehen. Es werden also von den Keimdrüsen bestimmte Stoffe erzeugt, deren Gegenwart im ganzen Körper erforderlich ist, falls die secundären Geschlechtscharaktere zur Ausbildung kommen und sich erhalten sollen. Wenn diese Stoffe nicht mehr erzeugt werden, so bilden sich diese Geschlechtscharaktere zum indifferenten Zustande um, oder dieser kommt überhaupt gleich zur Entwickelung. Man könnte also vielleicht annehmen, dass etwa dann ein Männchen entsteht, wenn das Ei bei der Befruchtung von einer grossen Masse männlicher Samenflüssigkeit umgeben ist, denn so gut wie man annehmen kann, dass die sekundären Sexualcharaktere von der Ausbildung der primären abhängig sind, darf man auch voraussetzen, dass die von den Geschlechtsorganen gelieferten Stoffe von vornherein die Wirkung haben können, die befruchtete Eizelle, je nachdem die vom Männchen oder vom Weibchen stammenden Stoffe das Übergewicht haben, zum Männchen oder zum Weibchen zu bestimmen. Ein Weibchen würde nach dieser Anschauung dann entstehen, wenn das Ei zur Zeit seiner Befruchtung nur von wenig Samen umgeben ist.

Einer solchen Anschauung steht nun freilich sehr vieles im Wege; aber immerhin haben wir hier nur die Andeutung einer vielleicht sehr entfernten Möglichkeit geben wollen. Es muss weiteren experimentellen Forschungen vorbehalten bleiben, über die Momente, welche die Ausbildung des einen oder des anderen Geschlechts bedingen, Aufschluss zu geben. Soviel aber sehen wir klar, dass die Annahme von Doppeldeterminanten und überhaupt von Determinanten nicht nötig ist, sondern dass sich die Erscheinungen des geschlechtlichen Dimorphismus und ebenso des Polymorphismus im Prinzip ebenso leicht aus unserer Gemmarienlehre verstehen lassen, wie die Erscheinungen des sogenannten Generationswechsels, den wir als eine Metamorphose erkannt haben. Was uns der Generationswechsel in nacheinander auftretenden Stadien zeigt, sehen wir beim Polymorphismus nebeneinander, aber in dem einen, wie in dem anderen Falle hängt es von äusseren Ursachen ab, ob diese oder jene Form zur Entwickelung gelangen soll. Es giebt Medusen, welche heute nur noch Medusen erzeugen, und es giebt vielleicht Tiere, bei welchen nur noch Weibchen vorhanden sind. Äussere Umstände haben in dem einen Falle das Verschwinden der einen sogenannten Generation, in dem anderen das des männlichen Geschlechts herbeigeführt. Äussere Umstände bestimmen, ob aus einem Bienenei eine Königin oder eine Arbeiterin werden soll; äussere Einflüsse verursachen den Saisondimorphismus der Schmetterlinge, und alle diese Erscheinungen sind deshalb möglich, weil der Aufbau der Gemmarien sich ins Gleichgewicht setzt mit den Einflüssen der Umgebung, ganz ebenso wie es von äusseren Umständen abhängt, ob der Schwefel in diesem oder jenem System kristallisieren soll. Die Gemmarienlehre erklärt im Prinzip den Polymorphismus wie den Generationswechsel.

Weismann hat versucht, von seiner Theorie aus den pathologischen Dimorphismus zu erklären, der sich in der Bluterkrankheit kundgiebt. Diese Krankheit tritt nur bei Männern auf und besteht darin, dass bei den mit ihr behafteten Individuen auf kleine Verletzungen ausserordentlich starke Blutungen erfolgen. Sie ist leicht vererbbar und wird, obwohl sie bei den Töchtern eines Bluters nicht auftritt, dennoch durch diese auf die männlichen Enkel vererbt. Die Erklärung, die Weismann von diesem pathologischen Dimorphismus und der merkwürdigen Art seiner Übertragung giebt, setzt alle Schwächen der Weismann'schen Lehre in das grellste Licht.

Weismann meint, dass der Beginn der Anomalie bei einem männlichen Individuum stattgefunden haben muss, und ferner, dass die Determinanten der Blutgefässe, welch letztere bei Blutern ausserordentlich schlaffe Wandungen haben, Doppeldeterminanten seien, ja er glaubt, dass beim Menschen alle oder doch nahezu alle Determinanten des Keimes Doppeldeterminanten sind, halb männlich, halb weiblich, so dass eine Determinante derselben Provenienz sich zum männlichen oder zum weiblichen Typus des betreffenden Charakters entwickeln kann. Das erste Auftreten der Bluterkrankheit soll also bei einem männlichen Individuum stattgefunden haben, d. h. es sollen nur die männlichen Hälften der Doppeldeterminanten im Keime des betreffenden Individuums so variiert haben, dass sie zu einer abnormen Ausbildung der Gefässwandungen führen mussten. Abgesehen davon, dass es vom Standpunkt der Determinantenlehre aus nicht einzusehen ist, weshalb alle Gefässdeterminanten auf einmal ihre männlichen Hälften in gleichem Sinne abändern liessen, ist es merkwürdig, dass die Bluterkrankheit immer gerade bei Männern auftritt und nicht auch bei Frauen. Weismann spricht allerdings von einem männlichen Individuum, das zuerst zu einem Bluter wurde: aber stammen denn die anderen Bluter von diesem einen Individuum ab? Das thun sie doch wohl nicht, sondern die Krankheit entstand unabhängig in verschiedenen männlichen Individuen, und daraus ergiebt sich der Schluss, dass es eine Eigentümlichkeit männlicher Individuen ist, zu Blutern werden zu können. Weismann allerdings wendet diese Erklärung nicht an, und er kann sie nicht anwenden, weil seine Determinanten-lehre ihm notwendigerweise eine andere Erklärung an die Hand giebt. Diese wollen wir etwas näher betrachten.

Dass die Krankheit unabhängig bei verschiedenen Männern, die nicht miteinander verwandt waren, aufgetreten ist, wollen wir weiter nicht ins Treffen führen, denn der Zufall mag hier sein wunderbares Spiel getrieben haben — Gott Zufall spielt ja ohnehin die Hauptrolle in Weismann's Theorien —, sondern wir wollen an dem, was Weismann über die Vererbung der Bluterkrankheit sagt, seine Hypothesen und Hilfshypothesen prüfen. In dem einen von Weismann an-geführten Fall waren die Söhne der Bluter nie wieder Bluter, in einem andern dagegen vererbte sich die Krankheit vom Vater aus auf die männlichen Glieder durch drei Generationen. „Beides lässt sich" nach Weismann von seinem „Standpunkt aus verstehen, da keine individuelle Variation auf einer Variation der betreffenden Determinanten sämtlicher Ide des Keimplasma's beruht, sondern immer nur auf einer Majorität der Ide mit abgeänderten Determinanten". „Diese aber kann," sagt Weismann weiter, „durch jede Reduktionsteilung und durch jede neue Amphimixis in eine Minorität verwandelt werden, womit dann die Variation aufhört, manifest zu werden. Sobald also nur eine schwache Majorität der Ide Bluter-Determinanten enthält, würde schon eine mässige Zahl und Vererbungsstärke der gesunden mütterlichen Gefäss-Determi-nanten den Sieg über die kranken väterlichen davontragen, und folglich die männlichen Nachkommen frei von der Krankheit bleiben."

Mit dieser Erklärung können wir uns, falls wir uns auf den Weis-mann'schen Standpunkt stellen wollen, wohl einverstanden erklären, nicht aber mit der Erklärung, die Weismann von den Fällen giebt, in welchen die weiblichen Glieder einer Bluterfamilie mit verschiedenen gesunden Vätern lauter bluterkranke Söhne hervorbrachten. „Denn," sagt Weismann, „die männliche Hälfte der Doppeldeterminanten beinahe sämtlicher(!) Ide könnte im Keimplasma dieser Mütter krankhaft abgeändert sein, ohne dass dies am Körper der Mutter zur Erscheinung käme; bei den Söhnen aber muss es zur Ausbildung der Krankheit führen, falls nicht eine ungewöhnlich günstige Reduktionsteilung das starke Über-gewicht der krankhaften Determinanten beseitigt."

Eine einfache Überlegung lehrt, dass die Anwendung, die Weis-mann hier von seiner Amphimixislehre macht, auf einem groben Rechen-fehler beruht. Gesetzt, ein Bluter, dessen sämtliche männliche Gefässdeterminanten in allen seinen Iden Bluterdeterminanten sind, heiratet eine gesunde Frau und erzeugt mit ihr eine Tochter; dann kann diese nur in sämtlichen männlichen Gefässdeterminantenhälften der vom Vater stammenden Ide, also nur in der Hälfte ihrer Ide, Bluterdeterminanten enthalten. Wir haben aber diesen Fall so günstig angenommen wie nur möglich. Wir können doch nicht von der Voraussetzung ausgehen, dass die Bluter starke Inzucht treiben, sondern müssen annehmen, dass männliche Bluter gesunde Frauen heiraten; unsere Voraussetzungen können also nicht günstiger getroffen werden. Wir erhalten aber in der Tochter unseres bluterkranken Vaters dennoch nur ein Individuum, das nur in der Hälfte seiner Ide Bluterdeterminanten besitzt. Diese Tochter soll, wie es meistens der Fall sein wird, und bei der Seltenheit der Bluterkrankheit wahrscheinlich immer der Fall gewesen ist, einen vollständig gesunden Mann heiraten; denn dass die Bluter Inzucht treiben, ist doch, wie gesagt, wohl nicht ohne weiteres anzunehmen. Dann müssen wir die in den Keimzellen der Tochter stattfindende Reduktionsteilung so günstig annehmen, wie es irgend möglich ist, also sämtliche Bluteride, die von ihrem Vater stammen, in das der Reduktionsteilung unterworfen gewesene Ei übergehen lassen, aus welchem sich ein Sohn dieser Tochter entwickelt, damit dieser Sohn in der Hälfte seiner Ide Bluterdeterminanten erhält. Dieser günstigste Fall kann aber nach der Amphimixislehre nur selten eintreten. Dennoch giebt es nach Weismann Fälle, dass Töchter von Blutern, die sich mit verschiedenen gesunden Männern verheirateten, lauter bluterkranke Söhne erzeugten. Bei allen diesen Söhnen hat also günstigster Zufall sein wunderbares Spiel getrieben! Will man uns zumuten, dies wirklich zu glauben?

Weismann spricht aber gar davon, dass die männlichen Hälften der Doppeldeterminanten „beinahe sämtlicher Ide“ im Keimplasma von Frauen, die von bluterkranken Vätern abstammen, krankhaft abgeändert sein können, also nicht nur die männlichen Hälften der Doppeldeterminanten der von dem Vater dieser Frauen stammenden Ide, sondern auch noch die grosse Mehrzahl der Gefässdoppeldeterminanten, die von ihrer Mutter herstammen. Wie dies aber möglich sein soll, verstehe ich nicht. Wenn bluterkranke Männer nicht etwa erpicht darauf sind, Töchter von bluterkranken Vätern zu heiraten, sondern unbelastete Frauen nehmen, so können sie höchstens Töchter zeugen, die nur in der Hälfte ihrer Ide eine Abänderung der männlichen Gefässdeterminanten zu Bluterdeterminanten aufweisen können. Wie also soll es dort, wo keine Inzucht stattfindet, möglich sein, dass die männlichen Hälften der Doppeldeterminanten in „beinahe sämtlichen Iden" im Keimplasma solcher Frauen krankhaft abgeändert sind? Um es dennoch zu erklären, dass die männlichen Enkel von bluterkranken Grossvätern die Bluterkrankheit so merkwürdig oft erben, muss man annehmen, dass die Bluter Inzucht treiben, ganz ebenso, wie man dieses auf Grund der Weismann'schen Amphimixislehre annehmen muss, um die Weismann'schen „allgemeinen Familieneigentümlichkeiten" zu erklären. Dass nun ein reicher Vater seine Tochter gern an ihren wohlhabenden Vetter verheiratet, damit das schöne Geld in der Familie bleibt, vermag ich zu verstehen; dass sich aber ein Bluter auf die Wanderschaft begiebt, um das erblich belastete Töchterchen eines seiner seltenen Blutergenossen zu erspähen und zu minnen, damit die interessante Krankheit in der Familie bleibt, davon habe ich wenigstens noch nicht gehört.

Um die Vererbung der Bluterkrankheit vom Grossvater auf die Enkel zu erklären, muss also Weismann erstens annehmen, dass ganz zufällig die Bluterkrankheit unabhängig voneinander bei verschiedenen nicht miteinander verwandten Männern aufgetreten sei, dass sie deshalb, da nur die männliche Hälfte der Gefässdeterminanten von der abnormen Veränderung betroffen war, bei den weiblichen Nachkommen dieser Individuen nicht auftreten konnte; zweitens, dass unter der Nachkommenschaft solcher Bluter Inzucht getrieben wurde, denn sonst ist es nicht zu erklären, weshalb die weiblichen Glieder einer Bluterfamilie mit verschiedenen gesunden Vätern lauter bluterkranke Söhne hervorbrachten, wenigstens nicht, wenn man nicht wiederum einen wunderbaren Zufall annehmen will. Man könnte allerdings annehmen, dass es genügt, wenn, wie in unserem obigen Beispiel, die Hälfte der Ide bei dem Enkel eines bluterkranken Grossvaters Bluterdeterminanten enthalten, allein wenn unter den Nachkommen eines bluterkranken Mannes, wie es doch thatsächlich beobachtet worden ist. mehrere Bluter vorkommen, so müssen die Reduktionsteilungen immer in der Weise erfolgen, dass bei der Tochter eines bluterkranken Vaters, dessen sämtliche Ide Bluterdeterminanten enthielten, die bluterkranken Ide in die befruchtungsfähigen Eizellen zu liegen kommen, aus welchen sich die Söhne dieser Tochter entwickeln. Im allerbesten Falle hat also, wenn man sich auf den Boden der Amphimixislehre stellen will, bei der Entstehung und Vererbung der Bluterkrankheit der Zufall in einer Weise gewaltet, wie es sonst selbst beim Zufall nicht üblich ist.

Dass die Weismann'sche Hilfshypothese der Doppeldeterminanten gänzlich haltlos ist, wollen wir im Anschluss an diese Auseinandersetzungen noch kurz zeigen. Auf Seite 483 seines Werkes sagt Weismann, es sei bisher meistens die Übertragung des Geschlechts als ein Akt der Vererbung aufgefasst worden. „Dies ist," fährt er fort, „insofern irrig, als in jedem Keimplasma die Anlagen zu beiden Geschlechtern enthalten sind, und der Vererbungsvorgang selbst offenbar nichts mit der Bestimmung des Geschlechtes zu thun hat. Wenn das Kind einer Mutter weiblichen Geschlechtes ist, so folgt daraus noch keineswegs, dass das Gepräge der sekundären oder primären Sexualcharaktere dieser Tochter dasjenige der Mutter ist, wie oben schon erwähnt wurde." „Es können ebensogut die männlichen als die weiblichen Hälften der sexuellen Doppeldeterminanten der Mutter zur Entwickelung gelangen, ebensogut die weiblichen als die männlichen Hälften der sexuellen Doppeldeterminanten des Vaters."

Sehr oft tritt nun aber bei der Vererbung der Fall ein, dass nicht nur sämtliche Söhne, sondern auch sämtliche Töchter ausschliesslich dem einen ihrer Eltern in hohem Grade ähnlich sind, woraus sich die nicht abzuweisende Folgerung ergiebt, dass sowohl die männlichen als auch die weiblichen Hälften der Doppeldeterminanten dieses Elters in derselben Weise abgeändert worden sind. Weismann wird dies einfach dadurch erklären, dass die beiden Hälften dieser Doppeldeterminanten ja bei einander lägen und deshalb von gleichen äusseren Einflüssen in gleicher Weise umgebildet werden müssen, und diese Annahme ist allerdings auch unerlässlich. Wie kommt es aber dann, dass überhaupt Doppeldeterminanten mit einer männlichen und einer weiblichen Hälfte entstehen konnten? Das war doch nur dann möglich, wenn die Hälften der Doppeldeterminanten unabhängig voneinander variieren! Weismann gerät also hier wieder einmal mit seiner eigenen Theorie in Widerspruch.

Auf Grund der Gemmarienlehre ergiebt sich die Erklärung der Vererbungserscheinungen bei der Bluterkrankheit in höchst einfacher Weise. Es ist eine Krankheit, die an die Eigentümlichkeiten des männlichen Plasma's gebunden ist und deshalb bei Frauen überhaupt nicht, oder nur höchst selten, nämlich dann, wenn ihr Plasma nach der männlichen Seite hin umgeändert ist, auftritt. Bis jetzt sind aber, wie es scheint, noch keine Fälle von weiblichen Blutern beobachtet worden. Die Tochter eines bluterkranken Vaters, der eine gesunde Frau geheiratet hat, besteht gleich allen menschlichen Individuen aus z w e i voneinander etwas abweichenden Plasmen, nämlich aus dem krankhaften Bluterplasma ihres Vaters und dem gesunden ihrer Mutter. Bei der Reduktionsteilung der von dieser Tochter erzeugten Eizellen sondern sich diese beiden Plasmenarten voneinander, und das Bluterplasma kann in den Keimzellen bleiben, aus welchen sich Söhne dieser Tochter entwickeln. Wenn auch die Väter dieser Söhne gesund sind, so ist es doch möglich, dass die Söhne sich aus irgend welchen Ursachen krankhaft entwickeln und dann Bluter werden.

Wenn die krankhaften Veränderungen, die im Bluterplasma stattgefunden haben, nur wirklich im männlichen Geschlecht auf Grund von dessen histologischen Eigentümlichkeiten Bluterkrankheit bedingen können, so erklärt sich die Thatsache, dass die Töchter eines bluterkranken Vaters selbst nicht bluterkrank sind, aber bluterkranke Söhne erzeugen können, auf die allereinfachste Weise. Die Annahme aber, dass das männliche Plasma vom weiblichen verschieden ist, hat nicht die allergeringste Schwierigkeit, sondern ist einfach eine Konsequenz unserer Gemmarienlehre, nicht aber, wie die W e i s m a n n 'sche Annahme der Doppeldeterminanten, eine Hilfshypothese.

Bei den weiteren Auslassungen W e i s m a n n 's über Polymorphismus, die ihn beispielsweise dazu führen, bei den Termiten gar vier für einander vikariierende Determinanten, von denen immer nur eine aktiv ist, im Keimplasma anzunehmen, brauchen wir uns nach allem Obigen nicht weiter aufzuhalten, dagegen erfordert das, was W e i s m a n n über die D i c h o g e n i e bei Pflanzen sagt, noch einige Bemerkungen.

Unter Dichogenie versteht man mit d e V r i e s und W e i s m a n n eine Art des Dimorphismus, die sich darin äussert, dass sich ein und dasselbe jugendliche Pflanzengewebe in dieser oder in jener Richtung umbilden kann, je nachdem diese oder andere Einflüsse es treffen. Wenn man auf dem Boden der Epigenesislehre steht, so erklärt sich diese sogenannte Dichogenie ganz von selbst. In der That wird die Natur einer Zelle lediglich durch die äusseren Einflüsse, welche sie treffen, bestimmt, und diese hängen ab von dem O r t e, an welchem die Zelle liegt. Wird die Zelle in anderer Weise als bisher mit der Umgebung in Berührung gebracht, so verändert sie ihren Charakter. „Epheuranken," sagt W e i s m a n n, „treiben Blätter nach der Lichtseite, Wurzeln nach

der Schattenseite; dreht man die Pflanze um, so treibt dieselbe Ranke
Blätter an der Seite, an welcher sie vorher Wurzeln trieb, und umgekehrt." Dieses Verhalten sucht Weismann dadurch zu erklären, dass
es nicht dieselben Zellen sind, die sowohl Wurzeln als auch Blätter
bilden können, weil die Blätter viel spärlicher an der Epheuranke
stehen, als die dichten kurzen Wurzeln. „Es kann somit," sagt er,
„wohl nicht dasselbe Idioplasma sein, welches bei Beschattung Wurzeln,
bei Belichtung Blätter bildet, sondern Wurzel-Determinanten müssen in
ganz anderer Verteilung in den Zellen vorhanden sein, als Blatt-Determi-
nanten." Nun hat aber Detmer darauf aufmerksam gemacht, dass bei
Thuja die Zellen junger Sprosse, wenn diese umgedreht werden, sich
anders entwickeln, als wenn sie ihre natürliche Lage behalten. Im
ersteren Falle nehmen die Zellen der Unterseite den Charakter von
Zellen der Oberseite an, und umgekehrt. Es sind also hier dieselben
Zellen, die, je nachdem sie von äusseren Einflüssen getroffen werden,
sich so oder anders entwickeln. „Die Erklärung dafür scheint mir," sagt
Weismann, „darin gesucht werden zu müssen, dass hier die Determinanten beider Zellenarten in jeder der Zellen zusammen vorkommen,
dass aber immer nur eine davon aktiv wird, je nach der stärkeren oder
schwächeren Belichtung. Weshalb freilich diese Einrichtung hier getroffen wurde," fügt Weismann unbedachter Weise hinzu, „weiss ich
nicht zu sagen." Und wir wollen es ihm gern glauben!

Die Erklärung, welche Weismann hier von der Bestimmung der
Thujazellen durch ihre Lage giebt, steht in schroffem Gegensatze zu dem,
was er auf Seite 192 seines Werkes über die Prädestinierung der Zelle
durch Zuteilung bestimmter Determinanten und Determinantengruppen
sagt. Er sagt, ehe unzweideutige Thatsachen vorlägen, dürften wir diese
Vorstellung nicht aufgeben, und fährt fort: „Ein Aufgeben aber dieser
Vorstellung würde unvermeidlich sein, wenn es Thatsache wäre, dass
die Zellen der Keimblätter wirklich die Fähigkeit hätten, etwa durch den
Ort, an den sie zufällig gelangen, oder durch ihre zufällige Nachbarschaft
in ihrem Wesen bestimmt zu werden." Da es, wie Driesch gezeigt
hat, Thatsache ist, dass die Zellen der Keimblätter wirklich die Fähigkeit
haben, durch den Ort, an den sie zufällig gelangen, in ihrem Wesen
bestimmt zu werden, so müsste Weismann seine Determinantenlehre
aufgeben, wenn er sich an Seite 192 seines Werkes gebunden fühlte.
Allein, er hat glücklicherweise auf Seite 502 nachgewiesen, dass die
Blattzellen von Thuja zwei Determinantenarten haben, von denen immer

nur eine aktiv wird, je nach den äusseren Einflüssen, und diese Erklärung kann er ja auch auf die Ergebnisse der Driesch'schen Versuche anwenden, wonach aus der einen Furchungszelle eines einmal ge-
furchten Seeigeleies eine regelrechte Seeigellarve werden kann. Wenn
er annimmt, dass in jeder Furchungszelle des Seeigeleies und der
übrigen Tiere, an welchen solche Erscheinungen, wie sie Driesch und
Chabry mitgeteilt haben, beobachtet worden sind oder noch beobachtet
werden, Reserveide liegen, so ist die Erklärung, dass aus einzelnen
Furchungszellen sich ganze Tiere entwickeln können, höchst einfach.
Weismann thut also besser daran, die auf Seite 187 vorgebrachte Erklärung der Versuche von Driesch und Chabry durch eine der von
ihm bei den Blättern von Thuja angewandten ähnliche zu ersetzen. Das
bedeutet aber eine Adoption der de Vries'schen Theorie der „Intra-
cellularen Pangenesis", nur dass anstatt der Pangene unzerlegte Ide in
jeder Zelle des Organismus zu liegen kommen. Die solchergestalt gewonnene neue Lehre empfehle ich der Beachtung der Präformisten und
schlage für sie den Namen „Intracellulare Panidogenesis" vor.

n. Die Vererbung von Verstümmelungen.

Weismann hat sich grosse Mühe gegeben, den Nachweis zu führen,
dass ein Fall von Vererbung einer Verstümmelung noch nicht mit
Sicherheit bekannt ist. Er hat sich dabei an die Fälle gehalten, in welchen
gelegentlich ein Schwanz oder ein anderes Glied verloren geht, oder auch
an solche, die eigens angestellt wurden, um die Vererbbarkeit oder Nicht-
vererbbarkeit von Verstümmelungen darzuthun. Mit allen diesen Fällen
hat er leichtes Spiel gehabt, denn wenn es überhaupt möglich ist, dass
ein Tier seine erworbene Schwanzlosigkeit auf seine Nachkommen vererbt, so wird ein solcher Fall ein höchst seltener sein, weil die Regeneration der Vererbung von Verstümmelungen entgegenarbeitet. Bei
vielen Eidechsen, denen man die Schwänze abbricht, wachsen diese
wieder, und nicht selten wachsen an Stelle des einen Schwanzes deren
zwei oder mehrere hervor. Ich habe in Australien Geckonen mit vier
Schwänzen gefunden, und eben dort leben Geckonenarten, bei denen normalerweise ein breiter Schwanzanhang vorkommt, der leicht verloren geht,
aber wieder wächst. An der Stelle, wo er dem dünnen Schwanzstiele
aufsitzt, bricht er ausserordentlich leicht von diesem ab, so dass die Ver-

mutung nahe liegt, dass sich hier infolge andauernden und in jeder Generation vielleicht seit Jahrtausenden oder seit Jahrmillionen eintretenden Schwanzverlustes, wodurch ein starker Reiz auf die betreffenden Gewebe ausgeübt wurde, ein viel breiterer und stärkerer Schwanz gebildet hat, als er bei den Vorfahren dieser Geckonen bestand. Von vornherein werden die verschiedenen aufeinander folgenden Stellen des Schwanzes in Bezug auf ihre Zerbrechlichkeit voneinander verschieden sein, und wenn irgendwo eine Stelle höchster Zerbrechlichkeit vorhanden war, so musste an dieser Stelle der Schwanz immer wieder abbrechen und neu erzeugt werden. Auf diese Weise ist es zu erklären, dass bei den betreffenden Geckonen die Schwanzanhänge immer breiter geworden sind und dass sie mit immer grösserer Leichtigkeit abbrechen. Wir hätten also auch hier einen Fall von Vererbung einer erworbenen Eigenschaft, und wenn man will, einer Verstümmelung, denn die leichte Zerbrechlichkeit des Schwanzes kann durch fortgesetzte Verstümmelungen gesteigert worden sein, falls wir annehmen, dass erworbene Eigenschaften vererbt werden. Allein ich will mich hierbei nicht aufhalten, weil es möglich sein würde zu behaupten, der breite Schwanz und seine Zerbrechlichkeit an bestimmter Stelle wären allmählich von der Natur herangezüchtet worden, weil die betreffenden Geckonen häufig am Schwanz ergriffen würden, und es deshalb vorteilhaft wäre, dass dieser durch seine Grösse in die Augen fällt und leicht abbricht, damit das Tier selbst entfliehen und wieder einen neuen Schwanz produzieren kann. Ich habe den Fall nur angeführt, um zu zeigen, dass die Regenerationskraft ausserordentlich stark ist bei manchen Tieren, und dass wir deshalb von vornherein nicht erwarten können, dass sich plötzliche Organverluste vererben. Denn es ist ganz sicher, dass die Regenerationskraft bei Embryonen stärker ist, als bei erwachsenen Tieren, und deshalb dürfen wir auch annehmen, dass Mäuse, denen der Schwanz abgeschnitten wird, Junge erzeugen, bei denen infolge der Regenerationskraft der Embryonen die Schwänze nicht merklich kürzer sind, als bei ihren Eltern.

Wir müssen zwar annehmen, dass auch Verstümmelungen Eindruck auf das Keimplasma machen, aber dieses sucht auf dem Wege der Regeneration das gestörte Gleichgewicht wieder herzustellen, und deshalb ist keine hochgradige Vererbung gewaltsam hervorgerufener Schwanzlosigkeit oder anderer Verstümmelungen zu erwarten, ja es wäre sogar möglich, dass Eltern, deren Schwänze abgeschnitten worden sind, Junge mit etwas längeren Schwänzen erzeugen, weil durch die gewaltsame

Entfernung des Schwanzes ein Reiz auf das Keimplasma ausgeübt wurde, das dieses zu starker Reaktion antreibt.

Wenn man die Frage nach der Vererbung von Verstümmelungen prüfen will, so darf man sich nicht an Laboratoriumsexperimente halten. Ich habe ja schon früher dargethan, was von diesen zu erwarten ist. Weismann, der seinen Mäusen seit vielen Generationen die Schwänze abschneidet, erhält immer wieder Mäuse mit langen Schwänzen: meine Mäuse, denen die Schwänze nicht abgeschnitten wurden, haben oft Junge erzeugt, bei denen der Schwanz oft nur die Hälfte oder drei Viertel der normalen Schwanzlänge aufwies. Weismann mag also seine Mäuse-versuche ruhig einstellen, wenn er es inzwischen noch nicht gethan haben sollte, denn es wird nichts dabei herauskommen. Was sollen uns überhaupt Laboratoriumsversuche, selbst wenn einer sein ganzes Leben daran setzen wollte, über die Vererbung von Verstümmelungen aussagen? Was will ein Menschenleben bedeuten gegenüber der Zeit, die von der Stammesgeschichte der Organismen für ihre Experimente verwendet worden ist? Und was sind ein paar Käfige mit weissen Mäusen in irgend einem Zimmer eines zoologischen Instituts gegenüber dem grossen Laboratorium der Natur? An die Experimentierkunst der Natur müssen wir uns wenden, wenn wir Aufschluss über die Frage erhalten wollen, ob sich Ver-stümmelungen vererben oder nicht, und die Natur zeigt uns, dass in der That eine Vererbung von Verstümmelungen stattfindet, wenn das betreffende Experiment nur genügend lange Zeit hindurch und in jeder Generation gründlich ausgeführt wird.

Fälle von Vererbung von Verstümmelungen sind keineswegs selten, sondern sogar recht häufig, wenn wir uns unter den wildlebenden Tieren darnach umsehen; wenn Weismann also meint, dass aus seinen Mäuse-versuchen so viel hervorgehe, dass einmalige Verletzungen sich in keinem Grade vererben, so begeht er einen schweren logischen Fehler, denn die erblichen Folgen von einmaligen Verstümmelungen müssen weit innerhalb der Grenzen der normalen Variation liegen. Bis zu einem gewissen Grade müssen sich einmalige Verletzungen vererben, falls ihre erblichen Folgen durch Häufung schliesslich sichtbar werden sollen. Entweder muss Weismann die Vererbung von Verletzungen über-haupt bestreiten, oder er muss wenigstens zugeben, dass die Folgen von einmaligen Verletzungen vererbt werden und sich dermassen häufen können, dass sie endlich sichtbar werden.

Was aber den Apparat anlangt, den eine solche Vererbung voraussetzt, so ist der keineswegs ein so unendlich verwickelter und unfassbarer, wie Weismann meint, sondern die Notwendigkeit der Vererbung erworbener Eigenschaften auf korrespondierende Körperstellen lässt sich in sehr einfacher Weise darthun, wie ich oben gezeigt habe. Weismann hat also kein Recht, die Möglichkeit der Existenz eines solchen Vererbungsapparates zu bezweifeln, auch wenn keine Thatsachen vorlägen, die beweisen, dass er dennoch vorhanden sein muss. Weismann irrt auch, wenn er glaubt, der Blumenbach'schen Forderung genügen zu können, welche die Verwerfung der Annahme einer Vererbung von Verstümmelungen von dem Beweise abhängig macht, dass eine solche Vererbung überhaupt nicht stattfinden könne. Weismann hat keineswegs den Beweis geführt, dass das nicht möglich ist; seine Annahme, dass dazu allermindestens ein unendlich verwickelter Apparat gehören müsste, ist eine irrtümliche, und nicht Weismann, sondern Brock war im Recht, als er sagte, dass der Blumenbach'schen Forderung heute ebensowenig genügt werden könnte, als zu Blumenbach's Zeiten. „Sollte nun aber dennoch," ruft Weismann aus, „eine solche geheime Sympathie-Maschinerie zwischen den Teilen des Körpers und den Keimzellen vorhanden sein, durch welche es bewirkt würde, dass jede Veränderung der ersten sich in den letzteren gewissermassen in einer anderen Sprache abphotographierten, dann würde diese wunderbare Maschinerie sicherlich in ihren Wirkungen wahrnehmbar und dem Experiment zugänglich sein." Und ich behaupte, dass diese „wunderbare Maschinerie" nicht nur in ihren Wirkungen bemerkbar und dem Experiment zugänglich, sondern dass auch ihr Getriebe, wie ich gezeigt habe, ein sehr einfaches ist.

Man hat allerdings kein Recht, aus dem Nichtvorhandensein solcher Wirkungen auf das Vorhandensein erworbener Eigenschaften zu schliessen, aber wenn man diese Wirkungen wahrnimmt, so muss man auch auf das Vorhandensein der Vererbungsmaschinerie schliessen, die keineswegs wunderbar ist. Die Wirkungen kann aber jeder leicht sehen, der die Experimente der Natur zu Rate zieht. Es ist durchaus verkehrt, von unseren Laboratoriumsexperimenten aus auf solche Experimente der Natur zu schliessen, die der Natur der Sache nach gewaltige Zeiträume beanspruchen. Abgesehen aber von dem grossen Unterschiede in der Länge der Zeit, welche die Natur zu ihren Experimenten nötig hat, und der, die auf Laboratoriumsexperimente verwandt wird, besteht zwischen diesen und jenen kein wesentlicher Unterschied.

Ein besonders hübsches Züchtungsexperiment über die Vererbung von Verstümmelungen hat die Natur mit unserer Saatkrähe angestellt. Weismann und andere, denen die einschlägigen Thatsachen nicht bekannt sind, werden über diese Behauptung staunen, denn Weismann hat den Fall der Saatkrähe für seine Keimplasmatheorie, welche notwendigerweise die Annahme der Vererbung erworbener Eigenschaften bestreiten muss, auszubeuten gesucht. „Einen recht hübschen Fall" führt er nach Settegast an. „Die Krähenarten," sagt der letztere, „haben alle um Nasenlöcher und Schnabelwurzel steife, borstenartige Federn, nur die Saatkrähe nicht. Diese besitzt sie zwar auch, solange sie im Nest sitzt; bald nach dem Ausfliegen aber verlieren sie sich und ‚kommen niemals mehr zum Vorschein'. Die Saatkrähe bohrt nämlich, indem sie ihrer Nahrung nachgeht, mit dem Schnabel tief in den Boden. Dadurch werden die Federn am Schnabel vollständig abgerieben und können bei dem unablässigen Bohren auch nicht wieder nachwachsen. Dennoch hat diese Eigentümlichkeit, seit ewigen (?)[1] Zeiten fortdauernd erworben, noch nie dahin geführt, dass in einem Neste ein Individuum mit angeborenem nackten Gesicht vorgekommen wäre."

Allerdings ist die Schnabelwurzel der jungen Saatkrähe ebenso befiedert wie etwa die einer Raben- oder einer Nebelkrähe, und dennoch ist das nackte Gesicht der Saatkrähe angeboren. Man muss sich nur nicht an Nestjunge wenden, sondern an ältere Vögel. Zieht man junge Saatkrähen im Käfige auf, ohne ihnen irgend welche Gelegenheit zum Bohren im Boden oder zum Verstossen der Federn an der Schnabelwurzel zu geben, so fallen diese trotz alledem in einem gewissen Alter ganz von selbst aus, um nicht wieder zu erscheinen. Von irgend welchem Abstossen ist dabei nicht die allergeringste Rede, sondern der Ausfall der Federn erfolgt, wie man zu sagen pflegt, „spontan", ohne dass die Federn selbst vorher verletzt sind. Das ist bereits vor Jahren von Oudemans festgestellt worden, und ich habe die betreffenden Versuche wiederholt und bin deshalb in der Lage zu behaupten, dass hier in der That die Vererbung einer fortgesetzten Verstümmelung vorliegt. Die eingefleischten Darwinisten könnten allerdings behaupten, dass es gut wäre, wenn die

---

1) Das Fragezeichen stammt von Weismann her. H.

Saatkrähe nicht erst ihre Federn abzustossen brauchte, sondern dass es höchst notwendig für die Existenz dieser Tierart wäre, dass die Federn von selbst ausfallen. Dem könnte man entgegenhalten, dass nach der Annahme derselben eingefleischten Darwinisten die Natur überaus sparsam wäre und es deshalb wohl vorgezogen haben dürfte, auch den jungen Saatkrähen keine Federn um die Schnabelwurzel herum wachsen zu lassen, da diese ja doch später ausfallen. Aber wahrscheinlich werden hierauf die Ultradarwinisten antworten, dass es gut wäre, wenn die Nasenlöcher dieser zärtlichen jungen Vögel mit Federn bedeckt wären, damit die Tierchen keinen Schnupfen bekommen!

Aber bleiben wir ernsthaft! Die Saatkrähe bietet uns wirklich einen Fall, und gewiss einen „recht hübschen", von Vererbung einer fortgesetzten Verstümmelung, und zwar treten die Folgen der Verstümmelung in demselben Lebensalter auf, in welchem die Verstümmelung erworben wurde. Nestjunge der Saatkrähe bohren noch nicht in der Erde herum, und deshalb haben sie auch noch befiederte Schnabelwurzeln. Wir haben es hier mit den vererbten Folgen eines periodischen Schöpfungsmittels, und zwar einer periodischen Verstümmelung zu thun, und es gereicht uns zur Genugthuung, diesen „recht hübschen Fall" Weismann's in sein Gegenteil umgekehrt zu haben. Oder will uns Weismann, der das nackte Gesicht der Saatkrähe durch Verstümmelung hervorgebracht sein lässt, das Recht bestreiten, diesen Fall für unsere Zwecke auszunutzen, nachdem es ihm unmöglich geworden ist, ihn für die seinigen zu verwerten? Ist das nackte Gesicht der Saatkrähe nun auf einmal nicht durch Verstümmelung entstanden? Logisch wäre diese Annahme zwar nicht, aber die Determinantenlehre, die ja alles erklärt, wird sich auch voraussichtlich mit dem Falle der Saatkrähe abzufinden wissen.

Dieser Fall steht übrigens keineswegs vereinzelt da. Derartige Verstümmelungen sind oft vererbt worden, wie uns vor allem die Säugetiere zeigen. An den Fusssohlen dieser Tiere, an den Gesässschwielen der Affen und an manchen anderen Körperstellen bei anderen Säugern ist das Haarkleid infolge von fortgesetzten Verstümmelungen geschwunden, und noch heute lassen sich noch ganze Stufenreihen von Säugetieren aufstellen, die mit solchen Fällen beginnen, in welchen die erblichen Folgen der fortgesetzten Verstümmelung sich erst eben bemerkbar machen, und mit solchen enden, wo überhaupt keine Haare mehr entstehen. Ich gedenke auf diese Stufenreihen vererbter Wirkungen von Verstümmelungen in einer von mir geplanten Monographie des Säugetierkleides zurückzukommen. Genug, dass durch sie und den Fall der Nebelkrähe die Vererbung von Verstümmelungen unwiderleglich dargethan ist, und wenn Weismann auf Seite 545 seiner „Aufsätze über Vererbung" meint, das „Märchen" der Vererbung von Verletzungen in die „wissenschaftliche Rumpelkammer" verweisen zu können, „ohne befürchten zu müssen, dass es später wieder daraus hervorgeholt werden möchte", so braucht er wenigstens jetzt von der Zukunft nichts mehr zu befürchten. Die Vererbung von Verletzungen ist weder ein „Märchen", noch auch mehr ein „wissenschaftliches Problem", sondern eine wissenschaftliche Thatsache, wie uns der „hübsche Fall" der Saatkrähe gezeigt hat.

o. Zweifelhafte Vererbungserscheinungen.

Weismann bespricht eine Reihe von zweifelhaften Vererbungserscheinungen, die sich schwer mit seiner Theorie in Einklang bringen lassen, und deren Existenz er deshalb bezweifelt. Zu ihnen gehören in erster Linie die sogenannten Xenien, Fälle, in welchen der Blütenstaub nicht nur auf die Eizelle einwirkt, sondern auch auf die übrigen Gewebe der mütterlichen Frucht erbliche Eigenschaften überträgt. Wenn gelbkörniger Mais durch Pollen von blaukörnigem befruchtet wird, so sollen zuweilen die Maiskörner blau werden. Weismann glaubt dies dadurch erklären zu können, dass er eine frühere Kreuzung der beiden Arten annimmt, und in der That sind wohl neue Untersuchungen nötig, um das wirkliche Bestehen sogenannter Xenien nachzuweisen. Wenn dieser Nachweis gelingt, so werden die Weismann'schen Theorien in grosse Verlegenheit versetzt werden, nicht aber die Anschauungen, welche wir in diesem Buche vertreten. Wir nehmen die Vererbung erworbener Eigenschaften an und setzen demgemäss eine Beeinflussung der Keimzellen durch die des Körpers voraus, weil die Keimzellen mit diesen im Gleichgewicht stehen und weil sich verändertes Gleichgewicht auch auf die Keimzellen übertragen muss.

Bei den Tieren wird die Eizelle durchweg erst befruchtet, wenn sie sich aus dem Verbande der übrigen gelöst hat, bei den Pflanzen dagegen ist es anders. Hier bleibt sie zunächst in Zusammenhang mit den Geweben des mütterlichen Fruchtknotens, und es ist deshalb nach unserer Theorie durchaus nicht schwierig, die Übertragung von Ver-

änderungen der Keimzellen, die durch Befruchtung bewirkt werden, auf
die umgebenden Gewebe zu erklären. Das durch die Befruchtung veränderte Gleichgewicht der Eizelle verändert seinerseits das Gleichgewicht
der umgebenden Zellen, weil die Eizelle noch mit diesen im Gleichgewichte steht. Je mehr letzteres der Fall ist, desto eher werden die
Zellen des Fruchtknotens durch Einwirkungen auf die Eizelle verändert
werden können, und am leichtesten werden sich chemische Veränderungen, wie sie den Färbungen zu Grunde liegen, auf jene übertragen.

Ob also „Xenien" vorkommen oder nicht, von ihrer Existenz hängt
der Bestand unserer Vererbungslehre nicht ab, und ebenso verhält es
sich mit der sogenannten „Infektion des Keimes", der zufolge die
Nachkommen einer Mutter gelegentlich mehr einem früheren Gatten als
ihrem eigenen Vater gleichen sollen. Solches will man beim Menschen
beobachtet haben, und bei Tieren soll es oft vorgekommen sein. Einigermassen sichergestellt ist unter anderem der berühmte Fall, in welchem
eine Pferdestute des Lord Morton, die einmal von einem Quaggahengst
gedeckt war, später von einem arabischen Rapphengst zwei Füllen warf,
die zum Teil graubraun und an den Beinen quaggaartig gestreift und
mit einer kurzen aufrechtstehenden Mähne, wie sie das Quagga, nicht
aber das Pferd besitzt, versehen waren. Kommt eine solche Infektion
des Keimes wirklich vor, so ist sie vielleicht daraus zu erklären, dass
der mütterliche Körper sich mit den in seinem Uterus befindlichen
Embryonen ins Gleichgewicht setzt und dadurch die chemische und
morphologische Beschaffenheit seines Plasma's ändert; oder man müsste
annehmen, dass männliche Zeugungsstoffe auf noch unentwickelte Eier
eingewirkt hätten in der Weise, dass die letzteren einen Teil ihres
Plasma's aus diesen Zeugungsstoffen bildeten. Auf keinen Fall würden
aus einem sicheren Nachweis der Infektion des Keimes unserer Vererbungslehre Schwierigkeiten erwachsen, während Weismann's Theorie
sich nur schwer damit abzufinden wissen wird.

p. Periodisch erworbene Eigenschaften.

In den vorhergehenden Abschnitten dieses Buches haben wir eine
grosse Anzahl von periodischen Schöpfungsmitteln kennen gelernt, die
den Bau der Organismen erblich beeinflusst haben, und wir müssen

ihnen noch eine nähere Betrachtung widmen, weil die Art und Weise, auf welche sie erbliche Umbildungen hervorbringen können, nicht eben leicht zu verstehen ist.

Nach unserer Annahme besteht die befruchtete Eizelle im wesentlichen nur aus zwei Vererbungsträgern, nämlich aus den Kernstoffen, welche chemische Eigentümlichkeiten übertragen, und aus dem Plasma des Zellleibes, das am festesten im Centrosoma gefügt ist, und welchem die Übertragung morphologischer Eigentümlichkeiten obliegt. Wir haben versucht, aus einem monotonen Plasma, das in Wechselwirkung mit den Kernstoffen und mit der Aussenwelt tritt, den ontogenetischen Aufbau des Organismus zu begreifen. Es ist nicht schwer zu verstehen, dass die Teilung einer Eizelle, wozu der Anstoss durch die Befruchtung gegeben wird, zu einer Zellenanordnung führt, die durch die Form der Gemmarien bedingt sein muss. Dagegen ist es weniger leicht zu verstehen, weshalb die Zellen sich in bestimmter Weise qualitativ differenzieren. Wir dürfen uns keineswegs verhehlen, dass Weismann's Präformationstheorie und die Ansichten derjenigen Forscher, die mehr oder minder mit Weismann übereinstimmen, hier leichteres Spiel haben. Wie können wir beispielsweise durch unsere Vererbungstheorie erklären, dass die Federn, die bei der Saatkrähe um die Schnabelwurzel der Nestjungen herumstehen, von selbst ausfallen, sobald sie ein gewisses Alter erreicht haben? Wir haben im vorigen Abschnitt angenommen, dass der Ausfall um diejenige Jahreszeit geschieht, in welcher die Jungen anfangen, in der Erde zu bohren. Es ist ja leicht zu verstehen, weshalb beispielsweise die Pflanzen zu einer gewissen Jahreszeit blühen, denn wir sehen noch heute, dass die Blütezeit in hohem Grade von dem Eintreten gewisser Witterungsverhältnisse abhängt, wenn sie auch immerhin schon in hohem Grade erblich fixiert ist, und es giebt eine eigene Wissenschaft, die sogenannte Phänologie, die sich mit den einschlägigen Fragen beschäftigt. Bei den Pflanzen ist noch immer der Eintritt einer bestimmten Jahreszeit nötig, um sie auch wirklich zum Blühen zu bringen. Zieht sich im Frühjahr der Eintritt warmen Wetters lange hinaus, so blühen die Pflanzen später auf als sonst. In dem Falle der Saatkrähe und in vielen anderen Fällen ist es aber anders. Hier braucht die Ursache, welche periodisch auf das Tier eingewirkt hat, nicht wieder von neuem einzutreten, um ihre Folgen von neuem hervorzurufen, sondern die letzteren sind schon derartig erblich fixiert, dass sie von selbst eintreten, sobald das Tier ein bestimmtes Alter erreicht

hat. Man sollte annehmen, dass die Verstümmelung der Schnabelwurzel-
federn bei der Saatkrähe Vögel erzeugt hätte, die auch als Nestjunge eine
nackte Umgebung der Schnabelwurzel haben, da ja, falls man eine Vererbung erworbener Eigenschaften annimmt, das Plasma so umgeändert
sein muss, dass es einen Vogel mit nackter Schnabelwurzel erzeugen
muss. Um es trotzdem zu erklären, dass die Nestjungen der Saatkrähe
noch befiederte Schnabelwurzeln haben, müssen wir weiter ausholen.

Jeder Organismus wird, falls er einem regelmässigen Wechsel der
äusseren Verhältnisse unterworfen ist, Zeit seines Lebens nicht nur
jeweilig von einer einzigen äusseren Einwirkung, sondern gleichzeitig
von einer grossen Anzahl der letzteren beeinflusst, und einzelne
Beeinflussungen von aussen, welche die Entwickelung erblicher Eigenschaften auslösen, die ohne sie nicht so leicht oder überhaupt nicht zum
Vorschein kommen, sind von vielen anderen begleitet, die gleichzeitig
stattfinden. Wir wollen, um uns das hier Auszuführende verständlicher
zu machen, einen hypothetischen Fall annehmen.

Gesetzt, es handle sich um ein durch Kiemen atmendes lurchartiges
Wassertier mit einem Flossensaum am Schwanz und einer unbedeutenden
Ausstülpung im vorderen Abschnitte des Darmrohres. Dieses Tier möge
einen Teich bewohnen, der periodischen Austrocknungen unterworfen ist.
Die Austrocknung würde zur Folge haben, dass die Kiemen des Tieres
eintrocknen, der Flossensaum des Schwanzes sich zurückbildet, dass dagegen das Tier anfängt, die Ausstülpung seines Darmes zu einer Lunge
umzubilden. Wenn solche periodische Austrocknungen viele Generationen
hindurch andauerten, so könnte ein Lurch entstehen, der nur in der
Jugend noch seinen Vorfahren glich, im Alter dagegen etwa unserem Erd-
salamander, und nach meiner Ansicht ist die Entstehung von luftatmen-
den, das Wasser bewohnenden Wirbeltieren durch ähnliche Annahmen
zu erklären, wie wir sie hier gemacht haben. Es handelt sich nun beim
Übergange vom Leben im Wasser zu dem auf dem Lande nicht nur um
eine einzige Einwirkung äusserer Einflüsse auf den Körper des betreffenden Tieres, sondern um deren viele. Der Kreislauf wird dadurch
verändert, dass die Kiemen eintrocknen und die Lungen gezwungen sind,
stärker zu atmen als früher. Die Schwanzflosse verkümmert, die Nahrung wird eine andere, kurz auf den Körper wirken alle diejenigen Einflüsse ein, die das Leben auf dem Lande im Gegensatz zu dem im Wasser
mit sich bringt. Mit diesen zu gleicher Zeit auf verschiedene Weise einwirkenden neuen Lebensbedingungen muss sich unserer Theorie zufolge

das Plasma ins Gleichgewicht setzen. Die Veränderungen, die an den Kiemen, in den Lungen, am Schwanze und an allen anderen Körperstellen, die meist nichts miteinander zu thun haben, vor sich gegangen sind, setzen sich miteinander ins Gleichgewicht und erzeugen eine Gemmarienform, die alle diese Veränderungen wieder mit Notwendigkeit hervorbringen muss und desto sicherer wieder hervorbringt, je regelmässiger das periodische Schöpfungsmittel, das sie verursacht hat, wiederkehrt und das Plasma von neuem in der früheren Richtung beeinflusst. Die grosse Mehrzahl der periodischen Schöpfungsmittel kehrt aber mit grosser Regelmässigkeit wieder, weshalb es auch nicht schwer zu verstehen ist, dass sich die Eizellen der vielzelligen Tiere und Pflanzen immer wieder in derselben Weise entwickeln, wie die ihrer Vorfahren.

Die Eizelle, aus welcher sich ein Tier entwickelt, trifft in den allermeisten Fällen nach ihrer Befruchtung dieselben äusseren Lebensbedingungen an, wie die Eizellen, aus welchen sich seine Eltern und Grosseltern entwickelt haben. Es ist deshalb nicht zu verwundern, dass sie wieder denselben Entwickelungsgang durchläuft; sie teilt sich zunächst in zwei Zellen, wodurch die Art und Weise, auf welche nunmehr die Aussenwelt auf den sich entwickelnden Keim einwirkt, etwas verändert wird. Mit jeder neuen Zellteilung wird das Verhältnis der einzelnen Zellen zu der Aussenwelt und zu einander ein anderes, aber jedes Zellstadium trifft immer wieder dieselben äusseren Verhältnisse an, wie das entsprechende Zellstadium bei den Vorfahren. Daraus erklärt sich, warum immer wieder derselbe Entwickelungsgang durchlaufen wird. Ändern sich die periodischen Beeinflussungen, die diesen Entwickelungsgang bedingen, allmählich, so wird auch der Gang der Keimesgeschichte nach und nach abgeändert, und es entsteht aus der betreffenden Organismenart eine neue. Immer setzt sich das Plasma des Körpers mit allen äusseren Verhältnissen, die jeweilig auf diesen einwirken, ins Gleichgewicht.

Gesetzt, es handelte sich um eine Keimzelle k, auf welche neue periodische Einflüsse einwirken. Es sollen diese der Reihe nach mit den Zahlen 1—10 belegt werden; es würde also der sich entwickelnde Keim infolge der äusseren Einflüsse die Stadien k_1—k_{10} durchlaufen. Nun soll k_{10} dasjenige Stadium sein, in welchem sich neue Keimzellen bilden, die wiederum dem durch die Zahlen ausgedrückten periodischen Wechsel der Lebensbedingungen ausgesetzt werden. Während die dem Stadium k_{10} entsprechenden Vorfahren des betreffenden Individuums die Keimzelle k erzeugt haben, geht am Schlusse der individuellen Entwicke-

lung der durch neue periodische Schöpfungsmittel beeinflussten Keimzelle *k* diese über in *K*, auf deren Entwickelung wieder die Lebensbedingungen 1—10 einwirken. Allmählich wird sich das Plasma mit
diesen ins Gleichgewicht gesetzt haben, so dass aus der Keimzelle *K*
immer wieder ein Individuum mit dem Entwickelungsgange seiner Eltern
entsteht, solange sich in den Verhältnissen der Umgebung nichts ändert.
Es fragt sich aber, ob sich aus der Keimzelle *K* wieder derselbe Organismus entwickeln würde, wenn man sie in jeder Beziehung völlig neuen
Einflüssen aussetzt. Dies ist nun ein Experiment, das sich nicht machen
lässt, denn man kann die Lebensbedingungen eines sich entwickelnden
Keimes nicht derartig verändern, dass sie alle in hochgradiger Weise
von den früheren abweichen. Was über die Beeinflussung der Ontogenie
durch die Lebensbedingungen des Keimes bekannt ist, zeigt sowohl, dass
es nötig ist, dass sich eine gewisse Anzahl der Einflüsse, die auf die Vorfahren eingewirkt haben, wiederholt, als auch, dass nicht alle Einflüsse
wiederzukehren brauchen, welche in den entsprechenden Lebensaltern
auf die Vorfahren der betreffenden Art eingewirkt haben. Wenn nun
auch die eine oder andere dieser periodischen Einwirkungen wegfällt, so
muss dennoch das, was sie früher hervorgerufen hat, wieder erscheinen,
falls die Mehrzahl der übrigen periodischen Einflüsse, die im gleichen
Lebensalter vereint mit ihr wirkten, fortbestehen. Das ist aber beispielsweise bei der Saatkrähe der Fall.

Auf die jungen Saatkrähen wirken zur Zeit, wo die Federn an der
Schnabelwurzel ausfallen, genau dieselben periodischen Einflüsse ein, wie
bei ihren Vorfahren, mit alleiniger Ausnahme derjenigen, die das Ausfallen der Federn bedingten. Die periodischen Einflüsse, die zugleich
mit dem in einem bestimmten Lebensalter begonnenen Bohren in der
Erde einwirken, die zugleich mit diesem die Form der Saatkrähe in
diesem Lebensalter bestimmt haben, wirken fort. Mit ihren erblichen
Folgen stehen diejenigen Gleichgewichtsverhältnisse der Gemmarien, die
den Ausfall der Federn bedingen, im Gleichgewicht, und deshalb müssen
die Federn ausfallen, auch wenn das Tier nicht in der Erde bohrt. Es
ist aber wohl anzunehmen, dass zu der Zeit, wo sich die Federn bei
den jungen Saatkrähen lockern, auch schon das Bohren in der Erde
begonnen hat, wenn es auch zum Ausfallen der Federn nicht mehr notwendig ist. Es wirkt also dieses periodische Schöpfungsmittel noch fortgesetzt weiter, und die Nachkommen der Saatkrähen könnten nur dadurch die Federn ihrer Schnabelwurzeln während des ganzen Lebens

behalten, dass die Art sich allmählich daran gewöhnte, das Bohren in der Erde aufzugeben.

Ähnliches wie in diesem Falle lässt sich nun von allen periodischen Schöpfungsmitteln überhaupt sagen, die früher das Gleichgewicht des Plasma's verändert haben, es aber heute nicht mehr beeinflussen. Ihre Wirkungen standen alle im Gleichgewicht mit zahlreichen anderen, deren Ursachen noch fortwirken, und deshalb werden auch noch solche Eigenschaften durch die Vererbung übertragen, die nicht immer wieder von neuem durch periodische Schöpfungsmittel gefestigt werden. Dazu kommt aber, dass sich die Wirkungen der periodischen Schöpfungsmittel notwendigerweise auf ein immer früheres ontogenetisches Entwickelungsstadium übertragen mussten, und diesem Umstande haben wir noch eine kurze Betrachtung zu widmen.

Wir haben gesehen, dass erworbene Eigenschaften mit Notwendigkeit die Gemmarien der Keimzellen verändern müssen. Diese Keimzellen gleichen also dann nicht mehr ihren unveränderten Vorläufern und können deshalb die von den letzteren produzierten ontogenetischen Stufen nicht genau rekapitulieren. Der aus der abgeänderten Keimzelle hervorgegangene Organismus wird also schon von vornherein mehr dem durch äussere Einflüsse abgeänderten gleichen, als einem noch unabgeänderten. Deshalb werden auch die neu erworbenen Eigentümlichkeiten schon zum Ausdruck gelangen, sobald er sich in seiner Entwickelung einigermassen dem betreffenden ontogenetischen Stadium genähert hat. Auf diese Weise wird die neu erworbene Eigenschaft, falls die Anpassung in derselben Richtung weiter geht, auf immer frühere Stufen der Keimesgeschichte übertragen, falls nur das ursprünglich durch Anpassung entstandene Organ durch fortgesetzten Gebrauch auf seiner Höhe erhalten wird. Im Falle der Saatkrähe wird das fortgesetzte Bohren in der Erde endlich dazu führen, dass auch die Nestjungen keine befiederten Schnabelwurzeln mehr haben, vorausgesetzt, dass die Art das dazu nötige Alter erreicht

Somit ergiebt sich, dass die durch periodische Schöpfungsmittel hervorgebrachten direkten Anpassungen, falls die periodischen Schöpfungsmittel fortwirken, auf immer früheren Stufen der ontogenetischen Entwickelung erscheinen.

IV. Die Gemmarientheorie und ältere Ansichten.

Die Darlegungen unseres Buches werden, obwohl nur skizzenhaft, doch genügen, um die Tragweite der von uns entwickelten neuen Lehre darzulegen. Die Lehre ist aber nur als Ganzes genommen und in Bezug auf die einzelnen Teile nur in etlichen von diesen neu, und es ist deshalb nötig, ihr Verhältnis zu anderen Lehren zu besprechen, und zwar sowohl zu denen, welchen sie Anschauungen entlehnt hat, als auch zu den mit ihr nicht zu vereinigenden Theorien.

Die Theorie der Epigenesis ist von Kaspar Friedrich Wolff aufgestellt, und unsere Darlegungen wollen einen Beitrag zur Verteidigung dieser Lehre gegen die Angriffe der Neupräformisten, deren Haupt Weismann ist, liefern. Ausserdem aber soll dieses Werk zu der Rehabilitierung des alten Lamarck beitragen. Wenn auch dessen Anschauungen im einzelnen vielfach verfehlt sein mögen, so war doch seine Grundanschauung, wonach der Körper in Wechselwirkung mit der Aussenwelt sich selbst seine Organe bildet, richtig. Ebenso wie an Lamarck, schliesst sich unsere Lehre an die Anschauungen Geoffroy St. Hilaires an, der physikalische und chemische Einflüsse der Aussenwelt die wesentlichste Rolle bei der Umbildung der Organismen spielen liess.

Die Zuchtwahlidee entnimmt unsere Lehre dem Darwinismus, aber sie unterscheidet schärfer, als es Darwin gethan hat, zwischen den verschiedenen Arten der Zuchtwahl, nämlich zwischen konstitutioneller und dotationeller Auslese und zwischen Individual- und Rassenselektion. Wir glauben den Nachweis geführt zu haben, dass es nur eine konstitutionelle, keine dotationelle Individualselektion giebt. Diese Auslese, welche die bestgefügten Individuen überleben lässt, findet auch in der unorganischen Natur statt. Körper mit minder labilem Gleichgewicht haben eine grössere Aussicht zu überdauern, als solche mit sehr hinfälligem Gefüge.

Wir konnten des weiteren zeigen, dass die Annahme dotationeller Individualselektion mit Notwendigkeit zur Determinantenlehre und zur Theorie der Amphimixis führen muss, welch letztere ja allerdings schon in der Darwin'schen Keimchenlehre gewissermassen vorgebildet war. Dass aber das Gebäude der Determinantenlehre und der Amphimixistheorie auf Sand errichtet ist, glauben wir zur Genüge dargethan zu haben. Mit diesen unhaltbaren Lehren muss zugleich die Darwin'sche Theorie der dotationellen Individualselektion — und das ist der Hauptteil des Darwinismus — fallen. Dotationelle Auslese können wir nur als Rassenselektion gelten lassen, und was diese Rassenselektion anbelangt, so erscheint es in höchstem Grade auffällig, dass auf dem Titel von Darwin's Hauptwerk von ihr und nicht von der Individualselektion die Rede ist. Es handelt sich dort um die Erhaltung der begünstigten Rassen, nicht um die der begünstigten Individuen, und in der That zeigt Darwin an vielen Stellen seines Werkes, dass er Augenblicke gehabt hat, wo er sich über den Unterschied zwischen Rassenauslese und Individualselektion nicht klar war. Ich habe übrigens mit der Hervorhebung dieses Unterschiedes nichts Neues gethan, denn es ist nachgerade oft genug betont worden, dass Ausstattungszuchtwahl erst anfangen kann zu wirken, wenn die Unterschiede der Individuen genügend gross sind. Solche Unterschiede zeigen aber nur die Individuen verschiedener Rassen.

Wir haben zwar das Wesentliche des Darwinismus, denn das ist in der That Individual- und nicht Rassenselektion, sofern es sich auf die dotationelle Auslese bezieht, verwerfen müssen, haben dafür aber die natürliche Zuchtwahl herangezogen zur Erklärung der Entstehung der Arten, die Darwin nicht erklärt hat. Die dotationelle Individualselektion erhält immer das festeste Gefüge, sie steigert deshalb die Gefügefestigkeit und führt dadurch zu immer höheren Formen, die sich nun mit der Aussenwelt abzufinden haben, d. h. sich an sie anpassen müssen. Dazu ist die Annahme einer Vererbung erworbener Eigenschaften nötig, und diese hat auch Darwin nicht verschmäht, wie er ja überhaupt viel weitsichtiger war, als seine Nachfolger. Viele davon haben, trotzdem sie den Namen Darwin's fortwährend auf den Lippen führen, eigentlich nichts gethan, um im Sinne Darwin's weiter zu arbeiten. Darwin wollte die Entstehung der Arten erklären, aber um diese kümmern sich viele Biologen von heute, die sich fortwährend mit der Entwickelungslehre beschäftigen, überhaupt nicht.

Bei uns in Deutschland hat sich die Nachfolgeschaft Darwin's vorwiegend damit abgegeben, die grossen Tiergruppen miteinander genetisch zu verknüpfen, und daraus geht hervor, dass zwar die Abstammungslehre, welcher Darwin endgültig zum Siege verholfen hat, bei uns ihre Anwendung findet, während der eigentliche Zweck des Darwinismus, die Erklärung der Artbildung und der Einrichtungen des Organismus, nur in sehr ungenügender Weise verfolgt worden ist. Es zeigt sich also, dass Darwin seine grossen Erfolge bei uns in Deutschland nicht sowohl seiner eigensten Theorie, sondern der siegreichen Neubelebung der Abstammungslehre zu verdanken hat, und deshalb hat keiner der Herren, welche die Kenntnis der Tierarten verschmähen, Veranlassung, die von uns und anderen begangenen Ketzereien zu tadeln.

Wer auf das Studium der einzelnen Tierarten, ihres Lebens und Treibens und ihrer geographischen und geologischen Verbreitung verzichtet, der hat kein Recht, in Sachen der Entstehung der Arten mitzusprechen und sich über Anschauungen, die dem orthodoxen Darwinismus zuwiderlaufen, zu ereifern. Einen orthodoxen Glauben bewahrt sich immer derjenige am leichtesten, der sich nicht um Glaubensdinge kümmert, und deshalb verteidigen auch diejenigen den Darwinismus am meisten, die nicht auf dem Felde des Darwinismus arbeiten. Darwin's Wunsch ist es aber nicht gewesen, dass das von ihm eröffnete Forschungsgebiet unbeackert bleiben sollte, und deshalb arbeiten diejenigen, die die Haltbarkeit von Darwin's Ansichten prüfen, mehr in der Richtung des grossen britischen Naturforschers als Darwin's blinde Nachbeter, und zu den ersteren möchte auch ich mich gerechnet wissen. Ich stehe auf den Schultern Darwin's, wenn ich das Wirken der natürlichen Zuchtwahl schärfer zu erfassen suchte, als es Darwin gethan hat.

Mein Widerspruch gegen Darwin begründet sich aber nicht allein darauf, dass er zu sehr die dotationelle Individualselektion in den Vordergrund geschoben hat, sondern auch auf den ablehnenden Standpunkt, den er Moritz Wagner gegenüber eingenommen hat. Ich bin mit Wagner der Ansicht, dass auf einem und demselben kleinen Gebiete, wo eine Kreuzung der verschiedenen Individuen einer Tierart nach allen Richtungen hin möglich ist, aus dieser Art nicht zwei neue Arten entstehen können. Allerdings stimme ich darin nicht mit Wagner überein, dass er neue Arten nur durch Isolation entstehen lässt. Ich glaube, es genügt vollständig, wenn man die Verbreitung einer Art über ein weites Gebiet annimmt, um in den einzelnen Gegenden dieses Gebietes neue Rassen entstehen zu lassen, denn die Individuen werden sich immer nur in einer bestimmten Gegend hin und her bewegen und nicht das Gesamtgebiet der Art fortwährend durchstreifen. Sie werden sich dabei an die Grenzen halten, die überall die freie Beweglichkeit nach allen Seiten hin etwas beeinträchtigen. Deshalb kann in jeder einigermassen in sich abgeschlossenen Gegend eine Umbildung der Art zu einer neuen Rasse stattfinden, ohne dass Isolation etlicher individuell abändernder Stücke der Art nötig wäre. Auf diese Weise kann auch eine Rassenselektion, die etwa die Heranzüchtung eines Schutzkleides zur Folge hat, zu stande kommen, und wir brauchen nicht mit Wagner anzunehmen, dass die Tiere diejenigen Gegenden aufsuchen, wo sie am meisten Schutz durch ihre individuelle Färbung finden.

Aber trotz dieser Ausstellungen an der Lehre Moritz Wagner's muss ich wiederholt betonen, dass er es ist, der die Notwendigkeit einer gewissen Separation dargethan hat. Ich glaube, er hat unwiderleglich gezeigt, dass bei freier Kreuzung auf einem kleinen Gebiet aus einer Art nicht zwei oder mehrere neue Arten entstehen können, und selbst Nägeli, der so heftig gegen Wagner polemisiert hat, macht an einer Stelle das Zugeständnis, dass die Verschiedenheiten der Rassen in letzter Linie durch die Verschiedenheit der Wohngebiete hervorgebracht würden. Auch er kommt also schliesslich auf die Separation zurück, und ich glaube nicht, dass irgend eine Artbildungslehre ohne diese auskommen wird, denn freie Kreuzung muss notwendigerweise die Entstehung von zwei oder mehr Rassen aus einer verhindern. Dieses gezeigt zu haben ist das Verdienst Moritz Wagner's, und andere Forscher, wie Romanes und Gulick, haben nicht mehr geleistet in Bezug auf das Hervorheben der Notwendigkeit der Sonderung für die Entstehung der Arten. Eimer meint zwar, dass die Sonderung einer Art in zwei auch auf dem Wege der Genepistase, d. h. des Stehenbleibens der Entwickelung erfolgen könne. Wenn etliche Individuen die Fortbildung einer Art nicht mehr mitmachen, sondern auf der einmal erreichten Stufe stehen bleiben, während andere sich weiter entwickeln, so soll dadurch eine Trennung in verschiedene Arten möglich sein. Allein stehenbleibende Individuen werden sich immer wieder auch mit vorwärtsschreitenden und nicht bloss mit ihresgleichen vermischen, und deshalb

sehe ich nicht ein, wie durch Genepistase eine Trennung einer Art in
zwei oder mehrere hervorgebracht werden soll. Damit will ich aber
nicht, wie sich später zeigen wird, das Prinzip der Genepistase überhaupt verwerfen. Ich glaube es im Gegenteil durch meine Anschauungen
fester begründen zu können, als es Eimer möglich war. Hier wollte ich
nur hervorheben, dass Moritz Wagner sich ein grosses Verdienst um
die Lehre von der Artbildung erworben hat, ein Verdienst, ebenso gross
wie dasjenige der Selektionstheorie Darwin's. Es giebt nicht einen
Beweis dafür, dass sich dort, wo Kreuzung nach allen Seiten hin möglich ist, aus einer Organismenart zwei oder mehrere bilden können, und
wenn ich das auch in diesem Buche betont habe, so muss ich dabei
Moritz Wagner den Tribut der Dankbarkeit zollen.

Nicht minder stehe ich auf den Schultern meines Lehrers Ernst
Haeckel, wenn ich die von ihm aufgestellte Grundformenlehre zu verwerten und mechanisch zu begründen versucht habe. Durch Haeckel's
„Generelle Morphologie" bin ich auf die Bedeutung der Grundformen
für das Verständnis der Organismen aufmerksam geworden, und ich
muss mein Erstaunen darüber ausdrücken, dass diese Bedeutung bisher
so wenig gewürdigt worden ist. Die Morphologie hat es mit der
Erklärung der Formen zu thun; man sollte deshalb meinen, dass es in
erster Linie darauf ankäme, die Symmetrieverhältnisse der Organismen aus den Formen der Plasmaelemente zu begreifen. Soviel ich
weiss, bin ich der Erste, der dies überhaupt zu thun versucht hat.

Haeckel's Vererbungstheorie, die „Perigenesis der Plastidule", habe
ich zwar aus den früher angegebenen Gründen nicht adoptieren können;
allein ich lehne mich doch insofern an sie an, als ich eine dynamische
Übertragung der erworbenen Eigenschaften auf das Plasma der Keimzelle annehme, und ich kann deshalb nicht umhin, auch hier die Vor-
läuferschaft Haeckel's zu betonen.

Sehr viel verdanke ich Nägeli, und es könnte fast scheinen, dass
die hier vorgetragene Lehre weiter nichts ist, als eine Ausführung der
Nägeli'schen Ideen. Aber wer meine Lehre mit der Nägeli'schen
vergleicht, wird sehen, dass unsere Anschauungen durchaus verschieden
sind. Zwar nehme ich, gleich Nägeli, als Bausteine des Organismus
Plasmaelemente an, die aus mehreren oder vielen Molekülen zusammengesetzt sind und eine bestimmte Form haben, aber während Nägeli's
Micelle ungleich sind, sind meine Gemmen wenigstens in Bezug auf ihre
Form einander gleich, und ich lasse auch nicht die Vervollkommnung

der Organismen vorwiegend von der Komplikation der Querschnitte
der Gemmarien, die man etwa mit Nägeli's Micellsträngen vergleichen könnte, abhängig sein. Von der geometrischen Form des
Gemmarienquerschnittes, nicht nur von seiner Komplikation hängt die
Vervollkommnung in der stammesgeschichtlichen Entwickelung ab, und
die Aufgabe, die eine Formbildungslehre zu leisten hat, ist zunächst eine
geometrische. Gerade dieses hat Nägeli bestritten, und er hat damit
meiner Ansicht nach auf ein tieferes Verständnis der organischen Entwickelung verzichtet. Eine Vervollkommnung aus „inneren" Ursachen,
wie sie Nägeli annimmt, vermag ich nicht anzuerkennen. Nägeli
lässt seine Micelle sich fortwährend neu ordnen, während nach meiner
Anschauung die Gemmarien nur durch Anstoss von aussen verändert
werden können, sei es, dass die letzteren allgemeiner physikalischer oder
chemischer Natur sind, sei es, dass der Gebrauch oder Nichtgebrauch
der Organe dabei im Spiele ist. Ein Plasma, das fortwährend von denselben äusseren Einflüssen getroffen wird, muss sich mit diesen bald so
ins Gleichgewicht setzen, dass eine weitere Veränderung nur äusserst
langsam vor sich gehen kann. Wir sehen ja deshalb, dass Tiere isolierter
Länder viel langsamer in der Entwickelung vorwärtsschreiten, als die,
welche weit ausgedehnte Gebiete bewohnen. Die Thatsachen der Tiergeographie bilden eine direkte Widerlegung der Anschauungen Nägeli's,
denen zufolge sich das Plasma aus inneren Ursachen vervollkommnet.
Ich stimme aber mit Nägeli vielfach in dem, was er gegen den orthodoxen Darwinismus vorbringt, überein, und ebenso darin, dass unabhängig von irgend welchen Nützlichkeitsprinzipien eine Entwickelung
nach einer Richtung hin, die zugleich eine Vervollkommnungs-
entwickelung ist, stattfindet. Aber die Vervollkommnung lasse ich
doch wieder durch ein darwinistisches Prinzip, nämlich durch das der
konstitutionellen Individualselektion zu stande kommen, während Nägeli
es auf innere Umbildungsursachen zurückführt. Ich glaube also nicht,
dass meine Theorie mit derjenigen Nägeli's irgendwie zu verwechseln ist.

Dagegen glaube ich eine grosse Strecke weit mit Eimer zusammen-
gehen zu können. Eimer hat sich dadurch ein grosses Verdienst erworben, dass er die Entwickelung der Arten nach einer Richtung hin
aus konstitutionellen Ursachen, d. h. aus Ursachen, die den Bau
des Plasma's, abgesehen von äusseren nützlichen Einrichtungen, betreffen,
vor sich gehen lässt. Auch er führt gleich mir diese Fortentwickelung

nach einer Richtung hin auf äussere Ursachen und nicht auf das
Nägeli'sche Vervollkommnungsprinzip zurück. Er sieht gleich mir in
der Formbildung der Organismen eine Art Kristallisation, und er
bekämpft gleich mir den orthodoxen Darwinismus. Sein vorhin erwähntes
Prinzip der Genepistase oder des Entwickelungsstillstandes glaube ich
aus der mehr oder minder schnellen Umbildung, welche die Organismen
infolge ihrer Verteilung auf verschieden grosse Gebiete erleiden
müssen, erklären zu können. Dass auf einem und demselben Gebiete
etliche Individuen zurückbleiben und dadurch zur Trennung von einer
Art in zwei führen, ist eine Anschauung, die meiner Ansicht nach nicht
haltbar ist, und nur in diesem einen Punkte habe ich die Anschauungen
Eimer's zu bekämpfen. Im übrigen ist es mir ein Bedürfnis, hervorzuheben, dass ich in allen wesentlichen Punkten auf den von Eimer
entwickelten Anschauungen weiterbaue. Was ich für mich beanspruche,
ist ein tieferes Eindringen in den Bau des Plasma's und die Erklärung der nach einer Richtung hin erfolgenden Entwickelung aus der
konstitutionellen Individualselektion. Auch hat Eimer es nicht
versucht, die Grundformen der Tiere aus dem Bau des Plasma's zu
erklären. Das grösste Verdienst hat sich aber Eimer dadurch erworben,
dass er nachdrücklichst die Kenntnis der Arten betont hat, und dass
er durch seine schönen Arbeiten über die Zeichnung der Tiere geradezu
eine Reform der Systematik angebahnt hat, wodurch diese erst eine
wissenschaftliche Begründung erhält. Aus vollem Herzen stimme ich
Eimer auch bei, wenn er die Einseitigkeit der heutigen akademischen
Zoologie Deutschlands, die keine ganzen Tiere mehr kennt, gebührend
geisselt.

Mit Goette verbindet mich vor allem die Anschauung, die übrigens
auch von Eimer geteilt wird, dass die Entwickelung auf Korrelation
beruht, dass jeder Teil eines Organismus sich in Abhängigkeit von allen
anderen Teilen entwickelt, und ich glaube meinen Lesern durch das
Hervorheben dieser universellen Korrelation keineswegs etwas Neues gesagt zu haben.

Es ist das Verdienst von His gewesen, auf die bei der Ontogenese
vor sich gehenden Faltenbildungen und andere Vorgänge neuerdings
wieder hingewiesen zu haben, nachdem solches schon früher durch Pander
und Lotze geschehen war. His hat aber wohl nicht genug betont, dass
das eigentliche Geschehen bei der Ontogenese in die einzelnen Zellen
verlegt werden muss, und ich glaube, dass in diesem Werke der erste

Versuch vorliegt, die Einstülpungen und Faltenbildungen, die bei der Ontogenese stattfinden, wirklich ursächlich zu erklären.

Wir sind damit bei der Besprechung derjenigen neueren Bestrebungen angelangt, welche die Begründung einer Entwickelungsmechanik zum Zwecke haben. Am konsequentesten scheint mir unter allen neueren Forschern Dreyer das mechanische Moment hervorgehoben zu haben. Es ist ihm in der That, wie ich glaube, gelungen, die Entstehung des Radiolarienskeletts und anderer Skelettformen mechanisch zu erklären. Aber er hat, wie ich schon früher hervorgehoben habe, die Erklärung der Vererbung nicht in Angriff genommen und lässt diese überhaupt keine bedeutende Rolle spielen. Vollständig wird das Radiolarienskelett erst erklärt sein, nachdem auch gezeigt worden ist, weshalb sich die Plasmablasen, in deren Wänden es sich anlegt, so und nicht anders anordnen müssen, und ich glaube, dass diese Anordnung nur auf die Form der Elemente des Plasma's zurückgeführt werden kann.

Neben Dreyer hat sich vor allem Driesch Verdienste um die mechanische Betrachtung der Entwickelungsgeschichte erworben, nur scheint er mir in seinem Kampfe gegen den Darwinismus und die Abstammungslehre zu weit zu gehen. Ohne das Zuchtwahlprinzip können wir nicht auskommen; es herrscht ja auch in der unorganischen Natur; und die Abstammungslehre müssen wir als unveräusserliche Errungenschaft der Wissenschaft betrachten. Würden wir die gesamte Vorfahrenreihe einer Tier- oder Pflanzenart kennen, so hätten wir keineswegs, wie Driesch mit dem Philosophen Liebmann meint, eine „Ahnengallerie", sondern wir hätten eine Formenreihe, die gesetzmässige Umbildungen zeigen würde, aus der wir Entwickelungsgesetze ablesen könnten. Die Vergleichung solcher Formenreihen mit der Ahnengallerie eines adeligen oder fürstlichen Schlosses ist durchaus unzutreffend, denn die letztere lässt sich nur vergleichen mit dem Stammbaum eines Pferdes oder eines Rassehundes, in welchem die verschiedensten Individuen zur Bildung eines Tieres zusammengewirkt haben.

Ich vermag auch mit Driesch in Bezug auf seine geringe Wertschätzung der Haeckel'schen Promorphologie nicht übereinzustimmen, sondern glaube in der That, in diesem Werk gezeigt zu haben, dass die Grundformenlehre mit Notwendigkeit zu einer mechanischen Begründung der Formenverhältnisse der Organismen führen muss, und dass die Symmetrieverhältnisse der Organismen die wirklichen Typen sind, nicht aber die sogenannten Typen der modernen Zoologie. Es giebt so viel Typen im Organismenreich, als es tierische und pflanzliche **Grundformen** giebt: dagegen scheinen mir die sogenannten Typen oder Stämme des Tierreichs sehr an Bedeutung zurückzutreten. Ich glaube nun, dass es sich mit Hilfe der von mir ursächlich begründeten Grundformenlehre zeigen lässt, dass im Tierreich auch alle diejenigen Grundformen wirklich existieren, die möglich sind, und dass keine anderen möglich sind als die, welche existieren. Es lässt sich also in Bezug auf die Tiere ein ähnlicher Nachweis führen als der, den Sohncke in Bezug auf die Kristallformen unternommen hat, der Nachweis, dass der Querschnitt eines Gemmariums fünf verschiedene Hauptformen hat und nur diese haben kann, während die beiden Enden des Gemmariums einander symmetrisch oder unsymmetrisch sein können.

Der Querschnitt kann erstens noch nicht gefestigt sein, und daraus würde ein Tier mit noch nicht feststehender Grundform resultieren. Er kann zweitens rund oder regelmässig strahlenförmig sein, was ein kugelförmiges Tier ergeben würde. Aus einem mehr oder weniger rhombischen oder elliptischen Gemmariumsquerschnitt würde drittens ein Tier mit elliptischer, doppelkegel- oder doppelpyramidenförmiger Grundform resultieren, dagegen viertens aus einem Gemmarium mit zweiseitig-symmetrischem Querschnitt ein eiförmiges. Wird fünftens der Querschnitt des Gemmariums unsymmetrisch, dadurch aber das Gemmarium selbst zweiseitig-symmetrisch, so erhalten wir ein zweiseitig-symmetrisches Tier, und werden endlich an einem Gemmarium die beiden Enden ungleich, so wird das letztere unsymmetrisch und führt zur Bildung unsymmetrischer Tiere. Ausser diesen Gemmarienformen sind keine anderen möglich, und ebensowenig ausser den ihnen entsprechenden Grundformen, sofern es sich dabei um das Wesentliche der Symmetrieverhältnisse handelt.

Es lässt sich also sehr wohl der Nachweis führen, dass die Grundformenlehre Haeckel's mit Notwendigkeit zu einem ursächlichen Verständnis der Grundformen der Organismen führen muss.

Driesch hat sich neuerdings für die von de Vries entwickelten Anschauungen ausgesprochen, denen ich nicht beistimmen kann. Ich glaube vielmehr, dass durch die schönen Untersuchungen von Driesch selbst der Nachweis geführt ist, dass es lediglich der Ort ist, den eine Zelle im Körper einnimmt, der darüber bestimmt, was aus dieser Zelle werden soll. Es scheint mir nun wenig damit gewonnen zu sein, wenn

man an einer Zelle alle möglichen Qualitäten annimmt; denn so gut,
wie der Ort darüber bestimmen kann, welche von diesen Qualitäten,
die an die Elemente des Plasma's gebunden sein müssen, welche Plasmaelemente also zur Weiterentwickelung kommen sollen, kann er auch
darüber entscheiden, welche Umänderungen ein monotones Plasma an
einem bestimmten Ort zu erleiden hat. Die Anschauungen von de Vries,
die sich lediglich auf Befunde an Pflanzen stützen und in der tierischen
Histologie keine Begründung finden, scheinen mir völlig überflüssig zu
sein. Ich glaube, dass „spezifische Formbildung" bestimmt wird durch
die Form der Gemmarien, die jeder Zelle ihren bestimmten Platz
im Organismus anweisen, und dass es von diesem Platz abhängt, was
aus der betreffenden Zelle wird. Mit Driesch stimme ich aber darin
überein, dass spezifische Formbildung in letzter Linie transcendental
ist; allein diesseits der allerletzten Elemente der Materie vermag ich das
Transcendentale der Formbildung nicht anzuerkennen.

Wenn ich nun auch dem Vorhergehenden zufolge manches an den
Ansichten von Driesch auszusetzen habe, so verschliesse ich mich doch
nicht der Bedeutung, welche die von ihm gefundenen Thatsachen und
viele seiner allgemeinen Anschauungen beanspruchen, und ich glaube,
dass die Entwickelungsmechanik der Organismen ihm schon viel zu verdanken hat und noch manches zu verdanken haben wird.

Vielleicht in noch höherem Grade dürfte das von Roux gelten,
dessen geradezu epochemachende Untersuchungen auch ich bewundere.
Diese Untersuchungen haben Roux aber leider in das Lager des Präformismus hineingetrieben, wohin ich ihm nicht folgen kann. Wesentlich
auf Roux's Forschungsresultate, die von vielen anderen eine Bestätigung
gefunden haben, begründet sich die von mir vorgetragene Lehre. Nach
dieser muss mit Notwendigkeit die Sonderung der beiden Hälften eines
bilateral-symmetrischen Tieres schon sehr frühzeitig während der Keimesgeschichte erfolgen, entweder schon durch die erste Furchungsebene des
Eies oder durch eine bald darauf folgende, und dasselbe gilt von den
Symmetrieverhältnissen anderer Tiere. Roux und seine Nachfolger
haben nun gezeigt, dass das in der That geschieht und haben sich dadurch ausserordentlich grosse Verdienste erworben, denn diese Untersuchungen beweisen, dass es die Form der Plasmaelemente ist, die
von vornherein auf die Grundform des späteren Tieres hinarbeitet.
Nun hat zwar Driesch gezeigt, dass sich auch aus einem zweizelligen See-
igelkeim, dessen eine Furchungszelle abgetrennt worden ist, noch eine nor-

male, wenn auch kleinere Larve entwickeln kann, und ähnliches ist von
Chabry bei Ascidien festgestellt worden, aber diese Forschungsresultate
lassen sich sehr wohl mit denjenigen Roux's und seiner Nachfolger vereinigen. Wo das Gemmariengefüge noch ein derartiges ist, dass leicht eine
Umordnung innerhalb der schon in ihren Grundformenverhältnissen bestimmten Zellen stattfinden kann, ordnen sich die Gemmarien wieder so,
dass sie die Bildung eines normalen Tieres bewirken, wo aber das Gefüge
der Zellen schon so fest ist, dass keine Umordnung mehr stattfinden kann,
müssen Halb- und Viertelbildungen, wie sie von Roux beschrieben
worden sind, entstehen. Auf diese Weise lassen sich die schein-
bar widersprechenden Ergebnisse der Untersuchungen Roux's und
seiner Nachfolger auf der einen, und derjenigen Driesch's und
Chabry's auf der anderen Seite vereinigen. Die Gemmarienlehre weiss
sich mit beiden abzufinden. Auch wenn wir die Untersuchungen
Driesch's und Chabry's nicht kennten, so würden wir dennoch der
Verwertung der Forschungsergebnisse Roux's zu gunsten des Präformismus nicht zustimmen können. Ich wenigstens wüsste nicht, wieso
durch die gewöhnliche Art der Zellteilung eine Sonderung der Vererbungssubstanz in ihre verschiedenen Qualitäten zu stande kommen soll.

Nach Roux's Anschauung wird eine solche Sonderung durch die
Teilung der Chromosomen bewirkt; aber dagegen, dass die Zellteilung
immer verschiedene Qualitäten sondert, sprechen vor allem die Bastarde, die in den allermeisten Fällen aus Bastardzellen bestehen,
sprechen auch solche einzelligen Tiere, bei denen es keine Qualitäten
zu sondern giebt, sprechen endlich diejenigen Gewebezellen, aus deren
Teilung gleiche Zellen hervorgehen. Ich kann also Oscar Hertwig
nur beistimmen, wenn er den Präformismus Roux's bekämpft. Aber
ich bin nicht sicher, ob die Anschauungen Hertwig's selbst nicht
präformistische sind.

Auf Seite 275 seines Werkes über „Die Zelle und die Gewebe"
sagt Hertwig von den „Idioblasten", die nach seiner Ansicht die Kerne der
Zellen, welche Hertwig als die Träger der Vererbung ansieht, zusammensetzen, selbständig wachsen und sich durch Teilung vervielfältigen können,
dass sie in der Gesamtanlage des Organismus in einer gesetzmässigen
Anordnung enthalten seien. Hertwig fügt mit Recht hinzu: „Hier liegt
der für unsere Vorstellung mit den grössten Schwierigkeiten verbundene
Teil der Theorie." Ich glaube, dass dieser Teil der Hertwig'schen
Theorie, der sich doch zum unverhüllten Präformismus bekennt, über-

haupt unhaltbar ist. Für den Begriff des Präformismus kommt es nicht
darauf an, dass man im Keim ein mikroskopisches Abbild des fertigen
Organismus erblickt, sondern man braucht nur, wie Hertwig es thut,
eine vorgebildete Anordnung qualitativ ungleicher Idioblasten in der
Gesamtanlage anzunehmen, um mit vollen Segeln in den Hafen des
Präformismus hineinzusteuern. Ich glaube deshalb auch, dass Roux's
Kritik der Hertwig'schen Anschauungen berechtigt ist, und dass Weismann's Ansicht vor derjenigen Hertwig's den Vorzug grösserer Konsequenz hat. Roux sagt, dass Hertwig sich nicht denken kann, „dass
bei der indirekten Kernteilung die richtige qualitative Sonderung des
Materials sich vollzöge. Kann er es sich deutlicher vorstellen, dass sie
bei der Einwanderung des richtigen Kernmaterials in den Zellleib vor
sich geht? Oder ist dabei keine typische qualitative Materialscheidung
nötig?" „Entschliesst sich O. Hertwig," sagt Roux weiterhin, „um
den Hauptteil seiner Vererbungstheorie aufrecht zu erhalten, zu der Annahme, dass die typischen Verschiedenheiten in der Auswanderung von
Idioblasten in letzter Instanz doch von besonderen Beschaffenheiten der
Zellkerne der verschiedenen Zellen abhängen, so muss er seiner Behauptung der vollkommenen Gleichheit aller Zellkerne widersprechen;
bleibt er bei der Gleichheit aller Zellkerne, muss er das Wesentlichste
seiner Vererbungstheorie, die Übertragung der Gestaltung durch das Kernmaterial fallen lassen."

Diesen Satz kann ich nur unterschreiben; dagegen bin ich anderer
Ansicht als Roux, wenn er meint, das ganze Dilemma löse sich, sobald
Hertwig mit ihm von Anfang der individuellen Entwickelung an aktive
und inaktive Idioblasten unterscheide. Ich glaube, dass die Vorstellung
von aktiven und inaktiven Idioblasten durchaus unphysiologisch ist, und
dass sich das Dilemma, in welchem Hertwig sich befindet, löst, sobald
Hertwig die homogenen Chromosomen des Kernes als Träger der
chemischen, das Centrosoma und das den Elementen des letzteren
gleiche monotone Plasma des Zellleibes aber als Träger der morphologischen Eigenschaften der Organismen auffasst, wie ich es thue. Dann
wird die Qualität der einzelnen Zellen des Körpers lediglich durch ihre
Lage im Organismus bestimmt, d. h. die verschiedenen Einflüsse, welche
die Zellen ihrer verschiedenen Lage gemäss treffen, ändern das Plasma in
einer dieser Lage entsprechenden Weise spezifisch um.

Diese Anschauung ist es, die schon von Herbert Spencer begründet wurde als dem ersten unter uns, der überhaupt eine Ver-

erbungstheorie aufstellte. Ich glaube, dass seine Vererbungstheorie im
wesentlichen die ist, die in dem vorliegenden Werke eine weitere Ausführung gefunden hat. Um die Anschauungen Spencer's nicht im
Lichte der meinigen wiederzugeben, führe ich das an, was Weismann
darüber sagt:

„Den ersten Versuch unserer Zeit, die Vererbung theoretisch zu erklären, hat wohl Herbert Spencer gemacht, indem er seine ‚physiologischen Einheiten‘ aufstellte. Die Regeneration verloren gegangener Teile,
z. B. eines Beines oder Schwanzes des Salamanders, führt ihn zu der Vorstellung dieser Einheiten, ‚in welchen allen das Vermögen schlummert,
sich in die Form dieser Art umzugestalten, gerade wie in den Molekülen
eines Salzes die innere Fähigkeit schlummert, nach einem bestimmten
System zu kristallisieren.‘ Er bezeichnet dieses Vermögen als ‚Polarität
der organischen Einheiten‘ und bestimmt diese selbst als die Mitte hal-
tend zwischen den chemischen Einheiten, den Molekülen und den ‚morphologischen‘ Einheiten, den Zellen; es müssen ‚Einheiten unendlich viel
komplizierterer Art sein, als die chemischen Einheiten‘, also Molekülgruppen. Es ist sehr interessant, sich heute, wo wir in der Theorie der
Vererbung doch schon etwas weiter vorgedrungen sind (? H.), sich darüber Rechenschaft zu geben, welche Fähigkeiten und Kräfte Herbert
Spencer seinen ‚physiologischen Einheiten‘ zuschreiben zu müssen glaubte,
um die Erscheinungen erklären zu können. Obgleich der Abschnitt über
Vererbung und Regeneration ja nur ein kleiner Teil seines grossen Werkes
über die ‚Prinzipien der Biologie‘ ist und deshalb eine ins Einzelne gehende Durcharbeitung der Vererbungserscheinungen nicht enthalten kann,
so lässt sich doch seine Meinung darüber klar erkennen.

„Einmal setzt sich der ganze Organismus aus diesen Einheiten zusammen, die alle untereinander gleich sind, dann aber enthalten auch
die Keimzellen ‚kleine Gruppen‘ derselben. Das erstere befähigt jeden
hinreichend grossen Teil des Körpers zur Regeneration, das letztere giebt
der Keimzelle die Kraft, das Ganze aus sich hervorzubringen, beides
dadurch, dass die ‚Einheiten‘ mittels ihrer ‚Polarität‘ bestrebt sind, sich
so anzuordnen, dass dadurch der ganze Kristall — der Organismus —
entweder bloss wieder hergestellt oder neu gebildet wird. Die blosse
verschiedene Anordnung der in ihrem Wesen gleichen Einheiten
also bedingt die Verschiedenheit der Körperteile, die Verschiedenheit
der Arten aber und auch die der Individuen wird auf eine Verschiedenheit in der Zusammensetzung der ‚Einheiten‘ bezogen.

„Die Einheiten des Individuums sind also gewissermassen in physiologischem Sinne proteusartig: sie können sich in unendlich vielfältiger Weise zusammenordnen und bilden so die verschiedenartigsten Zellen, Gewebe, Organe und Körperteile: sie thun dies aber immer nur unter dem dirigierenden Einfluss des Ganzen, so zwar, dass das Ganze den Einheiten eines Teiles die Notwendigkeit aufzwingt, sich gerade so anzuordnen, wie es zum Zustandekommen des für die Harmonie des Ganzen noch erforderlichen Teiles nötig ist. Spencer sagt darüber: ‚es scheint zunächst schwierig, sich vorzustellen, dass sich dies so verhalten könne; allein wir sehen, dass es so ist. Gruppen von Einheiten, die wir aus einem Organismus herausnehmen, besitzen in der That dieses Vermögen, das Ganze von neuem aufzubauen, und wir sind somit genötigt, anzuerkennen, dass allen Teilen des Organismus das Streben innewohne, die spezifische Form anzunehmen.‘ Die ‚Einheiten‘ sind also physiologisch veränderliche Grössen, welche immer so thätig sind, wie es das Ganze vorschreibt.“

Aus diesem Citat geht hervor, dass die Theorie, die ich zu begründen versucht habe, nur eine weitere Ausführung der Spencer'schen Lehre ist. Diese älteste der nach Darwin's Auftreten aufgestellten Vererbungstheorien scheint mir vor allen ihren Nachfolgern den Vorzug zu verdienen, und die irrtümlichste scheint mir diejenige Weismann's zu sein, auf die ich im nächsten Abschnitte noch einmal kurz zurückkommen muss.

V. Die Konsequenzen von Irrlehren.

Weismann's Vererbungslehre setzt sich zunächst mit den Thatsachen in Widerspruch; sie ist vor allem gegründet auf die Annahme einer unabhängigen Variation der einzelnen Teile des Organismus, eine Annahme, die durchaus verkehrt und nichts weiter ist, als eine leere Behauptung. Weismann's Lehre setzt sich aber auch vielfach mit sich selbst in Widerspruch, wie ich zur Genüge dargethan habe und noch an vielen Beispielen zeigen könnte. Durch die Theorie der Amphimixis hat Weismann seine Determinantenlehre selbst widerlegt; wir brauchen nur konsequent die Weismann'schen Anschauungen weiter zu verfolgen, um uns hiervon fest zu überzeugen. Dass Weismann die seinen Anschauungen verderbenbringenden Einwände gern unberücksichtigt lässt, wie er es z. B. mit dem, was gegen seine Panmixietheorie vorgebracht worden ist, gethan hat, will ich ihm nicht weiter verdenken, denn ein jeder Vater hat seine Kinder lieb; ja ich glaube sogar, dass Weismann sich ein grosses Verdienst erworben hat, indem er die Theorie des Präformismus so weit ausgebaut hat, wie es überhaupt möglich war. Uns anderen bleibt nichts weiter übrig, als dem von Weismann aufgeführten Gebäude einen leichten Stoss zu versetzen, um es, und damit den Präformismus überhaupt, in Trümmer fallen zu sehen. Dadurch, dass er die endgültige Beseitigung des Präformismus in so sorgfältiger Weise vorbereitet hat, hat sich Weismann in der That das grösste Verdienst um die Fortentwickelung unserer Wissenschaft erworben, denn man bedenke doch nur, welche Richtung die Biologie nehmen müsste, wenn Lehren, wie sie Weismann vorgebracht hat, zur Herrschaft gelangen sollten.

Wer die Vererbung erworbener Eigenschaften — und mit deren Anerkennung oder Nichtanerkennung steht und fällt die wissenschaftliche Biologie — leugnet, der braucht nicht mehr nach der Ursache der Veränderungen der Organismen zu forschen, denn die Veränderungen der Weismann'schen Biophoren sind ursächlich nicht zu begründen. Wenn alles nützlich, wenn alles demnach herangezüchtet worden ist, dann können wir das Suchen nach bewirkenden Ursachen getrost aufgeben. In der That begnügt man sich gewöhnlich mit dem Nachweis einer wirklichen oder erträumten Nützlichkeit irgend einer Einrichtung, um auf weitere Forschungen in Bezug auf das betreffende Organ Verzicht zu leisten. „Das Organ ist nützlich; es ist also gezüchtet worden. Wir können zu einem anderen Organ übergehen," das ist die durchweg befolgte Forschungsmaxime der orthodoxen Darwinisten. Der orthodoxe Darwinismus erweist sich dadurch keineswegs als irgendwie besser als der alte Schöpfungsglaube. Im Gegenteil! Der letztere verdient den Vorzug vor den ultradarwinistischen Ansichten Weismann's und Wallace's, weil diese Theoretiker der Herrschaft des Zufalls Thür und Thor öffnen. Nach der Anschauung des orthodoxen Darwinismus sind die heute lebenden und sich fortpflanzenden Vertreter der Tier- und Pflanzenarten die letzten Glieder von Abstammungsreihen, deren einzelne Glieder niemals vom richtigen Wege abgewichen sind, denn wären sie es, so hätte natürliche Zuchtwahl sie beseitigt, und sie hätten nicht zu Vorfahren langer Entwickelungsreihen werden können. Wir Menschen und ebenso alle heute lebenden Individuen sämtlicher Tier- und Pflanzenarten sind ein Produkt des Zufalls; unsere hohe Organisation, unsere komplizierten körperlichen Einrichtungen, unser Gehirn sind durch den Zufall entstanden. Wenn wir auch lange Zeit gebraucht haben, um zu dem zu werden, was wir sind, so wird dadurch nichts an der Anschauung geändert, dass etwa ein Walfisch, der nach Weismann's Ansicht in aller und jeder Beziehung dem Leben im Meere angepasst ist, ein reines Produkt des Zufalls ist, dass dieser hochentwickelte Organismus zufällig alle diejenigen Bedingungen erfüllt, die von dem Körper eines Säugetieres gefordert werden müssen, falls es in der Weise eines Walfisches im Meere leben will. Denn was ist das Alter unserer Erde, die doch sicher nur ein losgelöster Teil der Sonne ist, gegenüber der Ewigkeit? Ich gestehe, dass ich mich lieber geradeswegs wieder der alten Schöpfungslehre in die Arme werfe, als dass ich dem Darwinismus mehr zugestehe, als unbedingt erforderlich ist.

Von der Annahme oder Verwerfung der Vererbung erworbener Eigenschaften wird die Richtung der Biologie der Zukunft abhängen, und auf die Aufgaben, die unsere Wissenschaft in Zukunft zu lösen hat, möchte ich noch einen kurzen Blick werfen.

VI. Die Aufgaben der Biologie.

Ich fürchte fast, dass Weismann's Lehre bei solchen jüngeren Forschern an Boden gewinnen wird, die keine Gelegenheit gehabt haben, sich zu vielseitigen Biologen heranzubilden. Dreyer und Driesch würden in ihrer Geringschätzung der Abstammungslehre sicherlich nicht so weit gegangen sein, wenn sie Gelegenheit gehabt hätten, systematische, ökologische und tiergeographische Studien an höheren Organismen zu treiben. Wir müssen zur alten Zoologie und Botanik zurückkehren, denen es vor allen Dingen auf eine Kenntnis von Tieren und Pflanzen und nicht bloss von deren Teilen ankam; daneben allerdings, und darin stimme ich Driesch, Dreyer und anderen vollkommen bei, wird als neuer Zweig der Biologie vor allem die Entwickelungsmechanik zu kultivieren sein. Um meine Anschauung über das gegenseitige Verhältnis der Zweige unserer Wissenschaft darzulegen, möchte ich diese einteilen in drei Hauptzweige, die ich als Bionomie, Biographie und Biogenie bezeichnen möchte, wie ich es schon bei früheren Gelegenheiten gethan habe.

Unter Bionomie verstehe ich die Lehre von dem ursächlichen Geschehen im Tier- und Pflanzenleben. Sie wird die Gesetze zu ergründen haben, nach welchen die organischen Formen sich umbilden. Wir werden dabei überall auf dieselben Entwickelungsgesetze stossen. Die Bionomie wird Zoologie und Botanik zu einer Physik und Chemie der Organismen machen.

Allein wir wollen keine Physiker und Chemiker werden; die Aufgabe der Zoologie und Botanik ist vor allen Dingen gleich der des Geologen eine historische, und deshalb müssen zur Bionomie die Biographie und Biogenie hinzukommen. Unter Biographie verstehe ich denjenigen Teil der Biologie, der sich mit den im Tier- und

Pflanzenleben stattfindenden periodischen Vorgängen ohne Rücksicht auf die geschichtliche Fortbildung der Organismen befasst. Was im Laufe der Tages- und Jahreszeiten an den Organismen vorgeht, was sich an ihnen entweder gleich bleibt oder im regelmässigen Wechsel wiederholt, namentlich also auch die Keimesgeschichte und die spezielle Physiologie, ist Gegenstand der Biographie. Die Biogenie dagegen hat es mit der historischen Entwickelung des Tier- und Pflanzenreichs im Laufe der Erdgeschichte zu thun. Die Biogenie muss Hand in Hand mit der Geologie gehen, und auch diese lässt sich, gleich der Biogenie, in drei den Abteilungen der letzteren entsprechende Disziplinen, in Geonomie, Geographie und Geogenie, einteilen. Die erstere würde es mit den physikalischen und chemischen Gesetzen, die auf der Erde eine Rolle spielen, zu thun haben; die Geographie würde das, was sich auf der Erde gleich bleibt oder in regelmässiger Wiederkehr wiederholt, zu beschreiben und ursächlich zu erklären, die Geogenie endlich würde die geschichtliche Entwickelung der Erde zu erforschen haben. Die entsprechenden Teile der Biologie haben ihre Aufgabe in innigster Wechselwirkung mit der Geologie, der ich hier einen weiteren Umfang und Inhalt gegeben habe, als üblich, zu lösen. Unsere Einteilungen sollen nichts weiter bezwecken, als den Nachweis zu führen, dass die Biologie in der That eine vollständige Parallele zur Geologie bildet. Die verschiedenen Disziplinen unserer Wissenschaft, die sich allmählich praktisch herausgebildet haben, mögen immerhin weiter bestehen.

Unter ihnen hat, wenn wir hier von der Physiologie absehen, die Anatomie vor allen Dingen mehr als bisher in physiologischer Richtung zu arbeiten. Die vergleichende Anatomie der Tiere ist in mancher Beziehung zu weit gegangen, und viele Organe verschiedener Tiere, die sie aufeinander zurückzuführen gesucht hat, haben entweder überhaupt nichts miteinander zu thun, oder sind unabhängig voneinander entstanden. Die Anatomie hat die mechanische Zweckmässigkeit im Bau der Organismen nachzuweisen und sie auf ihre Ursachen zurückzuführen.

Ebenso muss die Ontogenie mehr in mechanischer Richung arbeiten, als es bisher geschehen ist. Vorgänge wie die Eifurchung, die Gastrulation, die Faltenbildung des Embryo sind auf ihre mechanischen Ursachen zurückzuführen.

Dagegen haben die übrigen Disziplinen der Biologie die Umbildung der Organismenformen während ihrer Stammesgeschichte begreiflich zu

machen. Die Systematik hat vor allen Dingen die Verwandtschafts-
verhältnisse der Arten einer Gattung und weiterhin der Gattungen einer
Familie zu erforschen. Es kommt in der Zoologie weniger darauf an,
die grossen Tierstämme miteinander zu verknüpfen, womit sich die bisherige Phylogenie meist abgegeben hat, ohne dabei irgend welche Erfolge
erzielt zu haben. Dagegen hat die Phylogenie kleinerer Tiergruppen
schöne Resultate aufzuweisen. Ich erinnere nur an die Erforschung der
Stammesgeschichte des Pferdes und an Eimer's schöne Arbeiten über
Schmetterlinge. Nach meiner Ansicht hat die Systematik der Tiere die
stammesgeschichtliche Abstufung der einzelnen Merkmale des Tierkörpers
festzustellen, einerlei, ob es ihr wirklich gelingt, Blutsverwandtschaft
nachzuweisen oder nicht. Die Biologie hat es mit der Ergründung von
Entwickelungsgesetzen zu thun, und diese treten auch dort zu
Tage, wo sich kein blutsverwandtschaftlicher Zusammenhang nachweisen
lässt. Ich mache z. B. auf die Thatsache aufmerksam, dass sich in allen
Gruppen der Säugetiere der Schwanz rückzubilden strebt, dass die
Färbung und Zeichnung in vielen Tiergruppen unabhängig voneinander
dieselbe Entwickelungsrichtung einschlägt. Solche Entwickelungs-
richtungen festzustellen, nicht aber zweifelhafte Verwandtschaften zu
begründen, ist vor allen Dingen die Aufgabe der Systematik.

Dabei wird sie der Ökologie oder der Lehre von der Lebensführung
der Tiere nicht entbehren können. Auch hier lassen sich Abstufungen aufstellen; ich erinnere nur an die Stufenfolge der Instinkte. Die Ökologie
lehrt uns die Abhängigkeit der Organismen von der Aussenwelt kennen,
und ich dächte doch, dass diese wohl einer Erforschung wert wäre.
Diesen Umstand vergisst Driesch, wenn er die Biologie durchaus in
Parallele zur Kristallographie zu bringen sucht. Allerdings hängt auch
die Kristallisation von den Einflüssen des umgebenden Mediums ab, aber
in viel geringerem Grade als der Organismus, und nur der letztere hat
eine Stammesgeschichte, nicht aber auch der Kristall.

Neben der Ökologie wird sich die Tiergeographie eine viel grössere
Beachtung erzwingen, als ihr heute zu teil wird. Ich glaube gezeigt zu
haben, dass ihre Bedeutung keine geringere ist, als die irgend einer anderen Disziplin der Biologie, und wenn die jüngeren Forscher, die so
sehr die mechanische Erklärung der Entwickelung betonen, tiergeographische Kenntnisse hätten, so würden sie auch wohl der Tiergeographie
ein Plätzchen in der Biologie gegönnt haben.

Endlich hat die Vererbungslehre in ein neues Stadium einzutreten. Sie darf sich nicht damit begnügen, fort und fort die Werke Darwin's, des alten Kölreutter und anderer zu exzerpieren, sondern muss sich dazu verstehen, auf Grund eigener Untersuchungen weiter zu bauen. Wie dies zu geschehen hat, das hoffe ich an dem Beispiele der Ergebnisse meiner Untersuchungen über die Vererbung der Eigenschaften bei Mäusen zeigen zu können.

Ich betone deshalb die Notwendigkeit einer vielseitigen Entwickelung der Biologie und einer gleichmässigen Berücksichtigung aller ihrer Teile, weil doch schliesslich keiner unserer Biologen von Fach für sich arbeitet, wie es allerdings oft den Anschein hat. Ob wir persönliches Vermögen haben, oder ob wir vom Staatssäckel und Kollegiengeldern zehren, wir haben für die Gesamtheit zu arbeiten. Wir haben zu forschen und zu lehren und, sofern wir Lehrer sind, vor allen Dingen dafür zu sorgen, dass der Staat brauchbare Beamte erhält. Diese können wir aber nur dann heranziehen, wenn wir uns nicht einseitig auf ein kleines Gebiet der Biologie verlegen. Wir müssen auch darin wieder mehr den alten Naturforschern nachzueifern streben, dass wir wieder vielseitiger werden; und wenn wir Botaniker und Zoologen sein wollen, so dürfen wir uns nicht schämen, auch Pflanzen und Tiere zu kennen, vor allem die unserer Heimat.

Es ist also ausser auf die bisher übliche Arbeit in den zoologischen Instituten und Seminarien vor allem auch auf Exkursionen, welche die Kenntnis der heimischen Tiere vermitteln sollen, auf den Besuch von Museen und zoologischen Gärten zu halten. Die Museen müssen sich bestreben, mehr als bisher den Bedürfnissen nach Belehrung gerecht zu werden, und ebenso müssen auch die zoologischen Gärten ihre Hauptaufgabe nicht in der Schaustellung von Löwen und Elefanten, sondern in der Belehrung des Volkes und auch der Fachleute suchen. Ich habe in meiner Praxis als Tiergärtner Erfahrungen gemacht, die nicht sehr zu gunsten der herrschenden Zoologie sprechen. Ich habe im Laufe von fünf Jahren vielfach Gelegenheit gehabt, Männer der verschiedensten Berufe in dem von mir geleiteten zoologischen Garten herumzuführen, von Königen und Herzögen herunter bis zum einfachen australischen Farmer, und ich muss leider gestehen, dass von allen diesen verschiedenen Leuten die Zoologen von Fach sich am wenigsten aus den Tieren des zoologischen Gartens gemacht haben. Ich scheue mich trotz alledem nicht, meine Überzeugung dahin auszusprechen, dass derjenige nicht zum Zoologen taugt, der keine genügende

Kenntnisse hat, um bei dem Besuche eines Museums oder eines zoologischen Gartens sich der Tiere zu freuen. Der Zoologe von Fach hat nicht bloss die Aufgabe, Schüler seiner eigenen Richtung heranzuziehen, sondern in erster Linie hat er Lehrer der Jugend auszubilden, denen möglichst vielseitige Kenntnisse unerlässlich sind. Dass es bei den Naturgeschichtslehrern unserer höheren Schulen oft sehr traurig mit den in der Schule brauchbaren zoologischen und botanischen Kenntnissen bestellt ist, davon habe ich genügende Gelegenheit gehabt, mich zu überzeugen. Die Schuld liegt aber nicht an ihnen, sondern an dem einseitigen Unterricht, den sie selbst erhalten haben.

Neben den genannten Anstalten haben auch die zoologischen Stationen ihre eigenen Aufgaben, und ausser ihnen sind auch zahlreiche Anstalten für wissenschaftliche Tierzucht zu gründen, Institute gleich dem Kühn'schen in Halle, in denen es möglich ist, Züchtungsexperimente in grossem Massstabe an allen möglichen Tieren anzustellen und durch viele Jahrzehnte hindurch fortzusetzen.

Vor allem ist unserer Wissenschaft ein Eindringen in das Volk nötig, und nichts wird dazu mehr geeignet sein, als der Nachweis, dass sich die wissenschaftlichen Ergebnisse der Zoologie in der That in hohem Grade praktisch verwerten lassen. Der Techniker und der Lehrer der technischen Wissenschaften muss sich, falls er sich über Wasser halten will, unausgesetzt um alle neuen Fortschritte, die innerhalb seines Faches gemacht werden, kümmern. Leider hat das ein Biologe nicht nötig, und er darf deshalb auch einer beschaulichen Einseitigkeit fröhnen, während der Techniker sich nach allen Seiten hin umsehen und seine Augen jederzeit offen halten muss.

Aber weit höher als die praktische Verwertbarkeit unserer Wissenschaft ist ihre ideale Bedeutung zu stellen, denn von der Biologie wird es wesentlich mit abhängen, ob unsere ins Wanken geratene Weltanschauung wieder eine harmonische werden soll. Die Biologie wird aber nur dann dazu beitragen können, wenn sie selbst einsieht, dass allzu grosse Einseitigkeit ihr nicht frommt. Nur derjenige Forscher, der einen Überblick über das Gesamtgebiet seiner Wissenschaft hat, der jeden Augenblick im stande ist, die Bearbeitung irgend eines speziellen Gebietes aufzunehmen, weil seine biologische Bildung eine harmonische ist, wird auf die Entwickelung der Weltanschauung des zwanzigsten Jahrhunderts Einfluss gewinnen können. Daneben gilt es aber, wieder die naive

Freude an der Natur im Gemüte des Volkes zu wecken, und ich glaube nicht, dass dazu etwa Schnittserien durch Eingeweidewürmer geeignet sind.

Die Biologie wird aber nur dann ihre hohen kulturellen Aufgaben erfüllen können, wenn sie sich von Irrlehren frei hält, namentlich von der sie gegenwärtig aufs neue bedrohenden Irrlehre des Präformismus, die in Weismann ihren Hauptvertreter gefunden hat. Eine vernünftige Weltanschauung ist nur auf Grund der Epigenesislehre möglich, welche die Qualität als Funktion der Nachbarschaft betrachtet. Wenn wir nun auch das Wesen der Qualität nicht begreifen können, so wird uns die auch auf die unorganische Natur auszudehnende Anschauung, dass spezifische Formbildung durch die Lage bedingt wird, die ewige Wahrheit jener Weltanschauung beherzigen lassen, wonach der Geist Gottes in allen Dingen lebendig ist, der zufolge Schöpfer und Geschaffenes eins sind.

Auf solche Überzeugung war die Weltanschauung des grössten deutschen Dichters und Denkers begründet, und mit diesem Hinweis möchte auch ich das Thema der vorliegenden Blätter verlassen

„Im Namen Dessen, der Sich selbst erschuf,
Von Ewigkeit in schaffendem Beruf;
In Seinem Namen, der den Glauben schafft,
Vertrauen, Liebe, Thätigkeit und Kraft;
In Jenes Namen, der, so oft genannt,
Dem Wesen nach blieb immer unbekannt:

„So weit das Ohr, so weit das Auge reicht,
Du findest nur Bekanntes, das Ihm gleicht,
Und Deines Geistes höchster Feuerflug
Hat schon am Gleichnis, hat am Bild genug;
Es zieht Dich an, es reisst Dich weiter fort,
Und wo Du wandelst, schmückt sich Weg und Ort;
Du zählst nicht mehr, berechnest keine Zeit,
Und jeder Schritt ist Unermesslichkeit.

„Was wär' ein Gott, der nur von aussen stiesse,
Im Kreis das All am Finger laufen liesse!
Ihm ziemt's, die Welt im Innern zu bewegen,
Natur in Sich, Sich in Natur zu hegen,
So dass, was in Ihm lebt und webt und ist,
Nie Seine Kraft, nie Seinen Geist vermisst.‟

Litteraturverzeichnis.

Bergh, Kritik einer modernen Hypothese von der Übertragung erblicher Eigenschaften. Zoologischer Anzeiger 1892.

Blumenbach, Über den Bildungstrieb und das Zeugungsgeschäft. 1781.

Boveri, Ein geschlechtlich erzeugter Organismus ohne mütterliche Eigenschaften. Gesellschaft für Morphologie und Physiologie zu München. 1889.

Brock, Biologisches Centralblatt VIII.

Chabry, Contribution à l'embryologie normale et tératologique des Ascidies simples. Journ. de l'anat. et de la physiol. 1887.

Darwin, Gesammelte Werke.

Detmer, Biologisches Centralblatt. VII.

Dreyer, Ziele und Wege biologischer Forschung. Jena 1892.

Driesch, Die mathematisch-mechanische Betrachtung morphologischer Probleme der Biologie. Jena 1891.

— Zur Theorie der tierischen Formbildung. Biologisches Centralblatt XIII und die dortselbst citierten übrigen Abhandlungen von Driesch.

Düsing, Die Regulierung des Geschlechtsverhältnisses. Jena 1884.

Eimer, Die Entstehung der Arten. Jena 1888.

— Die Artbildung und Verwandtschaft bei den Schmetterlingen. Jena 1889.

— Bemerkungen zu dem Aufsatz von A. Spuler u. s. w. Zoologische Jahrbücher. Abteilung für Systematik u. s. w., Bd. VII.

Emery, Gedanken zur Descendenz- und Vererbungstheorie. Biologisches Centralblatt XIII.

Haacke, Die Schöpfung der Tierwelt. Leipzig 1893.

— Der Nordpol als Schöpfungscentrum der Landfauna. Biologisches Centralblatt VI.

Haeckel, Generelle Morphologie. Berlin 1866.

— Die Perigenesis der Plastidule. Berlin 1876.

Hatschek, Hypothese über das Wesen der Assimilation. „Lotos". Neue Folge. XIV.

Hertwig, O., Die Zelle und die Gewebe. Jena 1892.

Jäger, Gustav, Ergänzungshefte zu Petermann's Mitteilungen. Gotha 1864.

Liebscher, Vererbung u. s. w. Jenaische Zeitschrift für Naturwissenschaften 1888.

Nägeli, Mechanisch-physiologische Theorie der Abstammungslehre. München und Leipzig 1884.

Pfeffer, Versuch über die erdgeschichtliche Entwickelung der jetzigen Verbreitungsverhältnisse unserer Tierwelt. Hamburg 1891.

Roux, Beiträge zur Entwickelungsmechanik des Embryo. Anatomische Hefte 1893, und die daselbst citierten Abhandlungen Roux's.

Seitz, Mitteilungen über eine Reise nach China und Japan. Verhandlungen der Deutschen Zoologischen Gesellschaft 1892.

Spencer, Die Principien der Biologie. Stuttgart 1876.

Tristram, The polar origin of life. Ibis 1887.

Verworn, Die physiologische Bedeutung des Zellkernes. Pflüger's Archiv 1891.

— Die Bewegung der lebendigen Substanz. Jena 1892.

Vries, de, Intracellulare Pangenesis. Jena 1889.

Wagner, Moritz, Die Entstehung der Arten durch räumliche Sonderung. Basel 1889.

Wallace, Darwinism. London 1889.

Wolff, Caspar Friedrich, Theorie von der Generation. 1764.

Weismann, Das Keimplasma. Jena 1892.

— Aufsätze über Vererbung. Jena 1892.

Autorenregister.

(Die Ziffern bedeuten die Seitenzahlen.)

Sachregister.

Errata.

Auf Seite   25, Zeile 11 von oben lies: Länge anstatt Anzahl.
„   „   29,   „   7   „   unten   „   in ihnen wohnenden anstatt von ihnen bebewohnten.
„   „   44,   „   7   „   unten   „   welche anstatt welches.
„   „   47,   „   2   „   unten ist sich zu streichen.
„   „   89,   „   19   „   oben lies: x anstatt b.
„   „   104,   „   5   „   unten   „   i anstatt h.
„   „   147,   „   1   „   oben   „   Dicyemiden anstatt Dycyemiden.
„   „   153 sollte Fig. 12a um 180° gedreht werden.

DRUCK VON A. TH. ENGELHARDT, LEIPZIG.

Reprint Publishing

Für Menschen, Die Auf Originale Stehen.

Bei diesem Buch handelt es sich um einen Faksimile-Nachdruck der Originalausgabe. Unter einem Faksimile versteht man die mit einem Original in Größe und Ausführung genau übereinstimmende Nachbildung als fotografische oder gescannte Reproduktion.

Faksimile-Ausgaben eröffnen uns die Möglichkeit, in die Bibliothek der geschichtlichen, kulturellen und wissenschaftlichen Vergangenheit der Menschheit einzutreten und neu zu entdecken.

Die Bücher der Faksimile-Edition können Gebrauchsspuren, Anmerkungen, Marginalien und andere Randbemerkungen aufweisen sowie fehlerhafte Seiten, die im Originalband enthalten sind. Diese Spuren der Vergangenheit verweisen auf die historische Reise, die das Buch zurückgelegt hat.

ISBN 978-3-95940-023-7

Faksimile-Nachdruck der Originalausgabe
Copyright © 2015 Reprint Publishing
Alle Rechte vorbehalten.

Made in Germany

www.reprintpublishing.com

www.ingramcontent.com/pod-product-compliance
Lightning Source LLC
Chambersburg PA
CBHW061753210326
41518CB00036B/2296

9 783959 400237